“十二五”普通高等教育本科国家级规划教材

# 材料力学(Ⅱ)

## (第四版)

苟文选　王安强　主编

科学出版社
北京

## 内 容 简 介

本书为“十二五”普通高等教育本科国家级规划教材，曾获陕西普通高等学校优秀教材一等奖。

作为新形态教材《材料力学（Ⅰ、Ⅱ）》的拓展模块，本书包括能量原理在杆件位移分析中的应用、能量原理在求解超静定结构中的应用、疲劳强度、扭转及弯曲问题的进一步研究、超过弹性极限材料的变形与强度、材料力学行为的进一步认识、实验应力分析简介等内容。各章后均配有相应的思考题和习题，书后附有习题参考答案。

本书可作为高等工科院校力学、机械、土木建筑、材料、航空航天等大类的教材，也可作为上述各大类函授、网络教育和科技工作者的参考用书。

---

**图书在版编目(CIP)数据**

材料力学. Ⅱ / 苟文选，王安强主编. —4 版. —北京：科学出版社，2023.8

“十二五”普通高等教育本科国家级规划教材

ISBN 978-7-03-074582-8

Ⅰ. ①材… Ⅱ. ①苟… ②王… Ⅲ. ①材料力学—高等学校—教材 Ⅳ. ①TB301

中国国家版本馆 CIP 数据核字(2023)第 011111 号

---

责任编辑：朱晓颖 / 责任校对：王 瑞

责任印制：张 倩 / 封面设计：迷底书装

科学出版社出版

北京东黄城根北街 16 号

邮政编码：100717

http://www.sciencep.com

北京厚诚则铭印刷科技有限公司印刷

科学出版社发行 各地新华书店经销

*

2005 年 8 月第 一 版 开本：787×1092 1/16

2023 年 8 月第 四 版 印张：13 1/4

2024 年 9 月第十一次印刷 字数：323 000

**定价：52.00 元**

（如有印装质量问题，我社负责调换）

# 前　言

材料力学是变形体力学的重要分支之一，是高等工科院校的一门专业基础课，是机械、土木建筑材料、航空航天、力学等专业的一门必修主干课。材料力学紧密结合工程实际中的力学问题，通过理论、实验和计算手段，探索材料力学性能的奥秘，选择工程材料的最优利用，通过强度、刚度和稳定性计算，保证构件安全可靠、经济实用，为工程最优设计提供理论基础和计算方法。

本书是国家精品课程和首批国家级线上一流本科课程“材料力学”的配套教材。结合国家工科力学教学基地、国家级力学实验教学示范中心和国家级力学基础课程教学团队建设，编写团队经过三十余年的不懈锤炼，历经多次再版，现在已在科学出版社出版第四版。其间曾荣获国家级优秀教学成果一等奖、普通高等教育“十一五”国家级规划教材、“十二五”普通高等教育本科国家级规划教材、陕西普通高等学校优秀教材一等奖等荣誉，以教材为蓝本衍生的“材料力学”MOOC 荣获首批国家级一流本科课程等各类教学成果奖。同时形成以《材料力学》新形态教材为核心，包括《材料力学教与学》《材料力学解题方法与技巧》《材料力学重点、难点、考点辅导与精析》等在内的系列化教材体系，发挥了很好的教学示范和辐射作用。在这里谨向参与各版次编写工作的教师致以谢意！

本套教材包括两部分：《材料力学（Ⅰ）》是基础模块，含绪论、拉伸与压缩、剪切、扭转、弯曲内力、弯曲应力、弯曲变形、应力状态及应变状态分析、强度理论、组合变形时的强度计算、压杆稳定、动载荷、平面图形的几何性质等内容；《材料力学（Ⅱ）》是拓展模块，含能量法、力法求解超静定、疲劳强度、扭转及弯曲问题的进一步研究、超过弹性极限材料的变形与强度、材料力学行为的进一步认识、实验应力分析等内容。各章均配有相应的思考题和习题，书后附有习题参考答案。

随着“互联网+”行动计划等有关政策出台，信息技术对教育的革命性影响日趋明显，将“互联网+”技术与高校教育教学相结合，成为高等教育改革的新亮点。同时，随着高新科技快速发展，对工科基础类课程的改革创新需求尤为明显，教育理念转变为以学生为中心，与“价值塑造、能力培养、知识传授”相结合的新目标。新的教学手段和方法不断涌现，一系列材料及实验新国标颁布，亟待进行教材的改版工作。

本次第四版编写结合新工科对高等教育教学的新要求，从以下方面进行修订：《材料力学（Ⅰ）》充实了绪论，以史为鉴，增加民族自豪感和自信心；增加名义应力和真实应力、名义应变和真实应变的概念及异同；调整组合梁的弯曲应力计算章节顺序；增加各向异性和正交各向异性材料的胡克定律。《材料力学（Ⅱ）》增加无损检测技术及其应用的介绍。同时两册书还完善了有关材料力学知识点、实验设备、测试技术、工程实例等的动画、视频、图片（标以“*”），读者可以通过扫描书中二维码观看；材料性能及实验保持和目前最新国标一致；充实和替换部分例题、习题，突出分析问题和解决问题的思路。

参加第四版改版工作的有王安强、王心美、王锋会、赵彬、黄涛、刘军、何新党、荀文选等。荀文选、王安强任主编。

从第一部《材料力学》问世的近200年间，材料及材料力学发生了翻天覆地的变化，工业革命及现代科技不断推动着材料学科的发展，材料力学这门古老的学科，也在不断创新中萌发新枝，由于编者水平有限，虽经几代人的磨砺，但疏漏与不足在所难免，真诚希望读者提出宝贵意见，使得教材日臻完善。

编　者

2022年12月于西安

# 主要使用的量和单位

| 分类 | 符号 | 名称 | 国际单位 | 备注 |
|---|---|---|---|---|
| 外力 | $F$ | 集中载荷 | N, kN | 1kgf = 9.81N |
| | $q$ | 分布载荷集度 | N/m, kN/m | 1kgf/m = 9.81N/m |
| | $p$ | 压力、压强、总应力 | Pa, MPa | $1\text{kgf/cm}^2 = 98100\text{Pa}$ |
| | $M, M_\mathrm{e}$ | 外力偶矩 | N·m, kN·m | 1kgf·m = 9.81N·m |
| | $F_\mathrm{bs}$ | 挤压力 | N, kN | |
| | $F_\mathrm{R}$ | 约束反力 | N, kN | |
| | $F_A(F_{Ax}, F_{Ay})$ | $A$ 处的支座反力 | N, kN | |
| 内力 | $F_\mathrm{N}$ | 轴力 | N, kN | |
| | $F_\mathrm{s}, F_\mathrm{sy}, F_\mathrm{sz}$ | 剪力 | N, kN | |
| | $M, M_y, M_z$ | 弯矩 | N·m, kN·m | |
| | $T$ | 扭矩 | N·m, kN·m | |
| 应力、应变、位移 | $\sigma, \sigma_x, \sigma_y, \sigma_z$ | 正应力 | Pa, MPa | $1\text{Pa} = 1\text{N/m}^2$ |
| | $\tau, \tau_{xy}, \tau_{yz}, \tau_{zx}$ | 切应力 | Pa, MPa | $1\text{kPa} = 10^3\text{Pa}$ |
| | $\sigma_1, \sigma_2, \sigma_3$ | 主应力 | Pa, MPa | $1\text{MPa} = 10^6\text{Pa}$ |
| | $\sigma_\mathrm{max}$ | 最大正应力 | Pa, MPa | $1\text{GPa} = 10^9\text{Pa}$ |
| | $\sigma_\mathrm{min}$ | 最小正应力 | Pa, MPa | $1\text{MPa} = 1\text{N/mm}^2$ |
| | $\sigma_\mathrm{t}, \sigma_\mathrm{c}$ | 拉、压应力 | Pa, MPa | |
| | $\sigma_\mathrm{bs}$ | 挤压应力 | Pa, MPa | |
| | $\sigma_\mathrm{ri}$ | 相当应力(计算应力) | Pa, MPa | |
| | $\sigma_\mathrm{r,M}$ | 摩尔强度理论中的相当应力 | Pa, MPa | |
| | $\sigma_\mathrm{cr}$ | 压杆临界应力 | Pa, MPa | |
| | $\varepsilon, \varepsilon_x, \varepsilon_y, \varepsilon_z$ | 线应变(相对变形) | | |
| | $\varepsilon_\mathrm{p}, \varepsilon_\mathrm{e}$ | 塑性应变、弹性应变 | | |
| | $\gamma$ | 切应变 | rad | |
| | $\theta$ | 体应变、梁的转角 | rad | |
| | $w$ | 梁的挠度 | mm | |
| | $\Delta$ | 广义位移 | mm, rad | |
| | $\varphi$ | 相对转角 | rad | |
| | $\varphi'$ | 单位长度转角 | rad/m | |

续表

| 分类 | 符号 | 名称 | 国际单位 | 备注 |
|---|---|---|---|---|
| 材料特性 | $\sigma_u$ | 极限应力 | Pa, MPa | |
| | $\sigma_p$ | 比例极限 | Pa, MPa | |
| | $\sigma_e$ | 弹性极限 | Pa, MPa | |
| | $\sigma_s$ | 屈服极限(屈服点应力) | Pa, MPa | $1GPa=10^9Pa$ |
| | $\sigma_b$ | 强度极限 | Pa, MPa | |
| | $\sigma_{bt}$ | 抗拉强度 | Pa, MPa | |
| | $\sigma_{bc}$ | 抗压强度 | Pa, MPa | |
| | $[\sigma]$ | 许用应力 | Pa, MPa | |
| | $[\sigma_t], [\sigma_c]$ | 许用拉、压应力 | Pa, MPa | |
| | $[\sigma_{bs}]$ | 许用挤压应力 | Pa, MPa | |
| | $[\sigma_{st}]$ | 稳定许用应力 | Pa, MPa | |
| | $[\tau]$ | 许用切应力 | Pa, MPa | |
| | $[\theta]$ | 弯曲许可转角 | rad/m | |
| | $[\varphi']$ | 单位长度许可转角 | rad/m | |
| | $E$ | 弹性模量(杨氏模量) | GPa | |
| | $E_t, E_c$ | 拉伸(压缩)弹性模量 | GPa | |
| | $G$ | 切变模量(剪切弹性模量) | GPa | |
| | $\mu$ | 泊松比 | | |
| | $A(\delta)$ | (断后)伸长率 | | |
| | $Z(\psi)$ | 断面收缩率 | | |
| | $\lambda$ | 压杆的柔度(长细比) | | |
| | $\mu$ | 压杆的长度因数 | | |
| | $\alpha_t$ | 线(膨)胀系数 | | |
| | $\gamma$ | 重量密度 | $N/m^3, kN/m^3$ | |
| | $\rho$ | 密度 | $kg/m^3$ | |
| | $K$ | 体积模量 | GPa | |
| | $K_t$ | 理论应力集中因数 | | |
| | $k$ | 曲率 | $mm^{-1}, m^{-1}$ | |
| | $n$ | 安全系数 | | |
| | $n_s, n_b$ | 塑性、脆性材料的安全系数 | | |
| | $n_{st}$ | 稳定安全系数 | | |
| | $GI_p$ | 圆轴的抗扭刚度 | $N \cdot m^2$ | |
| | $GI_t$ | 非圆截面杆的抗扭刚度 | $N \cdot m^2$ | |

续表

| 分类 | 符号 | 名称 | 国际单位 | 备注 |
| --- | --- | --- | --- | --- |
| 截面特性 | $A$ | 截面面积 | $mm^2, m^2$ | $1m^2 = 10^6mm^2$ |
| | $A_{bs}$ | 挤压面积 | $mm^2, m^2$ | |
| | $V$ | 体积 | $mm^3, m^3$ | $1m^3 = 10^9mm^3$ |
| | $\rho$ | 曲率半径 | mm, m | |
| | $i, i_y, i_z$ | 惯性半径 | mm, m | |
| | $S, S_y, S_z$ | 截面一次矩(静矩) | $mm^3, m^3$ | |
| | $S^*, S_y^*, S_z^*$ | 给定截面一次矩 | $mm^3, m^3$ | |
| | $I, I_y, I_z$ | 截面二次矩(惯性矩) | $mm^4, m^4$ | |
| | $I_{yz}$ | 截面二次矩(惯性积) | $mm^4, m^4$ | |
| | $I_p$ | 截面二次极矩(极惯性矩) | $mm^4, m^4$ | |
| | $W, W_y, W_z$ | 弯曲截面系数 | $mm^3, m^3$ | |
| | $W_p$ | 扭转截面系数 | $mm^3, m^3$ | |
| | $C$ | 截面形心 | | |
| | $b$ | 截面宽度 | mm, m | |
| | $h$ | 截面高度 | mm, m | |
| | $r, R$ | 半径 | mm, m | |
| | $d, D$ | 直径 | mm, m | |
| | $S$ | 弧长 | mm, m | |
| | $l, L$ | 长度 | mm, m | |
| | $\delta$ | 厚度 | mm, m | |
| 其他 | $P, P_k$ | 功率(千瓦) | W, kW | 1W = 1J/s |
| | $P_{hp}$ | 功率(马力) | hp | 1hp = 735.5W |
| | $W$ | (外力)功 | J | 1J = 1N • m |
| | $V, V_s$ | 应变能 | J | |
| | $v_s$ | 应变能密度 | $J/mm^3$ | |
| | $n$ | 转速 | r/min | |
| | $t$ | 摄氏温度 | ℃ | |
| | $\alpha, \beta, \gamma, \theta, \varphi$ | (平面)角 | (°), rad | |

注：① 国际单位中的空格为“无量纲”。

② 主要使用的量和单位表的编写依据是中华人民共和国国家标准 GB 3100—1993《国际单位制及其应用》、GB/T 3101—1993《有关量、单位和符号的一般原则》和 GB/T 3102.3—1993《力学的量和单位》。

# 目　录

# 第 1 章　能量原理在杆件位移分析中的应用*

## 1.1　杆件应变能

在工程结构分析中，经常需要计算结构和构件的变形。使用一般的方法，如积分法或叠加法进行变形计算时需要分析结构和构件的具体变形形式，需要大量的计算工作。特别是对于刚架、桁架和曲杆等结构处在复杂受力情况时，由于变形复杂，一般方法根本无法完成。工程上通常采用能量原理完成结构和构件的变形分析。

在固体力学领域，能量原理泛指利用功和能的相关定理分析问题的方法。能量原理除在变形和超静定结构分析方面有广泛的应用之外，也应用于分析工程结构的稳定和冲击等问题。能量原理在结构或者构件的变形分析中，不涉及具体的变形过程，因此具有形式简单、应用方便等优点。能量原理的另一个优点是公式统一，适于利用计算机编程处理。以能量原理为基础的有限元方法，目前已经成为应用最为广泛的工程结构分析工具。

能量原理的主要基础为：物体在外力作用下发生变形，因此外力在变形过程中做功，这一外力功将转化为其他形式的能量。对于弹性物体，由于变形的可逆性，这种能量转化过程相对简单。由于在弹性变形过程中，可以忽略其他形式的能量，如动能、热能等的损耗，认为外力功 $W$ 全部转化为应变能 $V_s$ 存储于弹性体的内部，即

$$W=V_s \tag{1-1}$$

在弹性范围内，应变能与外力功是可逆的。这就是说，当外力增加时，外力功可以转化为应变能存储于弹性体内部，而外力减小时，应变能又可以转化为功。

本章介绍有关能量法的基本原理和方法，如果没有特别说明，一般认为材料的应力-应变关系满足胡克定律，讨论问题仅限于线弹性问题；外力为静载荷，即外力从零开始缓慢地增加，直到终值；弹性体没有初始变形，受力后变形也从零开始直到对应的数值。

以下首先分析杆件基本变形的应变能表达形式。

### 1.1.1　轴向拉伸或压缩

在线弹性条件下，即应力-应变关系满足胡克定律，外力在杆件上所做的功在数值上等于存储于杆件内部的应变能。在《材料力学（Ⅰ）》中 2.10 节已经证明，拉伸曲线与横轴所围面积为外力功。因此，如图 1-1 所示，三角形 $OAB$ 的面积在数值上等于外力所做的功，即

$$W=\frac{1}{2}F\Delta l \tag{1-2}$$

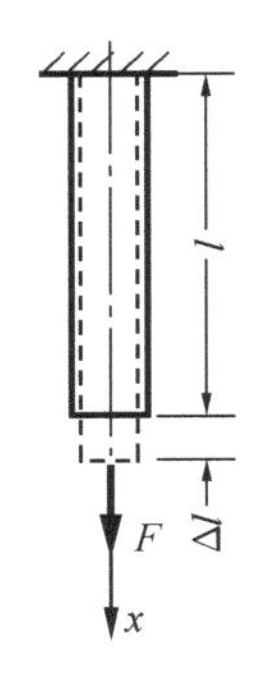


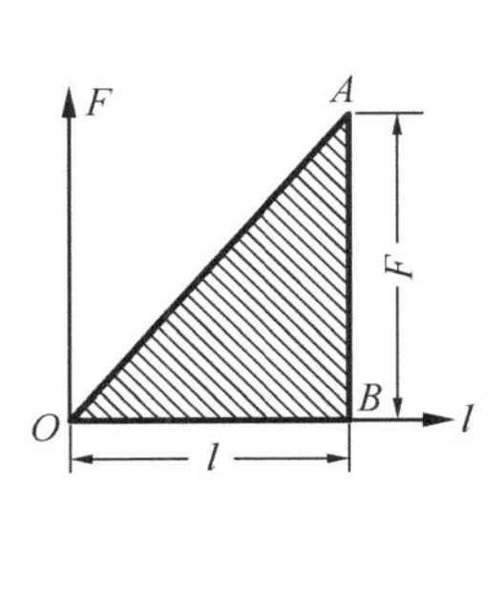


图 1-1

根据内力分析和胡克定律可知

$$F_{\mathrm{N}} = F, \qquad \Delta l = \frac{F_{\mathrm{N}} l}{EA}$$

由能量原理式(1-1)，则应变能为

$$V_{\mathrm{s}} = \frac{1}{2} F \Delta l = \frac{F_{\mathrm{N}}^2 l}{2EA} \tag{1-3}$$

式(1-3)为等截面直杆在轴力为常量条件下的应变能计算公式。如果杆件为变截面杆件，或者轴力是变化的，可以考虑 d$x$ 微段的应变能为

$$\mathrm{d}V_{\mathrm{s}} = \frac{F_{\mathrm{N}}^2(x)}{2EA(x)} \mathrm{d}x$$

积分可得整个杆件的应变能 $V_{\mathrm{s}}$ 为

$$V_{\mathrm{s}} = \int_l \frac{F_{\mathrm{N}}^2(x)}{2EA(x)} \mathrm{d}x \tag{1-4}$$

### 1.1.2　扭转

圆轴扭转时，如果材料的应力-应变关系处于线弹性范围，则扭矩 $T$ 与扭转角 $\varphi$ 的关系为图 1-2(b)所示的一条直线。按照《材料力学(Ⅰ)》中 3.3 节的证明，变形过程中扭矩所做的功在数值上等于三角形 $OAB$ 的面积，即

$$W = \frac{1}{2} T \varphi \tag{1-5}$$

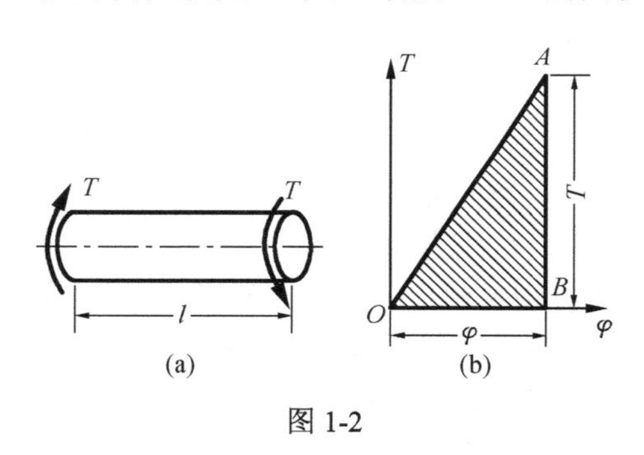


图 1-2

根据《材料力学(Ⅰ)》中式(4-12)有

$$\varphi = \frac{Tl}{GI_{\mathrm{p}}}$$

所以，圆轴扭转的应变能 $V_{\mathrm{s}}$ 为

$$V_{\mathrm{s}} = \frac{1}{2} T \varphi = \frac{T^2 l}{2GI_{\mathrm{p}}} \tag{1-6}$$

如果圆轴的扭矩或者极惯性矩沿杆件的轴线为变量，则扭转应变能 $V_{\mathrm{s}}$ 为

$$V_{\mathrm{s}} = \int_l \frac{T^2(x)}{2GI_{\mathrm{p}}(x)} \mathrm{d}x \tag{1-7}$$

对于非圆截面杆的扭转，则需将式(1-7)中的截面极惯性矩 $I_{\mathrm{p}}$ 换为相当极惯性矩 $I_{\mathrm{n}}$。

### 1.1.3　弯曲

首先讨论等截面梁纯弯曲时的应变能。设梁的两端面作用弯矩 $M$，$\theta$ 为两个端面之间的相对转角，如图 1-3(a)所示。则根据几何关系有

$$\theta = \frac{l}{\rho}$$

根据《材料力学(Ⅰ)》中式(6-1)有　$$\frac{1}{\rho}=\frac{M}{EI_z}$$

所以　$$\theta=\frac{Ml}{EI_z}$$

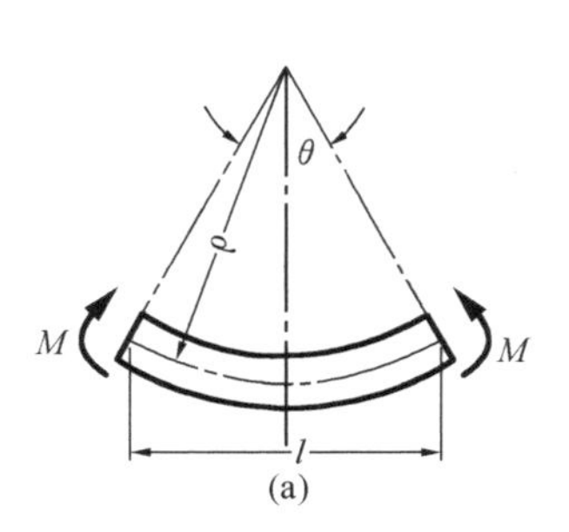


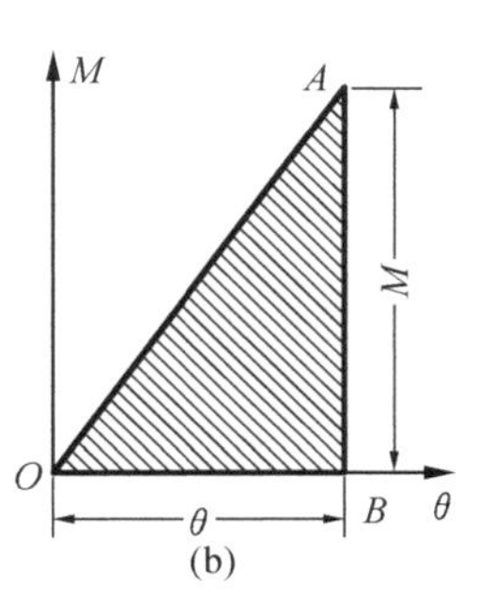


图 1-3

在线弹性条件下，梁的弯矩 $M$ 与端面转角 $\theta$ 之间的关系曲线为图 1-3(b)所示的一条直线。弯矩 $M$ 所做的功在数值上等于三角形 $OAB$ 的面积，即

$$W=\frac{1}{2}M\theta \tag{1-8}$$

所以，纯弯曲梁的应变能 $V_s$ 为　$$V_s=\frac{1}{2}M\theta=\frac{M^2l}{2EI_z} \tag{1-9}$$

对于剪切弯曲问题，必须分别考虑弯矩和剪力产生的应变能。由于剪切弯曲时，内力弯矩不再是常量，因此取 d$x$ 微段，如图 1-4 所示，则外力功 d$W$ 为

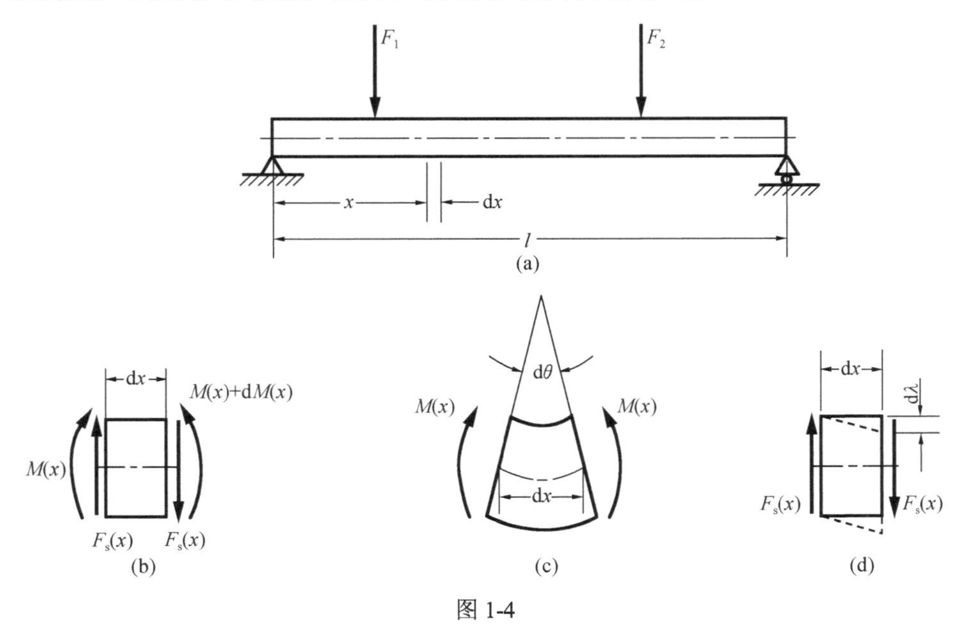


图 1-4

$$\mathrm{d}W = \frac{1}{2}M(x)\mathrm{d}\theta$$

d$x$ 微段的应变能为

$$\mathrm{d}V_{\mathrm{s}} = \frac{1}{2}M(x)\mathrm{d}\theta = \frac{M^2(x)\mathrm{d}x}{2EI_z}$$

所以，整个梁的弯曲应变能 $V_{\mathrm{s}}$ 为

$$V_{\mathrm{s}} = \int_l \frac{M^2(x)\mathrm{d}x}{2EI_z} \tag{1-10}$$

对于剪切应变能，可以从剪切应变能密度入手讨论。根据《材料力学（Ⅰ）》中的式(3-11)，剪切应变能密度 $v_{\mathrm{s}}$ 为

$$v_{\mathrm{s}} = \frac{1}{2}\tau\gamma = \frac{\tau^2}{2G} \tag{1-11}$$

由于在 $F_{\mathrm{s}}$ 作用下的切应力 $\tau$ 为

$$\tau = \frac{F_{\mathrm{s}}S_z^*}{bI_z}$$

代入式(1-11)，得剪切应变能密度 $v_{\mathrm{s}}$ 为

$$v_{\mathrm{s}} = \frac{1}{2G}\left(\frac{F_{\mathrm{s}}S_z^*}{bI_z}\right)^2$$

整个梁的剪切应变能 $V_{\mathrm{s}}$ 为

$$V_{\mathrm{s}} = \int_V v_{\mathrm{s}}\mathrm{d}V = \int_l \left[\int_A \frac{1}{2G}\left(\frac{F_{\mathrm{s}}S_z^*}{bI_z}\right)^2 \mathrm{d}A\right]\mathrm{d}x = \int_l \frac{F_{\mathrm{s}}^2}{2GI_z^2}\left[\int_A \left(\frac{S_z^*}{b}\right)^2 \mathrm{d}A\right]\mathrm{d}x \tag{1-12}$$

引入记号：

$$k = \frac{A}{I_z^2}\int_A \left(\frac{S_z^*}{b}\right)^2 \mathrm{d}A \tag{1-13}$$

记号 $k$ 仅与梁的横截面形状有关，称为**剪切形状系数**。对于矩形截面，$k=6/5$；对于圆形截面，$k=10/9$；对于薄壁圆环截面，$k=2$。对于其他形状的横截面，剪切形状系数 $k$ 可以根据式(1-13)计算。

引用记号 $k$ 后，式(1-12)可以简化为

$$V_{\mathrm{s}} = \int_l \frac{kF_{\mathrm{s}}^2}{2GA}\mathrm{d}x \tag{1-14}$$

对于细长梁，剪切应变能远小于弯曲应变能，因此进行工程结构分析时，一般将剪切应变能略去不计。只有在某些特殊形式下，如工字钢等薄壁截面梁，才需要考虑剪切应变能。

根据上述分析，由于构件应变能在数值上等于外力功，在线弹性范围内，式(1-2)、式(1-5)和式(1-8)表示的静载荷外力功可以写为统一表达式：

$$W = \frac{1}{2}F\delta \tag{1-15}$$

式中，$F$ 为**广义力**；$\delta$ 为与广义力对应的位移，称为**广义位移**。

广义位移是在广义力作用点，且与广义力方向一致的位移。如果广义力为轴向力或者横向力，则广义位移为对应的线位移；如果广义力为力偶，则广义位移为对应的转角。

应该注意，在线弹性条件下，广义力与广义位移之间呈线性关系。对于非线弹性问题，尽管是弹性变形，能量关系式(1-1)仍然成立，但是广义力与对应广义位移之间不再满足线性条件，其应变能 $V_s$ 计算公式为

$$V_s = W = \int_l F\mathrm{d}\delta \tag{1-16}$$

对于非线弹性问题，$F$-$\delta$ 曲线不再是直线，因此式(1-16)计算所得应变能的系数不再是 $1/2$。

**例 1-1**　简支梁 $AB$ 在 $C$ 处作用集中力 $F$，如图 1-5 所示。已知梁的抗弯刚度 $EI$ 为常量，试求梁的应变能 $V_s$，并计算 $C$ 点的挠度 $y_C$。

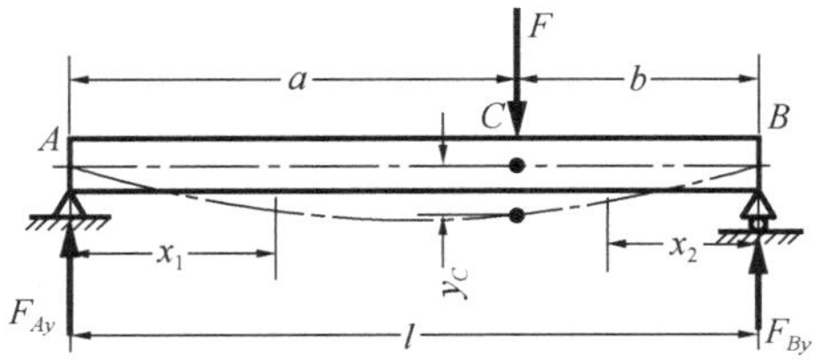

图 1-5

**解**　(1) 求支座反力。根据平衡条件 $\sum M_B = 0$ 和 $\sum M_A = 0$，可得支座反力：

$$F_{Ay} = F\frac{b}{l},\quad F_{By} = F\frac{a}{l}$$

(2) 列弯矩方程并计算弯曲应变能。选取图示坐标系。

$AC$ 段弯矩为　$$M_1(x_1) = F_{Ay}x_1 = F\frac{b}{l}x_1,\quad 0 \leqslant x_1 \leqslant a$$

$CB$ 段弯矩为　$$M_2(x_2) = F_{By}x_2 = F\frac{a}{l}x_2,\quad 0 \leqslant x_2 \leqslant b$$

由于梁 $AC$ 和 $CB$ 段的弯矩方程是通过不同的函数描述的，因此应用式(1-10)计算应变能时，必须分段计算然后求和，即

$$\begin{aligned} V_s &= \int_l \frac{M^2(x)\mathrm{d}x}{2EI} = \int_0^a \frac{M_1^2(x_1)\mathrm{d}x_1}{2EI} + \int_0^b \frac{M_2^2(x_2)\mathrm{d}x_2}{2EI} \\ &= \frac{1}{2EI}\left[\int_0^a \left(F\frac{b}{l}x_1\right)^2 \mathrm{d}x_1 + \int_0^b \left(F\frac{a}{l}x_2\right)^2 \mathrm{d}x_2\right] = \frac{F^2a^2b^2}{6EIl} \end{aligned}$$

(3) 根据能量原理求位移。在变形过程中，外力 $F$ 做的功为

$$W = \frac{1}{2}Fy_C$$

根据能量原理 $W=V_s$，求得 $C$ 点的垂直位移为

$$y_C = \frac{Fa^2b^2}{3lEI}$$

计算所得的 $y_C$ 为正值，表示位移与外力 $F$ 方向一致。

根据《材料力学(Ⅰ)》中例 7-3 解出的挠曲线方程，也可求得 $y_C = \dfrac{Fa^2b^2}{3lEI}$，但与例 1-1 的分析对比，可以看到，由于能量原理应用不涉及具体的变形过程，因此求解过程更加简洁。

同时，采用能量原理求解时，可以不必采用统一坐标系，例如，梁的 $AC$ 和 $CB$ 段弯矩是通过不同方向的坐标系描述的，这对于复杂结构的变形分析更具有优越性。

根据上述分析(与《材料力学(Ⅰ)》中例 2-10 同理)，只有弹性体作用的广义力唯一，而且仅当在分析广义力作用点沿力的方向的广义位移时，才能直接应用能量原理。为了能够将能量原理更广泛地应用于结构和构件的变形分析，必须进一步讨论能量关系，建立求解变形的能量方法。

## 1.2　杆件应变能的普遍表达形式

本节将根据杆件基本变形的应变能表达式，推导杆件应变能的普遍表达形式。对于组合变形杆件，横截面同时作用多个内力分量，为了方便讨论，取杆件的 d$x$ 微段进行分析，如图 1-6 所示。

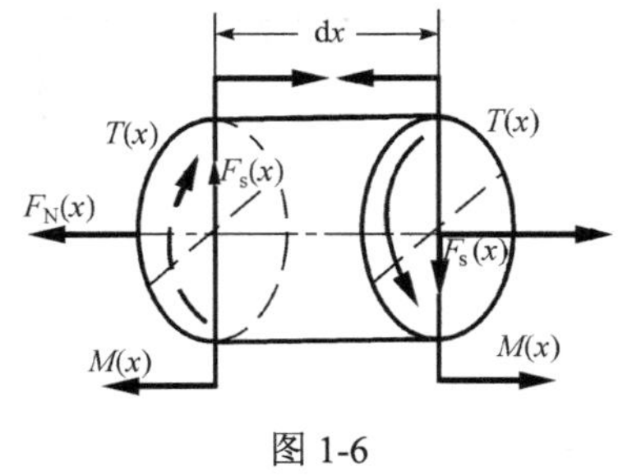


图 1-6

设 d$x$ 微段两端横截面的内力分别为轴力 $F_N(x)$、扭矩 $T(x)$、剪力 $F_s(x)$和弯矩 $M(x)$，对于细长杆，其中剪力产生的应变能一般忽略不计。上述内力，对于所研究的对象 d$x$ 微段而言均为外力。设 d$x$ 微段两个端面的相对轴向位移为 $\mathrm{d}(\Delta l)$，相对扭转角为 $\mathrm{d}\varphi$，相对转角为 $\mathrm{d}\theta$。由于 d$x$ 微段的上述广义位移是正交的，因此各个外力所做的功是相互独立的，互不影响。如轴力 $F_N(x)$在相对扭转角 $\mathrm{d}\varphi$和相对转角 $\mathrm{d}\theta$上不做功，而扭矩 $T(x)$和弯矩 $M(x)$在轴向位移 $\mathrm{d}(\Delta l)$上也不做功。因此，外力功为

$$\mathrm{d}W=\frac{1}{2}F_N(x)\mathrm{d}(\Delta l)+\frac{1}{2}T(x)\mathrm{d}\varphi+\frac{1}{2}M(x)\mathrm{d}\theta$$

上述外力功等于存储于 d$x$ 微段内的应变能，若材料变形在线弹性范围内，则胡克定律成立，因此有

$$\mathrm{d}V_s=\frac{1}{2}F_N(x)\mathrm{d}(\Delta l)+\frac{1}{2}T(x)\mathrm{d}\varphi+\frac{1}{2}M(x)\mathrm{d}\theta=\frac{F_N^2(x)}{2EA}\mathrm{d}x+\frac{T^2(x)}{2GI_p}\mathrm{d}x+\frac{M^2(x)}{2EI}\mathrm{d}x$$

积分可得整个杆件的应变能为

$$V_s=\int_l\frac{F_N^2(x)}{2EA}\mathrm{d}x+\int_l\frac{T^2(x)}{2GI_p}\mathrm{d}x+\int_l\frac{M^2(x)}{2EI}\mathrm{d}x \tag{1-17}$$

式(1-17)为圆截面杆件的应变能表达式，对于非圆截面杆件，应变能的普遍表达形式为

$$V_s=\int_l\frac{F_N^2(x)}{2EA}\mathrm{d}x+\int_l\frac{T^2(x)}{2GI_n}\mathrm{d}x+\int_l\frac{M_y^2(x)}{2EI_y}\mathrm{d}x+\int_l\frac{M_z^2(x)}{2EI_z}\mathrm{d}x \tag{1-18}$$

弹性体作用多个外力时，由于构件变形而外力作用点产生位移，载荷在这一位移上做功，其数值等于弹性体内部存储的应变能。因此也可以利用外力做功求解弹性体的应变能。

弹性体在外力 $F_1,F_2,F_3,\cdots,F_i,\cdots,F_n$ 的共同作用下处于平衡状态。这就是说弹性体的约束条件使得弹性体只有变形位移，而没有刚体位移，如图 1-7 所示。如果设外力 $F_1,F_2,F_3,\cdots,F_i,\cdots,$

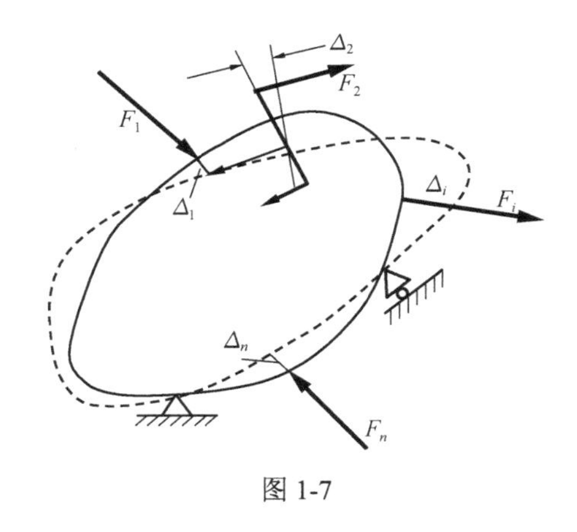

图 1-7

$F_n$ 为广义力，则对应的广义位移为 $\Delta_1,\Delta_2,\Delta_3,\cdots,\Delta_i,\cdots,\Delta_n$。这里的广义位移分别表示在外力作用点且与外力方向一致的位移。

设外力 $F_1,F_2,F_3,\cdots,F_i,\cdots,F_n$ 按照同一比例从零开始缓慢加载直至终值。如果弹性体变形很小而且材料是线弹性的，则弹性体的位移与外力之间的关系也是线弹性的。这就是说广义位移 $\Delta_1,\Delta_2,\Delta_3,\cdots,\Delta_i,\cdots,\Delta_n$ 也将与外力同样按照同一比例增加。为了表示外力与位移的这一关系，引入一个由 0 到 1 的参数 $k$。这样在加载过程中，各个外力可以表示为 $kF_1,kF_2,kF_3,\cdots,kF_i,\cdots,kF_n$，而由于外力与位移为线性关系，广义位移可以表示为 $k\Delta_1,k\Delta_2,k\Delta_3,\cdots,k\Delta_i,\cdots,k\Delta_n$。因此外力按照比例从零开始缓慢加载，相当于参数 $k$ 由 0 增至 1。引入参数 $k$ 的增量 $\mathrm{d}k$ 表示这个加载过程，则由 $k$ 到 $k+\mathrm{d}k$ 时，外力做功为

$$\begin{aligned}\mathrm{d}W&=kF_1\Delta_1\mathrm{d}k+kF_2\Delta_2\mathrm{d}k+kF_3\Delta_3\mathrm{d}k+\cdots+kF_i\Delta_i\mathrm{d}k+\cdots+kF_n\Delta_n\mathrm{d}k\\&=(F_1\Delta_1+F_2\Delta_2+F_3\Delta_3+\cdots+F_i\Delta_i+\cdots+F_n\Delta_n)k\mathrm{d}k\end{aligned}$$

积分上式，可得

$$\begin{aligned}W&=(F_1\Delta_1+F_2\Delta_2+F_3\Delta_3+\cdots+F_i\Delta_i+\cdots+F_n\Delta_n)\int_0^1k\mathrm{d}k\\&=\frac{1}{2}F_1\Delta_1+\frac{1}{2}F_2\Delta_2+\frac{1}{2}F_3\Delta_3+\cdots+\frac{1}{2}F_i\Delta_i+\cdots+\frac{1}{2}F_n\Delta_n\end{aligned}$$

因此根据能量关系表达式(1-1)，线弹性体的应变能为

$$V_{\mathrm{s}}=W=\frac{1}{2}F_1\Delta_1+\frac{1}{2}F_2\Delta_2+\frac{1}{2}F_3\Delta_3+\cdots+\frac{1}{2}F_i\Delta_i+\cdots+\frac{1}{2}F_n\Delta_n \tag{1-19}$$

式(1-19)表明，对于线弹性物体，应变能等于每一外力与其对应的位移乘积的一半的总和。式(1-19)又称为克拉珀龙(Clapeyron)原理。

由于位移 $\Delta_1,\Delta_2,\Delta_3,\cdots,\Delta_i,\cdots,\Delta_n$ 与外力 $F_1,F_2,F_3,\cdots,F_i,\cdots,F_n$ 之间满足线性关系，所以克拉珀龙原理如果采用外力表示，则应变能为外力的二次齐次函数；同理应变能也可以表示为位移的二次齐次函数。由于应变能是外力或者位移的二次函数，因此应变能不满足叠加原理条件。

上述分析是在外力等比例加载条件下推导得到的。对于非比例加载问题，根据功的基本定义，可以证明外力功与载荷的加载次序无关，即应变能仅仅与载荷的终值有关，而与载荷的加载次序无关，克拉珀龙原理仍然成立。

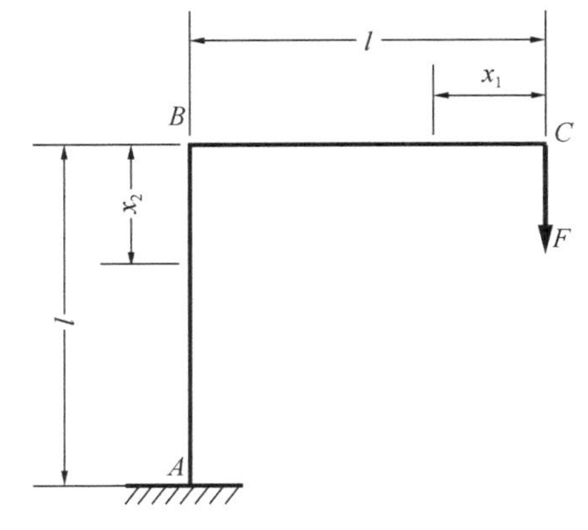

图 1-8

**例 1-2**　刚架 $ABC$ 在自由端 $C$ 处作用集中力 $F$，如图 1-8 所示。已知刚架的抗弯刚度 $EI$ 和抗拉压刚度 $EA$ 为常量，试求刚架的应变能 $V_{\mathrm{s}}$，并计算 $C$ 点的铅垂位移。

**解**　(1)刚架的应变能由杆件 $AB$ 和 $BC$ 的应变能

组成，即

$$V_s = V_{s,AB} + V_{s,BC}$$

选择如图 1-8 所示的坐标系，则 $BC$ 杆的弯矩方程为

$$M_1(x_1) = -Fx_1$$

$AB$ 杆件的内力方程为

$$M_2(x_2) = -Fl, \quad F_{N2}(x_2) = -F$$

则刚架的总应变能为

$$V_s = V_{s,AB} + V_{s,BC} = \int_0^l \frac{M_1^2(x_1)}{2EI}dx_1 + \int_0^l \frac{M_2^2(x_2)}{2EI}dx_2 + \int_0^l \frac{F_{N2}^2(x_2)}{2EA}dx_2$$

$$= \int_0^l \frac{(-Fx_1)^2}{2EI}dx_1 + \int_0^l \frac{(-Fl)^2}{2EI}dx_2 + \int_0^l \frac{(-F)^2}{2EA}dx_2 = \frac{F^2l^3}{6EI} + \frac{F^2l^3}{2EI} + \frac{F^2l}{2EA} = \frac{2F^2l^3}{3EI} + \frac{F^2l}{2EA}$$

(2) 计算 $C$ 点的铅垂位移。根据能量原理 $W = V_s = \frac{1}{2}Fy_C$，得

$$y_C = \frac{4Fl^3}{3EI} + \frac{Fl}{EA}$$

(3) 讨论。由上述结果可见，$C$ 点的铅垂位移是由两个部分组成的，一部分是弯矩引起的弯曲位移 $y_{C1}$，另一部分是轴力引起的拉压位移 $y_{C2}$，刚架的弯曲位移和拉压位移分别为

$$y_{C1} = \frac{4Fl^3}{3EI}, \quad y_{C2} = \frac{Fl}{EA}$$

两者之比为

$$\frac{y_{C1}}{y_{C2}} = \frac{4Al^2}{3I} = \frac{4}{3}\left(\frac{l}{i}\right)^2$$

式中，$i$ 为横截面的惯性半径。对于细长杆件，惯性半径 $i$ 远小于杆的长度。这就是说对于刚架类结构，拉压变形远小于弯曲变形。以长度 $l$=1m、直径 $d$=10cm 的圆截面杆为例，$y_{C2}$ 仅占 $y_{C1}$ 的 0.047%。因此在刚架的位移分析中，通常忽略轴力对于变形的影响。

## 1.3　卡 氏 定 理

通过例 1-2，可以看到应变能表达式为 $V_s = \frac{2F^2l^3}{3EI} + \frac{F^2l}{2EA}$，而外力 $F$ 对应的广义位移为 $y_C = \frac{4Fl^3}{3EI} + \frac{Fl}{EA}$。如果将应变能看成外力的函数，则应变能函数对于外力的导数 $\frac{dV_s}{dF} = \frac{4Fl^3}{3EI} + \frac{Fl}{EA}$，恰好就是外力对应的广义位移 $y_C$。

现在的问题是，上述分析是否具有普遍意义，而且对于多个载荷作用的弹性体这一性质是否依然成立。本节我们将讨论结构位移分析的一个重要定理——**卡氏 (Castigliano) 定理**[①]。

① 这里所述卡氏定理实际上是卡氏第二定理(Castigliano's second theorem)。卡氏第一定理是弹性杆件的应变能 $V_s$ 对于杆件上某一位移 $\Delta_i$ 的偏导数，等于与该位移相对应的载荷 $F_i$，即 $F_i = \frac{\partial V_s}{\partial \Delta_i}$。Aiberto Castigliano(1847—1884 年)，意大利工程师，于 1873 年在他的学位论文中得到以上定理。

卡氏定理可以通过不同的方法证明，以下将利用弹性体应变能与载荷加载次序的无关性，即应变能仅仅取决于载荷终值的性质加以推导证明。

为了简化问题，以简支梁表示弹性体，假设有任意一组载荷 $F_1,F_2,F_3,\cdots,F_i,\cdots,F_n$ 作用于结构，如图 1-9 所示。在这一组载荷作用下，外力 $F_1,F_2,\cdots,F_i,\cdots,F_n$ 对应的广义位移分别为 $\varDelta_1,\varDelta_2,\cdots,\varDelta_i,\cdots,\varDelta_n$。根据能量原理，外力做功等于梁的应变能。设梁的应变能为外力的函数。有

$$V_s = f(F_1,F_2,\cdots,F_i,\cdots,F_n) \tag{1-20}$$

如果任意一个外力 $F_i$ 有增量 $dF_i$，则应变能也有对应的增量，应变能增量可表示为

$$V_s + dV_s = V_s + \frac{\partial V_s}{\partial F_i}dF_i \tag{1-21}$$

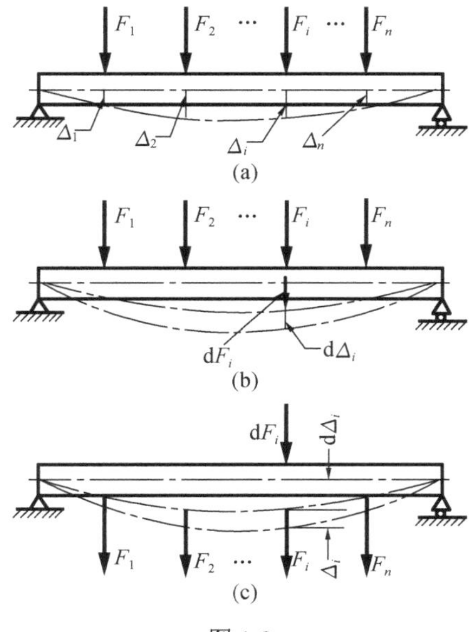

图 1-9

由于弹性体的应变能与外力的加载次序无关，因此可以将上述两组载荷的作用次序颠倒。首先在弹性体上作用第一组 $F_i$ 的增量 $dF_i$，然后作用第二组外力 $F_1,F_2,\cdots,F_i,\cdots,F_n$。由于弹性体满足胡克定律和小变形条件，因此两组外力引起的变形是很小的，而且相互独立互不影响。

当作用第一组增量 $dF_i$ 时，$dF_i$ 作用点沿力作用方向的位移为 $d\varDelta_i$，如图 11-9(b)所示，外力功为 $\frac{1}{2}dF_i d\varDelta_i$。作用第二组载荷 $F_1,F_2,\cdots,F_i,\cdots,F_n$ 时，尽管弹性体已经有 $dF_i$ 作用，但是弹性体在外力作用下的广义位移 $\varDelta_1,\varDelta_2,\cdots,\varDelta_i,\cdots,\varDelta_n$ 并不会因为 $dF_i$ 的作用而发生变化。因此第二组载荷 $F_1,F_2,\cdots,F_i,\cdots,F_n$ 产生的应变能仍然为 $V_s$。只是 $dF_i$ 在第二组载荷作用时在其相应的位移 $\varDelta_i$ 上也做功，如图 11-9(c)所示。因此，梁的应变能由三部分组成，即

$$\frac{1}{2}dF_i d\varDelta_i + V_s + dF_i\varDelta_i \tag{1-22}$$

根据应变能与载荷加载次序的无关性，由式(1-21)和式(1-22)，有

$$V_s + \frac{\partial V_s}{\partial F_i}dF_i = \frac{1}{2}dF_i d\varDelta_i + V_s + dF_i\varDelta_i$$

略去高阶微量，得

$$\varDelta_i = \frac{\partial V_s}{\partial F_i} \tag{1-23}$$

式(1-23)说明，应变能对于任意一个外力 $F_i$ 的偏导数等于 $F_i$ 作用点沿 $F_i$ 方向的位移。通常将式(1-23)称为**卡氏定理**。

卡氏定理对于任意弹性体都是成立的。卡氏定理中的外力 $F_i$ 可以看成广义力，则 $\varDelta_i$ 为广义位移。显然，如果 $F_i$ 为集中力，则 $\varDelta_i$ 为与集中力方向一致的位移；如果 $F_i$ 为力偶，则 $\varDelta_i$ 为与力偶方向一致的角位移。

将式(1-18)表示的弹性体应变能代入式(1-23)，则

$$\Delta_i=\frac{\partial V_{\mathrm{s}}}{\partial F_i}=\frac{\partial}{\partial F_i}\left[\int_l \frac{F_{\mathrm{N}}^2(x)}{2EA}\mathrm{d}x+\int_l \frac{T^2(x)}{2GI_{\mathrm{n}}}\mathrm{d}x+\int_l \frac{M_y^2(x)}{2EI_y}\mathrm{d}x+\int_l \frac{M_z^2(x)}{2EI_z}\mathrm{d}x\right] \tag{1-23a}$$

由于式(1-23a)中的积分是对杆件轴线坐标 $x$ 进行的，而偏导数运算是对广义力 $F_i$ 进行的，因此可以先求偏导数然后积分。这样位移计算公式可以写为

$$\begin{aligned}\Delta_i=\frac{\partial V_{\mathrm{s}}}{\partial F_i}=&\int_l \frac{F_{\mathrm{N}}(x)}{EA}\frac{\partial F_{\mathrm{N}}(x)}{\partial F_i}\mathrm{d}x+\int_l \frac{T(x)}{GI_{\mathrm{n}}}\frac{\partial T(x)}{\partial F_i}\mathrm{d}x\\&+\int_l \frac{M_y(x)}{EI_y}\frac{\partial M_y(x)}{\partial F_i}\mathrm{d}x+\int_l \frac{M_z(x)}{EI_z}\frac{\partial M_z(x)}{\partial F_i}\mathrm{d}x\end{aligned} \tag{1-23b}$$

卡氏定理不涉及弹性体的材料性质，因而可用于非弹性材料问题。其显式(式(1-23a))仅适用于线弹性体。

用卡氏定理求某截面处位移时，该截面必须有与所求位移相对应的载荷，即可求得在力的作用点沿力的作用线方向的位移。若该截面没有相应的载荷，则要在该截面处附加一个与所求广义位移对应的广义力，该广义力同样要参与支反力、内力方程计算中，一旦求完偏导数，即可令内力方程中的附加力为零，使得积分简化。

**例 1-3**　桁架由杆件 $BC$ 和 $BD$ 组成，在节点 $B$ 作用有铅垂载荷 $F$，如图 1-10(a)所示。已知两杆的抗拉压刚度 $EA$ 相同并且为常量，试求 $B$ 点的水平和铅垂位移。

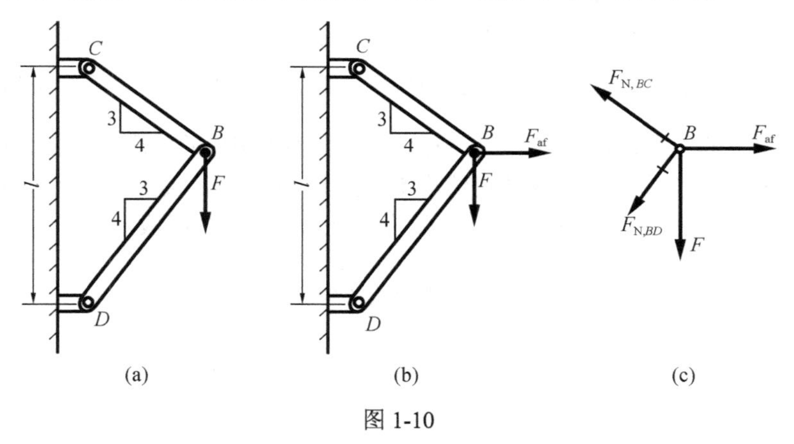


图 1-10

**解**　桁架为拉压杆件组成的杆系结构，桁架的总应变能为

$$V_{\mathrm{s}}=\sum_{i=1}^{n}\frac{F_{\mathrm{N}i}^2 l_i}{2EA}$$

根据卡氏定理，$B$ 点的铅垂位移为　$y_B=\dfrac{\partial V_{\mathrm{s}}}{\partial F}$

根据题意还需要计算 $B$ 点的水平位移，而结构中并没有对应的广义力。因此在应用卡氏定理时，需要在 $B$ 点附加一个虚拟的广义力 $F_{\mathrm{af}}$，通常称为附加力，如图 1-10(b)所示。

此时 $B$ 点的水平位移为 $$x_B=\frac{\partial V_{\mathrm{s}}}{\partial F_{\mathrm{af}}}$$

(1)根据静力平衡关系 $\sum F_x=0$、$\sum F_y=0$，得两杆的内力(图 1-10(c))：

$$F_{\mathrm{N},BC}=0.6F+0.8F_{\mathrm{af}},\quad F_{\mathrm{N},BD}=-0.8F+0.6F_{\mathrm{af}}$$

(2)桁架的总应变能为 $$V_{\mathrm{s}}=\frac{F_{\mathrm{N},BC}^2 l_{BC}}{2EA}+\frac{F_{\mathrm{N},BD}^2 l_{BD}}{2EA}$$

(3)节点 $B$ 的水平和铅垂位移分别为

$$x_B=\frac{\partial V_{\mathrm{s}}}{\partial F_{\mathrm{af}}}=\frac{F_{\mathrm{N},BC}l_{BC}}{EA}\frac{\partial F_{\mathrm{N},BC}}{\partial F_{\mathrm{af}}}+\frac{F_{\mathrm{N},BD}l_{BD}}{EA}\frac{\partial F_{\mathrm{N},BD}}{\partial F_{\mathrm{af}}},\quad y_B=\frac{\partial V_{\mathrm{s}}}{\partial F}=\frac{F_{\mathrm{N},BC}l_{BC}}{EA}\frac{\partial F_{\mathrm{N},BC}}{\partial F}+\frac{F_{\mathrm{N},BD}l_{BD}}{EA}\frac{\partial F_{\mathrm{N},BD}}{\partial F}$$

因为

$$\frac{\partial F_{\mathrm{N},BC}}{\partial F_{\mathrm{af}}}=0.8,\quad \frac{\partial F_{\mathrm{N},BD}}{\partial F_{\mathrm{af}}}=0.6;\quad \frac{\partial F_{\mathrm{N},BC}}{\partial F}=0.6,\quad \frac{\partial F_{\mathrm{N},BD}}{\partial F}=-0.8$$

求完偏导数后，令内力表达式中的附加力 $F_{\mathrm{af}}=0$，并将上述微分结果和各杆内力代入位移表达式得

$$x_B=-0.096\frac{Fl}{EA},\quad y_B=0.728\frac{Fl}{EA}$$

从计算结果看出 $x_B$ 为负， 所以 $B$ 点实际位移与附加力 $F_{\mathrm{af}}$ 的方向相反，即 $B$ 点的水平位移方向向左；而铅垂位移方向与外载荷方向一致，方向向下。

**例 1-4**　悬臂梁 $AB$ 及作用载荷如图 1-11(a)所示。已知梁的抗弯刚度 $EI$ 为常量，试求 $A$ 端的挠度 $y_A$ 和端面的转角 $\theta_A$。剪力对于变形的影响可忽略不计。

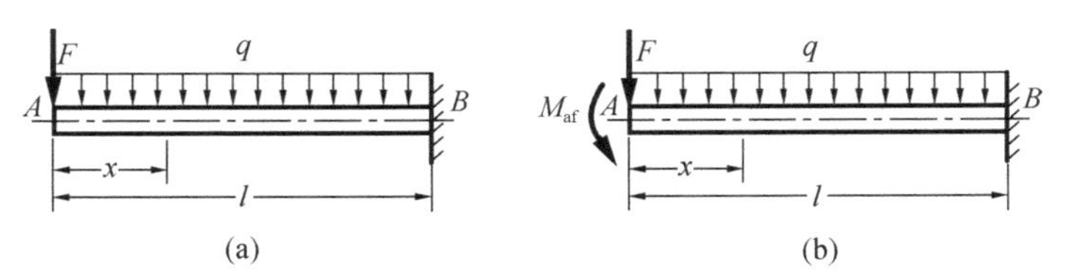


图 1-11

**解**　(1)求 $A$ 端面的挠度 $y_A$。写出梁的弯矩方程：

$$M(x)=-Fx-\frac{1}{2}qx^2,\quad 0\leqslant x<l$$

弯矩对于集中力 $F$ 的偏导数为 $$\frac{\partial M(x)}{\partial F}=-x$$

根据卡氏定理，积分得 $A$ 端面的挠度为

$$y_A=\frac{\partial V_{\mathrm{s}}}{\partial F}=\int_l \frac{M(x)}{EI}\frac{\partial M(x)}{\partial F}\mathrm{d}x=\frac{1}{EI}\int_0^l\left(-Fx-\frac{1}{2}qx^2\right)(-x)\mathrm{d}x=\frac{1}{EI}\left(\frac{1}{3}Fl^3+\frac{1}{8}ql^4\right)$$

结果为正，表示挠度与外力 $F$ 方向一致。

(2) 求 $A$ 端面的转角 $\theta_A$。由于 $A$ 端面没有作用与所求转角对应的外力偶，因此不能直接应用卡氏定理。假设在 $A$ 端面作用一个虚拟的外力偶 $M_{af}$，如图 1-11(b)所示。附加的虚拟外力偶 $M_{af}$ 称为附加力偶。通过应变能对于附加力偶的偏导数可以计算 $A$ 端面的转角。

悬臂梁在外力和附加力偶共同作用下的弯矩方程为

$$M(x)=-Fx-\frac{1}{2}qx^2-M_{af},\quad 0<x<l$$

弯矩方程 $M(x)$ 对附加力偶的偏导数为

$$\frac{\partial M(x)}{\partial M_{af}}=-1$$

求完偏导数后，令虚拟的附加力偶 $M_{af}=0$，再将上述两式代入卡氏定理表达式(1-23)，得

$$\theta_A=\frac{\partial V_s}{\partial M_{af}}=\int_l \frac{M(x)}{EI}\frac{\partial M(x)}{\partial M_{af}}\mathrm{d}x=\frac{1}{EI}\int_0^l\left(-Fx-\frac{1}{2}qx^2\right)(-1)\mathrm{d}x=\frac{1}{EI}\left(\frac{1}{2}Fl^2+\frac{1}{6}ql^3\right)$$

应该注意，对弯矩求偏导数时需要对与所求位移对应的附加力偶求偏导数，而一旦偏导数求解完成，就可以令附加力偶为零。不要在积分之后令附加力偶为零，以免增加计算工作量。

上述两个例题均采用虚拟的广义力作为附加力计算结构位移，这种方法通常称为**附加力法**。

**例 1-5**　刚架 $ABC$ 作用载荷如图 1-12(a)所示。已知刚架所有杆件的抗弯刚度 $EI$ 为常量并且相等，试求 $A$ 点的垂直位移 $y_A$。轴力和剪力对于变形的影响可忽略不计。

**解**　根据卡氏定理，整个刚架的应变能对于 $A$ 点垂直方向的外力 $F$ 的偏导数就是 $A$ 点的垂直位移 $y_A$。但是对于本例，$A$ 点的水平载荷也是 $F$，因此为了避免求解偏导数时混淆，这两个外力必须加以区别。否则，笼统地对 $F$ 求偏导，将得到在两个 $F$ 力作用下沿垂直和水平方向的位移之和。如果 $A$ 截面还作用弯矩 $M=Fa$，笼统地对 $F$ 求偏导数后，将还包含 $A$ 截面的转角在内。设垂直力为 $F_1$，水平载荷为 $F_2$，如图 1-12(b)所示。

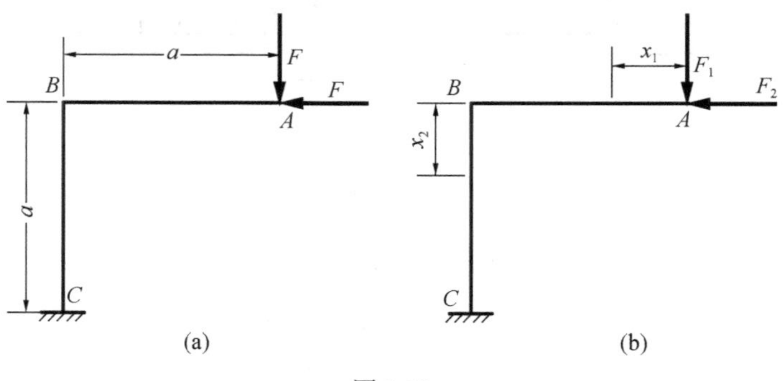


图 1-12

(1) 刚架的弯矩方程为

$AB$ 段　　$M_1(x_1)=-F_1x_1,\quad 0\leqslant x_1\leqslant a$

$BC$ 段　　$M_2(x_2)=-F_1a+F_2x_2,\quad 0\leqslant x_2<a$

(2) 依题意，要求 $A$ 端面垂直位移，应对垂直方向的力 $F_1$ 求偏导数，即

$$\frac{\partial M_1(x_1)}{\partial F_1}=-x_1,\quad \frac{\partial M_2(x_2)}{\partial F_1}=-a$$

(3) 代入卡氏定理表达式(1-23b)，得

$$\begin{aligned}y_A&=\int_0^a\frac{M_1(x_1)}{EI}\frac{\partial M_1(x_1)}{\partial F_1}\mathrm{d}x_1+\int_0^a\frac{M_2(x_2)}{EI}\frac{\partial M_1(x_2)}{\partial F_2}\mathrm{d}x_2\\&=\int_0^a\frac{1}{EI}(-F_1x_1)(-x_1)\mathrm{d}x_1+\int_0^a\frac{1}{EI}(-F_1a+F_2x_2)(-a)\mathrm{d}x_2\\&=\frac{1}{EI}\left(\frac{1}{3}F_1a^3+F_1a^3-\frac{1}{2}F_2a^3\right)\end{aligned}$$

求完偏导数后，即可弃掉附加的下脚标，然后进行积分，也可积分后再弃之。

令 $F_1=F_2=F$，则 $A$ 端面的垂直位移 $y_A$ 为

$$y_A=\frac{5Fa^3}{6EI}$$

该位移方向同 $F_1$ 一致，方向向下。同样，当要求 $A$ 点的水平位移时，应对 $A$ 点的水平力 $F_2$ 求偏导数。

**例 1-6**　有一半径为 $R$ 的圆弧形曲杆 $AB$，角 $AOB$ 为直角，作用载荷如图 1-13 所示。已知曲杆的抗弯刚度 $EI$ 为常量，试求 $B$ 截面的垂直位移 $y_B$ 和转角 $\theta_B$，轴力和剪力对于变形的影响可忽略不计。

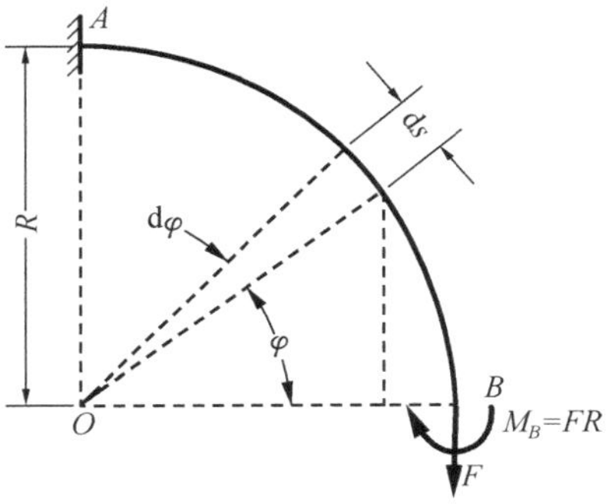

图 1-13

**解**　(1) 求 $B$ 截面的垂直位移 $y_B$。首先写出曲杆 $\varphi$ 面的弯矩方程：

$$M(\varphi)=FR(1-\cos\varphi)+M_B,\quad 0<\varphi<\frac{\pi}{2}$$

如果选用卡氏定理解题，为了避免混淆，先不要将 $M_B$ 的显式代入。应先对铅垂力 $F$ 求偏导数：

$$\frac{\partial M(\varphi)}{\partial F}=R(1-\cos\varphi)$$

求完偏导数后，再将 $M_B$ 的显式代入。由卡氏定理表达式(1-23b)，得

$$\begin{aligned}y_B&=\int_s\frac{M(\varphi)}{EI}\frac{\partial M(\varphi)}{\partial F}\mathrm{d}s=\frac{1}{EI}\int_0^{\frac{\pi}{2}}[FR(1-\cos\varphi)+M_B]R(1-\cos\varphi)R\mathrm{d}\varphi\\&=\frac{1}{EI}\left[FR^3\left(\frac{3}{4}\pi-2\right)+M_BR^2\left(\frac{1}{2}\pi-1\right)\right]=\frac{1}{EI}FR^3\left(\frac{5}{4}\pi-3\right)\end{aligned}$$

(2) 求 $B$ 截面的转角 $\theta_B$。曲杆弯矩方程与求解垂直位移 $y_B$ 时相同。而对 $B$ 截面弯矩的偏导数为

$$\frac{\partial M(\varphi)}{\partial M_B}=1$$

代入卡氏定理表达式(1-23b)，得 $B$ 截面的转角 $\theta_B$ 为

$$\theta_B=\int_s\frac{M(\varphi)}{EI}\frac{\partial M(\varphi)}{\partial M_B}\mathrm{d}s=\frac{1}{EI}\int_0^{\frac{\pi}{2}}[FR(1-\cos\varphi)+M_B]R\mathrm{d}\varphi=\frac{1}{EI}\left[FR^2\left(\frac{\pi}{2}-1\right)+\frac{\pi}{2}M_BR\right]$$

代入 $M_B=FR$，得

$$\theta_B=\frac{1}{EI}FR^2(\pi-1)$$

转向与 $M_B$ 方向一致，为顺时针方向。

运用卡氏定理时，问题的解不再受直接运用能量原理时外载荷必须唯一的限制，而适用于有任意多个外载荷的弹性系统，可以求任意截面的挠度和转角。在所求截面没有作用载荷或没有与所求位移对应的载荷时，只需要添加一个与所求位移对应的附加力，并写出包含附加力在内的内力方程，当内力方程对相应载荷(包含附加力)求完偏导数后，即可令内力方程中的附加力为零，运用卡氏定理即可求得该截面对应的位移。

## 1.4　单位载荷法①

基于能量原理的结构变形分析方法是多样的，本节介绍单位载荷法。单位载荷法又称为莫尔积分法，与卡氏定理方法比较，单位载荷法具有计算工作量小和计算简单的特点。

以下通过应变能概念推导单位载荷法。为了简化推导过程，以简支梁弯曲变形为例说明单位载荷法的基本概念。然后根据能量关系，很容易推广到任意的杆系结构。

假设简支梁在载荷 $F_1,F_2,\cdots,F_i,\cdots,F_n$ 作用下发生弯曲变形，如图 1-14(a)所示。梁的应变能 $V_s$ 为

$$V_s=\int_l\frac{M^2(x)}{2EI}\mathrm{d}x \tag{1}$$

式中，弯矩 $M(x)$ 为载荷 $F_1,F_2,\cdots,F_i,\cdots,F_n$ 共同作用下的简支梁横截面内力。

现在的问题是在上述载荷作用下，如何确定梁任意截面的广义位移 $\Delta_C$。

首先假设在上述载荷 $F_1,F_2,\cdots,F_i,\cdots,F_n$ 作用之前，在 $C$ 截面沿 $\Delta_C$ 方向作用一个单位力 $F_0(F_0=1)$，如图 1-14(b)所示。在单位力 $F_0$ 作用下，设梁的弯矩方程为 $\overline{M}(x)$，则简支梁内存储的应变能 $V_{s0}$ 为

$$V_{s0}=\int_l\frac{\overline{M}^2(x)}{2EI}\mathrm{d}x \tag{2}$$

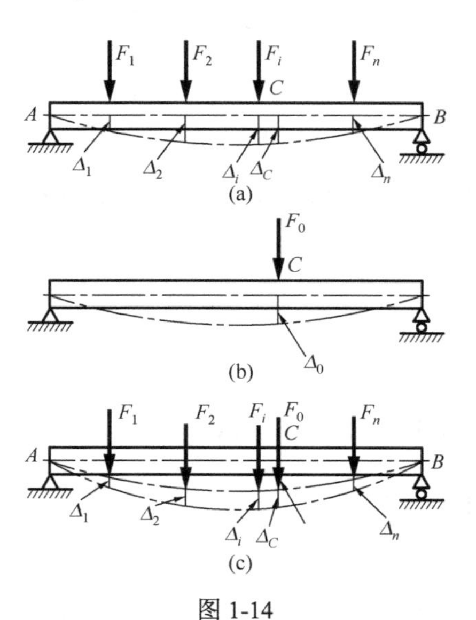

图 1-14

然后作用载荷 $F_1,F_2,\cdots,F_i,\cdots,F_n$ 于简支梁，如图 1-14(c)所示。如果材料服从胡克定律，而且结构为小

① 单位载荷法的基本方程可以根据虚功原理导出，所以该方法也称为虚功法、虚载荷法，或麦克斯韦-莫尔(Maxwell-Mohr)法。称为虚功法是因为需要附加虚载荷(单位载荷)；称为 Maxwell-Mohr 法是因为 J. C. Maxwell 和 O.Mohr 分别于 1864 年和 1874 年各自独立地提出了该方法。单位载荷法的基本方程不受任何材料或结构是否为线性的限制，当材料服从胡克定律时得出的显式(1-24)或式(1-24a)才要求限制在线弹性范围内。本节是在变形满足线弹性条件下推导的，但不可误认为方法仅适应线弹性体。

变形，那么各个外力产生的变形是相互独立的，内力计算可以应用叠加法。因此梁的总应变能 $V_{s1}$ 为

$$V_{s1}=\int_l \frac{[M(x)+\overline{M}(x)]^2}{2EI}\mathrm{d}x \tag{3}$$

外力所做总功 $W_1$ 为

$$W_1=\frac{1}{2}F_0\varDelta_0+W+F_0\varDelta_C \tag{4}$$

式中，$\varDelta_0$ 为仅作用 $F_0$ 时梁的 $C$ 点沿 $F_0$ 方向的位移；$\varDelta_C$ 为 $F_1,F_2,\cdots,F_i,\cdots,F_n$ 共同作用下 $C$ 截面沿 $F_0$ 方向的位移；$W$ 为载荷 $F_1,F_2,\cdots,F_i,\cdots,F_n$ 所做外力功，数值上等于梁的应变能 $V_s$，即 $W=V_s$。

根据功能原理，有 $V_{s1}$ 等于 $W_1$，即式(3)与式(4)相等，故

$$\int_l \frac{[M(x)+\overline{M}(x)]^2}{2EI}\mathrm{d}x=\frac{1}{2}F_0\varDelta_0+W+F_0\varDelta_C \tag{5}$$

由于 $\frac{1}{2}F_0\varDelta_0$ 为仅有 $F_0$ 作用时的外力功，$\frac{1}{2}F_0\varDelta_0=V_{s0}$，所以式(5)简化为

$$F_0\varDelta_C=\int_l \frac{M(x)\overline{M}(x)}{EI}\mathrm{d}x$$

注意到 $F_0=1$，所以

$$\varDelta_C=\int_l \frac{M(x)\overline{M}(x)}{EI}\mathrm{d}x \tag{1-24}$$

式(1-24)所示的积分称为**莫尔积分**，所以单位载荷法又称为**莫尔积分法**。如果积分结果为正，说明单位力做正功，表明 $\varDelta_C$ 与单位力方向一致；反之，积分结果为负则表明 $\varDelta_C$ 与单位力方向相反。

应该注意莫尔积分中 $M(x)$ 为载荷 $F_1,F_2,\cdots,F_i,\cdots,F_n$ 引起的弯矩；而单位力 $F_0$ 作用下，梁的弯矩为 $\overline{M}(x)$。这里 $F_0,F_1,F_2,\cdots,F_i,\cdots,F_n$ 均为广义力。

对于组合变形杆件，莫尔积分的一般表达式为

$$\varDelta_C=\int_l \frac{F_N(x)\overline{F}_N(x)}{EA}\mathrm{d}x+\int_l \frac{T(x)\overline{T}(x)}{GI_n}\mathrm{d}x+\int_l \frac{M_y(x)\overline{M}_y(x)}{EI_y}\mathrm{d}x+\int_l \frac{M_z(x)\overline{M}b(x)}{EI_z}\mathrm{d}x \tag{1-24a}$$

单位载荷法也可应用于刚架、桁架和曲杆等结构的变形分析。对于桁架结构，由于各个杆件的轴力为常量，式(1-24a)可以改写作

$$\varDelta_C=\sum_{j=1}^{n}\frac{F_{Nj}\overline{F}_{Nj}}{E_jA_j}l_j \tag{1-24b}$$

式中，$F_{Nj}$ 为桁架第 $j$ 杆中外力引起的轴力；$\overline{F}_{Nj}$ 为单位力引起的轴力。

在莫尔积分公式推导中应用了叠加原理和以胡克定律为基础的应变能表达式(1-10)，因此式(1-24)仅适用于线弹性结构。但是应当注意，单位载荷法并不仅仅适用于线弹性问题，对于非线弹性体依然成立，其基本方程的表达式为

$$\varDelta_C=\int_l \overline{F}_N(x)\mathrm{d}\delta+\int_l \overline{T}(x)\mathrm{d}\varphi+\int_l \overline{M}_y(x)\mathrm{d}\theta_y+\int_l \overline{M}_z(x)\mathrm{d}\theta_z \tag{1-25}$$

式中，$\overline{F}_{\mathrm{N}}(x)$、$\overline{T}(x)$、$\overline{M}_y$、$\overline{M}_z(x)$ 为单位力引起的内力；$\mathrm{d}\delta$、$\mathrm{d}\varphi$、$\mathrm{d}\theta_y$、$\mathrm{d}\theta_z$ 为实际作用载荷引起的变形。铁木辛柯(S. Timoshenko)把式(1-24a)称为式(1-25)的“最普遍的情况”。

**例 1-7**　桁架结构如图 1-15(a)所示。已知桁架各个杆件的抗拉压刚度 $EA$ 均相等，试求节点 $B$ 的铅垂位移 $\Delta_B$。

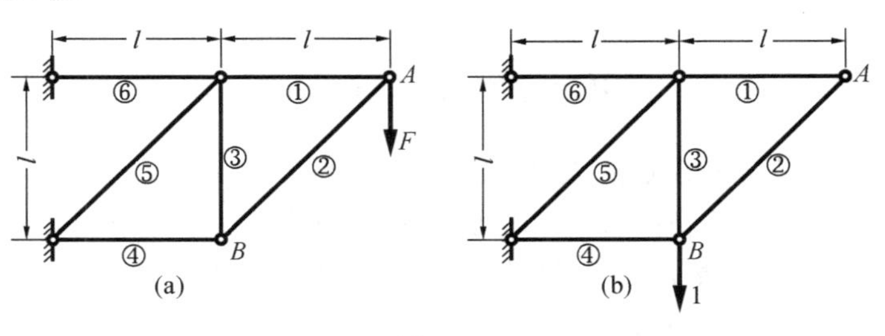


图 1-15

**解**　由于桁架各个杆件的抗拉压刚度 $EA$ 均相等，根据公式(1-24b)需要计算 $F_{\mathrm{N}j}$、$\overline{F}_{\mathrm{N}j}$ 和杆的长度 $l_j$。由于桁架的杆件比较多，为了避免混淆，先将杆件编号，计算杆的长度 $l_j$，将计算结果列在表 1-1 中。然后根据图 1-15(a)计算 $F_{\mathrm{N}j}$；再在 $B$ 点处施加铅垂单位力，如图 1-15(b)所示，计算 $\overline{F}_{\mathrm{N}j}$。

**表 1-1　例 1-7 中 *B* 点位移的莫尔积分参数**

| 杆编号 | 杆长 $l_j$ | $F_{\mathrm{N}j}$ | $\overline{F}_{\mathrm{N}j}$ | $F_{\mathrm{N}j}\overline{F}_{\mathrm{N}j}l_j$ |
|---|---|---|---|---|
| 1 | $l$ | $F$ | 0 | 0 |
| 2 | $\sqrt{2}l$ | $-\sqrt{2}F$ | 0 | 0 |
| 3 | $l$ | $F$ | 1 | $Fl$ |
| 4 | $l$ | $-F$ | 0 | 0 |
| 5 | $\sqrt{2}l$ | $-\sqrt{2}F$ | $-\sqrt{2}$ | $2\sqrt{2}Fl$ |
| 6 | $l$ | $2F$ | 1 | $2Fl$ |

根据式(1-24b)，有

$$\Delta_B=\frac{1}{EA}\sum_{j=1}^{n}F_{\mathrm{N}j}\overline{F}_{\mathrm{N}j}l_j=\frac{1}{EA}(Fl+2\sqrt{2}Fl+2Fl)$$

$$=\frac{(3+2\sqrt{2})Fl}{EA}$$

计算结果为正，说明节点 $B$ 的铅垂位移 $\Delta_B$ 与单位力方向一致，铅垂向下。

**例 1-8**　作用均匀分布载荷 $q$ 的简支梁 $AB$ 如图 1-16(a)所示。已知梁的抗弯刚度 $EI$ 为常量，试求梁中面 $C$ 的挠度 $y_C$ 和支座 $B$ 截面的转角 $\theta_B$。

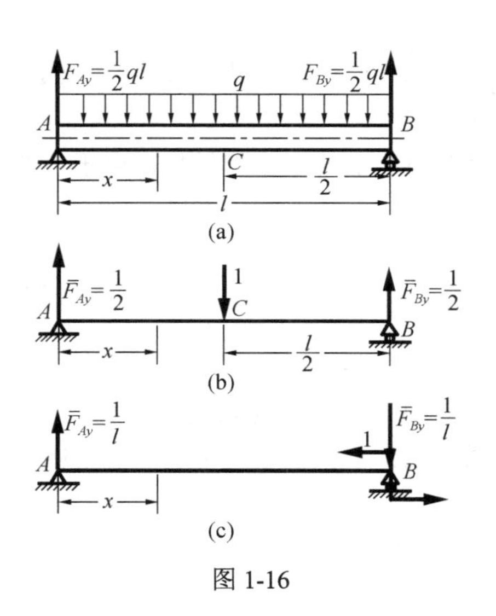


图 1-16

**解**　(1)求梁中面 $C$ 的挠度 $y_C$。

简支梁在均匀分布载荷 $q$ 作用下的弯矩方程为

$$M(x)=\frac{1}{2}qlx-\frac{1}{2}qx^2,\quad 0\leqslant x\leqslant l$$

为计算挠度 $y_C$，在简支梁中面 $C$ 施加单位力，如图 1-16(b) 所示，单位力产生的弯矩为

$$\overline{M}(x)=\frac{1}{2}x,\quad 0\leqslant x\leqslant\frac{l}{2}$$

注意到简支梁 $M(x)$ 和 $\overline{M}(x)$ 均对称，因此上述关于弯矩 $\overline{M}(x)$ 的表达式只写了梁的左半段。莫尔积分可以在 $0\leqslant x\leqslant\frac{l}{2}$ 区间完成，只要将计算结果乘以 2 即可。

将 $M(x)$ 和 $\overline{M}(x)$ 代入莫尔积分式(1-24)，则

$$y_C=\int_l\frac{M(x)\overline{M}(x)}{EI}\mathrm{d}x=\frac{2}{EI}\int_0^{\frac{l}{2}}\left(\frac{1}{2}qlx-\frac{1}{2}qx^2\right)\left(\frac{1}{2}x\right)\mathrm{d}x=\frac{5ql^4}{384EI}$$

(2) 求支座 $B$ 截面的转角 $\theta_B$。

在简支梁的 $B$ 截面施加单位力偶，如图 1-16(c) 所示，单位力偶对应的弯矩 $\overline{M}(x)$ 为

$$\overline{M}(x)=\frac{x}{l},\quad 0\leqslant x\leqslant l$$

根据莫尔积分式(1-24)，有

$$\theta_B=\int_l\frac{M(x)\overline{M}(x)}{EI}\mathrm{d}x=\frac{1}{EI}\int_0^{l}\left(\frac{1}{2}qlx-\frac{1}{2}qx^2\right)\left(\frac{x}{l}\right)\mathrm{d}x=\frac{ql^3}{24EI}$$

上述分析所得的挠度 $y_C$ 和转角 $\theta_B$ 均为正值，说明计算所得的位移和转角均与单位载荷方向一致。

**例 1-9**　刚架 $ABC$ 的 $C$ 端为固定端，$AB$ 段作用均匀分布载荷，如图 1-17(a) 所示。已知刚架各段的抗弯刚度 $EI_1$ 和 $EI_2$。试求自由端 $A$ 截面的垂直位移 $y_A$ 和 $B$ 截面的转角 $\theta_B$。轴力和剪力对于变形的影响可忽略不计。

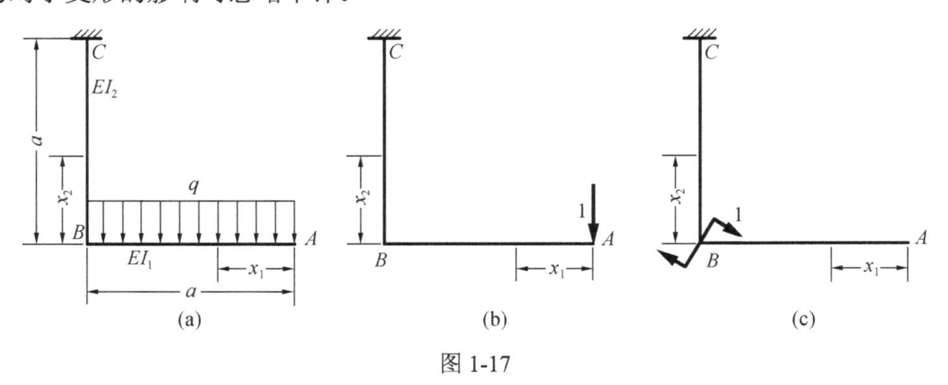


图 1-17

**解**　(1) 建立求解坐标系，分段写出载荷 $q$ 作用下的刚架弯矩方程。

$AB$ 段　　$$M_1(x_1)=-\frac{1}{2}qx_1^2,\quad 0\leqslant x_1\leqslant a$$

$BC$ 段　　$$M_2(x_2)=-\frac{1}{2}qa^2,\quad 0\leqslant x_2\leqslant a$$

(2) 求 $A$ 截面的垂直位移 $y_A$。

在 $A$ 点沿垂直方向施加单位力，如图 1-17(b)所示，单位力引起的弯矩分别为

$AB$ 段 $$\overline{M}_1(x_1)=-x_1,\quad 0\leqslant x_1\leqslant a$$

$BC$ 段 $$\overline{M}_2(x_2)=-a,\quad 0\leqslant x_2\leqslant a$$

代入莫尔积分式(1-24)，得

$$\begin{aligned}y_A&=\int_0^a\frac{M_1(x_1)\overline{M}_1(x_1)}{EI_1}\mathrm{d}x_1+\int_0^a\frac{M_2(x_2)\overline{M}_2(x_2)}{EI_2}\mathrm{d}x_2\\&=\frac{1}{EI_1}\int_0^a\left(-\frac{1}{2}qx_1^2\right)(-x_1)\mathrm{d}x_1+\frac{1}{EI_2}\int_0^a\left(-\frac{1}{2}qa^2\right)(-a)\mathrm{d}x_2=\frac{qa^4}{8EI_1}+\frac{qa^4}{2EI_2}\end{aligned}$$

(3) 求 $B$ 截面的转角 $\theta_B$。

在 $B$ 截面施加单位力偶，如图 1-17(c)所示，单位力偶引起的弯矩方程分别为

$AB$ 段 $$\overline{M}_1(x_1)=0,\quad 0\leqslant x_1<a$$

$BC$ 段 $$\overline{M}_2(x_2)=-1,\quad 0<x_2\leqslant a$$

代入莫尔积分式(1-24)，得

$$\begin{aligned}\theta_B&=\int_0^a\frac{M_1(x_1)\overline{M}_1(x_1)}{EI_1}\mathrm{d}x_1+\int_0^a\frac{M_2(x_2)\overline{M}_2(x_2)}{EI_2}\mathrm{d}x_2\\&=\frac{1}{EI_1}\int_0^a\left(-\frac{1}{2}qx_1^2\right)\times(0)\mathrm{d}x_1+\frac{1}{EI_2}\int_0^a\left(-\frac{1}{2}qa^2\right)\times(-1)\mathrm{d}x_2=\frac{qa^3}{2EI_2}\end{aligned}$$

计算结果均与所加单位力或单位力偶方向一致，所得 $y_A$ 方向向下，转角 $\theta_B$ 为顺时针方向转动。

**例 1-10** 活塞环如图 1-18(a)所示，$AB$ 之间有一个微小切口，一对集中力 $F$ 作用于切口两侧的 $A$ 和 $B$。试求外力作用下 $A$、$B$ 之间的相对位移 $\varDelta_{AB}$。已知活塞环的抗弯刚度 $EI$ 和抗拉压刚度 $EA$ 均为常量，剪力对于变形的影响可忽略不计。

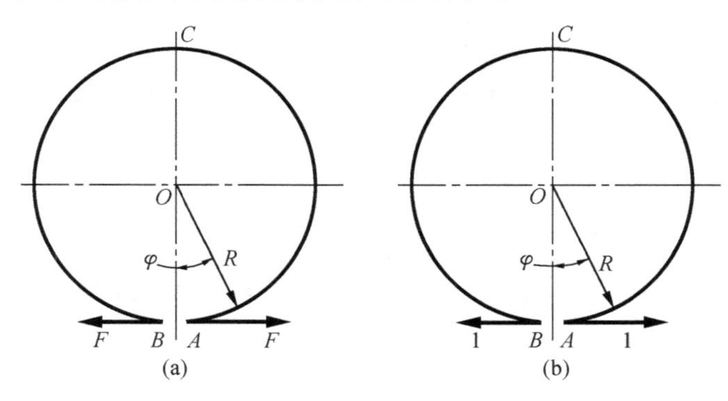


图 1-18

**解** 莫尔积分公式的定义均为计算绝对位移，即计算结构内某一点相对固定坐标系的位置改变。相对位移是指结构内某点(面)相对于另外一个也有位移的点(面)的位置变化。计算

$A$、$B$ 之间的相对位移 $\Delta_{AB}$ 时可以在 $A$ 和 $B$ 两点之间施加一对方向相反的单位力，如图 1-18(b) 所示，根据叠加原理，计算所得为两点位移的差，即 $A$、$B$ 之间的相对位移 $\Delta_{AB}$。

(1) 考虑活塞环的结构和作用载荷是对称的，为了减小计算工作量，选取结构的 1/2，即圆环右半部分作为力学分析模型，将结果乘以 2 就可以得到相对位移 $\Delta_{AB}$。

根据图 1-18 所示坐标系，写出内力方程：

$$M=-FR(1-\cos\varphi),\quad 0\leqslant\varphi\leqslant\pi$$
$$F_{\mathrm{N}}=-F\cos\varphi,\quad 0\leqslant\varphi\leqslant\pi$$

单位力引起的内力方程为

$$\overline{M}=-R(1-\cos\varphi),\quad 0\leqslant\varphi\leqslant\pi$$
$$\overline{F}_{\mathrm{N}}=-\cos\varphi,\quad 0\leqslant\varphi\leqslant\pi$$

(2) 莫尔积分求相对位移。将内力方程代入式(1-24a)，得

$$\begin{aligned}\Delta_{AB}&=2\left(\int_s\frac{M(\varphi)\overline{M}(\varphi)}{EI}\mathrm{d}s+\frac{F_{\mathrm{N}}(\varphi)\overline{F}_{\mathrm{N}}(\varphi)}{EA}\mathrm{d}s\right)\\&=\frac{2}{EI}\int_0^{\pi}[-FR(1-\cos\varphi)][-R(1-\cos\varphi)]R\mathrm{d}\varphi+\frac{2}{EA}\int_0^{\pi}(-F\cos\varphi)(-\cos\varphi)R\mathrm{d}\varphi\\&=\frac{3\pi FR^3}{EI}+\frac{\pi FR}{EA}\end{aligned}$$

计算所得结果为正，说明相对位移 $\Delta_{AB}$ 与单位力方向相同，即 $A$、$B$ 之间的距离增大。

(3) 以上计算仅得到了 $A$、$B$ 之间的相对水平位移 $\Delta_{AB}$。如果要求 $A$、$B$ 两截面的相对转角 $\theta_{AB}$，则需在 $A$、$B$ 两截面上施加一对方向相反的单位力偶；如果要求 $A$、$B$ 两截面的相对铅垂位移，则需在 $A$、$B$ 两截面上施加一对方向相反的铅垂单位力，显然，实际内力方程左右对称，单位力内力方程左右反对称，故 $A$、$B$ 两截面的相对铅垂位移为零。

**例 1-11**　桁架结构由杆件 1 和 2 组成，铅垂集中力 $F$ 作用于结构的节点 $B$ 处，如图 1-19 所示。已知杆件 1 和 2 的横截面积相同，均为 $A$，材料的拉压性能也相同，应力-应变关系曲线如图 1-19(c) 所示。其中拉伸时，$\sigma'=C\sqrt{\varepsilon'}$；压缩时，$\sigma''=-C\sqrt{-\varepsilon''}$，其中 $C$ 为材料常数。试求节点 $B$ 的铅垂位移。

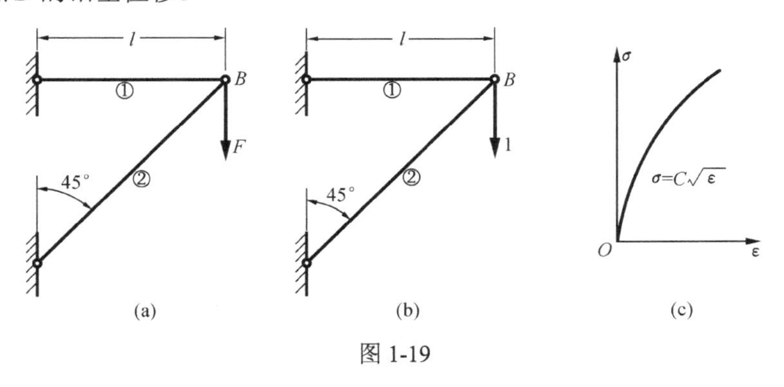


图 1-19

**解**　由于材料的应力-应变关系是非线性的，因此位移计算时单位载荷法公式应选取式 (1-25)。

(1) 外力作用下，桁架各个杆件的轴力为

$$F_{\mathrm{N1}} = F, \quad F_{\mathrm{N2}} = -\sqrt{2}F$$

在单位力作用下，各杆件的轴力为

$$\bar{F}_{\mathrm{N1}} = 1, \qquad \bar{F}_{\mathrm{N2}} = -\sqrt{2}$$

(2) 各个杆件的轴向变形分别为

$$\Delta l_1 = \varepsilon' l_1 = \left(\frac{\sigma'}{C}\right)^2 l_1 = \frac{F_{\mathrm{N1}}^2}{C^2A^2} l = \frac{F^2 l}{C^2A^2}$$

$$\Delta l_2 = \varepsilon'' l_2 = -\left(\frac{\sigma''}{C}\right)^2 l_2 = -\frac{F_{\mathrm{N2}}^2}{C^2A^2}\sqrt{2}l = -\frac{2\sqrt{2}F^2 l}{C^2A^2}$$

(3) 由于各个杆件的内力只有轴力，而轴力为常量，因此式(1-25)的积分可以简化为

$$\varDelta_j = \int_l \bar{F}_{\mathrm{N}}(x)\mathrm{d}\delta = \sum_{i=1}^{n} \bar{F}_{\mathrm{N}i}\Delta l_i$$

将单位力作用下各杆件的轴力和各杆件的轴向变形代入上式，得

$$\varDelta_{By} = \bar{F}_{\mathrm{N1}}\Delta l_1 + \bar{F}_{\mathrm{N2}}\Delta l_2 = \frac{F^2 l}{C^2A^2} + \left(-\sqrt{2}\right)\left(-\frac{2\sqrt{2}F^2 l}{C^2A^2}\right) = \frac{5F^2 l}{C^2A^2}$$

$B$ 点铅垂位移方向与单位力方向一致，方向向下。

## 1.5　图形互乘法

在单位载荷法的应用中，经常需要计算莫尔积分：

$$\int_l \frac{M(x)\overline{M}(x)}{EI}\mathrm{d}x$$

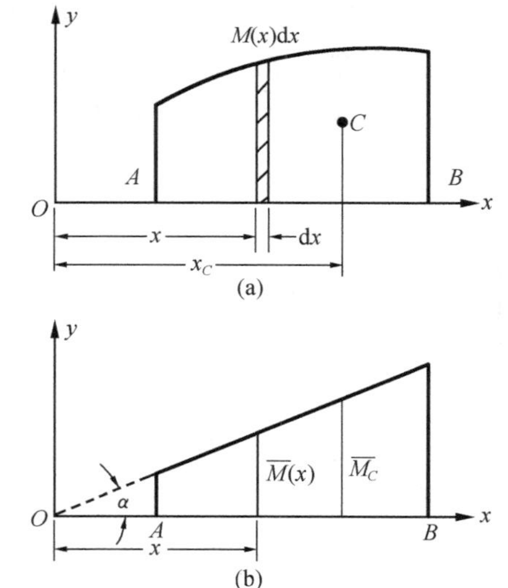


图 1-20

对于等截面的直梁，抗弯刚度 $EI$ 为常量，因此需要计算的积分简化为

$$\int_l M(x)\overline{M}(x)\mathrm{d}x \tag{1-26}$$

直梁在单位力或者单位力偶作用下产生的弯矩图必然是线性的，也就是说，弯矩 $\overline{M}$ 图必然是由直线组成的。图 1-20(a) 表示直梁 $AB$ 在外力作用下的弯矩 $M(x)$ 图，图 1-20(b) 表示单位载荷作用下的弯矩 $\overline{M}(x)$ 图。由于 $\overline{M}$ 图为一条斜直线，设这一斜直线与 $x$ 轴的夹角为 $\alpha$，并且交于原点 $O$，则任意点 $x$ 的纵坐标为

$$\overline{M}(x) = x\tan\alpha$$

因此，式(1-26)可以写作

$$\int_l M(x)\overline{M}(x)\mathrm{d}x = \tan\alpha \int_l M(x)x\mathrm{d}x$$

由于 $M(x)\mathrm{d}x$ 为弯矩 $M(x)$ 与坐标 $x$ 轴所围微面积，即图 1-20(a)中阴影部分；而 $M(x)x\mathrm{d}x$ 为上述微面积对于坐标 $y$ 轴的静矩；所以积分 $\int_l M(x)x\mathrm{d}x$ 表示弯矩 $M(x)$ 图对于坐标 $y$ 轴的静矩。设 $\omega$ 表示弯矩图的面积，$x_C$ 表示弯矩图形心到 $y$ 轴的距离，则

$$\int_l M(x)x\mathrm{d}x = \omega x_C$$

因此，式(1-26)可以简化为　$\int_l M(x)\overline{M}(x)\mathrm{d}x = \tan\alpha\cdot\omega\cdot x_C = \omega\cdot\overline{M}_C$

式中，$\overline{M}_C$ 为 $\overline{M}(x)$ 与弯矩 $M(x)$ 图面积的形心 $C$ 对应的纵坐标。所以，对于等截面直梁，莫尔积分公式可以简化为

$$\Delta_i = \int_l \frac{M(x)\overline{M}(x)}{EI}\mathrm{d}x = \frac{\omega\overline{M}_C}{EI} \tag{1-27}$$

式(1-27)采用弯矩图图形互乘完成莫尔积分，因此称为**图形互乘法，简称图乘法**。

同理，对于拉压和扭转问题，如果杆件的抗拉压刚度或者抗扭刚度为常量，则其莫尔积分也可以采用类似的图形互乘法完成。

式(1-27)是根据单位载荷弯矩图为一直线推导得到的，如果单位载荷弯矩图是由几段直线组成的折线，则必须分别对每一段直线按照式(1-27)处理。具体计算时，必须将外力弯矩 $M(x)$ 图与 $x$ 轴所围面积按照 $\overline{M}(x)$ 图的不连续点(折点)分解为若干部分，分别计算每一部分的图形面积 $\omega$ 以及与之对应的 $\overline{M}_C$，应用图形互乘法求解 $\omega\overline{M}_C$，最后叠加完成计算。

应用图形互乘法，需要经常使用某些图形的面积和形心位置。表 1-2 给出了部分常见图形的面积计算公式和形心位置。其中表 1-2 中曲线的顶点是指该点的切线平行于基线或者与基线重合。

**表 1-2　几种常见图形的面积及形心**

| | 矩形 | 三角形 | 二次抛物线 | 三次抛物线 | 二次抛物线 | 三次抛物线 |
|---|---|---|---|---|---|---|
| 图形 | 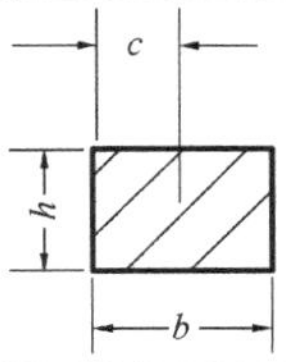 | 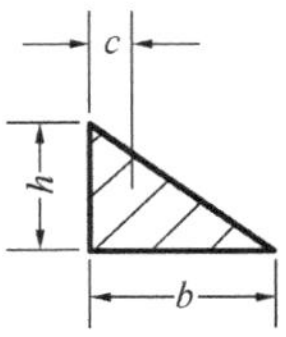 | 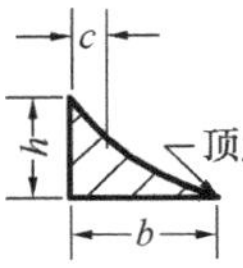 | 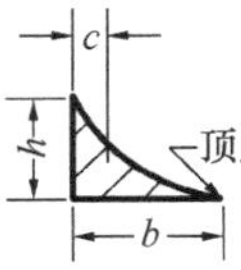 | 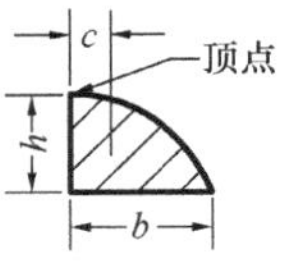 | 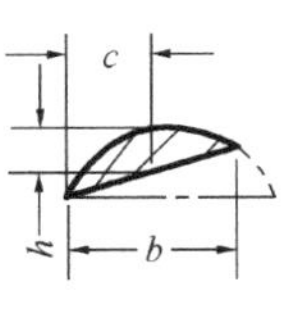 |
| 面积 $A$ | $bh$ | $\frac{1}{2}bh$ | $\frac{1}{3}bh$ | $\frac{1}{4}bh$ | $\frac{2}{3}bh$ | $\frac{2}{3}bh$ |
| 形心位置 | $\frac{b}{2}$ | $\frac{b}{3}$ | $\frac{b}{4}$ | $\frac{b}{5}$ | $\frac{3b}{8}$ | $\frac{b}{2}$ |

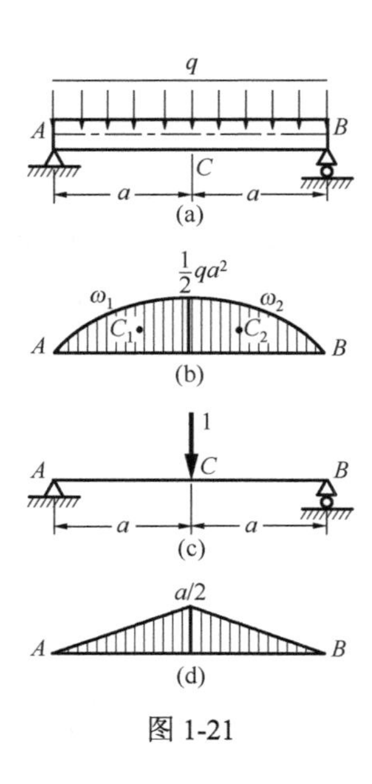

图 1-21

**例 1-12**　等截面简支直梁作用载荷如图 1-21(a)所示。已知梁的抗弯刚度 $EI$ 为常量，试求梁的中点 $C$ 的挠度 $y_C$。

**解**　(1)作梁的弯矩图。简支梁在均布载荷作用下的弯矩 $M(x)$ 图为抛物线形状，如图 1-21(b)所示。

根据所求位移，在简支梁中点 $C$ 施加铅垂单位力 1，如图 1-21(c)所示，作单位力弯矩 $\overline{M}(x)$ 图，如图 1-21(d)所示。

(2)计算弯矩图面积和形心对应的单位力弯矩 $\overline{M}(x)$ 值。由于单位力弯矩 $\overline{M}(x)$ 图是由两段直线段组成的，所以需要从 $C$ 截面分段后，进行图乘。对应均布载荷作用下的弯矩 $M(x)$ 图也要分为两部分，面积分别为 $\omega_1$ 和 $\omega_2$，形心分别为 $C_1$ 和 $C_2$。由于弯矩 $M(x)$ 图和 $\overline{M}(x)$ 图均左右对称，所以

$$\omega_1=\omega_2=\frac{2}{3}\times\frac{qa^2}{2}\times a=\frac{1}{3}qa^3$$

图中 $\omega_1$ 和 $\omega_2$ 的形心 $C_1$ 和 $C_2$ 在单位力弯矩 $\overline{M}(x)$ 图中的纵坐标为

$$\overline{M}_{C1}=\overline{M}_{C2}=\frac{5}{8}\cdot\frac{a}{2}=\frac{5a}{16}$$

(3)图形互乘确定简支梁 $C$ 点的挠度为

$$y_C=2\times\frac{\omega_1\overline{M}_{C1}}{EI}=\frac{2}{EI}\left(\frac{1}{3}qa^3\cdot\frac{5a}{16}\right)=\frac{5qa^4}{24EI}(\downarrow)$$

在本例计算中，由于单位力弯矩 $\overline{M}(x)$ 图是由两段直线段组成的，所以在图乘时必须从 $C$ 处分段进行图乘，否则就会得到错误的结果。

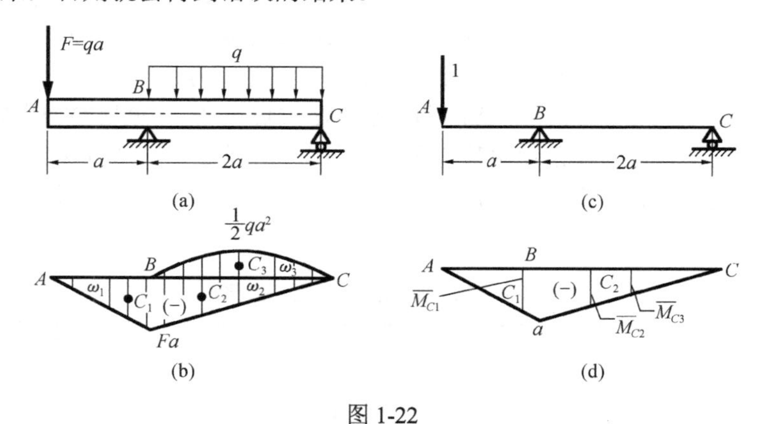

图 1-22

**例 1-13**　等截面外伸直梁作用载荷如图 1-22(a)所示。已知梁的抗弯刚度 $EI$ 为常量，试求梁的外伸端 $A$ 点的挠度 $y_A$。

**解**　(1)作梁的弯矩图。外伸梁同时作用有均匀分布载荷 $q$ 和集中力 $F$。为了方便确定图形面积和形心位置，使用叠加法分别绘出分布载荷 $q$ 和集中力 $F$ 的弯矩图，如图 1-22(b)所示。

根据题意，在外伸梁的外伸端 $A$ 点施加铅垂单位力，如图 1-22(c)所示，作单位力弯矩 $\overline{M}(x)$ 图，如图 1-22(d)所示。

(2)计算弯矩图面积和形心对应的单位力弯矩 $\overline{M}(x)$ 值。弯矩 $M(x)$ 图包括三个简单图形，面积分别为$\omega_1$、$\omega_2$和$\omega_3$，形心分别为 $C_1$、$C_2$和 $C_3$，则

$$\omega_1=-\frac{1}{2}\times qa^2\times a=-\frac{1}{2}qa^3,\quad \omega_2=-\frac{1}{2}\times qa^2\times 2a=-qa^3,\quad \omega_3=\frac{2}{3}\times\frac{1}{2}qa^2\times 2a=\frac{2}{3}qa^3$$

图中$\omega_1$、$\omega_2$和$\omega_3$的形心 $C_1$、$C_2$和 $C_3$在单位力弯矩$\overline{M}(x)$图中的纵坐标分别为

$$\overline{M}_{C1}=-\frac{2}{3}a,\quad \overline{M}_{C2}=-\frac{2}{3}a,\quad \overline{M}_{C3}=-\frac{1}{2}a$$

(3)图形互乘确定外伸梁 $A$ 端的挠度为

$$\begin{aligned}y_A&=\frac{1}{EI}(\omega_1\overline{M}_{C1}+\omega_2\overline{M}_{C2}+\omega_3\overline{M}_{C3})\\&=\frac{1}{EI}\left[\left(-\frac{1}{2}qa^3\right)\left(-\frac{2}{3}a\right)+\left(-qa^3\right)\left(-\frac{2}{3}a\right)+\frac{2}{3}qa^3\left(-\frac{1}{2}a\right)\right]=\frac{2qa^4}{3EI}(\downarrow)\end{aligned}$$

图形互乘法利用 $M(x)$ 和 $\overline{M}(x)$ 的互乘代替莫尔积分，计算更加简单直观，但此方法只有用于直杆结构时才能彰显其优势。在图形互乘法计算中，弯矩图应该规则，面积和形心易于确定。因此，使用叠加法作弯矩图是必要的。假如本例把图 1-22(b)中两部分弯矩图叠加后画，将使弯矩图的面积和形心计算相对困难。同时弯矩图面积 $\omega$是代数值，正负面积分界面应作为计算面积的分界点。

**例 1-14**　刚架在水平载荷 $F$ 作用下，如图 1-23(a)所示。已知刚架各个部分的抗弯刚度 $EI$ 均为常量，试求 $C$ 点的水平位移$\Delta_C$。

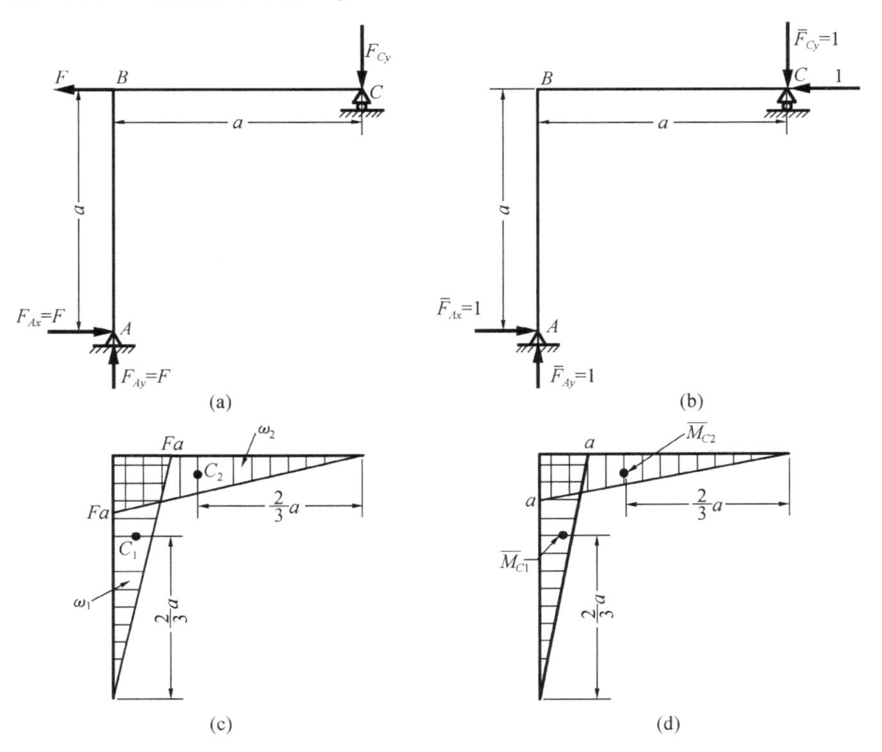


图 1-23

**解** (1)作刚架的弯矩图。根据平衡条件$\sum M_A = 0$，得

$$F_{Cy} = F$$

再利用平衡条件$\sum F_x = 0, \sum F_y = 0$，得

$$F_{Ax} = F, \quad F_{Ay} = F$$

作刚架的弯矩图$M(x)$，如图 1-23(c)所示。

(2)作刚架的单位力弯矩图。欲求刚架$C$点的水平位移，在$C$点沿水平方向施加单位力，如图 1-23(b)所示。根据平衡条件$\sum M_A = 0, \sum F_x = 0, \sum F_y = 0$可分别求得单位力作用下刚架的支座反力为

$$\overline{F}_{Cy} = 1, \quad \overline{F}_{Ax} = 1, \quad \overline{F}_{Ay} = 1$$

作单位力引起的弯矩$\overline{M}(x)$图，如图 1-23(d)所示。

(3)图形互乘求位移。对于刚架$AB$和$BC$两段，弯矩图面积分别为$\omega_1$和$\omega_2$，且

$$\omega_1 = \omega_2 = \frac{1}{2}Fa \times a = \frac{1}{2}Fa^2$$

$\omega_1$和$\omega_2$的形心坐标位于三角形弯矩图$\frac{2}{3}a$处，如图 1-23(c)所示，对应单位力弯矩$\overline{M}(x)$值为

$$\overline{M}_{C1} = \overline{M}_{C2} = \frac{2}{3}a$$

$C$的水平位移$\Delta_C$为 $$\Delta_C = \frac{\omega_1 \overline{M}_{C1}}{EI} + \frac{\omega_2 \overline{M}_{C2}}{EI} = \frac{2}{EI} \times \frac{1}{2}Fa^2 \times \frac{2}{3}a = \frac{2Fa^3}{3EI}$$

计算结果为正，表明位移方向与所加单位力方向相同。

**例 1-15** 试用图乘法求图 1-24(a)所示悬臂梁$A$截面的挠度及$B$截面的转角，已知梁的抗弯刚度$EI$为常量。

**解** (1)求$A$点挠度。由于$A$点无集中力作用，故用卡氏定理时需要在此加附加力；用单位载荷法时，在$A$点施加垂直向下的单位力。悬臂梁为直梁，选用图形互乘法。为了方便弯矩图面积及形心的确定，利用叠加法画出外载荷的弯矩图$M$，并作单位力引起的弯矩图$\overline{M}$，如图 1-24(b)所示。两图相乘得$A$点挠度为

$$y_A = \frac{1}{EI}\left[l \times ql^2 \times \left(-\frac{3l}{2}\right) + \frac{1}{3} \times 2l \times \left(-2ql^2\right) \times \frac{3}{4} \times (-2l)\right] = \frac{ql^4}{2EI}(\downarrow)$$

(2)求$B$截面转角。由于图 1-24(b)中均布载荷弯矩图在$BC$段的面积计算(①二次曲线面积相减；②左侧取矩形与抛物线叠加)很易出错。采用①其形心不好确定，好在$\overline{M}$为常数(图 1-24(c))，无论形心在何处$\overline{M}_C \equiv 1$。而采用②，抛物线部分由于其顶点不在$B$截面处，尽管算法似乎无误，但结果必错。先将$AB$段载荷向$B$截面简化，并分别作出各载荷单独作用下的弯矩图。再将图 1-24(c)中$M$与$\overline{M}$相乘，得$B$截面转角为

$$\theta_B = \frac{1}{EI}\left[l \times \frac{1}{2}ql^2 \times (-1) + \frac{1}{3}l\left(-\frac{1}{2}ql^2\right) \times (-1) + \frac{1}{2}l(-ql^2)(-1)\right] = \frac{ql^3}{6EI} (\curvearrowright)$$

(3)采用“倒乘”和“负面积”相结合的方法计算中面转角。因为图 1-24(b)中$BC$段弯矩

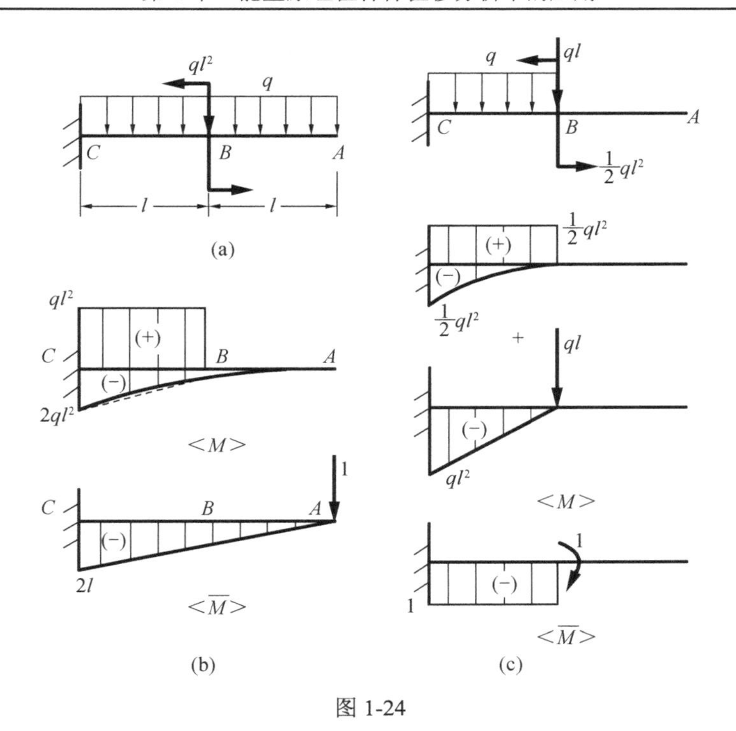


图 1-24

形心不易确定，故拟采用与图乘法互逆的倒乘。但倒乘要求实际载荷内力图必须为直线段(顺乘时单位力弯矩图必须为直线段)，故先将 $BC$ 段补成直线(图 1-24(b))。单位力弯矩图(图 1-24(c))的面积 $\omega_1=-1\times l=-l$，形心所对应的梯形高度为 $M_{C1}=-\left[\frac{ql^2}{2}+\frac{1}{2}\left(2ql^2-\frac{ql^2}{2}\right)\right]=-\frac{5ql^2}{4}$，内力图中所补部分不是直线，故不可倒乘。由于内力图多加了一部分，故应将多加部分减去。对于多加的部分，第一要顺乘，第二是负面积。所补部分的面积为 $\omega_2=-\frac{2l}{3}\times\left(\frac{5ql^2}{4}-\frac{9ql^2}{8}\right)=-\frac{ql^3}{12}$，其形心对应单位力弯矩图高度 $\overline{M}_{C2}=-1$。$B$ 截面弯矩 $ql^2$ 的弯矩图面积 $\omega_3=l\times ql^2=ql^3$，而 $\overline{M}_{C3}=\overline{M}_{C2}=-1$，最后对应各部分相乘得 $B$ 截面转角为

$$\theta_B=\sum_{i=1}^{3}\frac{\omega_i\overline{M}_{iC}}{EI}=\frac{1}{EI}\left[-l\times\left(-\frac{5ql^2}{4}\right)-\frac{ql^3}{12}-ql^3\right]=\frac{ql^3}{6EI}$$

(4) 当题目不特别要求计算方法时，可选用莫尔积分法，由于 $B$ 截面集中力偶的存在，要求 $B$ 截面转角，需在 $B$ 截面施加单位力偶，弯矩方程必然要分两段描述。相对图乘法而言，莫尔积分法可以避免上述计算 $BC$ 段面积和形心时的困难，即

$$\theta_B=\frac{1}{EI}\int_0^l\left(-\frac{1}{2}qx^2-qlx+\frac{1}{2}ql^2\right)\times(-1)\mathrm{d}x=\frac{ql^3}{6EI}\ (\curvearrowright)$$

应特别指出，图形互乘法不仅仅限于弯矩图，只要各种真实载荷内力图或单位载荷的内力图之一为直线，均可采用图形互乘法，但要注意的是同一平面内同类内力相乘，如 $T$ 与 $\overline{T}$、$M_y$ 与 $\overline{M}_y$、$M_z$ 与 $\overline{M}_z$ 等，面积 $\omega$ 与其形心对应的单位力图的内力数值均为代数值，因此要注意二者的正负问题。

以上讨论了在横力弯曲情形下，弯矩对弯曲变形的影响，但是应当注意剪力对弯曲变形也是有影响的。只是一般情形下影响较小。以一长度为 $l$、横截面高度为 $h$ 的悬臂梁自由端受集中力 $F$ 作用为例，当取泊松比$\mu$=0.3，$l$=0.5$h$ 时，剪力对变形的影响仅为弯曲对变形影响的 3.12%，因此，通常对实心截面细长梁可不考虑剪力的影响，而对短梁和薄壁梁，剪力的影响则不能忽略。

**例 1-16**　图 1-25(a)所示刚架的各组成部分的抗弯刚度 $EI$ 相同，抗扭刚度 $GI_p$ 也相同。在力 $F$ 作用下，试求截面 $A$ 和 $C$ 的水平位移。

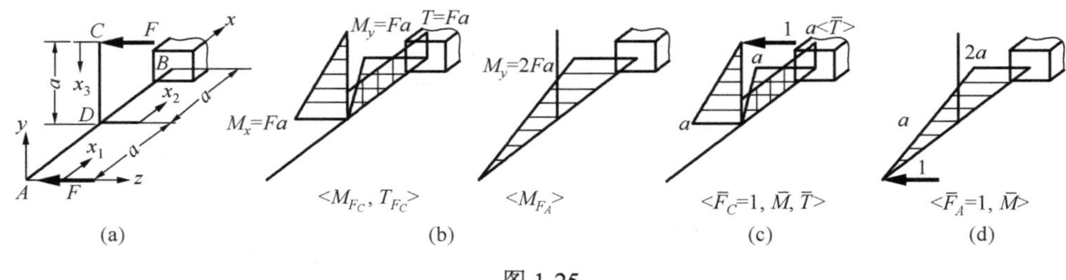


图 1-25

**解**　题目可用各种方法求解，但若用卡氏定理，则要对两个 $F$ 进行区分，在两载荷加下标($F_C, F_A$)，并分别对二者求偏导，否则会得出 $A$、$C$ 两点的水平位移之和。现选用单位载荷法求解。

(1)分别在$C$、$A$ 截面加单位力$\overline{F}_C=1$，$\overline{F}_A=1$，分别写出各段的内力方程，如表 1-3 所示。

**表 1-3　各段内力方程**

| | $F$ 内力方程 | $\overline{F}_C=1$ 内力方程 | $\overline{F}_A=1$ 内力方程 |
|---|---|---|---|
| $AD$ 段 | $M(x_1)=Fx_1$ | $\overline{M}_C(x_1)=0$ | $\overline{M}_A(x_1)=x_1$ |
| $DB$ 段 | $M(x_2)=Fa+2Fx_2$ | $\overline{M}_C(x_2)=x_2$ | $\overline{M}_A(x_2)=a+2x_2$ |
| | $T(x_2)=Fa$ | $\overline{T}_C(x_2)=a$ | $\overline{T}_A(x_2)=0$ |
| $CD$ 段 | $M(x_3)=Fx_3$ | $\overline{M}_C(x_3)=x_3$ | $\overline{M}_A(x_3)=0$ |

(2)代入莫尔积分式(1-24a)，分别求得 $C$、$A$ 点的水平位移为

$$x_C=\frac{1}{EI}\int_l M(x)\overline{M}_C(x)\mathrm{d}x=\frac{1}{EI}\left[\int_0^a(Fa+2Fx_2)x_2\mathrm{d}x_2+\int_0^a Fx_3^2\mathrm{d}x_3\right]+\frac{1}{GI_p}\int_0^a Fa^2\mathrm{d}x_2$$

$$=Fa^3\left(\frac{3}{2EI}+\frac{1}{GI_p}\right)(\leftarrow)$$

$$x_A=\frac{1}{EI}\int_l M(x)\overline{M}_A(x)\mathrm{d}x=\frac{1}{EI}\left[\int_0^a(Fx_1^2\mathrm{d}x_1+\int_0^a(Fa+2Fx_2)(a+x_2)\mathrm{d}x_2\right]=\frac{7Fa^3}{2EI}(\leftarrow)$$

(3)作内力图，如图 1-25(b)～(d)所示，利用图形互乘求得结果为

$$x_C=\frac{1}{EI}\left(\frac{1}{2}a\times Fa\times\frac{2}{3}a\times 2+\frac{1}{2}a\times a\times\frac{5}{3}Fa\right)+\frac{1}{GI_p}(a\times Fa\times a)=Fa^3\left(\frac{3}{2EI}+\frac{1}{GI_p}\right)(\leftarrow)$$

$$x_A=\frac{1}{EI}\left(\frac{1}{2}a\times Fa\times\frac{5}{3}a+\frac{1}{2}\times 2a\times 2Fa\times\frac{4}{3}a\right)=\frac{7Fa^3}{2EI}(\leftarrow)$$

无论选用莫尔积分法还是图形互乘法，都要注意是同段、同一平面、同类内力相乘。由此例可以看出，图形互乘法简单明了且不易混淆。

## 1.6　虚 功 原 理

在“理论力学”课程中曾经指出：对于处于平衡状态的任意刚体，作用于该刚体的力系在任意虚位移上所做的总虚功等于零。这一原理称为刚体的虚功原理。根据刚体虚功原理，由于虚位移为很小的位移，故在虚位移过程中各个力的大小和方向均保持不变。虚功原理同样适用于变形固体。

对于外力作用下处于平衡状态的弹性杆件，温度改变或者其他非外力原因引起杆件变形，使得杆件产生位移，如图 1-26(a)所示，这种位移称为**虚位移**。

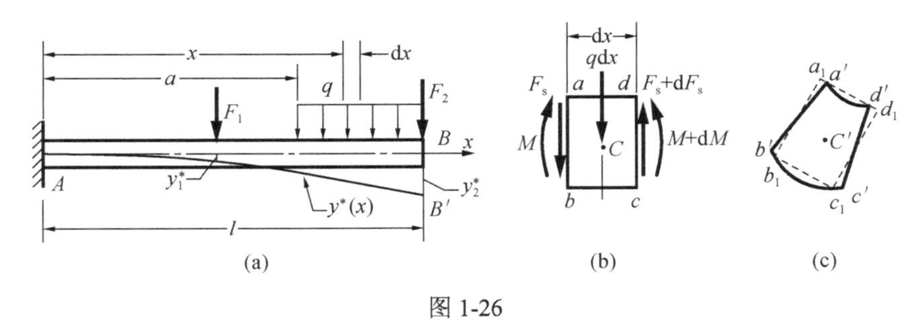


图 1-26

虚位移与杆件作用外力无关，是由外载荷之外的其他因素引起的。因此，虚位移是在构件的平衡位置上增加的位移。虚位移满足位移边界条件和变形连续条件，并且满足小变形条件。例如，悬臂梁的固定端处的虚位移 $y^*(x)$ 及其偏导数均为零。因此，虚位移是杆件可能发生的任意微小位移。在虚位移过程中，杆件上原有的外力保持不变，而且始终是平衡的。

在虚位移过程中，杆件上作用的外力将做功，这种功称为虚功。

假设将杆件分为无限多个微段，从中选取一个 d$x$ 微段进行讨论。在这个微段上，分别作用有外力 $q$d$x$ 和内力 $F_s$、$M$ 等，如图 1-26(b)所示。假如杆件有一个虚位移，则 d$x$ 微段的外力和内力在由平衡位置经过这个虚位移时都将做功。设梁 $AB$ 的微小虚位移为 $y^*(x)$，由于这个虚位移，d$x$ 微段梁将由 $abcd$ 变形至 $a'b'c'd'$的位置，如图 1-26(c)所示。在虚位移过程中，梁的内力和外力保持不变。现在求解 d$x$ 微段梁的外力 $q$d$x$ 和截面内力 $F_s$、$M$ 和 $F_s$+d$F_s$、$M$+d$M$ 等在此虚位移上所做的虚功。d$x$ 微段梁由 $abcd$ 变形至 $a'b'c'd'$，外力 $q$d$x$ 做功为 $q$d$xCC'$，弯矩 $M$ 乘以 $ab$ 与 $a'b'$的夹角就是弯矩所做的虚功，其他各个载荷的虚功可以类似求解。将所有的载荷虚功相加就是整个杆件的总虚功。

由于两个相邻微段横截面的内力大小相等，方向相反，而虚位移是连续的，因此各个横截面内力在虚位移过程中所做的虚功相互抵消，叠加后只有外力虚功。假设作用于杆件上的外力（广义力）为 $F_1,F_2,F_3,\cdots,q(x),\cdots$，各个外力作用点沿外力方向的虚位移为 $y_1^*,y_2^*,y_3^*,\cdots,y_x^*,\cdots$，则由于外力在虚位移过程中保持不变，总虚功为

$$W = F_1 y_1^* + F_2 y_2^* + F_3 y_3^* + \cdots + \int_l q(x) y_x^*(x)\mathrm{d}x + \cdots \tag{1-28}$$

还可以按照另一种思路计算虚功。首先让图 1-26(b)所示 d$x$ 微段在刚体虚位移中运动至 $a_1b_1c_1d_1$ 位置(包括刚体移动和刚体转动)。然后在虚位移中由 $a_1b_1c_1d_1$ 移动至 $a'b'c'd'$位置(单纯虚变形)。在刚体虚位移中，作用于 d$x$ 微段的外力 $q$d$x$ 和内力 $F_s$、$M$ 和 $F_s$+d$F_s$、$M$ + d$M$ 等作为一个平衡力系，在刚体虚位移过程所做总功为零，因此只需要讨论虚变形过程的虚功。作为单纯虚变形，外力 $q$d$x$ 是不做功的，只有内力弯矩和剪力在虚变形过程做功。设 d$x$ 微段的虚变形分别为截面两侧的转角 d$\theta^*$、相对错动 d$\lambda^*$和轴向相对位移 d$\delta^*$，则内力总虚功为

$$W=\int_l F_N \mathrm{d}\delta^* + \int_l M \mathrm{d}\theta^* + \int_l F_s \mathrm{d}\lambda^* \tag{1-29}$$

根据做功与加载次序无关的准则，式(1-28)与式(1-29)必然相等，故有

$$F_1 y_1^* + F_2 y_2^* + F_3 y_3^* + \cdots + \int_l q(x) y_x^*(x)\mathrm{d}x + \cdots = \int_l F_N \mathrm{d}\delta^* + \int_l M \mathrm{d}\theta^* + \int_l F_s \mathrm{d}\lambda^* \tag{1-30}$$

式(1-30)表明在虚位移过程中，外力所做虚功等于内力在相应虚变形上所做的虚功。这一关系称为**虚功原理**。如果将内力所做虚功转换为虚位移过程的应变能，则虚功原理可以解释为外力虚功等于构件的虚应变能。

在虚功原理的推导过程中，并没有使用任何的材料应力–应变关系。因此虚功原理与构件的材料性质无关。它可以应用于线弹性材料，也可以应用于非线弹性材料；既可以应用于弹性变形分析，同时可以应用于塑性变形分析。

虚功原理是一个重要的力学概念和工具。它不仅能够直接用于分析结构变形，而且可以帮助推导其他相关的力学定理。例如，1.4 节的单位载荷法采用虚功原理推导更加简单。

注意到图 1-14，在载荷 $F_1,F_2,F_3,\cdots,F_i,\cdots,F_n$ 作用下求解 $C$ 点的挠度。设梁的外力全部除去，在 $C$ 点施加铅垂单位力 $\overline{F}=1$，单位力作用下梁的内力为弯矩 $\overline{M}(x)$ 和剪力 $\overline{F}_s(x)$。然后施加载荷 $F_1,F_2,F_3,\cdots,F_i,\cdots,F_n$，载荷引起的变形作为虚位移。单位力在虚位移过程中做的功为

$$W=\overline{F}\Delta_i=\Delta_i$$

外力作用引起梁微段产生截面两侧的转角 d$\theta$、相对错动 d$\lambda$，这些对于单位力引起的内力弯矩 $\overline{M}(x)$ 和剪力 $\overline{F_s}(x)$ 均为虚变形，因此 $\overline{M}(x)$ 和 $\overline{F_s}(x)$ 在虚位移过程中所做虚功为

$$W=\int_l \overline{M}(x)\mathrm{d}\theta + \int_l \overline{F_s}(x)\mathrm{d}\lambda$$

略去剪力所做虚功不计，有

$$\Delta_i=\int_l \overline{M}(x)\mathrm{d}\theta \tag{1-31}$$

当截面上的内力还有轴力 $F_N(x)$、扭矩 $T(x)$、不同平面内的弯矩 $M_y(x)$ 和 $M_z(x)$ 时，位移的表达式即为式(1-25)。

由于虚位移满足小变形条件、位移边界条件和变形连续条件，因此真实位移也是一种虚位移，所以上述分析中使用真实位移作为虚位移。通过用虚功原理推导单位载荷法可以看到，利用虚功原理推导某些力学原理和公式更加简单。

**例 1-17**　集中力 $F$ 作用于简支梁的中面 $D$，如图 1-27(a)所示。已知梁材料的应力–应变关系为 $\sigma=C\sqrt{\varepsilon}$，其中 $C$ 为常量，$\sigma$ 和 $\varepsilon$ 均为绝对值。试求集中力作用点 $D$ 的挠度。

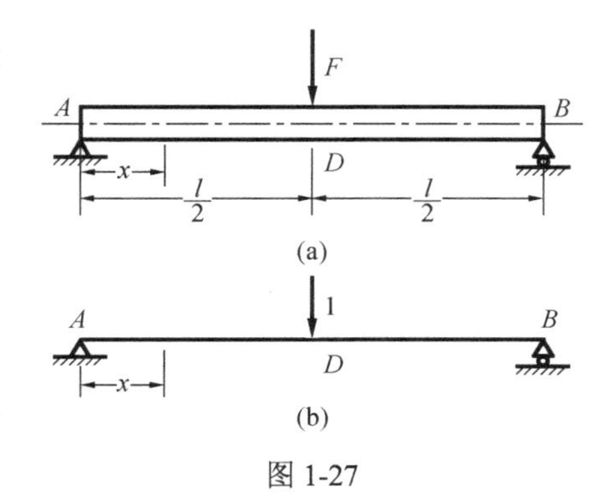

图 1-27

**解**　(1) 对于非线性弹性材料，弯曲平面假设仍然成立，所以 $x$ 截面距离中性轴 $y$ 处的线应变为

$$\varepsilon = \frac{y}{\rho}$$

式中，$\dfrac{1}{\rho}$ 为梁的挠曲线曲率。

(2) 根据题中应力-应变关系 $\sigma = C\sqrt{\varepsilon} = C\sqrt{\dfrac{y}{\rho}}$，积分得横截面弯矩为

$$M = \int_A \sigma y \mathrm{d}A = \int_A C\sqrt{\frac{y}{\rho}} y\mathrm{d}A = \frac{C}{\sqrt{\rho}}\int_A \sqrt{y^3}\mathrm{d}A$$

设 $I^* = = \int_A \sqrt{y^3}\mathrm{d}A$，则上式简化为　　$\dfrac{1}{\sqrt{\rho}} = \dfrac{M}{CI^*}$

由于 $\dfrac{1}{\rho} = \dfrac{\mathrm{d}\theta}{\mathrm{d}x}$，$x$ 截面的弯矩为 $M = \dfrac{1}{2}Fx$，所以

$$\mathrm{d}\theta = \frac{1}{\rho}\mathrm{d}x = \frac{M^2}{(CI^*)^2}\mathrm{d}x = \frac{F^2x^2}{4(CI^*)^2}\mathrm{d}x$$

在梁的集中力作用点 $D$ 作用铅垂单位力，如图 1-27(b) 所示，则单位力弯矩方程为

$$\overline{M}(x) = \frac{1}{2}x$$

(3) 将 $\overline{M}(x)$、$\mathrm{d}\theta$ 代入单位载荷法表达式 (1-31)，得

$$y_D = \int_l \overline{M}(x)\mathrm{d}\theta = 2\int_0^{\frac{l}{2}} \frac{1}{2}x\frac{F^2x^2}{4(CI^*)^2}\mathrm{d}x = \frac{F^2l^4}{256(CI^*)^2}$$

## 1.7　功的互等定理

利用能量原理不仅可以简化杆件某点或者某截面的位移计算，还可以导出功的互等定理和位移互等定理。这两个定理在结构分析中有着广泛的应用。

以下以悬臂梁为例证明这两个互等定理。悬臂梁如图 1-28(a) 所示，在截面 1 作用横向载荷 $F_1$，悬臂梁在 $F_1$ 作用下发生变形，截面 1 的挠度为 $\delta_{11}$，截面 2 的挠度为 $\delta_{21}$；若在截面 2 作用横向载荷 $F_2$，如图 1-28(b) 所示，在 $F_2$ 作用下截面 1 的挠度为 $\delta_{12}$，截面 2 的挠度为 $\delta_{22}$。这里广义位移 $\delta_{ij}$ 的第一个脚标 $i$ 表示位移发生于 $i$ 点，第 2 个脚标 $j$ 表示该广义位移是由作用于 $j$ 点的广义力 $F_j$ 产生的。

现在分别采用两种不同的加载次序，证明功的互等定理。

第一种：在点 1 加载 $F_1$，如图 1-28(c) 所示，则在点 1 引起的位移为 $\delta_{11}$，点 2 位移为 $\delta_{21}$；然后在点 2 加载 $F_2$，则在点 1 引起的位移为 $\delta_{12}$，点 2 位移为 $\delta_{22}$。整个加载过程，外力所做总功为

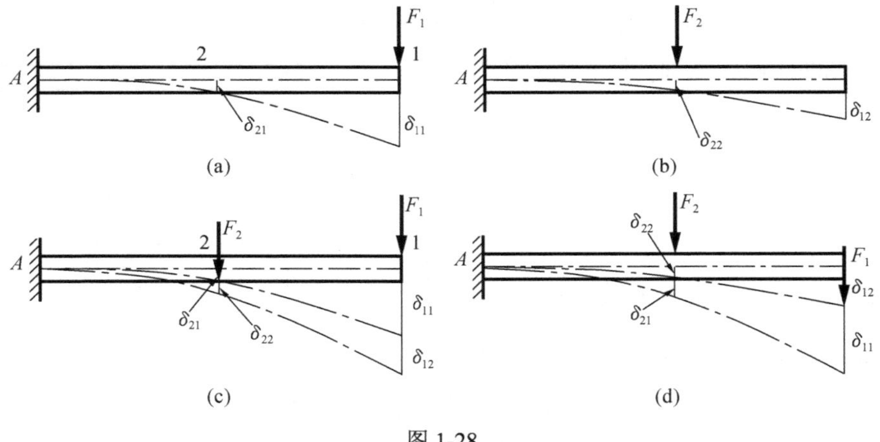


图 1-28

$$W_1 = \frac{1}{2}F_1\delta_{11} + \frac{1}{2}F_2\delta_{22} + F_1\delta_{12}$$

第二种：加载如图 1-28(d)所示，先在点 2 加载 $F_2$，则点 1 位移为$\delta_{12}$，点 2 位移为$\delta_{22}$；然后在点 1 加载 $F_1$，则点 1 位移为$\delta_{11}$，点 2 位移为$\delta_{21}$。则外力总功为

$$W_2 = \frac{1}{2}F_2\delta_{22} + \frac{1}{2}F_1\delta_{11} + F_2\delta_{21}$$

由于弹性体的应变能仅仅取决于载荷的最终数值，而与载荷的加载次序无关，因此上述两种加载方式所得的应变能数值相等：

$$W_1 = W_2$$

整理可得

$$F_1\delta_{12} = F_2\delta_{21} \tag{1-32}$$

式(1-32)表明广义力 $F_1$ 在 $F_2$ 引起的广义位移$\delta_{12}$上所做的功，等于广义力 $F_2$ 在 $F_1$ 引起的广义位移$\delta_{21}$上所做的功。这个关系称为**功的互等定理**。

如果广义力 $F_1 = F_2$，则根据功的互等定理，有

$$\delta_{12}=\delta_{21} \tag{1-33}$$

式(1-33)表示载荷 $F$ 作用于点 2 而引起的 1 点位移$\delta_{12}$与同一载荷作用于 1 点引起的 2 点位移$\delta_{21}$是相等的。这一关系称为**位移互等定理**。

功的互等定理和位移互等定理的推导证明中，采用悬臂梁为例仅仅是为了简化问题。由于推导过程并没有涉及梁的弯曲变形特征，因此，对于材料满足胡克定律和小变形条件，外力与位移呈线性关系的结构两个互等定理均是成立的。例如，刚架、桁架、曲杆、薄板和壳体等结构均可以采用互等定理分析。

互等定理应用中应该注意，载荷 $F$ 为广义力，而位移也是广义位移。点 $i$ 和 $j$ 可以是弹性系统的任意两点，也可以是同一点的两个方向。

**例 1-18** 轴承中的滚珠直径为 $d$，沿直径两端作用一对大小相等、方向相反的集中力 $F$，如图 1-29(a)所示。材料的弹性模量 $E$、泊松比$\mu$均已知。试用功的互等定理求滚珠的体积改变量。

**解** 若选用其他方法解此题除十分繁杂外，而且很难得出正确的答案，功的互等定理则提供了解此问题的一种简捷方法。

(1) 设原结构为第一状态(图 1-29(a))。为了应用功的互等定理，设滚珠作用有均匀法向压力 $q$ 为第二状态(图 1-29(b))。在第一状态下滚珠的体积改变量为 $(\Delta V)_F$，第二状态下滚珠直径的改变量为 $(\Delta d)_q$，故由功的互等定理有

$$q(\Delta V)_F = F(\Delta d)_q \tag{1}$$

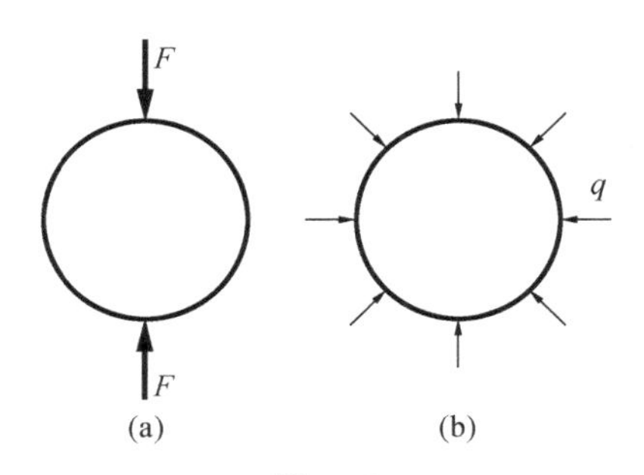


图 1-29

(2) 对于第二状态，滚珠受各个方向均匀压缩，因此滚珠内部任一点的应力状态相同，均承受三向等值压缩，即 $\sigma_1=\sigma_2=\sigma_3=-q$。根据广义胡克定律，滚珠直径的改变量为

$$(\Delta d)_q = \frac{1}{E}[\sigma_1-\mu(\sigma_2+\sigma_3)]\times d = -\frac{1}{E}(1-2\mu)qd \tag{2}$$

(3) 根据功的互等定理，将式(2)代入式(1)，得

$$(\Delta V)_F = \frac{F}{q}(\Delta d)_q = -\frac{1-2\mu}{E}Fd \tag{3}$$

式中，负号表明体积在压力的作用下减小。

功的互等定理和位移互等定理是一种有效的分析工具。在应用中应注意，选取的第二状态和变形条件必须是已知的。

## 思　考　题

1.1　应变能计算为什么不能应用叠加原理？而在某些条件下又可以采用叠加法计算应变能，这需要什么条件？

1.2　莫尔积分中的单位力起什么作用？它的单位是什么？是否可以采用其他力取代？

1.3　莫尔定理的推导中应用了哪些原理和条件？

1.4　应用莫尔积分求解构件位移时，为什么所得结果为正，则位移与单位力方向一致？

1.5　采用卡氏定理求解结构位移时，施加的附加力 $F_{\mathrm{af}}$ 和 $M_{\mathrm{af}}$ 有什么意义？对附加力求导数后又令其等于零，为什么刚开始还要施加？

1.6　梁的受力如图所示，试问可否采用 $\dfrac{\partial V_{\mathrm{s}}}{\partial F}$ 计算 $B$ 点的挠度？

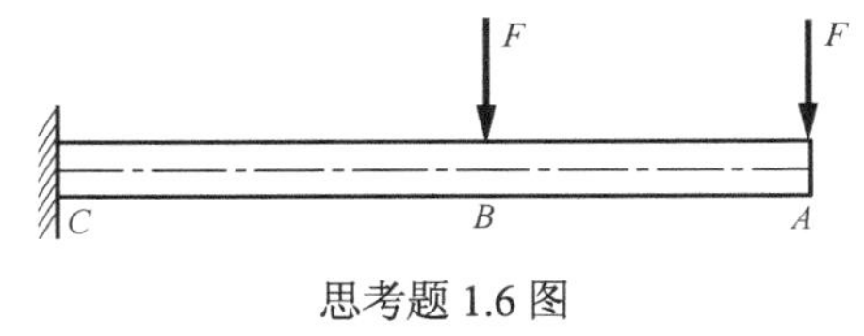


思考题 1.6 图

1.7　使用图乘法的基本条件是什么？什么条件下 $\Delta_i=\dfrac{\varpi M_C}{EI}$ 成立($\varpi$ 为单位力弯矩 $\overline{M}(x)$ 图的面积，$M_C$ 为弯矩 $M$ 图中与 $\varpi$ 图形心对应的数值)？

1.8　根据图示弯矩图，利用下列公式计算的构件位移是否正确？

(a) $\Delta=\dfrac{\omega\bar{M}_C}{EI}$；(b) $\Delta=\dfrac{1}{EI}(\omega_1\bar{M}_{C1}+\omega_2\bar{M}_{C2})$；(c) $\Delta=\dfrac{1}{EI}(\omega_1\bar{M}_{C1}+\omega_2\bar{M}_{C2})$

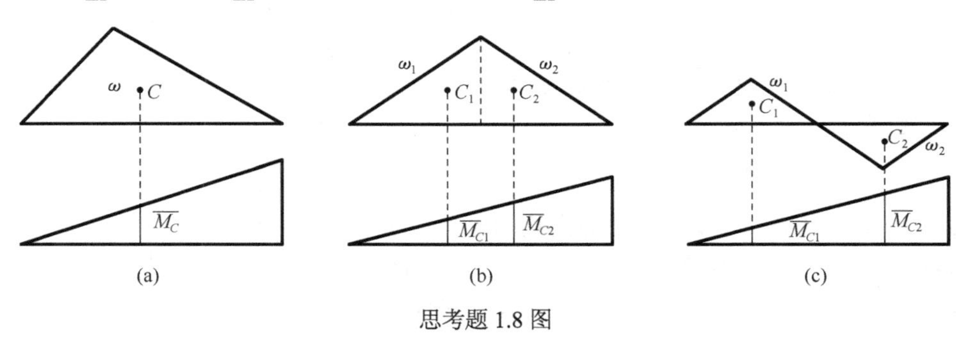


思考题 1.8 图

1.9　功的互等定理的物理意义是什么？什么叫位移互等定理？

1.10　如图所示，两个悬臂梁的抗弯刚度 $EI$ 相等，各受集中力 $F$ 作用。设 $B$、$D$ 两点的距离为$\Delta_{BD}$，$C$、$E$ 两点的距离为$\Delta_{CE}$，试问在载荷 $F$ 的作用下，$\Delta_{BD}$ 和$\Delta_{CE}$ 分别是增大还是减小？

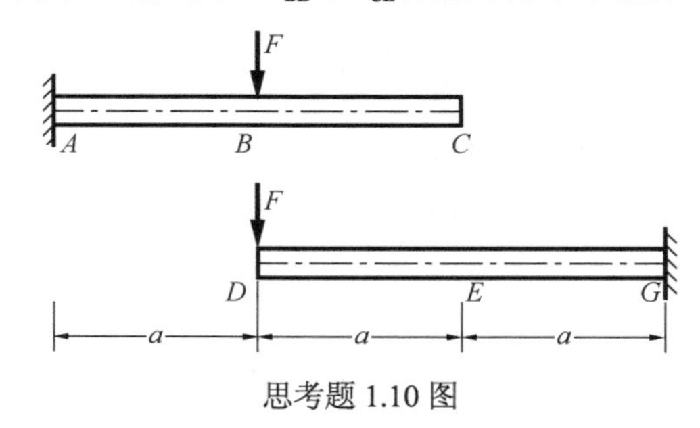


思考题 1.10 图

1.11　直拐如图所示，已知在集中力 $F$ 作用于自由端 $A$ 截面时 $C$ 截面的转角为$\varphi_0$，试问如果 $C$ 截面作用力偶矩 $M_e$，自由端 $A$ 截面的铅垂位移是多少？

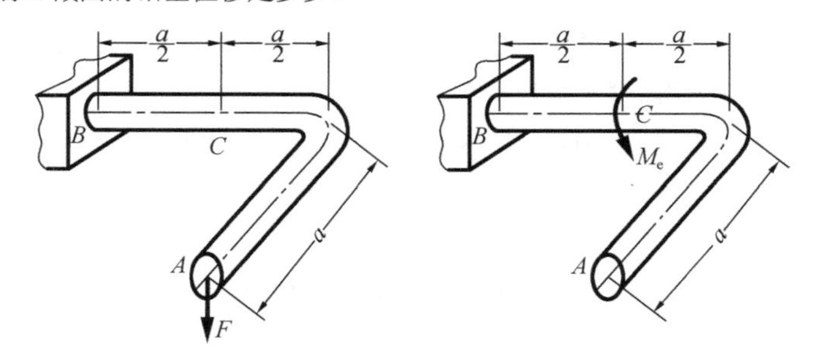


思考题 1.11 图

# 习　　题

1-1　抗弯刚度均为 $EI$ 的四个悬臂梁受不同的载荷作用，如图所示。试分析四个悬臂梁应变能的大小。

1-2　如图所示，变截面圆轴 $AB$ 在 $B$ 端受集中力偶 $M_e$ 作用，$B$ 截面的半径为 $R$，$A$ 截面的半径为 $2R$，求变截面圆轴的应变能。

1-3　试求图示各梁 $A$ 点的挠度和 $B$ 截面的转角。设抗弯刚度 $EI$ 已知。

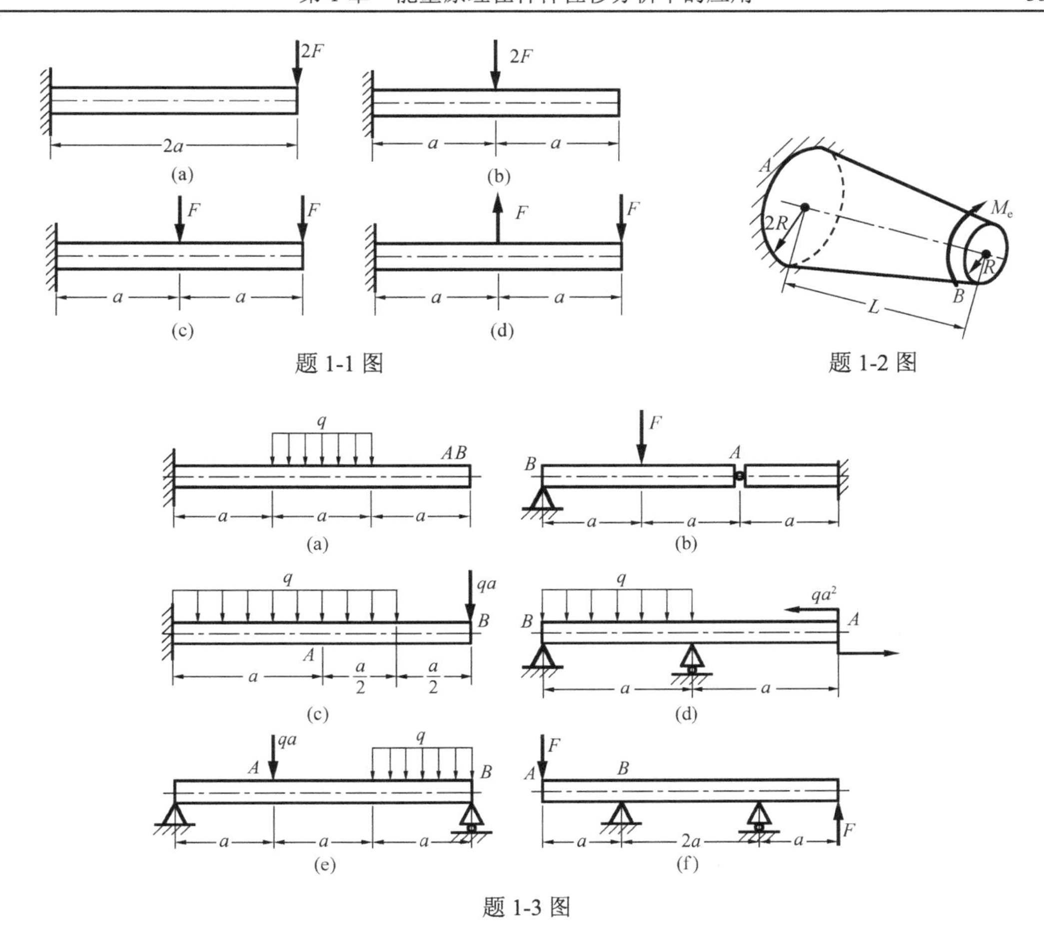


题 1-1 图　　题 1-2 图

题 1-3 图

1-4　试求图示各刚架 $A$ 点的挠度和 $B$ 截面的转角。设抗弯刚度 $EI$ 已知。

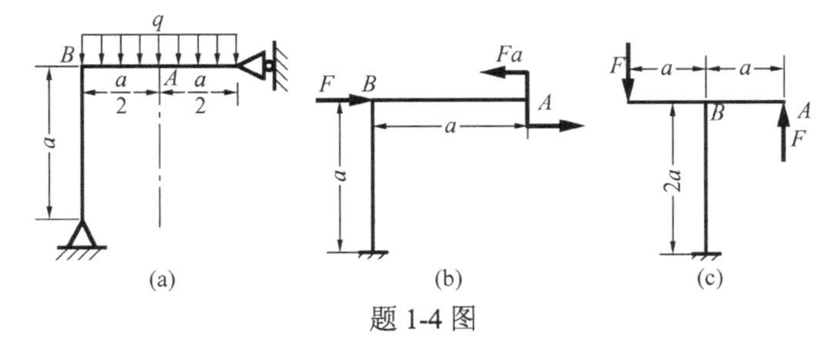


题 1-4 图

1-5　试求图示各桁架 $A$ 点的垂直位移。设抗拉压刚度 $EA$ 已知。

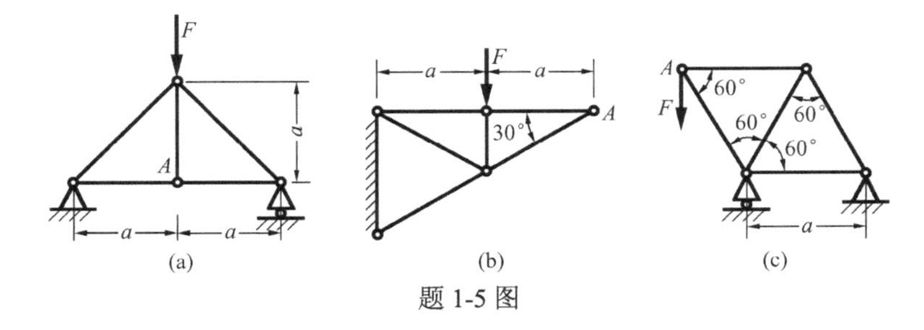


题 1-5 图

1-6　试求图示各曲杆 $A$ 点的垂直位移和 $B$ 截面的转角。设抗弯刚度 $EI$ 已知(轴力和剪力引起的变形可忽略不计)。

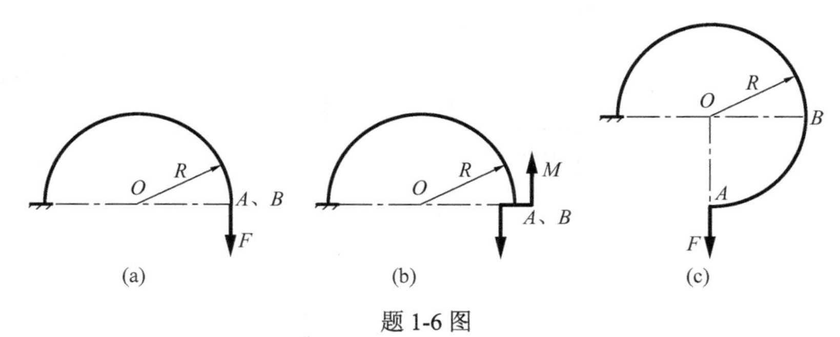


题 1-6 图

1-7　如图所示，结构受外力 $F$=30kN 的作用，$BC$ 梁为 No.25a 工字钢，弹性模量 $E_{st}=210\text{GPa}$，立柱 $AB$ 和支杆 $DE$ 均为圆截面木杆，立柱的直径为 40cm，支杆的直径为 15cm，木材的弹性模量为 $E_w=10\text{GPa}$，试求 $C$ 点的垂直位移。

1-8　如图所示，柱 $CD$ 刚性固定于梁 $AB$ 上，在柱上作用水平力 $F=10\text{kN}$，试求 $C$ 点的水平位移。梁和柱均为 No.16 工字钢，弹性模量 $E_{st}=210\text{GPa}$。

1-9　如图所示，力 $F$ 能沿着刚架的 $AB$ 段移动。欲使刚架 $B$ 截面的转角为零，试问力 $F$ 应作用于距离 $B$ 点为何值处？设弹性模量 $E$ 已知，轴力和剪力引起的变形可忽略不计。

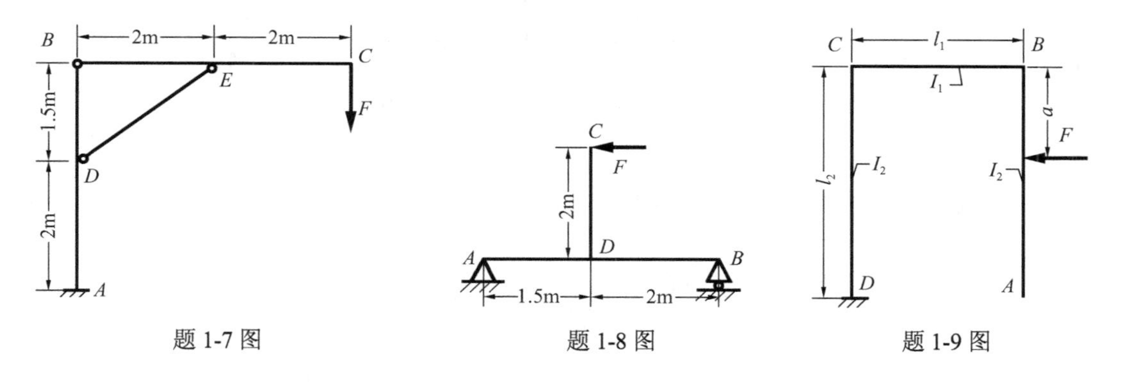


题 1-7 图　　题 1-8 图　　题 1-9 图

1-10　如图所示，梁的抗弯刚度均已知。试求悬臂梁 $A$、$B$ 两点的相对挠度。

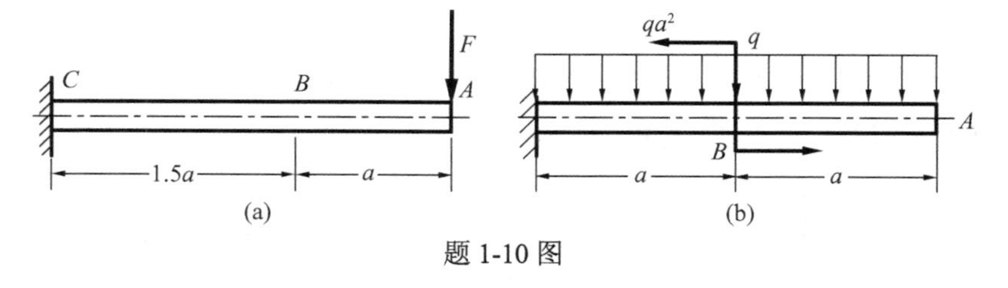


题 1-10 图

1-11　如图所示，桁架各个杆的材料相同，截面积相等。在外力 $F$ 的作用下，试求节点 $B$、$D$ 之间的相对位移。

1-12　如图所示，小曲率曲杆在截面 $A$、$B$ 处受一对集中力 $F$ 的作用，试计算两截面之间的相对错动$\Delta$和相对转角$\theta$。设抗弯刚度 $EI$ 已知，轴力和剪力引起的变形可忽略不计。

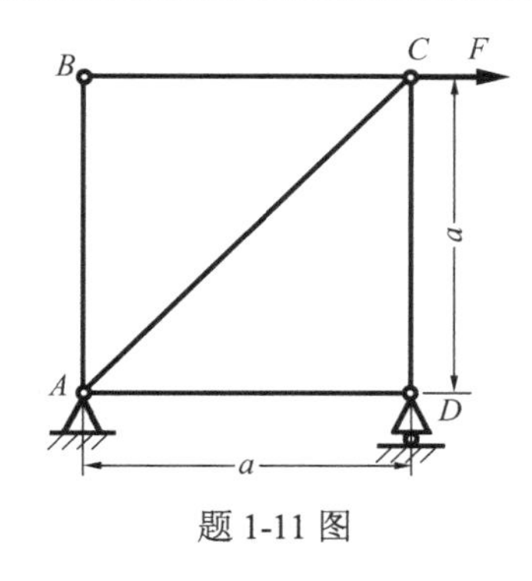


题 1-11 图

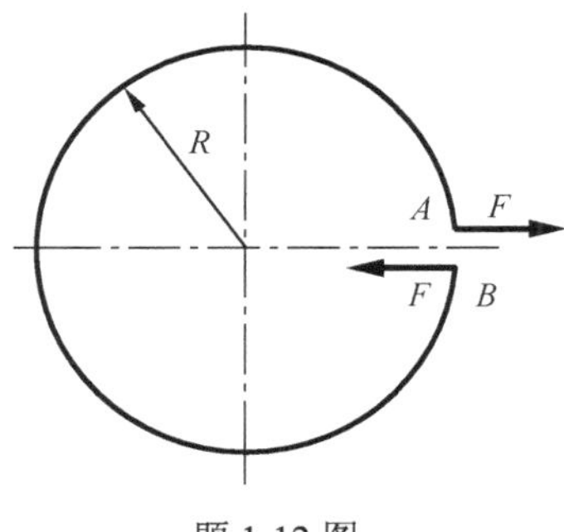


题 1-12 图

1-13　圆柱形密圈螺旋弹簧的平均直径为 $D$，簧丝横截面直径为 $d$，圈数为 $n$。在弹簧两端受到集中力偶 $M$ 的作用，设弹簧的 $E$、$G$ 已知，试求弹簧两端的相对扭转角。

1-14　如图所示，刚架在自由端 $C$ 受集中力 $F$ 作用，刚架的抗弯刚度均为 $EI$，欲使得自由端 $C$ 点的位移与外力 $F$ 方向一致，试确定 $\alpha$ 角度（$0 \leqslant \alpha \leqslant \pi/2$）。

1-15　如图所示，直径为 $d$ 的均质圆盘沿直径两端作用一对大小相等、方向相反的集中力 $F$，材料的弹性模量 $E$ 和泊松比 $\mu$ 已知。设圆盘为单位厚度，试求圆盘变形后的面积改变率 $\Delta A/A$ 。

1-16　如图所示，刚架各部分的抗弯刚度和抗扭刚度均相等。$A$ 处有一个缺口，并作用一对垂直于刚架平面的水平力，试求缺口两侧的相对位移。

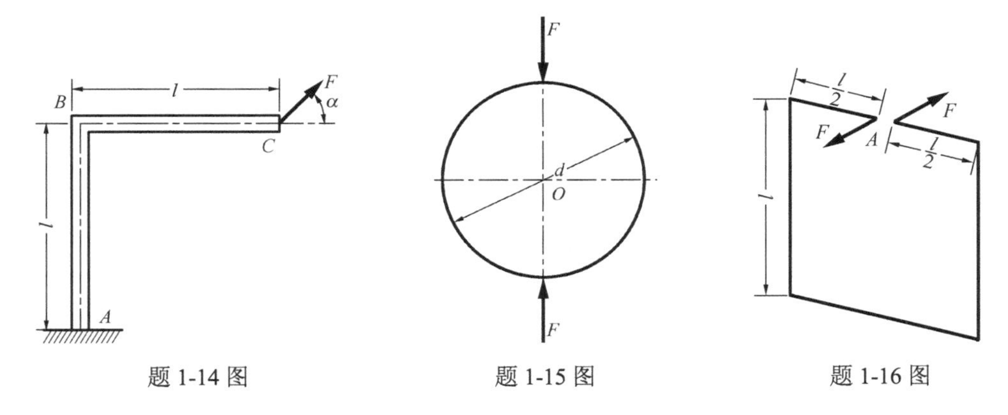


题 1-14 图　　题 1-15 图　　题 1-16 图

1-17　刚架各段的抗弯刚度 $EI$ 相同，受力如图所示。试求 $A$、$E$ 两点间的相对位移 $\Delta_{AE}$。欲使 $A$、$E$ 间无相对水平位移，试确定 $F_1$ 与 $F_2$ 的比值。

1-18　试求图示框架 $C$、$D$ 两点间的相对位移。

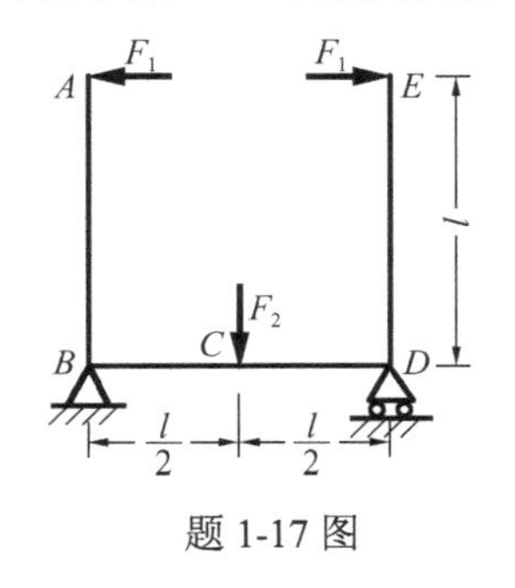


题 1-17 图

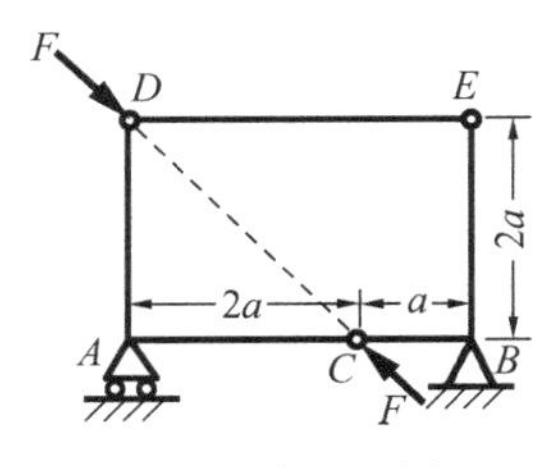


题 1-18 图

1-19　图示结构中，$AB$ 梁一端为活动铰支座，另一端搭在弹性刚架上。$AB$ 梁中点受集中力 $F$ 作用，梁及刚架各段的抗弯刚度 $EI$ 均已知且相等。求梁 $AB$ 中点 $H$ 的垂直位移。

1-20　半圆结构如图所示，右端为固定端，受径向均布载荷 $q$ 作用，试确定薄壁半圆环自由端 $A$ 的水平位移、垂直位移分量及总位移。

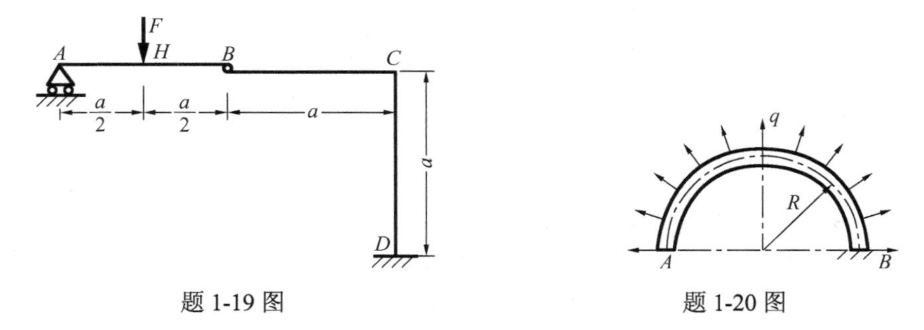


题 1-19 图　　　　题 1-20 图

1-21　图示结构中，已知各结构的 $EI$、$EA$ 均为常数，求：(1) $AB$ 间的相对位移 $\delta_{AB}$；(2) $CD$ 间的相对转角 $\theta_{CD}$。

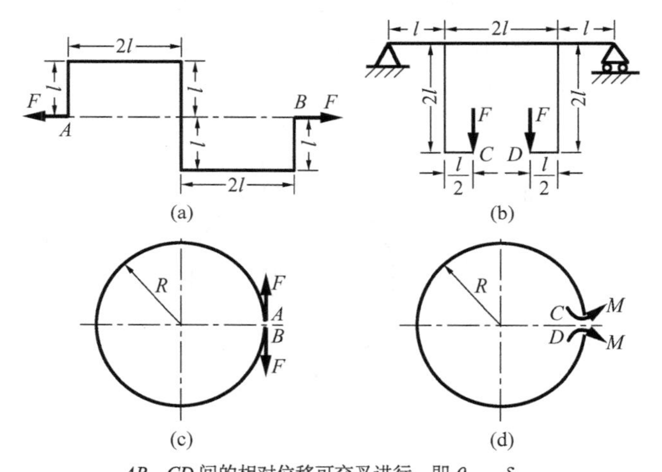


$AB$、$CD$ 间的相对位移可交叉进行，即 $\theta_{AB}$、$\delta_{CD}$

题 1-21 图

1-22　如图所示，直径为 $d$ 的圆形等截面直角拐轴承受均布载荷 $q$。已知 $l$、$I_p = 2I_z$、$W_p = 2W_z$，以及材料常数 $E$、$G$。试求：(1)危险截面的位置；(2)画出危险点的应力状态；(3)求第三强度理论的相当应力；(4) $C$ 截面的垂直位移。

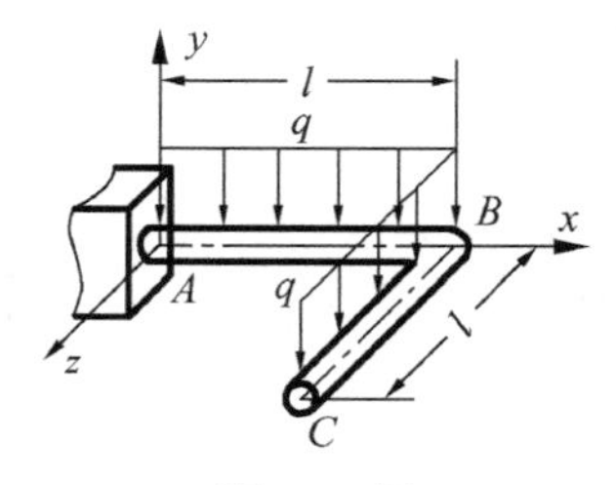


题 1-22 图

# 第 2 章　能量原理在求解超静定结构中的应用*

## 2.1　概　　述

在杆件拉压、扭转和弯曲变形分析中，曾经采用变形比较法讨论过简单超静定结构。分析表明超静定结构与静定结构比较，具有安全性和可靠性高等一系列优点，因此超静定结构在工程中应用广泛。但是，变形比较法仅仅适用于简单结构分析，难以进行复杂工程结构分析。现代工程结构通常为高次超静定系统，因此需要探讨适宜工程应用的超静定结构计算分析方法。

目前，工程结构的分析方法主要是以能量法为基础构建的。能量法用于超静定结构分析，具有公式简单规范、特别适于计算机完成等优点。工程界广泛应用的结构矩阵法和有限元法等均源于能量法。

本章将讨论基于能量法的超静定结构分析原理和方法。首先回顾简单超静定问题的求解，确定超静定结构的基本属性；其次讨论力法求解超静定结构；最后讨论如何应用结构的对称性简化超静定结构的求解。

对于图 2-1(a)所示的车削工件，这是一个最简单的静定结构。车削力 $F$ 作用时，固定端(卡盘)有三个未知反力 $F_{Ax}$、$F_{Ay}$ 和 $M_A$。对于一个平面平衡力系，独立的平衡方程恰好有三个，即

$$\sum F_x = 0,\quad F_{Ax} = 0$$

$$\sum F_y = 0,\quad F - F_{Ay} = 0$$

$$\sum M_A = 0,\quad Fa - M_A = 0$$

上述三个方程对应三个未知反力，利用平衡方程就可以求解未知反力，这种结构被称为**静定结构**或者**静定系统**。

如果工程设计需要增加构件约束，例如，上述车削工件如果过于细长，为了提高加工精度，减小变形，车工师傅将在车削工件的尾部利用尾顶针提高加工精度，如图 2-2(a)所示。工件右端的尾顶针相当于一个活动铰链约束，因此结构的未知反力增加了 $B$ 支座反力 $F_{By}$。

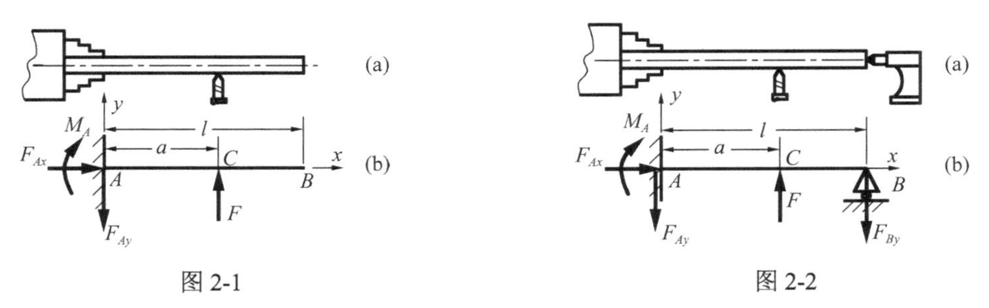


图 2-1　　　　图 2-2

而独立的平衡方程仍然为三个，有

$$\sum F_x = 0, \quad F_{Ax} = 0$$
$$\sum F_y = 0, \quad F - F_{Ay} - F_{By} = 0$$
$$\sum M_A = 0, \quad Fa - F_{By}l - M_A = 0$$

这种未知反力多于平衡方程数的结构，称为**超静定结构**或**超静定系统**。显然，仅仅利用平衡方程是不能求解超静定结构的。

超静定结构形式具有多样性，根据结构约束特点，可以划分为三类。

(1)结构外部存在多于平衡方程数目的约束，即支座反力多于平衡方程数目，称为**外力超静定问题**，如图 2-3(a)所示。

(2)仅仅在结构内部存在多于平衡方程数目的约束，即支座反力可以通过平衡方程求解，而杆件内力不能通过截面法求解，称为**内力超静定问题**，如图 2-3(b)、(c)所示。

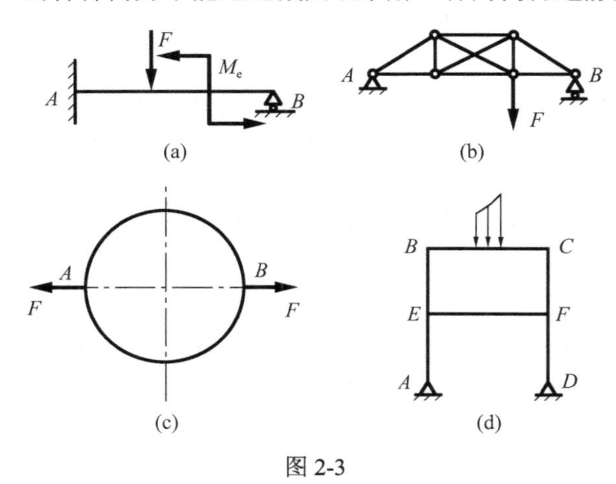

图 2-3

(3)结构的内部和外部均存在多余约束，即结构支座反力不能全部通过平衡方程求解，杆件内力不能应用截面法求解，称为**混合超静定问题**，如图 2-3(d)所示。

超静定结构的未知反力超过平衡方程的数目称为**超静定次(度)数**。判断超静定次数是求解超静定问题的基础，是正确求解超静定问题的前提，因此也是必须掌握的基本技能。

外力超静定次数的判断比较简单，可以采用与静定结构比较的方法确定。例如，对于图 2-3(a)，可以看成悬臂梁增加了 1 个右端活动铰支座，因此为 1 次外力超静定结构。而图 2-3(b)所示桁架结构的支撑形式与简支梁相同，因此外力是静定的。对于图 2-3(d)所示的刚架结构，可以看成简支刚架的 1 个活动铰链被固定铰链替换，在静定结构基础上增加了 1 个约束，因此为 1 次外力超静定结构。

内力超静定问题主要出现在刚架和桁架结构中。对于刚架结构内力超静定次数的判断，主要是判断结构具有的封闭框数目。每一个封闭框如果替换为杆件，平面力系将出现 3 个内力约束，而空间力系将出现 6 个内力约束。桁架结构主要是判断与静定桁架比较是否有多余约束杆件。例如，对于图 2-3(a)，直梁没有封闭框，因此为内力静定结构。图 2-3(b)与静定桁架比较有 1 个多于约束杆件，为 1 次内力超静定结构。图 2-3(c)具有 1 个封闭框，为 3 次内力超静定系统。图 2-3(d)同样具有 1 个封闭框，为 3 次内力超静定系统。

对于混合超静定系统，需要根据外力和内力超静定次数的综合判断结果确定超静定次数。对于图 2-3(d)，结构具有 1 个外力和 3 个内力多余约束，为 4 次混合超静定问题。

应该注意的是多余约束，这里的多余是相对维持结构的几何不变性而言的。但是它可以明显提高结构的刚度和稳定性，大多数情况下也可以提高结构强度。因此可以说，有多余约束才形成超静定结构，它对于提高工程结构的效率具有重要意义。

超静定结构的分析就是确定结构的多余约束力。最基本的分析方法有两种：一种是以多余约束反力作为基本未知量求解超静定问题的方法，称为**力法**；另一种是以结构某种位移量作为基本未知量求解超静定问题的方法，称为**位移法**。本章仅讨论**力法**求解超静定问题。

## 2.2　超静定结构分析基础

超静定结构的分析以变形比较法为基础，在《材料力学（Ⅰ）》中 7.6 节曾经进行过简单介绍。本节将通过变形比较法详细讨论超静定结构的求解基础。

以图 2-4(a)所示的超静定梁为例，该梁的左端为固定端，具有 3 个约束反力；右端为活动铰链，有 1 个约束反力。共计 4 个约束反力，而平面任意力系独立的平衡方程仅有 3 个，因此该梁为 1 次外力超静定系统。

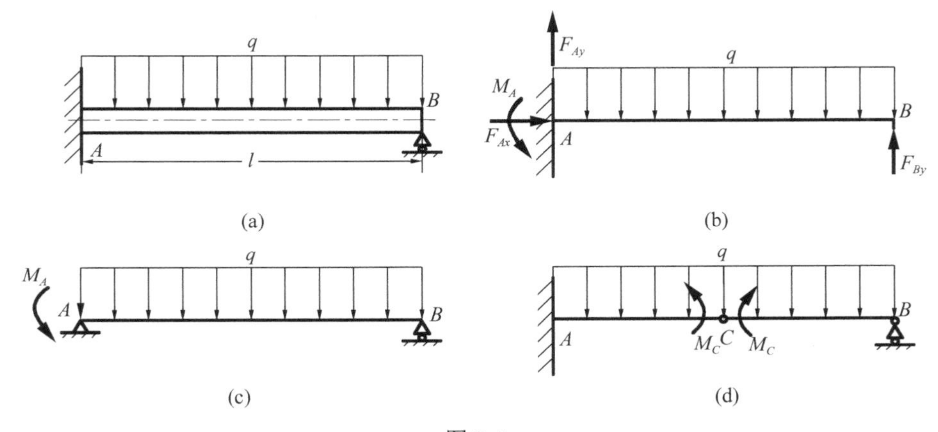


图 2-4

将超静定梁的多余约束去除，所得到的结构为几何不变的静定系统，称为**原系统的静定基**(或者**基本系统**)。多余约束对应的未知约束反力称为**原系统的多余未知力**。将图 2-4(a)所示超静定梁右端活动铰链作为多余约束，则去除多余约束所得静定基为悬臂梁，而支座反力 $F_{By}$ 为多余未知力。将作用于原系统的载荷和多余约束反力共同施加于静定基，则该系统称为**相当系统**，如图 2-4(b)所示。

显然，这个“静定”相当系统如果能够替代原超静定系统，则二者的变形必须是一致的。为此，相当系统多余约束反力作用处的位移必须满足原系统的位移边界条件。设分布载荷 $q$ 和集中力 $F_{By}$ 独立作用于静定基而产生的 $B$ 端挠度分别为 $y_{Bq}$ 和 $y_{BF}$，则 $B$ 端挠度为

$$y_B = y_{Bq} + y_{BF}$$

由于原系统在 $B$ 端为活动铰支座，所以不应有任何垂直方向的位移，因此有

$$y_B = y_{Bq} + y_{BF} = 0 \tag{1}$$

这个原系统的边界条件就成为相当系统取代原系统的变形协调关系。根据变形协调关系，可以建立补充方程求解多余约束反力。多余约束反力求解后，相当系统则完全等同于静定结构。

对于 $y_{Bq}$ 和 $y_{BF}$，可以采用能量法或其他方法求解，得

$$y_{Bq} = -\frac{ql^4}{8EI}, \quad y_{BF} = \frac{F_{By}l^3}{3EI}$$

将上述位移代入变形协调方程，得补充方程：

$$y_B = y_{Bq} + y_{BF} = -\frac{ql^4}{8EI} + \frac{F_{By}l^3}{3EI} = 0$$

求解可得

$$F_{By} = \frac{3ql}{8}$$

多余约束反力求出后，相当系统则成为静定结构。根据静力平衡方程，求得

$$F_{Ax} = 0, \quad F_{Ay} = \frac{5ql}{8}, \quad M_A = \frac{ql^2}{8}$$

这里需要指出的是：静定基的选择方法不是唯一的。例如，也可将图 2-4(a)所示超静定梁的固定端简化为固定铰支座，选取简支梁为静定基，相当系统如图 2-4(c)所示，则对应的变形协调关系为固定端 $A$ 截面的转角为零，即

$$\theta_A = \theta_{Aq} + \theta_{AM} = 0 \tag{2}$$

式中，$\theta_{Aq}$ 和 $\theta_{AM}$ 分别为分布载荷 $q$ 和集中力偶 $M_A$ 单独作用于简支梁静定基时，简支梁端面 $A$ 的转角。

另外，相当系统也可以选择任意截面弯矩作为多余约束反力，如图 2-4(d)所示。这样变形协调关系成为铰链 $C$ 两侧的转角相等。这一相当系统的选择，对于计算分析而言，是比较麻烦的。相当系统的选择，还有一些其他方法，这里不再一一叙述。但是必须注意的是，不能将固定端的横向力 $F_{Ax}$ 简化为多余约束，这将导致系统成为瞬间几何可变的。相当系统除在受载和变形与原结构相当外，还应是几何不变的静定结构，而不能是几何可变的机构系统。

**例 2-1**　试求图 2-5(a)所示超静定梁的支座反力，并作弯矩图。已知梁的抗弯刚度 $EI$ 为常量。

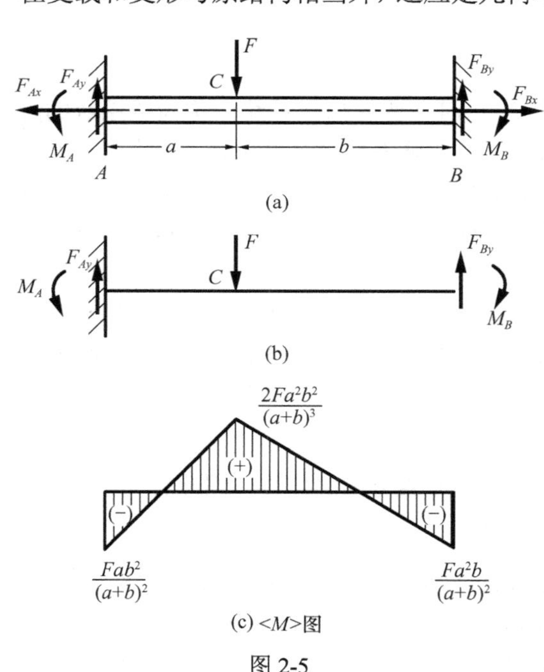

(c) <M>图

图 2-5

**解**　(1) 结构超静定分析。梁的两端 $A$ 和 $B$ 均为固定端，平面力系每一固定端具有 3 个约束反力，结构共有 6 个未知约束反力。平面任意力系具有 3 个独立的静力平衡方程，因此结构为 3 次超静定系统。考虑到水平方向没有作用载荷，在小变形条件下，梁的长度近似不变。因此一般假设梁的水平支座反力 $F_{Ax} = F_{Bx} = 0$，问题简化为 2 次超静定梁。

(2) 建立相当系统。取悬臂梁为静定基，支座反力 $F_{By}$ 和 $M_B$ 为多余约束反力，相当系统如图 2-5(b)所示。变形协调条件为

$$y_B = y_{BF} + y_{BF_{By}} + y_{BM_B} = 0$$

$$\theta_B = \theta_{BF} + \theta_{BF_{By}} + \theta_{BM_B} = 0$$

式中，第 1 个脚标表示 $B$ 点的位移；第 2 个脚标表示该位移分别为外力 $F$、支座反力 $F_{By}$ 和 $M_B$ 单独作用于静定基所引起的位移。分别计算可得

$$y_{BF}=-\frac{Fa^2(2a+3b)}{6EI},\quad y_{BF_{By}}=\frac{F_{By}(a+b)^3}{3EI},\quad y_{BM_B}=-\frac{M_B(a+b)^2}{2EI}$$

$$\theta_{BF}=-\frac{Fa^2}{2EI},\quad \theta_{BF_{By}}=\frac{F_{By}(a+b)^2}{2EI},\quad \theta_{BM_B}=-\frac{M_B(a+b)}{EI}$$

代入变形协调方程，得

$$y_B=-\frac{Fa^2(2a+3b)}{6EI}+\frac{F_{By}(a+b)^3}{3EI}-\frac{M_B(a+b)^2}{2EI}=0$$

$$\theta_B=-\frac{Fa^2}{2EI}+\frac{F_{By}(a+b)^2}{2EI}-\frac{M_B(a+b)}{EI}=0$$

联立求解，可得多余约束反力为

$$F_{By}=\frac{Fa^2(a+3b)}{(a+b)^3},\quad M_B=\frac{Fa^2b}{(a+b)^2}$$

(3) 求其他约束反力。多余约束反力求出后，相当系统的内力、变形和应力与原结构完全等同。因此，梁的其他支座反力计算、内力计算和强度分析与静定结构相同。

根据平衡关系 $\sum F_y=0$ 和 $\sum M_A=0$，求得

$$F_{Ay}=\frac{Fb^2(3a+b)}{(a+b)^3},\quad M_A=\frac{Fab^2}{(a+b)^2}$$

作梁的弯矩图，如图 2-5(c) 所示。

**例 2-2**　超静定刚架如图 2-6(a) 所示，试求刚架的支座反力并作弯矩图。已知梁的抗弯刚度 $EI$ 为常量，不考虑轴力和剪力对于刚架变形的影响。

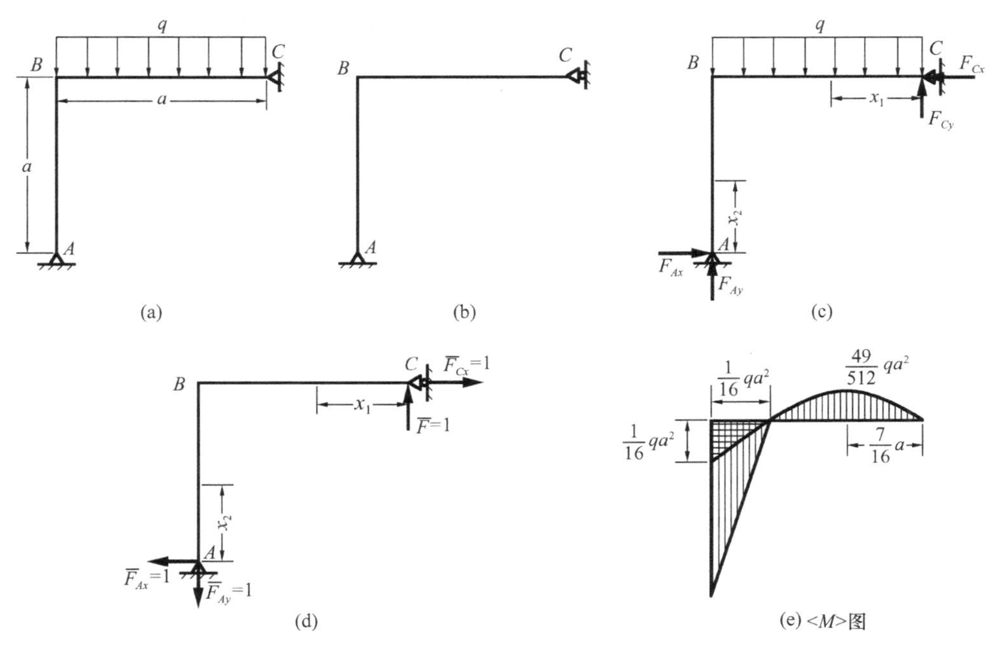


图 2-6

**解**　刚架的 $A$ 和 $C$ 处为固定铰链支座，刚架结构共有 4 个支座反力。平面任意力系独立的平衡方程仅有 3 个，所以为 1 次超静定系统。

(1) 建立相当系统。设刚架 $C$ 的垂直支座反力 $F_{Cy}$ 为多余约束反力，取静定基如图 2-6(b)所示，相当系统如图 2-6(c)所示。变形协调条件为

$$y_C = 0$$

(2) 求解多余约束反力。应用莫尔积分法求解相当系统 $C$ 点的垂直位移。根据平衡条件，相当系统的支座反力为

$$\sum F_x = 0,\quad F_{Ax} = F_{Cx}$$
$$\sum F_y = 0,\quad F_{Ay} + F_{Cy} - qa = 0$$
$$\sum M_A = 0,\quad F_{Cy}a + F_{Cx}a - \frac{1}{2}qa^2 = 0$$

联立求解可得　$$F_{Ax} = F_{Cx} = -F_{Cy} + \frac{1}{2}qa,\quad F_{Ay} = -F_{Cy} + qa$$

在相当系统 $C$ 点沿垂直方向施加单位载荷 $\overline{F} = 1$。如图 2-6(d)所示，单位载荷引起的支座反力为

$$\overline{F}_{Ax} = -1,\quad \overline{F}_{Ay} = 1,\quad \overline{F}_{Cx} = 1$$

分段列出刚架各个部分在实际载荷和单位力作用下的弯矩方程：

$BC$ 段　$$M_1(x_1) = F_{Cy}x_1 - \frac{1}{2}qx_1^2,\quad \overline{M}_1(x_1) = x_1,\quad 0 \leqslant x_1 \leqslant a$$

$AB$ 段　$$M_2(x_2) = -F_{Ax}x_2 = -\left(-F_{Cy} + \frac{1}{2}qa\right)x_2,\quad \overline{M}_2(x_2) = x_2,\quad 0 \leqslant x_2 \leqslant a$$

将上述弯矩方程代入莫尔积分公式，可以得到 $C$ 点的垂直位移为

$$\begin{aligned}
y_C &= \int_l \frac{M\overline{M}}{EI}\mathrm{d}x = \int_0^a \frac{M_1\overline{M}_1}{EI}\mathrm{d}x_1 + \int_0^a \frac{M_2\overline{M}_2}{EI}\mathrm{d}x_2 \\
&= \frac{1}{EI}\int_0^a \left(F_{Cy}x_1 - \frac{1}{2}qx_1^2\right)x_1\mathrm{d}x_1 - \frac{1}{EI}\int_0^a \left(-F_{Cy} + \frac{1}{2}qa\right)x_2^2\mathrm{d}x_2 \\
&= \frac{1}{EI}\left(\frac{2}{3}F_{Cy}a^3 - \frac{7}{24}qa^4\right)
\end{aligned}$$

由变形协调条件 $y_C = 0$，求得多余约束反力为

$$F_{Cy} = \frac{7}{16}qa$$

(3) 根据平衡关系，求解刚架的其他支座反力：

$$F_{Ax} = F_{Cx} = -F_{Cy} + \frac{1}{2}qa = \frac{1}{16}qa,\quad F_{Ay} = -F_{Cy} + qa = \frac{9}{16}qa$$

作刚架的弯矩图，如图 2-6(e)所示。

## 2.3　力法正则方程

对于超静定结构的求解，普遍采用的方法是：解除多余约束选取静定基；利用未知反力取代多余约束得到相当系统；根据相当系统的变形与原结构相同建立求解超静定系统的变形协调关系；利用物理关系将变形协调关系转化为包括外力和多余约束反力的补充方程。这种以**力**作为基本未知量，利用变形协调关系求解超静定问题的方法称为**力法**。

按照上述超静定结构求解的基本原则，可以进一步规范求解过程，简化计算环节，建立适合于求解各种超静定结构的补充方程式。这种补充方程式具有标准形式，而且格式统一，便于使用，更便于计算机编程处理，这一普遍形式称为**力法正则方程**。

以下以图 2-7(a)所示的一次超静定梁为例说明力法正则方程的基本原理。

梁 $A$ 端固定，$B$ 端为活动铰链支座，共有 4 个约束反力，为 1 次超静定系统。

设活动铰链支座 $B$ 为多余约束，则梁的静定基如图2-7(b)所示。多余约束反力记作 $X_1$，可得如图 2-7(c)所示的相当系统。以$\Delta_1$ 表示在外载荷 $q$ 和多余约束反力 $X_1$ 的共同作用下，相当系统 $B$ 点沿 $X_1$ 方向的位移。由于原结构在 $B$ 端为活动铰链支座，因此相当系统的 $B$ 点不能有沿 $X_1$ 方向的位移。根据变形协调关系，有

$$\Delta_1 = 0$$

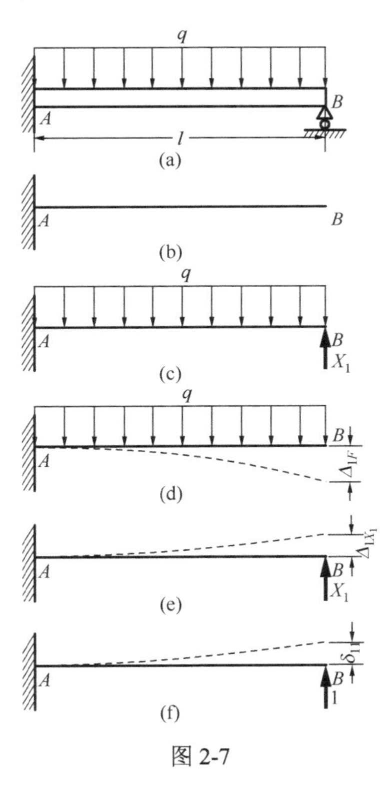

图 2-7

上式是对超静定结构求解时变形协调关系的总结。$\Delta_1$ 为相当系统在多余约束处沿多余约束反力方向的位移，它是由于结构外载荷 $q$ 和多余约束反力 $X_1$ 的共同作用而产生的。设结构外载荷 $q$ 在多余约束点 $B$ 沿多余约束方向引起的位移为$\Delta_{1F}$，多余约束反力 $X_1$ 在其作用线方向引起的位移为 $\Delta_{1X_1}$，如图 2-7(d)、(e)所示，则根据叠加原理可得

$$\Delta_1 = \Delta_{1F} + \Delta_{1X_1} = 0$$

这里位移记号的第一个脚标 1 表示位移发生在 $X_1$ 的作用点并且沿 $X_1$ 方向；第二个脚标 $F$ 或者 $X_1$ 表示位移是由外载荷 $q$ 或者 $X_1$ 引起的。

利用莫尔积分法或者图乘法计算 $\Delta_{1X_1}$ 时，需要在相当系统上施加单位力，如图 2-8(f)所示。$B$ 点沿 $X_1$ 方向由这一单位力引起的位移记作$\delta_{11}$。对于线弹性问题，位移与载荷是成正比的，$X_1$ 是单位力 1 的 $X_1$ 倍，所以 $\Delta_{1X_1}$ 是$\delta_{11}$的 $X_1$ 倍，因此

$$\Delta_{1X_1} = \delta_{11} X_1$$

将 $\Delta_{1X_1}$ 代入变形协调关系得

$$\Delta_1 = \Delta_{1F} + \delta_{11} X_1 = 0 \tag{2-1}$$

式(2-1)即求解 1 次超静定系统的力法正则方程，对于系数 $\Delta_{1F}$ 和 $\delta_{11}$，可以应用卡氏定理、

莫尔积分法和图乘法等方法计算。只要求解出方程系数 $\Delta_{1F}$ 和 $\delta_{11}$，就可以通过力法正则方程求解未知约束反力 $X_1$。其结果和 2.2 节变形比较法完全一致。

力法正则方程使得超静定结构的求解变成待定系数的确定和线性方程的求解，显然简化了计算过程，使得求解形式标准化。这一优越性在高次超静定问题中可更加清晰地凸显出来。因为高次超静定结构的变形比较是异常烦冗的，而按照力法正则方程得到的补充方程是以多余约束反力为变量的标准形式的线性方程组。

以下通过图 2-8(a)所示的超静定刚架为例对力法正则方程作进一步阐述。

**刚架**是一些杆件的端点刚性地连接在一起(无相对转角)组成的框架。其可以承受节点力、非节点力或力矩。外力与框架轴线在同一平面的称为**平面刚架**，不在同一平面的称为**空间刚架**。图 2-8(a)所示刚架为平面刚架。

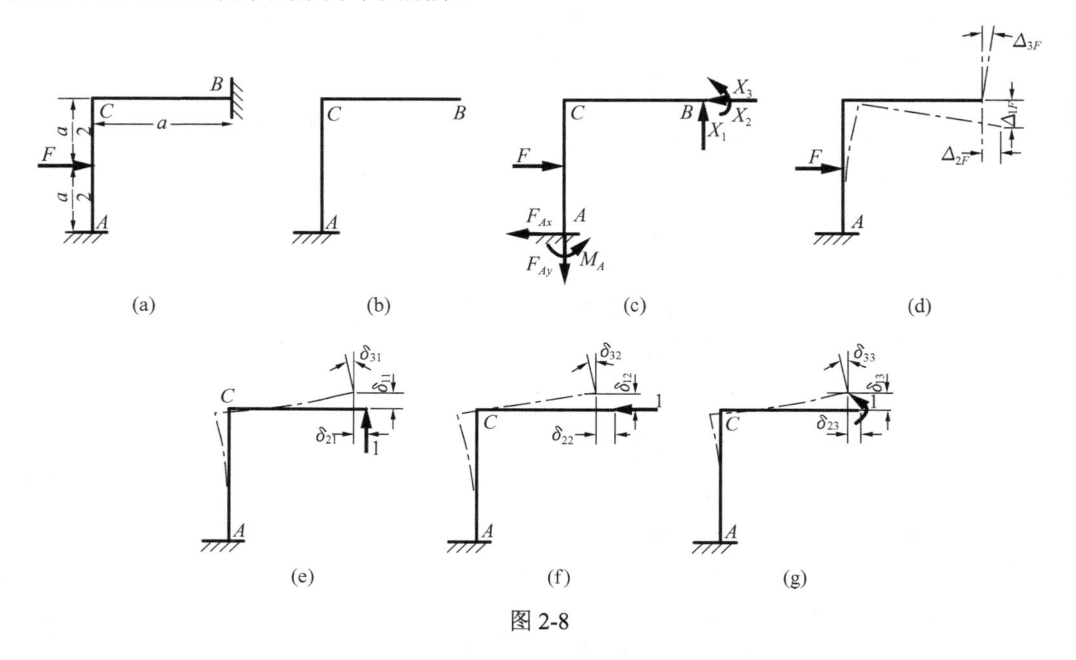


图 2-8

刚架 $ACB$ 的 $A$ 和 $B$ 端均为固定约束，图示平面力系结构共计 6 个约束反力，为 3 次超静定系统。解除固定端 $B$ 的约束，则刚架的静定基如图 2-8(b)所示。以固定端 $B$ 的 3 个反力作为多余约束反力，可得如图 2-8(c)所示的相当系统。相当系统除外力 $F$ 之外，在 $B$ 端还作用有垂直反力 $X_1$、水平反力 $X_2$ 和力偶矩 $X_3$，三者均为多余约束反力。

原刚架 $B$ 端为固定端，变形协调关系为 $B$ 点沿 $X_1$ 方向的铅垂位移为零；沿 $X_2$ 方向的水平位移为零，沿 $X_3$ 方向的转角为零。因此，相当系统应该满足这些变形协调关系，即 $B$ 点沿 $X_1$ 方向的铅垂位移$\Delta_1=0$，沿 $X_2$ 方向的水平位移$\Delta_2=0$，沿 $X_3$ 方向的位移(转角) $\Delta_3=0$。这里$\Delta_1$、$\Delta_2$和$\Delta_3$分别表示在外力 $F$ 和多余约束反力 $X_1$、$X_2$、$X_3$ 共同作用下，相当系统 $B$ 点沿 $X_1$、$X_2$ 和 $X_3$ 方向的位移。设外力 $F$ 在相当系统 $B$ 点沿 $X_1$、$X_2$、$X_3$ 方向引起的位移分别为$\Delta_{1F}$、$\Delta_{2F}$和$\Delta_{3F}$，如图 2-8(d)所示。$\delta_{11}$、$\delta_{21}$和$\delta_{31}$分别为 $X_1$ 为单位力时，相当系统 $B$ 点沿 $X_1$、$X_2$ 和 $X_3$ 方向的位移。同理可得 $X_2$ 和 $X_3$ 为单位力时的位移，如图 2-8(f)、(g)所示。根据变形协调关系，得

$$\begin{cases} \Delta_1 = \delta_{11}X_1 + \delta_{12}X_2 + \delta_{13}X_3 + \Delta_{1F} = 0 \\ \Delta_2 = \delta_{21}X_1 + \delta_{22}X_2 + \delta_{23}X_3 + \Delta_{2F} = 0 \\ \Delta_3 = \delta_{31}X_1 + \delta_{32}X_2 + \delta_{33}X_3 + \Delta_{3F} = 0 \end{cases} \tag{2-2}$$

上述方程为 3 个多余约束反力的力法正则方程。方程中的 9 个系数$\delta_{ij}$($i=1, 2, 3$ 和 $j=1, 2, 3$)的第一个脚标 $i$ 表示位移发生在 $X_i$ 的作用点并且沿 $X_i$ 方向；第二个脚标 $j$ 表示位移是由多余约束反力 $X_j$ 引起的。方程(2-2)写作矩阵形式为

$$\begin{bmatrix} \delta_{11} & \delta_{12} & \delta_{13} \\ \delta_{21} & \delta_{22} & \delta_{23} \\ \delta_{31} & \delta_{32} & \delta_{33} \end{bmatrix} \begin{pmatrix} X_1 \\ X_2 \\ X_3 \end{pmatrix} + \begin{pmatrix} \Delta_{1F} \\ \Delta_{2F} \\ \Delta_{3F} \end{pmatrix} = 0 \tag{2-3}$$

根据位移互等定理，容易证明$\delta_{12}=\delta_{21}$、$\delta_{13}=\delta_{31}$和$\delta_{23}=\delta_{32}$，或者统一写成$\delta_{ij}=\delta_{ji}$。因此对于 3 次超静定问题，力法正则方程仅有 6 个独立的待定系数。

同理按照上述原则，确定 $n$ 次超静定问题的力法正则方程为

$$\begin{cases} \Delta_1 = \delta_{11}X_1 + \delta_{12}X_2 + \cdots + \delta_{1n}X_n + \Delta_{1F} = 0 \\ \Delta_2 = \delta_{21}X_1 + \delta_{22}X_2 + \cdots + \delta_{2n}X_n + \Delta_{2F} = 0 \\ \qquad \cdots \\ \Delta_n = \delta_{n1}X_1 + \delta_{n2}X_2 + \cdots + \delta_{nn}X_n + \Delta_{nF} = 0 \end{cases} \tag{2-4}$$

式(2-4)的矩阵形式为

$$\begin{bmatrix} \delta_{11} & \delta_{12} & \cdots & \delta_{1n} \\ \delta_{21} & \delta_{22} & \cdots & \delta_{2n} \\ \vdots & \vdots & \ddots & \vdots \\ \delta_{n1} & \delta_{n2} & \cdots & \delta_{nn} \end{bmatrix} \begin{pmatrix} X_1 \\ X_2 \\ \vdots \\ X_n \end{pmatrix} + \begin{pmatrix} \Delta_{1F} \\ \Delta_{2F} \\ \vdots \\ \Delta_{nF} \end{pmatrix} = 0 \tag{2-5}$$

根据位移互等定理，力法正则方程的待定系数具有如下关系：

$$\delta_{ij} = \delta_{ji}, \quad i=1,2,\cdots,n, \quad j=1,2,\cdots,n$$

所以，式(2-5)中的待定系数矩阵为对称矩阵。

以下通过例题说明力法正则方程的应用。

**例 2-3**　超静定刚架结构如图 2-9(a)所示，已知抗弯刚度 $EI$ 为常量，试作刚架弯矩图。

**解**　(1)结构超静定判定。刚架为平面受力结构，$A$ 和 $B$ 端均为固定端，因此结构为 3 次超静定系统。

(2)列出力法正则方程。设固定端 $B$ 为多余约束，多余约束反力为 $X_1$、$X_2$ 和 $X_3$。静定基如图 2-9(b)所示。相当系统如图 2-9(a)中去掉固定端 $B$ 所示。力法正则方程即式(2-2)。

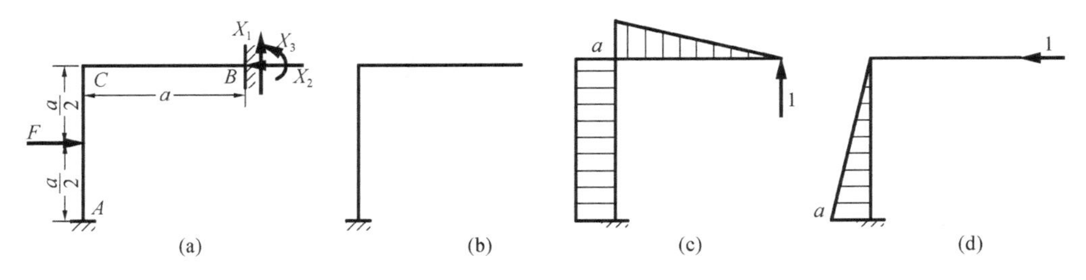

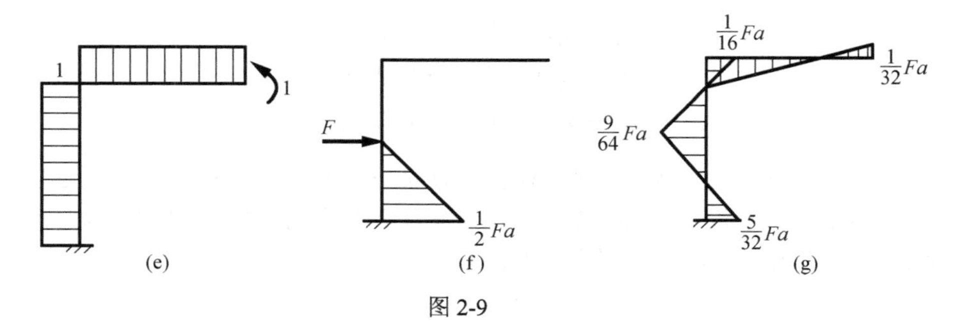


图 2-9

(3) 求解力法正则方程。设在静定基上分别施加 $X_1$、$X_2$ 方向的单位力和 $X_3$ 方向的单位力偶，并作弯矩图，如图 2-9(c)～(e)所示。载荷 $F$ 的弯矩图如图 2-9(f)所示。

利用图形互乘法计算正则方程系数。图 2-9(c)～(e)自乘、互乘并与图(f)互乘，得

$$\delta_{11}=\frac{1}{EI}\left(\frac{1}{2}a^2\times\frac{2}{3}a+a^2\times a\right)=\frac{4a^3}{3EI}$$

$$\delta_{12}=\delta_{21}=\frac{1}{EI}\left(a^2\times\frac{1}{2}a\right)=\frac{a^3}{2EI}$$

$$\delta_{13}=\delta_{31}=\frac{1}{EI}\left(\frac{1}{2}a^2+a^2\right)=\frac{3a^2}{2EI}$$

$$\delta_{22}=\frac{1}{EI}\left(\frac{1}{2}a^2\times\frac{2}{3}a\right)=\frac{a^3}{3EI}$$

$$\delta_{23}=\delta_{32}=\frac{1}{EI}\left(\frac{1}{2}a^2\right)=\frac{a^2}{2EI}$$

$$\delta_{33}=\frac{1}{EI}(a+a)=\frac{2a}{EI}$$

$$\varDelta_{1F}=\frac{1}{EI}\left(-\frac{1}{2}\times\frac{1}{2}Fa\times\frac{a}{2}\times a\right)=-\frac{Fa^3}{8EI}$$

$$\varDelta_{2F}=\frac{1}{EI}\left(-\frac{1}{2}\times\frac{1}{2}Fa\times\frac{a}{2}\times\frac{5}{6}a\right)=-\frac{5Fa^3}{48EI}$$

$$\varDelta_{3F}=\frac{1}{EI}\left(-\frac{1}{2}\times\frac{1}{2}Fa\times\frac{a}{2}\right)=-\frac{Fa^2}{8EI}$$

将上述系数代入力法正则方程式(2-2)，得

$$\frac{1}{EI}\left(\frac{4a^3}{3}X_1+\frac{a^3}{2}X_2+\frac{3a^2}{2}X_3-\frac{Fa^3}{8}\right)=0$$

$$\frac{1}{EI}\left(\frac{a^3}{2}X_1+\frac{a^3}{3}X_2+\frac{a^2}{2}X_3-\frac{5Fa^3}{48}\right)=0$$

$$\frac{1}{EI}\left(\frac{3a^2}{2}X_1+\frac{a^2}{2}X_2+2aX_3-\frac{Fa^2}{8}\right)=0$$

联立求解，得

$$X_1=-\frac{3}{32}F,\quad X_2=\frac{13}{32}F,\quad X_3=\frac{1}{32}Fa$$

上式中 $X_1$ 为负值，表示实际反力方向与假设方向相反。

(4) 作刚架弯矩图，如图 2-9(g) 所示。这里特别指出，选用图乘法确定待定系数时，如果刚架上作用多个载荷，则应分别作出各自的内力图，方便确定面积和形心位置。

**例 2-4**　由 6 个杆件组成的桁架结构如图 2-10(a) 所示，设 6 个杆件的抗拉压刚度 $EA$ 均相等，试求杆件内力。

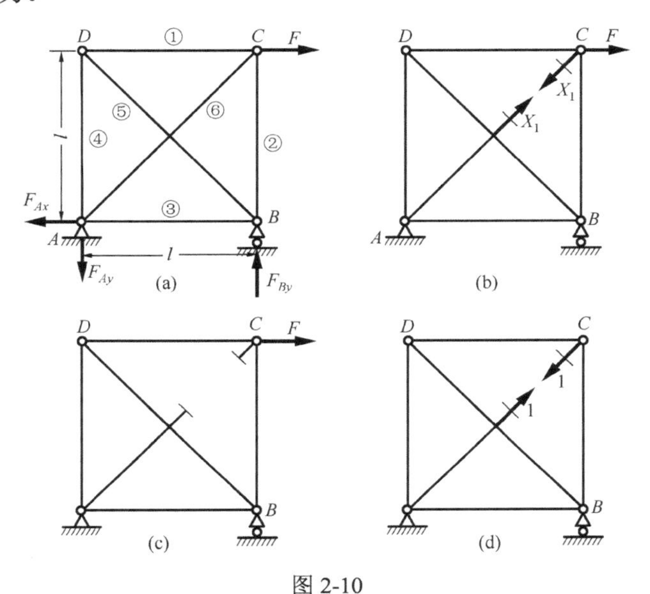


图 2-10

**解**　(1) 结构超静定判定。桁架结构的 $A$ 和 $B$ 支座反力可以通过平衡方程求解，因此为外力静定结构。根据平衡条件可得

$$F_{Ax}=F,\quad F_{Ay}=F,\quad F_{By}=F$$

而杆件内力不能根据平衡方程求得，结构为内力超静定系统。桁架结构具有 6 个杆件，通过 4 个节点连接。在桁架结构中，如果设桁架的节点数为 $n$，总杆数为 $m$，则当 $m=2n-3$ 时，为静定桁架；当 $m>2n-3$ 时，为超静定桁架，且 $m-(2n-3)$ 即为桁架的超静定次数。显然图 2-10(a) 所示桁架为一次内力超静定桁架。

(2) 列出力法正则方程。设杆 6($AC$) 为多余约束，将杆 6 截开，轴力为多余约束反力 $X_1$，则桁架求解的相当系统如图 2-10(b) 所示。问题的变形协调关系为杆 6 截开处截面的相对轴向位移为零。问题求解的力法正则方程为

$$\delta_{11}X_1+\varDelta_{1F}=0 \tag{1}$$

(3) 求解力法正则方程。首先确定待定系数。对于桁架结构，所有构件均为轴向拉压杆件，待定系数可以利用莫尔积分计算，有

$$\begin{cases}\varDelta_{1F}=\sum\limits_{j=1}^{6}\dfrac{F_{Nj}\overline{F}_{Nj}}{E_jA_j}l_j\\ \delta_{11}=\sum\limits_{j=1}^{6}\dfrac{\overline{F}_{Nj}^2}{E_jA_j}l_j\end{cases} \tag{2}$$

注意到桁架结构各个杆件的抗拉压刚度 $EA$ 为常量，需要计算的是相当系统各个杆件由外力引起的轴力 $F_{Nj}$、$X_1$ 作为单位力引起的轴力 $\overline{F}_{Nj}$ 和杆件长度 $l_j$。为了计算方便，将计算结果列于表 2-1。

**表 2-1 例 2-4 各个杆件轴力及相关参数**

| 序号 | $l_j$ | $F_{Nj}$ | $\overline{F}_{Nj}$ | $F_{Nj}\overline{F}_{Nj}l_j$ | $\overline{F}_{Nj}^2 l_j$ |
|---|---|---|---|---|---|
| 1 | $l$ | $F$ | $-\frac{\sqrt{2}}{2}$ | $-\frac{\sqrt{2}}{2}Fl$ | $\frac{1}{2}l$ |
| 2 | $l$ | 0 | $-\frac{\sqrt{2}}{2}$ | 0 | $\frac{1}{2}l$ |
| 3 | $l$ | $F$ | $-\frac{\sqrt{2}}{2}$ | $-\frac{\sqrt{2}}{2}Fl$ | $\frac{1}{2}l$ |
| 4 | $l$ | $F$ | $-\frac{\sqrt{2}}{2}$ | $-\frac{\sqrt{2}}{2}Fl$ | $\frac{1}{2}l$ |
| 5 | $\sqrt{2}\,l$ | $-\sqrt{2}\,F$ | 1 | $-2Fl$ | $\sqrt{2}l$ |
| 6 | $\sqrt{2}\,l$ | 0 | 1 | 0 | $\sqrt{2}l$ |

根据上述分析，将相关参数代入式(2)可得

$$\varDelta_{1F}=\sum_{j=1}^{6}\frac{F_{Nj}\overline{F}_{Nj}}{E_jA_j}l_j=-\frac{Fl}{EA}\left(\frac{3}{\sqrt{2}}+2\right),\quad \delta_{11}=\sum_{j=1}^{6}\frac{\overline{F}_{Nj}^2}{E_jA_j}l_j=\frac{l}{EA}(2+2\sqrt{2})$$

将各系数代入正则方程，得

$$X_1=-\frac{\varDelta_{1F}}{\delta_{11}}=\frac{2+\sqrt{2}}{4}F$$

(4) 计算杆件内力。未知反力求得后，相当系统与原超静定结构的内力是相同的。因此，对于任意第 $i$ 个杆件的内力，可以利用叠加原理求解，即

$$F_{NiF}=F_{Ni}+\overline{F}_{Ni}X_1$$

上式的基本思路是：超静定结构杆件内力 $F_{NiF}$ 等于相当系统外力引起的轴力叠加单位力引起的轴力的 $X_1$ 倍，即叠加多余约束反力。

根据上述公式，可得各个杆件轴力为

$$F_{N1}=\frac{3-\sqrt{2}}{4}F,\quad F_{N2}=-\frac{1+\sqrt{2}}{4}F,\quad F_{N3}=\frac{3-\sqrt{2}}{4}F$$

$$F_{N4}=\frac{3-\sqrt{2}}{4}F,\quad F_{N5}=-\frac{3\sqrt{2}-2}{4}F,\quad F_{N6}=\frac{2+\sqrt{2}}{4}F$$

应该注意的是：对于内力超静定系统的多余约束，相当系统杆件 6 的截开位置可以为任意截面。对于外力超静定问题，力法正则方程表现的变形协调关系是未知反力处对应的位移(为零或为弹性支承的变形)。而对于内力超静定问题，多余约束反力是一对大小相等、方向相反的内力，变形协调关系的实质是一对内力所在截面的相对位移为零。

桁架是指直杆用铰相连接，载荷只作用于节点，杆件仅受轴向拉(压)力的杆系结构。当桁架有 3 个节点，且总杆数 $m=3$ 时，即为基本几何不变系。以基本几何不变系(三个节点连

接三个杆件)为基础，每增加一个节点，同时增加两个杆件为静定桁架，多余的杆件数即为桁架的超静定次数。

**例 2-5**　横梁 $AB$ 和杆件 1、2、3 组成的结构如图 2-11(a)所示，横梁的中点 $C$ 作用铅垂横向力 $F$，试求横梁的中点 $C$ 截面的挠度。已知梁的抗弯刚度 $EI$ 为常量，杆件 1、2 和 3 的抗拉压刚度均为 $EA$，并且 $I=\frac{1}{10}Aa^2$，不考虑轴力和剪力对于横梁变形的影响。

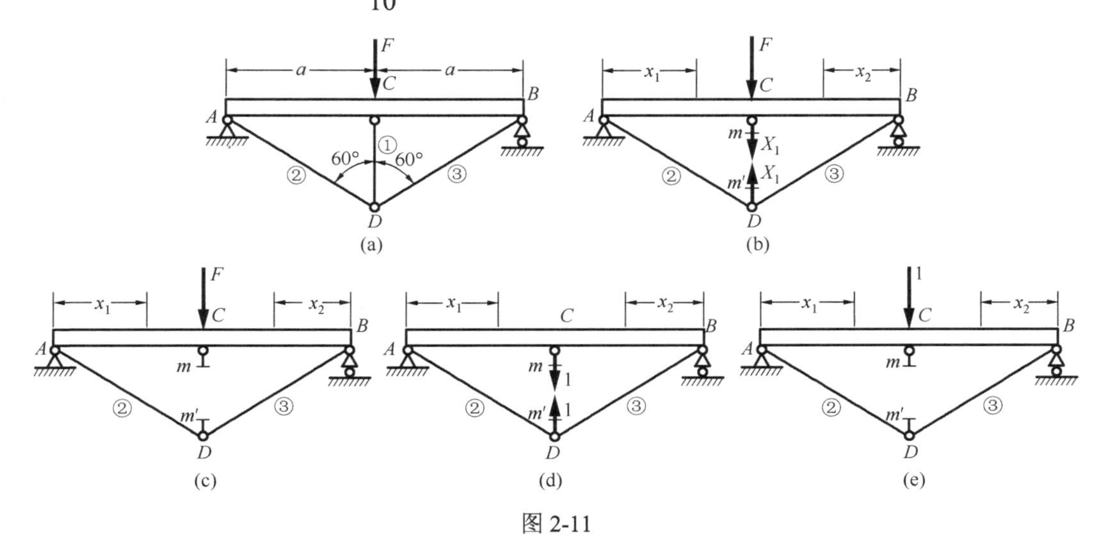


图 2-11

**解**　(1)结构超静定判断。结构外力是静定的，根据对称性可知支座反力为

$$F_{Ay}=F_{By}=\frac{1}{2}F$$

由 $D$ 点平衡分析可知，结构内部存在 1 个多余约束，因此该结构为 1 次内力超静定系统。

(2)列出力法正则方程。设杆件 1 为多余约束，将其沿截面 $mm'$ 截开，以轴力 $X_1$ 作为多余约束力，建立相当系统，如图 2-11(b)所示，则力法正则方程为

$$\varDelta_1=\delta_{11}X_1+\varDelta_{1F}=0$$

(3)求解力法正则方程。计算结构在已知外力 $F$ 作用时各个部分的内力，如图 2-11(c)所示。可求出杆件 1、2 和 3 的轴力分别为

$$F_{\mathrm{N1}}=F_{\mathrm{N2}}=F_{\mathrm{N3}}=0$$

横梁 $AC$ 和 $BC$ 段的弯矩方程分别为

$$M(x_1)=\frac{1}{2}Fx_1,\quad 0\leqslant x_1\leqslant a;\quad M(x_2)=\frac{1}{2}Fx_2,\quad 0\leqslant x_2\leqslant a$$

在静定基上施加 $X_1$=1 的单位力，如图 2-7(d)所示。在这样一对单位力作用下，杆件 1、2、3 的轴力分别为

$$\overline{F}_{\mathrm{N1}}=1,\quad \overline{F}_{\mathrm{N2}}=\overline{F}_{\mathrm{N3}}=-1$$

在单位力作用下，横梁 $AC$ 和 $BC$ 段的弯矩方程均为

$$\overline{M}(x_1)=\frac{1}{2}x_1,\quad 0\leqslant x_1\leqslant a;\qquad \overline{M}(x_2)=\frac{1}{2}x_2,\quad 0\leqslant x_2\leqslant a$$

利用莫尔积分法计算力法正则方程系数，并注意结构具有对称性：

$$\delta_{11}=2\int_0^a\frac{\overline{M}(x_1)\overline{M}(x_1)}{EI}\mathrm{d}x_1+\sum_{i=1}^{3}\frac{\overline{F}_{\mathrm{N}i}\overline{F}_{\mathrm{N}i}}{E_iA_i}l_i=\frac{2}{EI}\int_0^a\left(\frac{x_1}{2}\right)^2\mathrm{d}x_1+\left[\frac{1\times1}{EA}\frac{a}{\sqrt{3}}+2\times\frac{(-1)\times(-1)}{EA}\frac{2a}{\sqrt{3}}\right]$$

$$=\frac{a^3}{6EI}+\frac{5a}{\sqrt{3}EA}$$

$$\varDelta_{1F}=2\int_0^a\frac{M(x_1)\overline{M}(x_1)}{EI}\mathrm{d}x_1+\sum_{i=1}^{3}\frac{F_{\mathrm{N}i}\overline{F}_{\mathrm{N}i}}{E_iA_i}l_i=\frac{2}{EI}\int_0^a\left[\frac{1}{2}Fx_1\left(\frac{x_1}{2}\right)\right]\mathrm{d}x=\frac{Fa^3}{6EI}$$

代入力法正则方程，并且注意到$I=\dfrac{1}{10}Aa^2$，则

$$X_1=-\frac{\varDelta_{1F}}{\delta_{11}}=-\frac{\dfrac{Fa^3}{6EI}}{\dfrac{a^3}{6EI}+\dfrac{5a}{\sqrt{3}EA}}=-\frac{F}{1+\sqrt{3}}$$

(4) 计算结构的内力。多余约束力求出后，可以利用叠加原理计算原结构的内力。即杆件 1、2 和 3 的轴力分别为

$$F_{\mathrm{N1}}=-\frac{F}{1+\sqrt{3}},\quad F_{\mathrm{N2}}=F_{\mathrm{N3}}=\frac{F}{1+\sqrt{3}}$$

横梁 $AC$ 和 $BC$ 段的弯矩方程分别为

$$M(x_1)=\frac{1}{2}Fx_1-\frac{1}{2}\frac{Fx_1}{1+\sqrt{3}}=\frac{Fx_1}{2}\frac{\sqrt{3}}{1+\sqrt{3}},\quad 0\leqslant x_1\leqslant a;\quad M(x_2)=\frac{Fx_2}{2}\frac{\sqrt{3}}{1+\sqrt{3}},\quad 0\leqslant x_2\leqslant a$$

(5) 求横梁的中点 $C$ 截面的挠度。多余约束反力计算完成后，相当系统与原结构完全等同，可以在相当系统上求解横梁 $C$ 截面的挠度。在静定基横梁 $C$ 截面施加一个铅垂向下的单位力，如图 2-11(e) 所示。在单位力作用下，各个杆件的轴力为

$$\overline{F}_{\mathrm{N1}}=\overline{F}_{\mathrm{N2}}=\overline{F}_{\mathrm{N3}}=0$$

横梁 $AC$ 和 $BC$ 段的弯矩方程分别为

$$\overline{M}(x_1)=\frac{1}{2}x_1,\quad 0\leqslant x_1\leqslant a;\quad \overline{M}(x_2)=\frac{1}{2}x_2,\quad 0\leqslant x_2\leqslant a$$

应用单位载荷法，求得 $C$ 截面的挠度为

$$y_C=2\int_0^a\frac{M(x_1)\overline{M}(x_1)}{EI}\mathrm{d}x_1+\sum_{i=1}^{3}\frac{F_{\mathrm{N}i}\overline{F}_{\mathrm{N}i}}{E_iA_i}l_i=\frac{2}{EI}\int_0^a\left[\frac{Fx_1}{2}\frac{\sqrt{3}}{1+\sqrt{3}}\left(\frac{x_1}{2}\right)\right]\mathrm{d}x_1=\frac{(3-\sqrt{3})Fa^3}{12EI}$$

应该注意，多余约束反力计算完成后的相当系统与原超静定结构的应力、变形和位移是完全相同的。因此在进行应力和变形分析时，可以利用超静定分析时得到的结论完成。上述挠度分析过程就利用了相当系统的内力结果，对于这一挠度分析问题，如果仍在原超静定结构上讨论，对于单位载荷引起的内力还需要重新求解超静定系统，当然没有这种必要。

**例 2-6**　曲杆结构如图 2-12(a) 所示，已知抗弯刚度 $EI$ 为常量，不计轴力和剪力对变形的影响，试作曲杆弯矩图。

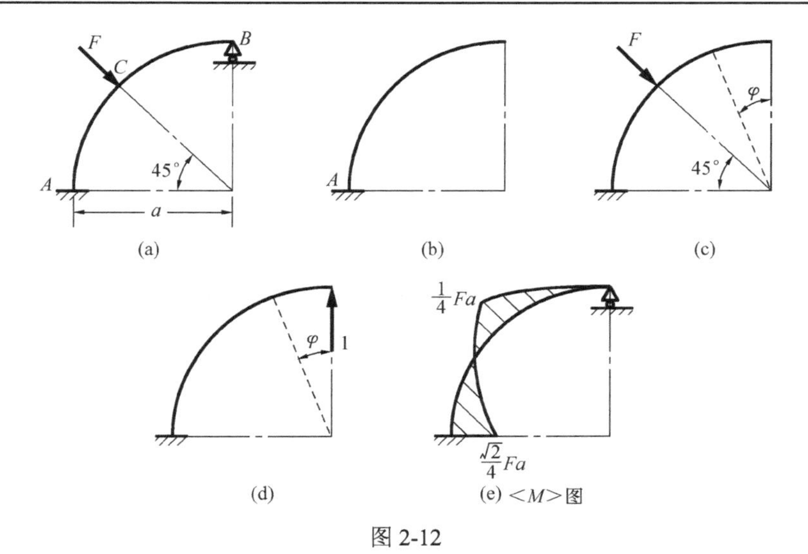


图 2-12

**解**　曲杆 $A$ 为固定端，$B$ 端为活动铰支座，因此结构为 1 次超静定系统。设 $B$ 为多余约束，多余约束反力为铅垂反力 $X_1$。力法正则方程如式(2-1)所示。问题求解的静定基如图 2-12(b)所示。

(1)结构为曲杆，选用莫尔积分法求解待定系数。将载荷 $F$ 作用于静定基，如图 2-12(c)所示，弯矩方程为

$$M=0,\quad 0\leqslant\varphi\leqslant\frac{\pi}{4}$$

$$M(\varphi)=Fa\sin\left(\varphi-\frac{\pi}{4}\right),\quad \frac{\pi}{4}\leqslant\varphi<\frac{\pi}{2}$$

在静定基上施加与 $X_1$ 方向相同的单位力，如图 2-12(d)所示，弯矩方程为

$$\overline{M}(\varphi)=-a\sin\varphi,\quad 0\leqslant\varphi\leqslant\frac{\pi}{2}$$

利用莫尔积分法计算正则方程系数，得

$$\varDelta_{1F}=\int_l\frac{M\overline{M}}{EI}\mathrm{d}s=\frac{1}{EI}\int_{\frac{\pi}{4}}^{\frac{\pi}{2}}Fa\sin\left(\varphi-\frac{\pi}{4}\right)(-a\sin\varphi)a\mathrm{d}\varphi=-\frac{\pi Fa^3}{8\sqrt{2}EI}$$

$$\delta_{11}=\int_l\frac{\overline{M}^2}{EI}\mathrm{d}s=\frac{1}{EI}\int_0^{\frac{\pi}{2}}(-a\sin\varphi)^2a\mathrm{d}\varphi=\frac{\pi a^3}{4EI}$$

(2)求解力法正则方程。将所求系数代入式(2-1)得

$$X_1=-\frac{\varDelta_{1F}}{\delta_{11}}=\frac{1}{2\sqrt{2}}F$$

上式中 $X_1$ 为正值，表示结构实际支座反力与假设方向相同。

曲杆任意横截面的弯矩为

$$M_1(\varphi)=X_1\overline{M}=-\frac{\sqrt{2}}{4}Fa\sin\varphi,\quad 0\leqslant\varphi\leqslant\frac{\pi}{4}$$

$$M_2(\varphi)=X_1\overline{M}+M=\frac{\sqrt{2}}{2}Fa\left(\frac{1}{2}\sin\varphi-\cos\varphi\right),\quad \frac{\pi}{4}\leqslant\varphi<\frac{\pi}{2}$$

(3) 作弯矩图，如图 2-12(e) 所示。

## 2.4　对称性条件及其在求解超静定结构中的应用

在实际工程结构中，相当多的超静定结构具有某种形式的对称性。利用结构的对称性条件，可以使得超静定结构的求解过程简化。

结构的**对称性**，是指结构存在一个或者若干个对称轴。关于对称轴，结构的材料、几何形状和横截面面积、约束条件等均对称，如图 2-13(a) 所示。显然如果将对称结构沿对称轴镜像，则左右两侧是完全重合的。作用于对称结构的载荷是多样的，如果作用载荷关于对称轴也是对称的，即作用于对称点的载荷大小、方向和作用点完全相同，如图 2-13(b) 所示，则称为**对称载荷**。如果作用载荷关于对称轴是反对称的，即作用于对称点的载荷大小和作用点相同，而方向相反，如图 2-13(c) 所示，则称为**反对称载荷**。

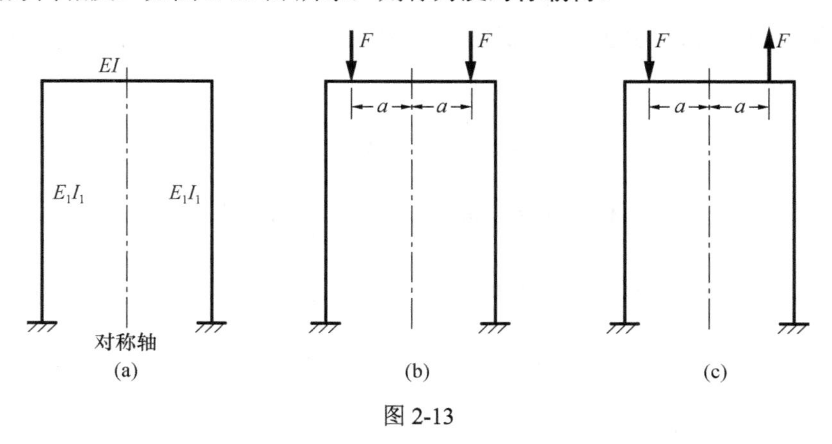


图 2-13

综上所述，结构的对称性条件是：结构具有对称的几何形状、尺寸与约束条件，而且处在对称位置的构件具有相同的截面尺寸与弹性常数。如果作用在对称位置的载荷不仅数值相等，而且方位与指向均对称，则称为对称载荷。如果作用在对称位置的载荷仅数值相等，方位对称，但指向反对称，则称为反对称载荷。

在对称载荷作用下，对称结构的所有物理量关于对称轴对称。即在对称结构的对称轴处，由于变形和内力的对称性，该面上的反对称内力——剪力和扭矩均为零。切应力也为零。因此，在对称轴上所有非对称物理量均为零，如对称面的转角必然为零。

在反对称载荷作用下，对称结构的所有物理量关于对称轴反对称。即在对称结构的对称轴处，由于变形和内力的反对称性，该面上的对称内力——弯矩和轴力均为零。相应的拉伸正应力和弯曲正应力均为零。因此，在对称轴上所有对称物理量均为零，如对称轴处的水平和垂直位移必然为零。

由于材料力学求解超静定问题使用的是力法，因此可以利用对称截面的内力性质，确定部分内力，使得高阶超静定问题降阶，从而简化计算工作。一般而言，对于内力超静定系统，1 个正对称面(对称结构，对称载荷的对称面)上反对称内力——剪力为零，可以使得问题降阶 1 次。而 1 个反对称面(为对称结构，反对称载荷的对称面)上对称内力——轴力和弯矩均为零，可以使得问题降阶 2 次。例如，图 2-13 所示结构为 3 次超静定系统，如果考虑到结构的对称性，将结构沿对称面截开，建立相当系统，则因为图 2-13(b)为对称结构、对称载荷，所以对称面上反对称内力——剪力为零，从而问题简化为 2 次超静定问题；图 2-13(c)为对称结构、反对称载荷，反对称面上轴力和弯矩均为零，从而问题简化为 1 次超静定问题。

以图 2-13(c)所示刚架为例说明对称性在超静定结构求解中的应用。刚架为 3 次超静定系统，根据结构对称，而载荷反对称，沿对称轴将刚架截开，建立相当系统，如图 2-14(a)所示。

多余约束反力分别为轴力 $X_1$、剪力 $X_2$ 和弯矩 $X_3$，其变形协调条件分别为多余约束反力相对应的广义位移，即对称面两侧的水平相对位移 $\Delta_1 = 0$、垂直相对位移 $\Delta_2 = 0$ 和相对转角 $\Delta_3 = 0$。力法正则方程为式(2-2)。

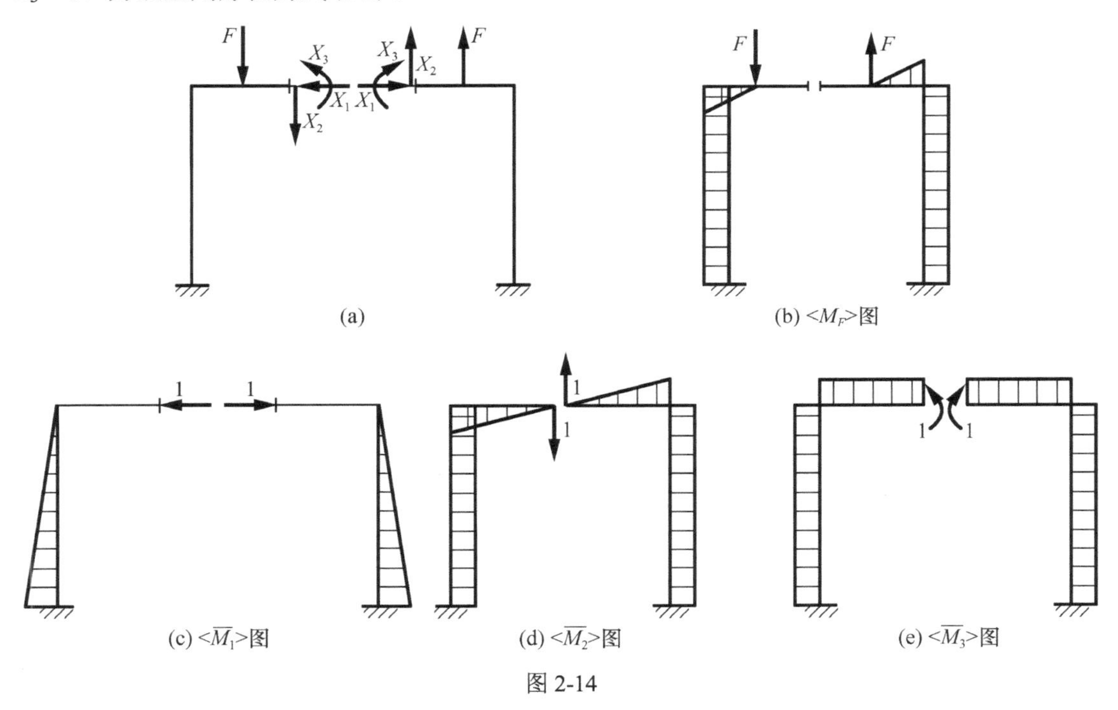


(a)　(b) <$M_F$>图

(c) <$\overline{M}_1$>图　(d) <$\overline{M}_2$>图　(e) <$\overline{M}_3$>图

图 2-14

静定基作用外力载荷的弯矩图如图 2-14(b)所示；单位力 $X_1 = 1$、$X_2 = 1$ 和 $X_3 = 1$ 作用于静定基上的弯矩 $\overline{M}_1$、$\overline{M}_2$、$\overline{M}_3$ 图如图 2-14(c)～(e)所示。由于结构的对称性，弯矩 $\overline{M}_1$、$\overline{M}_3$ 对称，而 $M_F$、$\overline{M}_2$ 是反对称的，因此，正则方程系数为

$$\delta_{12} = \delta_{21} = \delta_{23} = \delta_{32} = 0, \quad \Delta_{1F} = \Delta_{3F} = 0$$

力法正则方程简化为

$$\delta_{11}X_1 + \delta_{13}X_3 = 0$$
$$\delta_{22}X_2 + \Delta_{2F} = 0$$
$$\delta_{31}X_1 + \delta_{33}X_3 = 0$$

正则方程的 1、3 两式为关于 $X_1$ 和 $X_3$ 的齐次方程。显然其系数行列式不等于零，因此齐次方程只有零解，即约束反力 $X_1 = 0$ 和 $X_3 = 0$。问题的求解方程简化为

$$\delta_{22}X_2 + \Delta_{2F} = 0$$

分析表明：受反对称载荷作用的对称结构的对称面上，对称内力——轴力 $X_1$ 和弯矩 $X_3$ 为零。而问题的求解仅需要在结构的 1/2，即对称轴的任意一侧完成。上述分析对于对称结构受对称载荷时同样适用，只要注意到是反对称内力为零。

对于大量的工程构件，如图 2-15(a)所示，作用载荷可能不是对称载荷，也不是反对称载荷，但是可以通过对称和反对称载荷的叠加转换为图 2-15(b)、(c)。虽然转换的结果是 1 个超静定问题转化为 2 个超静定问题，但是问题的降阶仍然可以使得问题的求解简化。进一步分析表明，对于图 2-15(b)所示的受力结构，其内力为上端水平段仅承受 $F/2$ 的压力。

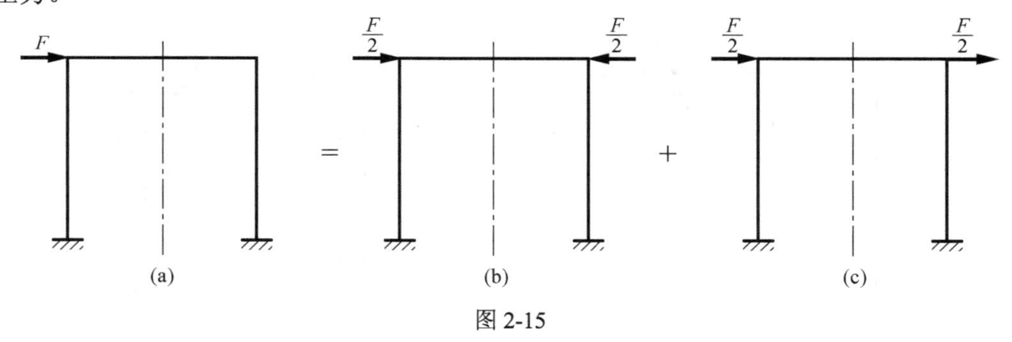


图 2-15

同样，图 2-16 所示刚架结构以轴线对称，但外载荷 $F$、$M_e$ 并不对称。通过适当变换可以将其分解为图 2-16(b)所示的对称载荷和图 2-16(c)所示的反对称载荷两种形式，然后利用对称性及反对称性性质求解。

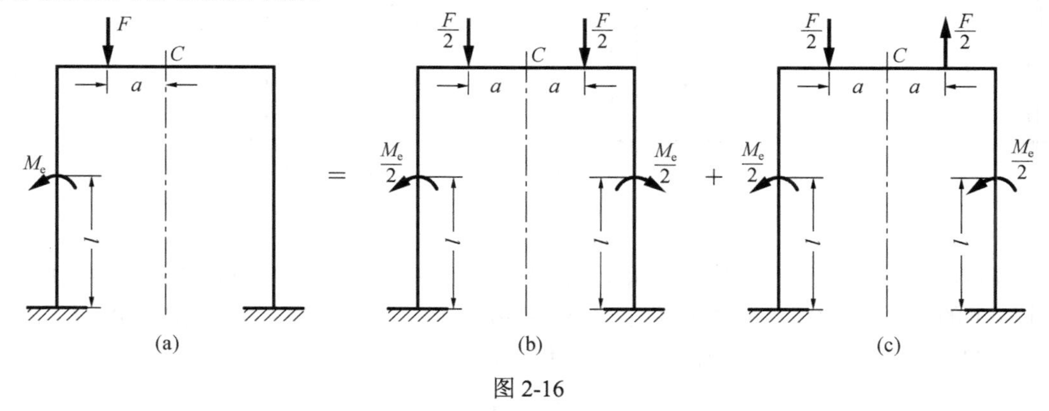


图 2-16

**例 2-7**　超静定梁如图 2-17(a)所示，已知抗弯刚度 $EI$ 为常量，不计剪力和轴力对于变形的影响，试作梁的弯矩图。

**解**　(1)超静定次数分析。梁的 $A$、$B$ 两端均为固定端，因此结构为 3 次超静定系统。作为外力超静定问题，类似的例题已经多次求解，本题利用内力超静定问题的特性求解。

注意到结构为结构对称、载荷对称。沿对称轴截开，可得静定基为悬臂梁，如图 2-17(b)所示。对称面上剪力为零，注意到为小变形问题，没有水平方向载荷，因此认为轴力 $F_N$ 为零，所以多余约束仅为弯矩 $X_1$。变形协调条件为对称面的转角 $\theta_C$ 为零。

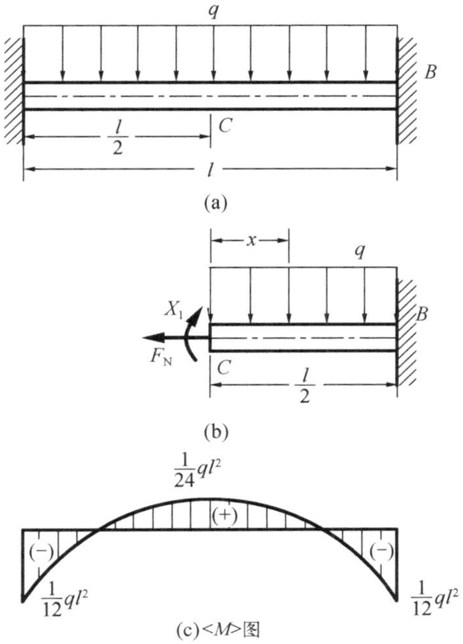

(a)

(b)

(c)<M>图

图 2-17

(2)求解多余约束。图 2-17(b)中包含多余约束在内的梁的弯矩方程为

$$M(x)=X_1-\frac{1}{2}qx^2$$

若选用卡氏定理求解，则将弯矩方程对多余约束求偏导，即

$$\frac{\partial M}{\partial X_1}=1$$

根据卡氏定理及变形协调条件，有

$$\theta_C=\int_l \frac{M}{EI}\frac{\partial M}{\partial X_1}\mathrm{d}x=\int_0^{\frac{l}{2}}\frac{1}{EI}\left(X_1-\frac{1}{2}qx^2\right)\mathrm{d}x=0$$

解得

$$X_1=\frac{1}{24}ql^2$$

(3)作弯矩图，如图 2-17(c)所示。

本题利用对称条件得到对称面剪力为零，利用小变形条件得到轴力为零，使得问题简化为 1 次超静定问题。应该注意，这一结论与不计轴力和剪力对于变形的影响有关，横截面的轴力和剪力作为相当系统的外力，会使结构产生弯曲变形。

**例 2-8**　刚架结构如图 2-18(a)所示，已知抗弯刚度 $EI$ 为常量，不计剪力和轴力对于变形的影响，试作弯矩图。

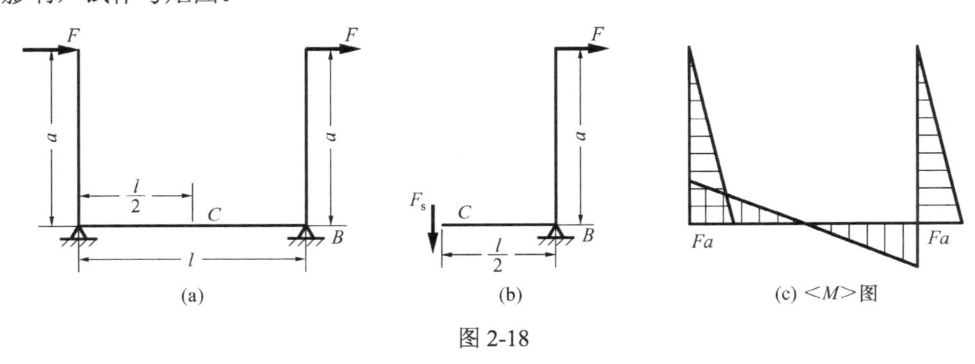


(a)　(b)　(c) <M>图

图 2-18

**解**　结构 $A$ 和 $B$ 支座均为固定铰支座，因此为 1 次超静定系统。

可以看出，结构是结构对称、载荷反对称。因此沿对称轴将结构截开，相当系统如图 2-18(b)所示。由于对称截面上的对称内力——轴力和弯矩均为零，因此未知反力只有剪力 $F_s$。

根据平衡条件 $\sum M_B = 0$，可得

$$F_s = \frac{2a}{l}F$$

作弯矩图，如图 2-18(c)所示。

本题利用结构的对称性质，将超静定结构转化为静定结构，极大地简化了计算分析，减少了计算工作量。因此，对称性讨论对于结构分析是十分必要的。

**例 2-9**　等截面封闭刚架受力如图 2-19(a)所示，已知抗弯刚度 $EI$ 为常量，不计剪力和轴力对于变形的影响，试作刚架的弯矩图。

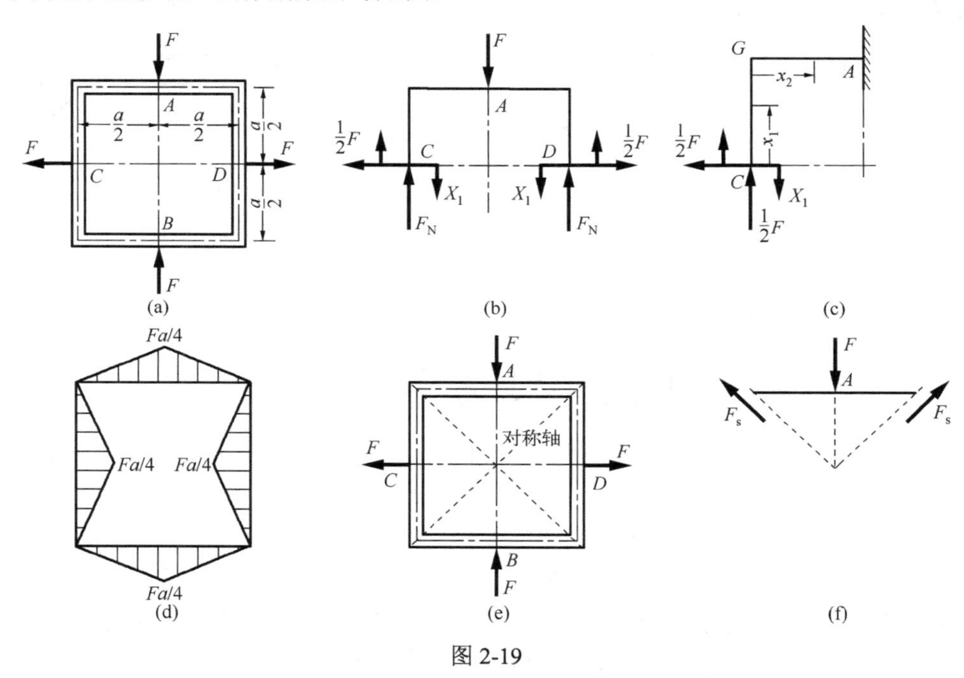


图 2-19

**解法一**　(1)超静定分析。结构为单一平面封闭框架，因此为 3 次内力超静定结构。由于结构有两个对称轴，而且载荷也是对称的，因此结构的内力也对称。沿对称轴 $CD$ 将结构切开，如图 2-19(b)所示。根据对称性可知，对称面上的反对称内力为零，故未知约束力仅有轴力 $F_N$ 和弯矩 $X_1$。

又根据竖直方向的静力平衡条件可知 $F_N = \dfrac{F}{2}$。

因此结构只有一个多余约束力 $X_1$，简化为一次超静定问题。力法正则方程为

$$\delta_{11}X_1 + \Delta_{1F} = 0$$

(2)求解多余约束力。结构关于 $AB$ 轴也对称，故选取的相当系统计算模型如图 2-19(c)所示。写出结构弯矩方程，利用单位载荷法计算力法正则方程的系数。

根据图 2-19(c)所示坐标系，分别写出已知外力的弯矩 $M(x)$ 和 $X_1=1$ 的弯矩 $\overline{M}(x)$ 的表达式：

$CG$ 段　　$M(x_1)=\dfrac{F}{2}x_1,\quad \overline{M}(x_1)=1,\quad 0\leqslant x_1\leqslant\dfrac{a}{2}$

$GA$ 段　　$M(x_2)=\dfrac{F}{2}x_2+\dfrac{Fa}{4},\quad \overline{M}(x_2)=1,\quad 0\leqslant x_2\leqslant\dfrac{a}{2}$

应用单位载荷法计算力法正则方程系数：

$$\varDelta_{1F}=\frac{1}{EI}\left[\int_0^{\frac{a}{2}}\frac{F}{2}x_1\mathrm{d}x_1+\int_0^{\frac{a}{2}}\left(\frac{F}{2}x_2+\frac{F}{4}a\right)\mathrm{d}x_2\right]=\frac{Fa^2}{4EI}$$

$$\delta_{11}=\frac{2}{EI}\int_0^{\frac{a}{2}}\mathrm{d}x_2=\frac{a}{EI}$$

代入力法正则方程 $\delta_{11}X_1+\varDelta_{1F}=0$，解得 $X_1=-\dfrac{Fa}{4}$。

由此可以作弯矩图，如图 2-19(d)所示。

**解法二**　(1)超静定分析。结构为单一平面封闭框架，因此为 3 次内力超静定结构。由于结构的两条对角线也是对称轴，如图 2-19(e)所示，而载荷关于对角线对称轴是反对称的，因此结构的内力也反对称。沿两条对角线将结构切开，取 1/4 部分分析，如图 2-19(f)所示。根据对称性可知，对称面上的对称内力为零，故未知约束力仅有剪力 $F_s$。

(2)根据竖直方向的静力平衡条件可知 $F_s=\dfrac{\sqrt{2}}{2}F$。

同样，可以作弯矩图，如图 2-19(d)所示。

本题结构为正方形框架，共有四个对称轴(两条对角线和两对边中点连线)，这时载荷关于不同对称轴的对称性不同。显然利用载荷的反对称性，使得结构直接由 3 次超静定问题转化为静定问题，求解更加方便。

**例 2-10**　某车床夹具为等截面圆环，半径为 $R$，如图 2-20(a)所示。已知抗弯刚度 $EI$ 为常量，受力如图 2-20(b)所示，试求夹具的最大弯矩。

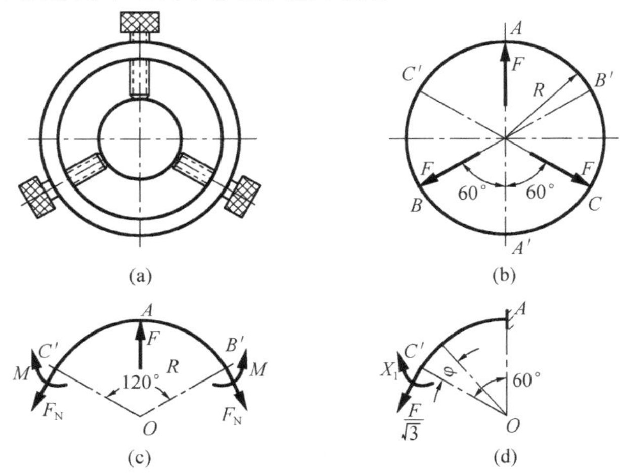


图 2-20

**解**　(1)超静定分析。封闭圆环为3次内力超静定结构。但是结构具有 $AA'$、$BB'$ 和 $CC'$ 三个对称轴，因此利用结构对称性可以简化计算。

将结构沿 $B'C'$ 截面截开，由于截面位于对称轴 $BB'$ 上，截面内力为轴力 $F_N$ 和弯矩 $M$。截面 $C'$ 与 $B'$ 关于铅垂轴 $AA'$ 对称，因此内力数值相等、方向对称，如图2-20(c)所示。根据 $y$ 向静力平衡关系，有

$$\sum F_y = 0,\quad 2F_N\cos 30^\circ - F = 0$$

解得

$$F_N = \frac{F}{\sqrt{3}}$$

由于轴力已经确定，结构的未知反力只有弯矩，问题降阶为1次超静定问题。

(2)根据结构的对称性，建立相当系统，如图2-20(d)所示。设未知反力弯矩为 $X_1$，则力法正则方程为

$$\delta_{11}X_1 + \Delta_{1F} = 0$$

分别写出封闭圆环在外力 $F$ 和 $X_1$ 为单位力偶作用时的弯矩方程，有

$$M_F(\varphi) = \frac{FR}{\sqrt{3}}(1-\cos\varphi),\quad 0<\varphi<\frac{\pi}{3}$$

$$\overline{M}_F(\varphi) = -1,\quad 0<\varphi<\frac{\pi}{3}$$

利用莫尔积分法计算正则方程系数，得

$$\Delta_{1F} = \frac{FR^2}{\sqrt{3}EI}\int_0^{\frac{\pi}{3}}(\cos\varphi - 1)\mathrm{d}\varphi = \frac{FR^2}{\sqrt{3}EI}\left(\frac{\sqrt{3}}{2}-\frac{\pi}{3}\right),\quad \delta_{11} = \frac{R}{EI}\int_0^{\frac{\pi}{3}}\mathrm{d}\varphi = \frac{\pi R}{3EI}$$

代入正则方程解得

$$X_1 = -\frac{\Delta_{1F}}{\delta_{11}} = \frac{2\sqrt{3}\pi - 9}{6\pi}FR = 0.0999FR$$

在圆环任意 $\varphi$ 截面，其弯矩方程为

$$M(\varphi) = M_F(\varphi) - X_1 = \frac{FR}{\sqrt{3}}(1-\cos\varphi) - X_1 = \left(\frac{3}{2\pi} - \frac{1}{\sqrt{3}}\cos\varphi\right)FR$$

当 $\varphi = \dfrac{\pi}{3}$ 时，圆环夹具的3个作用面具有最大弯矩，$M_{\max} = 0.1888FR$。

当然，静定基还可以以对称轴 $AA'$ 取半圆或者任意两个对称面间的1/3圆环，读者不妨一试。

**例 2-11**　试作图2-21(a)所示刚架的弯矩图。已知刚架各段的抗弯刚度 $EI$ 相同，轴力和剪力对变形的影响不计。

**解**　刚架 $A$、$B$ 两端均为固定铰支座，故结构属一次外力超静定结构，且结构与外力均对称。

(1)不利用对称性求解。取相当系统如图2-21(b)所示。分别作 $M_F$ 图、$M_{X_1}$ 图，如图2-20(c)、(d)所示，令图2-21(d)中 $X_1 = 1$，则 $M_{X_1}$ 图即为单位力 $\overline{M}$ 图。

根据变形协调条件，$B$ 点的水平位移为零，故力法正则方程为

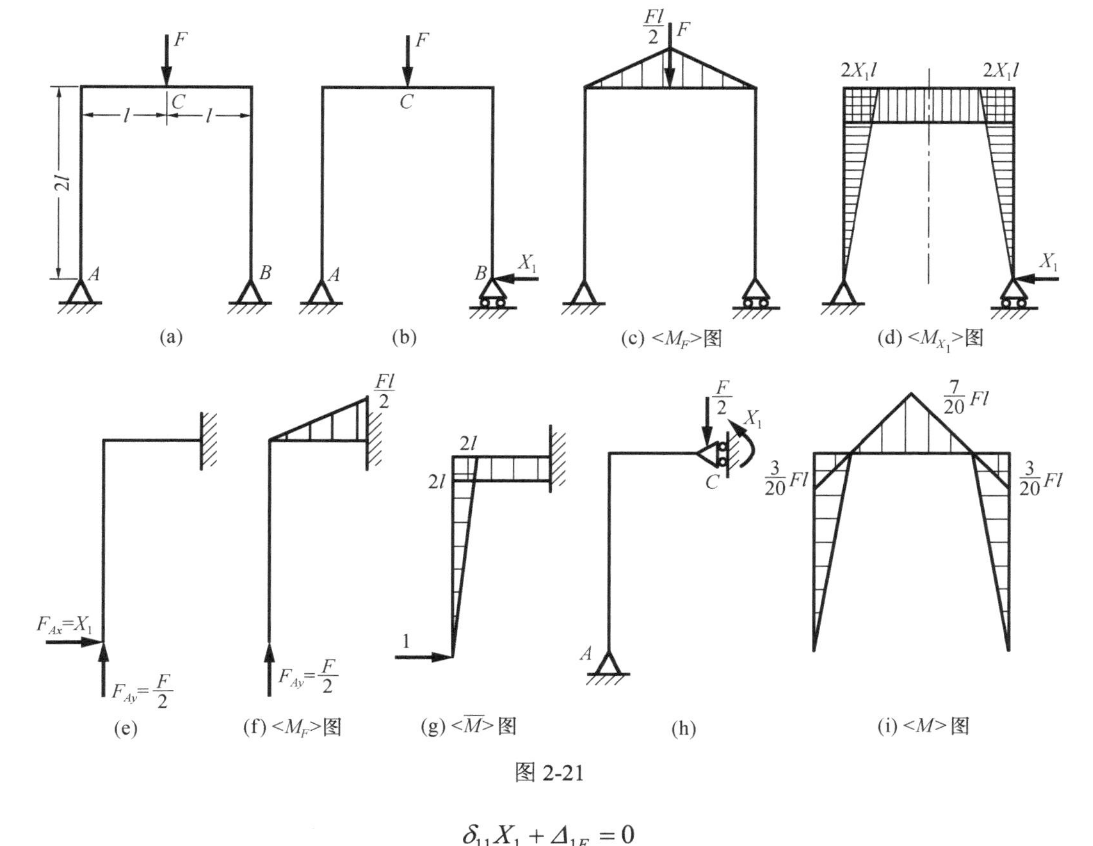


(a)　(b)　(c) <$M_F$>图　(d) <$M_{X_1}$>图

(e)　(f) <$M_F$>图　(g) <$\overline{M}$>图　(h)　(i) <$M$>图

图 2-21

$$\delta_{11}X_1+\Delta_{1F}=0$$

从内力图中可以看出，刚架各段的内力图均为线性函数，故利用图乘法求得方程中的各系数为

$$\Delta_{1F}=-\frac{1}{EI}\left(\frac{1}{2}\times\frac{Fl}{2}\times 2l\times 2l\right)=-\frac{Fl^3}{EI},\quad \delta_{11}=\frac{1}{EI}\left(\frac{1}{2}\times 2l\times 2l\times\frac{2}{3}\times 2l\times 2+2l\times 2l\times 2l\right)=\frac{40l^3}{3EI}$$

代入正则方程解得多余约束反力为

$$X_1=-\frac{\Delta_{1F}}{\delta_{11}}=\frac{3}{40}F(\leftarrow)$$

根据平衡方程$\sum M_A=0,\sum F_y=0,\sum F_x=0$，求得

$$F_{Ay}=F_{By}=\frac{F}{2}(\uparrow),\quad F_{Ax}=X_1=\frac{3}{40}F(\rightarrow)$$

(2) 根据结构对称、载荷对称条件求解。由对称性条件可知刚架的变形对称，故中面 $C$ 处转角为零。根据对称性可知 $F_{Ay}=F_{By}=\dfrac{F}{2}$，且 $F_{Ax}=F_{Bx}$。因此可选取相当系统如图 2-21(e) 所示，作外载弯矩图及单位力图分别如图 2-20(f)、(g) 所示。在此相当系统中，变形协调条件为铰支 $A$ 处的水平位移为零。力法正则方程为

$$\delta_{11}X_1+\Delta_{1F/2}=0$$

仍利用图乘法求得方程中的各系数为

$$\Delta_{1F/2} = -\frac{1}{EI}\left(\frac{l}{2} \times \frac{Fl}{2} \times 2l\right) = -\frac{Fl^3}{2EI}, \quad \delta_{11} = \frac{1}{EI}\left(\frac{1}{2} \times 2l \times 2l \times \frac{2}{3} \times 2l + l \times 2l \times 2l\right) = \frac{20l^3}{3EI}$$

故

$$X_1 = -\frac{\Delta_{1F/2}}{\delta_{11}} = \frac{3F}{40}$$

当然，同样可在图 2-21(a) 中面 $C$ 处加中间铰作为静定基，继而取相当系统如图 2-21(h) 所示。

求出多余内力 $X_1$ 后，根据平衡条件求出所有支反力，作弯矩图，如图 2-21(f) 所示。

从例 2-11 中可以看出：静定基的选择虽然可以多样化，但必须遵从一条原则，静定基必须是静定的，而不能是几何可变机构。如果利用结构和外力的对称性，从 $C$ 截面处截开，直接取其 1/2 作为静定基，则所取对象是无法稳定的机构。

**例 2-12**　试求图 2-22(a) 所示刚架的弯矩图及 $A$、$B$ 两点之间的相对位移。已知刚架的抗弯刚度 $EI$ 为常量。

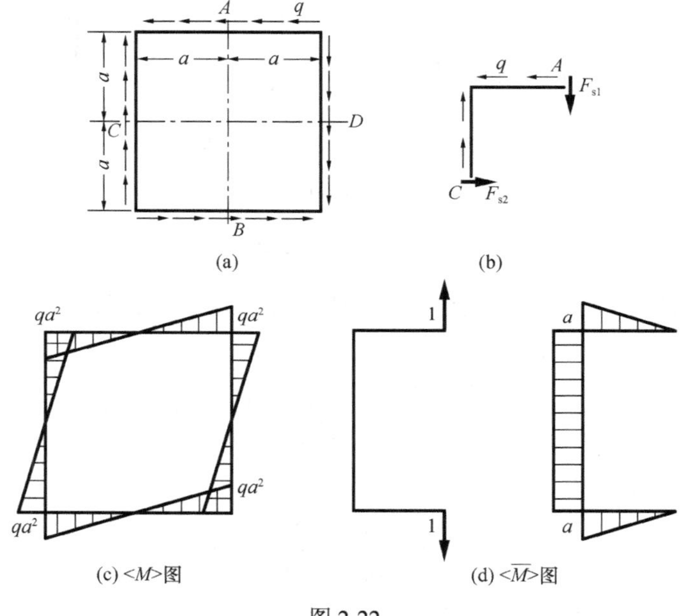


图 2-22

**解**　封闭刚架为 3 次内力超静定结构。但就本题而言，$AB$ 和 $CD$ 为结构的 2 个对称轴，而结构外力关于这两个对称轴是反对称的，因此首先利用对称性简化计算。

将结构沿两个对称轴截开，取 $AC$ 部分作为研究对象。由于 $A$ 截面位于对称轴，截面对称内力——轴力 $F_N$ 和弯矩 $M$ 为零，仅有剪力 $F_{s1}$；同理截面 $C$ 仅有剪力 $F_{s2}$ 不等于零，如图 2-22(b) 所示。根据平衡关系有

$$F_{s1} = qa, \quad F_{s2} = qa$$

根据上述分析，研究对象的所有内力均已知，问题转化为静定系统。作弯矩图，如图 2-22(c) 所示。

对于 $A$ 和 $B$ 两点之间的相对位移计算，选取 $ACB$ 部分作为研究对象。在 $AB$ 两点分别施加一对单位力，作弯矩图，如图 2-22(d)所示。

对于结构两点之间的相对位移计算，可以采用单位载荷法或者图形互乘法完成，关键是要在计算相对位移的两点之间施加一对大小相等、方向相反的单位力。

利用图形互乘法，由于图 2-22(c)上下反对称，而图 2-22(d)上下对称，相乘可得 $A$ 和 $B$ 两点之间的相对位移为零。

应当指出：本题为 3 次超静定结构，但是由于具有水平和铅垂两个对称轴，而载荷又是反对称的，因此截面内力通过简化和平衡关系全部得到确定，问题等同于静定结构分析。

另外，结构关于两对角线呈对称结构，利用对称性，问题仍可等同于静定结构分析，读者不妨一试。

**例 2-13**　图 2-23(a)所示结构为小曲率圆杆，弯曲刚度 $EI$ 为常数。试计算截面 $A$ 与 $B$ 沿 $AB$ 连线方向的相对线位移。

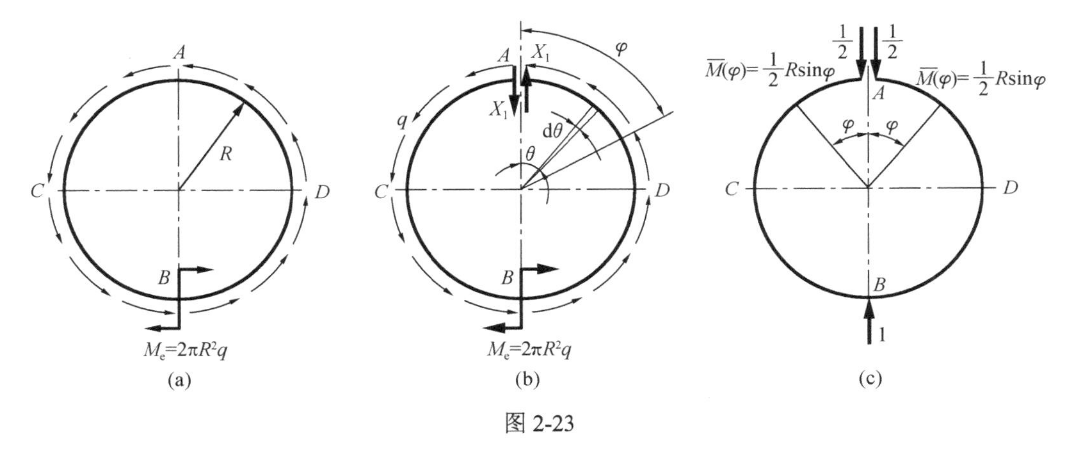


图 2-23

**解**　(1)超静定分析。结构为平面封闭圆环，属 3 次内力超静定问题。但结构对称，载荷反对称，其对称面上的对称内力 $F_{NA}$、$M_A$ 均为零，故问题简化为一次超静定，$A$ 截面仅有剪力 $F_{sA}=X_1$，故相当系统如图 2-23(b)所示。

(2)求解超静定问题。设 d$s$ 段上的外力为 $qR\mathrm{d}\theta$，该处力在 $\varphi$ 面上产生的弯矩为 $\mathrm{d}M(\varphi)=qR^2\mathrm{d}\theta[1-\cos(\varphi-\theta)]$，将 $\theta$ 从 0 到 $\varphi$ 积分，得任一截面上的内力方程为

$$M(\varphi)=qR^2(\varphi-\sin\varphi),\quad \overline{M}(\varphi)=-R\sin\varphi$$

代入莫尔积分公式得

$$EI\delta_{11}=2\int_0^{\pi}R^3\sin^2\varphi\mathrm{d}\varphi=\pi R^3$$

$$EI\varDelta_{1q}=2\int_0^{\pi}-qR^4(\varphi-\sin\varphi)\sin\varphi\mathrm{d}\varphi=-2\pi qR^4+\pi qR^4=-\pi qR^4$$

代入力法正则方程 $\delta_{11}X_1+\varDelta_{1q}=0$，即 $A$ 截面左右上下错动位移应为零，得

$$X_1=\frac{-\varDelta_{1q}}{\delta_{11}}=qR$$

(3)求 $AB$ 连线方向的相对线位移。为求 $AB$ 连线方向的相对位移，在 $A$、$B$ 处施加一对

单位力，如图 2-23(c)所示，单位力产生的弯矩方程为

$$\overline{M}(\varphi)=\frac{1}{2}R\sin\varphi$$

而实际内力方程右半圆为　　$M(\varphi)=qR^2(\varphi-\sin\varphi)-qR^2\sin\varphi$

注意实际内力方程左半圆中应在 $M(\varphi)$ 前冠以负号，而求解超静定问题时未曾考虑是因为 $X_1$ 在截面左右两侧反对称，所产生的 $\overline{M}$ 也要反号。而此处加单位力后，所产生的内力两边对称，均为正，因此

$$\begin{aligned}\Delta_{A/B}=&\frac{1}{EI}\int_0^{\frac{\pi}{2}}[qR^2(\varphi-\sin\varphi)-qR^2\sin\varphi]\left(\frac{1}{2}R\sin\varphi\right)R\mathrm{d}\varphi\\&-\frac{1}{EI}\int_0^{\frac{\pi}{2}}[qR^2(\varphi-\sin\varphi)-qR^2\sin\varphi]\left(\frac{1}{2}R\sin\varphi\right)R\mathrm{d}\varphi=0\end{aligned}$$

即截面 $A$ 与 $B$ 沿 $AB$ 连线方向的相对线位移为零。

**例 2-14**　图 2-24(a)所示平面刚架横截面为圆形，杆件截面直径 $d=20\text{mm}$，$a=0.2\text{m}$，$l=1\text{m}$，中面 $C$ 作用垂直于刚架平面的集中力 $F=650\text{N}$，材料的弹性模量 $E=200\text{GPa}$，切变模量 $G=80\text{GPa}$。试求 $F$ 力作用点 $C$ 的铅垂位移。

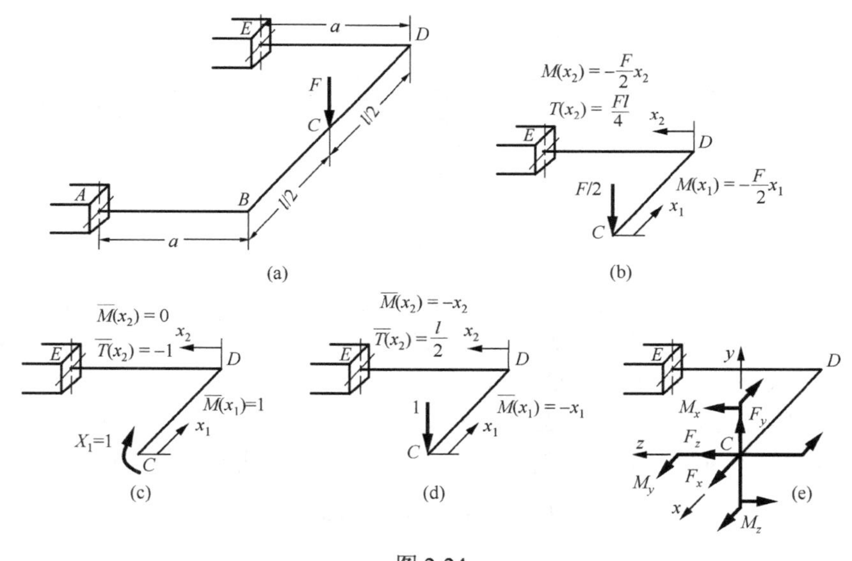


图 2-24

**解**　图 2-24(a)所示结构为一平面结构，作用有垂直于结构平面的外力，按空间问题处理应为六次超静定结构。但是对于这种结构，其轴线在变形前也像平面系统一样位于同一平面内，但外力与该平面垂直，所以称其为**平面-空间系统**。在小变形条件下，这种系统的特征是：**在系统中所有杆件的横截面上，凡是作用在系统所在平面的内力均等于零**。此刚架为平面-空间系统，所有作用在刚架平面内的内力(轴力 $F_x$、刚架平面内剪力 $F_z$、刚架平面内弯矩 $M_y$)均为零(图 2-24(e))，在杆件的横截面上只有与刚架平面相垂直的平面内的弯矩 $M_z$、扭矩 $M_x$ 和剪力 $F_y$。

(1)将力 $F$ 二等分(可以任意比例分，为了运用对称关系，选择等分)，作用在 $C$ 截面相距 $\delta$ 的一段内，使刚架成为结构对称、载荷对称的结构，故其对称面上的反对称内力(剪力 $F_y$、扭矩 $M_x$)也应为零。所以在其对称面上仅存在一个未知内力，作用于铅垂平面的弯矩 $M_z=X_1$，取相当系统，如图 2-24(b)和(c)(令 $X_1=1$)所示。

由于对称截面处转角为零，故其力法正则方程为

$$\delta_{11}X_1+\Delta_{1F}=0 \tag{1}$$

各段内力方程如图 2-24(b)～(d)所示。用莫尔积分法求得各系数为

$$\delta_{11}=\frac{1}{EI}\int_0^{\frac{l}{2}}1\times1\times\mathrm{d}x+\frac{1}{GI_{\mathrm{p}}}\int_0^a(-1)\times(-1)\mathrm{d}x=\frac{l}{2EI}+\frac{a}{GI_{\mathrm{p}}}$$

$$\Delta_{1F}=\frac{1}{EI}\int_0^{\frac{l}{2}}-\frac{F}{2}x_1\times1\times\mathrm{d}x+\frac{1}{GI_{\mathrm{p}}}\int_0^a\frac{Fl}{4}\times(-1)\mathrm{d}x=-\frac{Fl^2}{16EI}-\frac{Fla}{4GI_{\mathrm{p}}}$$

代入正则方程(1)得

$$X_1=-\frac{\Delta_{1F}}{\delta_{11}}=\frac{\dfrac{Fl^2}{16EI}+\dfrac{Fla}{4GI_{\mathrm{p}}}}{\dfrac{l}{2EI}+\dfrac{a}{GI_{\mathrm{p}}}}=\frac{Fl(lGI_{\mathrm{p}}+4aEI)}{8(lGI_{\mathrm{p}}+2aEI)} \tag{2}$$

其中

$$I_{\mathrm{p}}=\frac{\pi d^4}{32}=\frac{\pi\times2^4}{32}\times10^{-8}=\frac{\pi}{2}\times10^{-8}(\mathrm{m}^4)=2I$$

$$EI=200\times10^9\times\frac{\pi}{4}\times10^{-8}=500\pi(\mathrm{N\cdot m^2})$$

$$GI_{\mathrm{p}}=80\times10^9\times\frac{\pi}{2}\times10^{-8}=400\pi(\mathrm{N\cdot m^2})$$

代入式(2)求得作用于铅垂平面的弯矩为

$$X_1=108.3\mathrm{N\cdot m}$$

(2)求 $C$ 点的铅垂位移。一般是在静定基上加单位力，求得在单位力作用点沿其方向的位移，而不是加在原结构上，虽然两者结果一样，但加在静定基上，问题变得相对简单易解。单位力及内力方程如图 2-24(d)所示，故 $C$ 点的铅垂位移为

$$\begin{aligned}\Delta_C=&\frac{1}{EI}\left[\int_0^{\frac{l}{2}}\left(-\frac{F}{2}x_1+108.3\right)\times(-x_1)\mathrm{d}x_1\right.\\&\left.+\int_0^a\left(-\frac{F}{2}x_2\right)\times(-x_2)\mathrm{d}x_2\right]+\frac{1}{GI_{\mathrm{p}}}\int_0^a\left(\frac{Fl}{4}-108.3\right)\times\frac{l}{2}\mathrm{d}x_2\\=&4.87\times10^{-3}(\mathrm{m})\end{aligned}$$

**例 2-15**　图 2-25(a)所示刚架几何上以 $C$ 为对称中心。试证明横截面 $C$ 上的轴力及剪力皆等于零(设刚架各段 $EI$ 相等)。

**解**　平面力系中有两个固定端，结构为中心对称的三次超静定结构，且以 $C$ 为对称中心。在反对称载荷作用下对称中心横截面上的轴力 $X_1$ 及剪力 $X_2$ 均等于零。现证明如下。

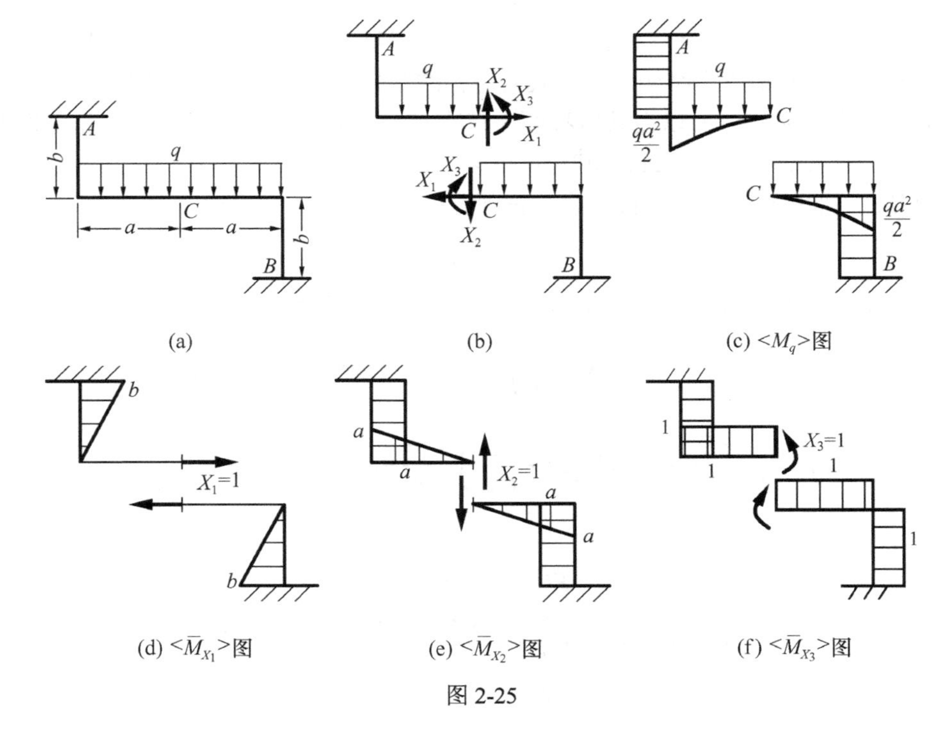


(a)　(b)　(c) <$M_q$>图

(d) <$\bar{M}_{X_1}$>图　(e) <$\bar{M}_{X_2}$>图　(f) <$\bar{M}_{X_3}$>图

图 2-25

设对称中心横截面上的轴力为 $X_1$、剪力为 $X_2$、弯矩为 $X_3$。作载荷 $q$ 的弯矩图和各未知单位力弯矩图 $M_q$、$\overline{M}_1$、$\overline{M}_2$、$\overline{M}_3$，分别如图 2-25(c)～(f)所示。用图形互乘法求得各系数为

$$EI\delta_{11}=\frac{b}{2}\times b\times\frac{2b}{3}\times 2=\frac{2}{3}b^3$$

$$EI\delta_{12}=EI\delta_{21}=a\times b\times\frac{b}{2}\times 2=ab^2$$

$$EI\delta_{22}=\left(\frac{a}{2}\times a\times\frac{2}{3}a+b\times a\times a\right)\times 2=\frac{2a^3}{3}+2ba^2$$

$$EI\delta_{13}=EI\delta_{31}=b\times 1\times\frac{b}{2}-\frac{b^2}{2}=0$$

$$EI\delta_{33}=(a+b)\times 2$$

$$EI\delta_{23}=EI\delta_{32}=a\times 1\times\frac{a}{2}+b\times 1\times a-\frac{a^2}{2}-ab=0$$

$$EI\varDelta_{1F}=-\frac{1}{2}qa^2\times b\times\frac{b}{2}+\frac{qa^2b^2}{4}=0$$

$$EI\varDelta_{2F}=-\frac{1}{3}a\times\frac{1}{2}qa^2\times\frac{3a}{4}-\frac{1}{2}qa^2\times b\times a+\left(\frac{1}{8}qa^4+\frac{1}{2}qa^3b\right)=0$$

$$EI\varDelta_{3F}=\left(-\frac{1}{2}qa^2\times\frac{a}{3}\times 1-\frac{1}{2}qa^2\times b\times 1\right)\times 2=-\frac{1}{3}qa^3-qa^2b$$

代入力法正则方程式(2-2)，得

$$\begin{cases} \dfrac{2}{3}b^3X_1 + ab^2X_2 + 0\times X_3 + 0 = 0 \\ ab^2X_1 + \left(\dfrac{2a^3}{3} + 2ba^2\right)X_2 + 0\times X_3 + 0 = 0 \\ 0\times X_1 + 0\times X_2 + 2(a+b)X_3 - \dfrac{1}{3}qa^3 - qa^2b = 0 \end{cases}$$

正则方程中前两式为 $X_1$、$X_2$ 的齐次方程组，其系数行列式显然不为零，故方程组必有零解。即 $X_1 = X_2 = 0$ ，问题得证。同时由第三式可求得 $C$ 截面的弯矩为

$$X_3 = \frac{a+3b}{6(a+b)}qa^2$$

## 2.5　三弯矩方程

为了减少直梁的弯曲变形，工程结构设计中经常采用增加支座的方法提高梁的承载能力，形成连续跨过一系列中间支座的多跨梁。这种多跨梁称为**连续梁**。连续梁在土木工程，特别是桥梁结构建设中得到广泛应用。

连续梁的力学模型如图 2-26(a)所示。连续梁采用如下记号规定：梁的支座由左至右依次编号为 $0,1,2,\cdots,n,n+1$；梁的跨度依次为 $l_1,l_2,l_3,\cdots,l_n,l_{n+1}$。假设梁的所有支座均在同一水平线，没有不同的沉陷。同时假设只有梁的 0 号支座为固定铰支座，其余支座均为活动铰链约束。如果连续梁仅有一个跨度，那么就成为静定的简支梁。每增加一个中间支座即增加一个多余约束，因此连续梁的中间支座数目就是其超静定次数。

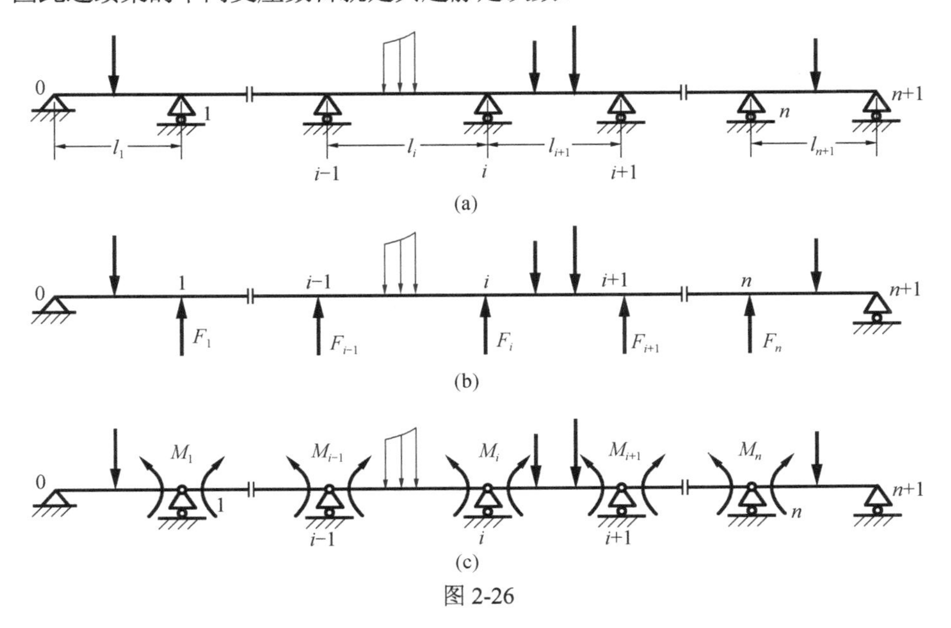

图 2-26

对于超静定的连续梁，如果选取中间支座作为多余约束求解，其相当系统如图 2-26(b)所示，相应的变形协调条件是中间支座处的挠度为零。对于这一变形协调关系，无论采用何

种方法求解，建立补充方程和求解时均比较麻烦。工程结构分析中，普遍采用的方法是选取中间支座处梁的截面弯矩作为多余约束，形成内含 3 个相关未知弯矩的方程，一般称为**三弯矩方程**。以下讨论建立三弯矩方程的基本思路。

将连续梁在中间支座对应的截面截开，通过铰链连接。连续梁的变形是连续光滑的，通过铰链连接，连续梁的位移仍然连续，但是转角不再连续。因此多余约束为截面内力弯矩，变形协调关系为中间支座处两侧梁的相对转角为零。

设多余约束力分别为 $M_1,M_2,M_3,\cdots,M_n$，建立相当系统，如图 2-26(c)所示。这种通过多余弯矩连接的相当系统，由于没有水平载荷，梁的轴力为零；剪力对于弯曲变形的影响不计，因此方便于对任意一个或者几个跨度的梁进行分析。

从相当系统选取梁的任意两个相邻跨度进行讨论，设梁的跨度分别为 $l_i$ 和 $l_{i+1}$，如图 2-27(a)所示。由于连续梁的挠曲线是连续光滑的，所以铰链 $i$ 两侧，梁的转角必须是相等的。设 $\theta_i'$ 表示跨度 $l_i$ 右端截面的转角，$\theta_i''$ 为跨度 $l_{i+1}$ 左端截面的转角，则变形协调条件可以写作

$$\theta_i' = \theta_i''$$

对于每一个中间支座，都可以建立一个类似的变形协调关系，因此可以写出的变形协调方程数等于中间铰支座的数目，即连续梁的超静定次数。

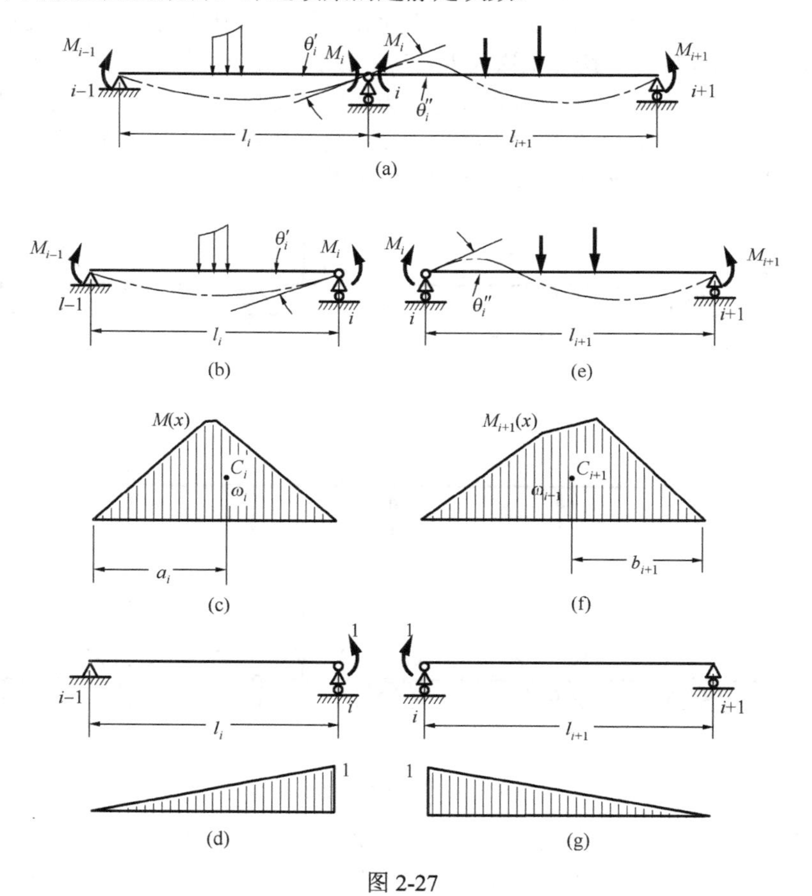


图 2-27

由于跨度为 $l_i$ 的梁为简支梁，右端截面转角 $\theta_i'$ 取决于本跨度 $l_i$ 梁的作用外力、左端弯矩 $M_{i-1}$ 和右端弯矩 $M_i$。分别计算上述三种载荷在跨度 $l_i$ 梁右端引起的转角，叠加可得转角 $\theta_i'$。

设跨度 $l_i$ 梁的外力载荷弯矩为 $M_i(x)$，弯矩图如图 2-27(c)所示，弯矩图面积为 $\omega_i$；令跨度 $l_i$ 右端弯矩 $M_i$=1，弯矩图如图 2-27(d)所示，载荷弯矩图 2-27(c)形心对应的单位力弯矩值为 $a_i/l_i$。注意到单位力的弯矩图为直线，选择图形互乘法更为方便，则外力在跨度 $l_i$ 右端产生的转角为图 2-27(c)、(d)相乘，得

$$\frac{1}{EI_i}\omega_i\frac{a_i}{l_i}$$

弯矩 $M_{i-1}$ 和 $M_i$ 引起的跨度 $l_i$ 梁右端截面转角，可以通过查表或者计算得到

$$\frac{M_{i-1}l_i}{6EI_i}+\frac{M_il_i}{3EI_i}$$

叠加得 $l_i$ 梁右端截面转角

$$\theta_i'=\frac{M_{i-1}l_i}{6EI_i}+\frac{M_il_i}{3EI_i}+\frac{\omega_ia_i}{EI_il_i}$$

同理，设跨度 $l_{i+1}$ 梁的外力载荷弯矩为 $M_{i+1}(x)$，设跨度 $l_{i+1}$ 左端弯矩 $M_i$=1，弯矩图如图 2-27(g)所示。同理可以求得跨度 $l_{i+1}$ 梁左端截面转角为

$$\theta_i''=-\frac{M_il_{i+1}}{3EI_{i+1}}-\frac{M_{i+1}l_{i+1}}{6EI_{i+1}}-\frac{\omega_{i+1}b_{i+1}}{EI_{i+1}l_{i+1}}$$

式中，$\theta_i''$ 依图 2-27(f)、(g)相乘也应为正，即同单位力偶转向一致。但在虚拟铰链 $i$ 两侧，跨度 $l_i$ 段右端截面转角 $\theta_i'$ 逆时向转动，而在跨度 $l_{i+1}$ 段左端截面转角 $\theta_i''$ 为顺时向转动。考虑到连续梁挠曲线的光滑连续性，这种转动是不可能的，为保证变形协调，故令 $\theta_i''$ 为负。

根据变形协调关系，则

$$M_{i-1}\frac{l_i}{I_i}+2M_i\left(\frac{l_i}{I_i}+\frac{l_{i+1}}{I_{i+1}}\right)+M_{i+1}\frac{l_{i+1}}{I_{i+1}}=-\frac{6\omega_ia_i}{I_il_i}-\frac{6\omega_{i+1}b_{i+1}}{I_{i+1}l_{i+1}} \tag{2-6}$$

对于连续梁的每一个跨度，均可得到 1 个上述方程，方程内含有 3 个相关的未知弯矩，因此称为连续梁的**三弯矩方程**。

在公式推导过程中，所有弯矩 $M$ 均取正值，实际计算时可根据实际受力情况确定其正负。

如果连续梁各个跨度的抗弯刚度相同，则三弯矩方程进一步简化为

$$M_{i-1}l_i+2M_i(l_i+l_{i+1})+M_{i+1}l_{i+1}=-\frac{6\omega_ia_i}{l_i}-\frac{6\omega_{i+1}b_{i+1}}{l_{i+1}} \tag{2-7}$$

显然，三弯矩方程格式规范统一，便于编写程序求解。

**例 2-16**　连续梁如图 2-28(a)所示。已知梁的跨度 $l_1=l_2=l_3=l$，$F=ql$，抗弯刚度 $EI$ 为常量。试作连续梁的剪力和弯矩图，并计算支座反力。

**解**　连续梁具有 2 个中间支座，为 2 次超静定结构。建立三弯矩方程的相当系统，如图 2-28(b)所示，多余约束力为弯矩 $M_1$ 和 $M_2$。

各个跨度简支梁在外力作用下的弯矩图如图 2-28(c)所示。根据三弯矩方程，有

$$M_0 l_1 + 2M_1(l_1 + l_2) + M_2 l_2 = -6\left(\frac{\omega_1 a_1}{l_1} + \frac{\omega_2 b_2}{l_2}\right)$$

$$M_1 l_2 + 2M_2(l_2 + l_3) + M_3 l_3 = -6\left(\frac{\omega_2 a_2}{l_2} + \frac{\omega_3 b_3}{l_3}\right)$$

根据图 2-28(c)所示的载荷弯矩图，三段弯矩图的面积、形心位置分别为

$$\omega_1 = \frac{2}{3} l_1 \times \frac{q l_1^2}{8} = \frac{q l_1^3}{12}, \qquad a_1 = \frac{1}{2} l_1$$

$$\omega_2 = 0, \qquad a_2 = b_2 = 0$$

$$\omega_3 = \frac{1}{2} \times \frac{q l_3^2}{4} \times l_3 = \frac{q l_3^3}{8}, \qquad b_3 = \frac{1}{2} l_3$$

由于 $M_0 = M_3 = 0$，所以三弯矩方程简化为

$$4M_1 + M_2 = -\frac{1}{4} q l^2$$

$$M_1 + 4M_2 = -\frac{3}{8} q l^2$$

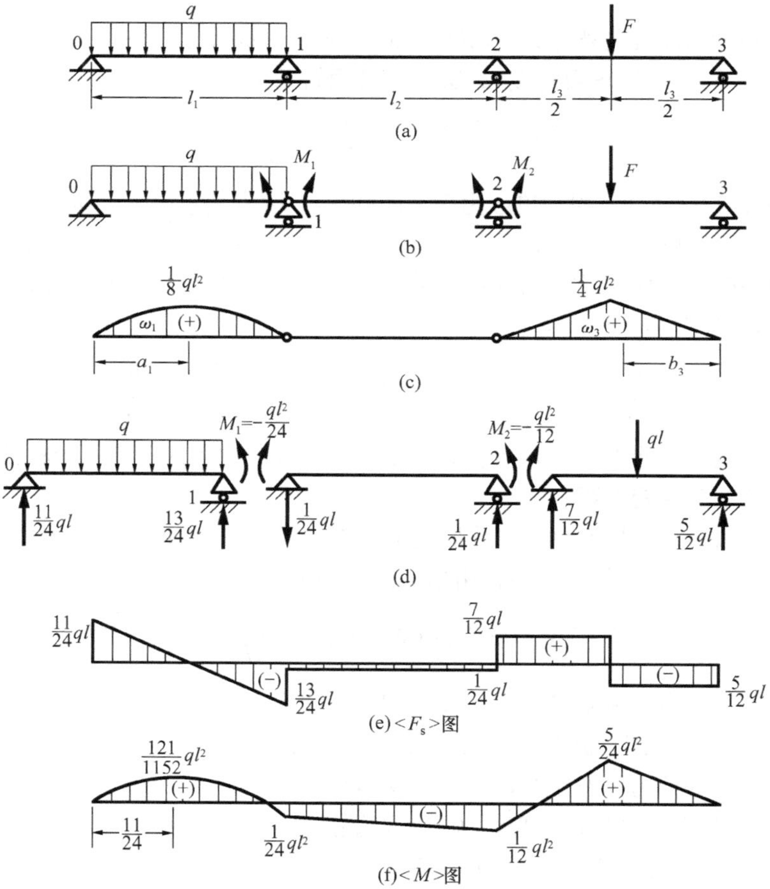

(a)

(b)

(c)

(d)

(e) <$F_s$>图

(f) <$M$>图

图 2-28

求解可得
$$M_1=-\frac{1}{24}ql^2,\quad M_2=-\frac{1}{12}ql^2$$

支座弯矩确定后，相当系统所有未知量均已确定，如图 2-28(d)所示。可求得简支梁的支座反力并作剪力和弯矩图，将各个简支梁的剪力和弯矩图连接起来，就是连续梁的剪力和弯矩图，如图 2-28(e)、(f)所示。

连续梁的支座反力为各个简支梁支座反力之和，叠加可得支座反力为

$$F_{N2}=\frac{15}{24}ql(\uparrow),\qquad F_{N3}=\frac{5}{12}ql(\uparrow)$$

$$F_{N0}=\frac{11}{24}ql(\uparrow),\qquad F_{N1}=\frac{1}{2}ql(\uparrow)$$

**例 2-17**　连续梁如图 2-29(a)所示。已知梁的抗弯刚度 $EI$ 为常量。试作连续梁的剪力和弯矩图。

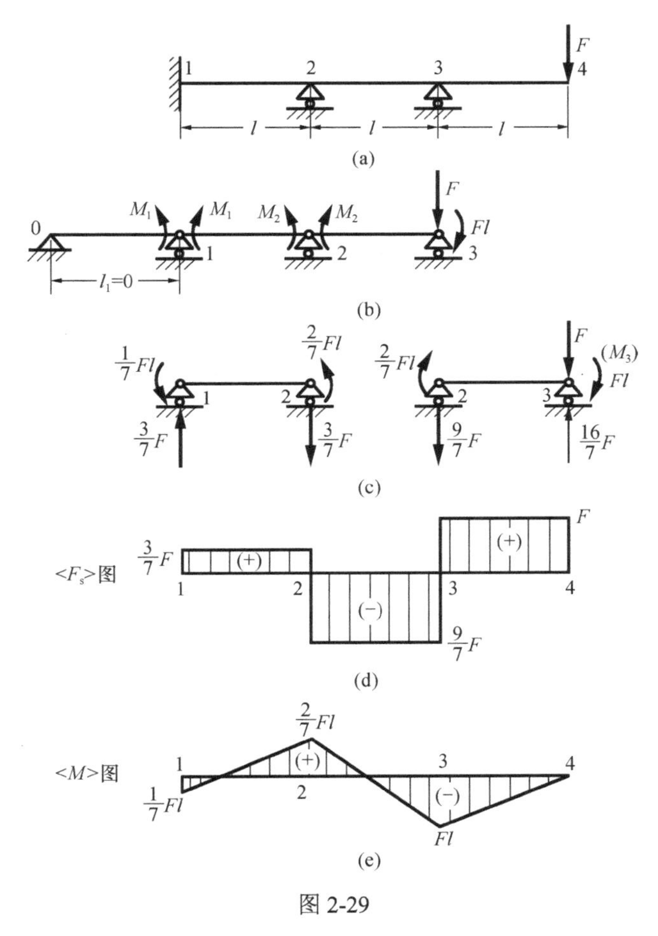

图 2-29

**解**　连续梁为 2 次超静定结构。对于外伸端可以将外力 $F$ 简化为截面 3 的集中力 $F$ 和力矩 $Fl$。固定端可以转化为无限短的简支梁。因此，相当系统如图 2-29(b)所示，多余约束为弯矩 $M_1$ 和 $M_2$。

由于相当系统的 $l_1=0$，各个跨度的简支梁没有外力作用，故载荷弯矩图面积 $\omega_i=0$。而弯矩 $M_3=-Fl$，根据三弯矩方程，有

$$2M_1(0+l)+M_2l=0$$
$$M_1l+2M_2(l+l)-Fl^2=0$$

联立求解可得
$$M_1=-\frac{1}{7}Fl,\quad M_2=\frac{2}{7}Fl$$

各弯矩实际方向如图 2-29(c)所示。

作连续梁剪力和弯矩图，如图 2-29(d)、(e)所示。

从例 2-17 中看到，在应用三弯矩方程求解连续梁的过程中，以下几种特例的处理方法需要强调。

(1)对于图 2-30(a)所示的外伸梁，将力等效平移至铰支座处。若取 $i=1$，则 $M_{i-1}=M_0=-Fa$，并在支座 0 处作用等效力 $F_{0y}=F$。或者直接根据 $M_0=-Fa$ 作弯矩图，与 $l_1$ 段载荷弯矩图叠加，这时 $M_{i-1}=M_0=0$(如例 2-17 的右端)。

(2)对于图 2-30(b)所示的固定端，则可转化为抗弯刚度无穷大，且 $l_0$ 趋于 0 的无限短梁，(如例 2-17 的左端)。

(3)对于图 2-30(c)所示的 $l_i$ 段，若作用集中力偶，载荷内力图出现不连续点，同图乘法中强调的一样，应分别计算弯矩图面积 $\omega_{i1}$ 和 $\omega_{i2}$，其形心位置从支座 $i-1$ 端向右算起，分别计为 $a_{i1}$ 和 $a_{i2}$。而对于 $l_{i+1}$ 段，形心位置 $b_{i1}$ 和 $b_{i2}$ 则应从支座 $i+1$ 端向左算起。

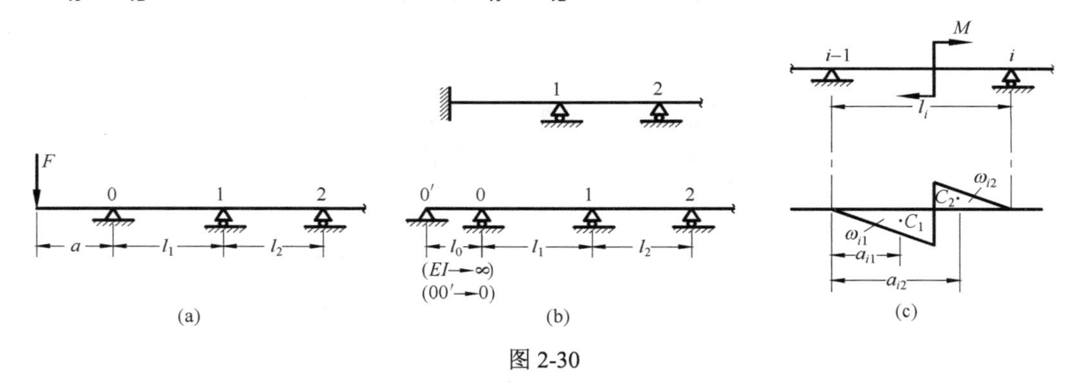


图 2-30

# 思 考 题

2.1　已经学习过的超静定结构求解方法有哪几种？各有什么特点？

2.2　什么叫力法？使用力法正则方程求解超静定结构的优点是什么？

2.3　试列出求解 1 次、2 次和 3 次超静定结构的力法正则方程，并解释正则方程系数的力学意义。

2.4　对于图(a)所示的超静定结构，采用如图(b)～(d)所示的相当系统，其中错误的是哪一个？

2.5　对于图示的具有两个对称轴的封闭正方形刚架，在对称载荷作用下可以简化为 1 次超静定问题，而在反对称载荷作用下可以简化为静定问题，为什么？试分析图示刚架的内力，并作弯矩图。

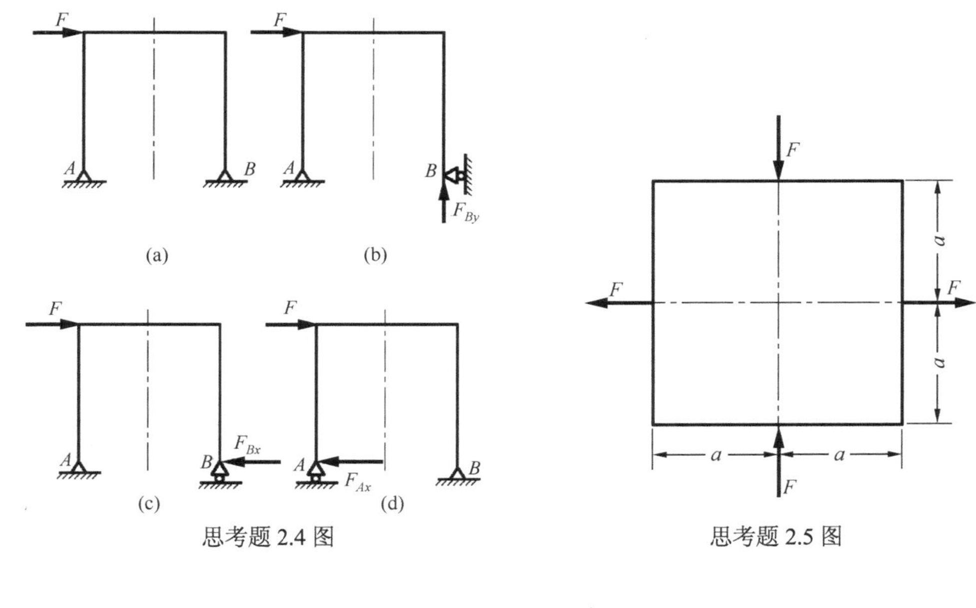


思考题 2.4 图　　思考题 2.5 图

# 习　题

2-1　图示橡胶圆柱的直径 $d=25$mm，置于钢质圆筒之中。圆柱上施加压力 $F=10$kN，橡胶的泊松比为 $\mu=0.45$。试求圆柱和圆筒之间的压强。

2-2　如图所示，直径 $d=40$mm 的铝质圆柱放置在一厚度 $\delta=2$mm 的钢质套筒内，二者之间无间隙。圆柱承受压力 $F=40$kN。若 $E_{al}=70$GPa，铝的泊松比 $\mu_{al}=0.33$，$E_{st}=210$GPa，试求圆筒内的环向应力。

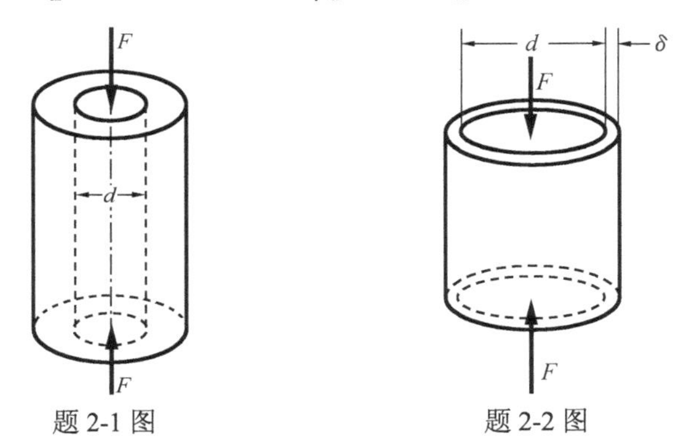


题 2-1 图　　题 2-2 图

2-3　如图所示，直径 56mm×52mm 的铝管无间隙的套入直径 65mm×56mm 的钢管内，在组合管的两端受外力作用。已知材料的弹性模量 $E_{st}=210$MPa，$E_{al}=70$MPa，泊松比 $\mu_{st}=0.25$，$\mu_{al}=0.33$。许用应力为 $[\sigma_{st}]=160$MPa，$[\sigma_{al}]=180$MPa。试确定组合管的许可载荷 $F$。

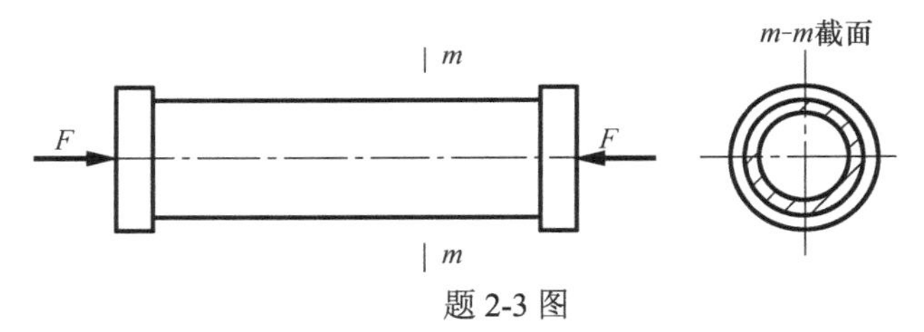


题 2-3 图

2-4　试求图示各梁的支座反力，抗弯刚度 $EI$ 已知。

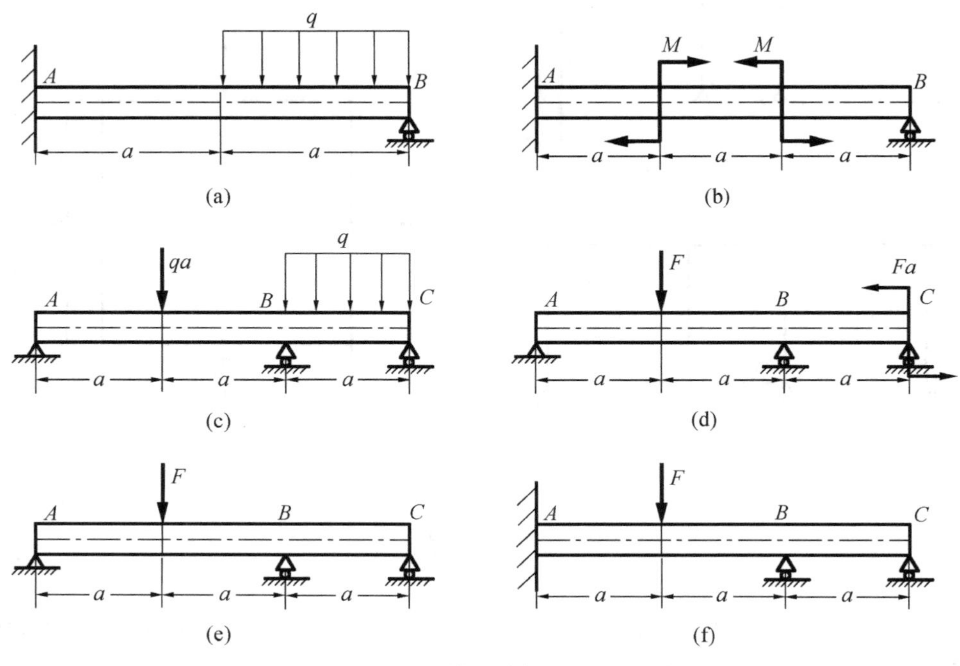


题 2-4 图

2-5　试求图示各刚架的内力图，抗弯刚度 $EI$ 已知。

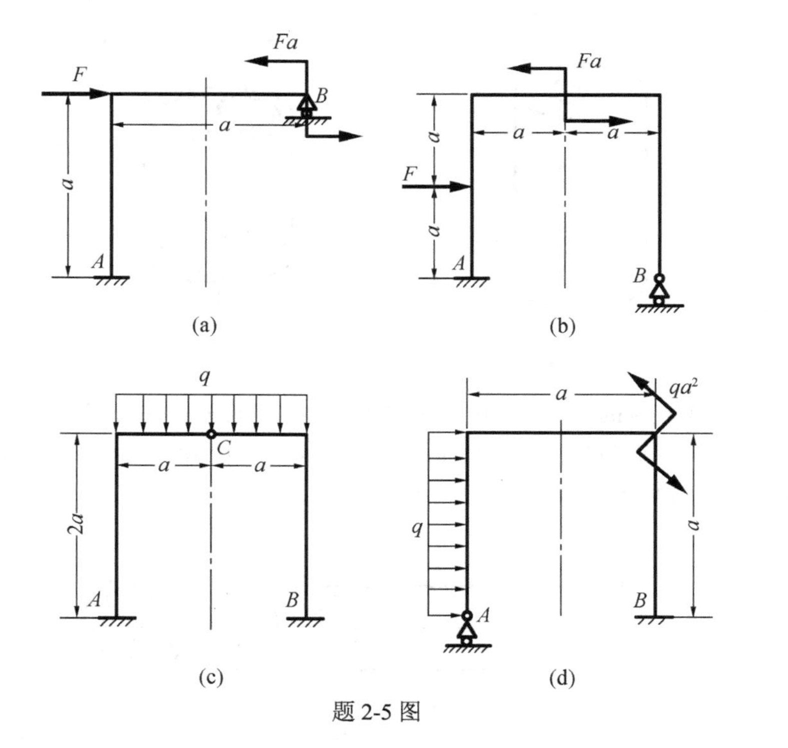


题 2-5 图

2-6　试作图示各曲杆的内力图，抗弯刚度 $EI$ 已知。

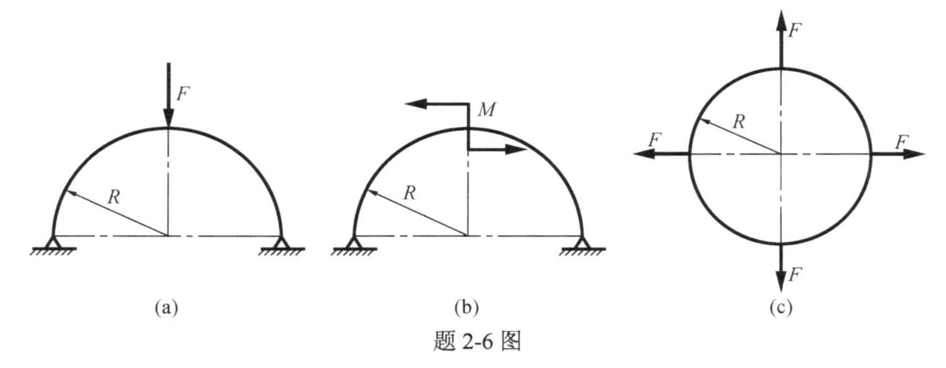


题 2-6 图

2-7　试求图(a)、(b)所示桁架的支座反力和图(c)所示桁架中 $CD$ 杆的轴力。各杆的抗拉压刚度均为 $EA$。

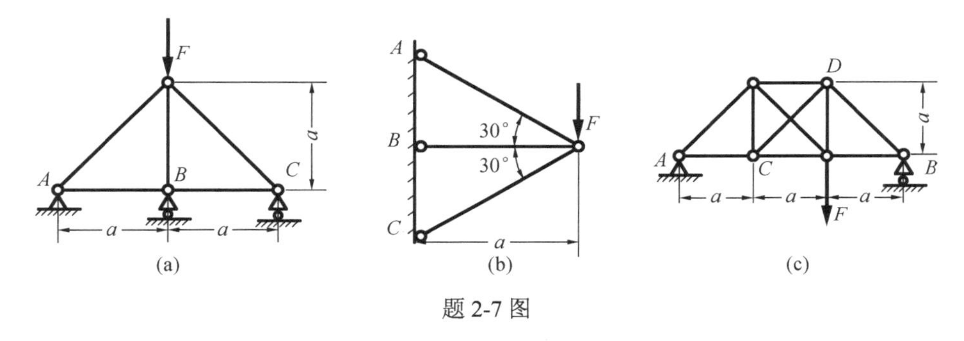


题 2-7 图

2-8　试确定图示木梁的截面尺寸。已知许用应力分别为$[\sigma_w]=10$MPa，$[\tau_w]=2$MPa。

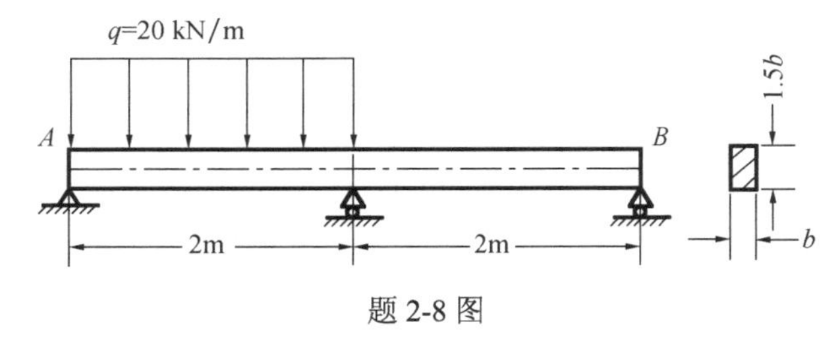


题 2-8 图

2-9　如图所示，No.18 工字钢梁在跨度中面承受 $F=60$kN 的集中力，$B$ 点是弹簧支撑，当 1kN 的力作用在其上时，弹簧压缩 0.1mm，试求各支座反力。如果 $B$ 点为刚性支座，各支座反力又是多少？已知钢的弹性模量 $E=210$GPa。

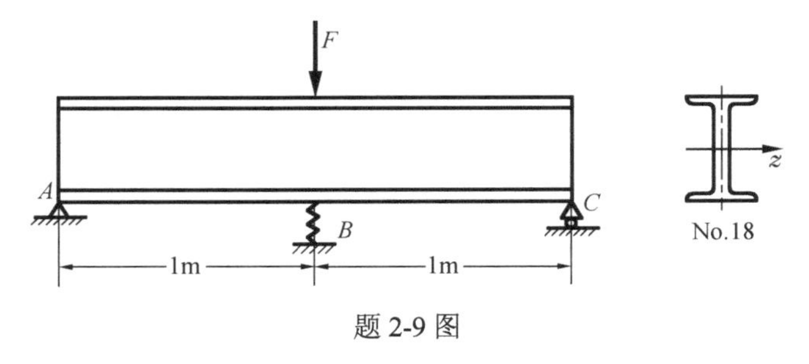


题 2-9 图

2-10　如图所示结构，梁 $AB$ 的惯性矩为 $I$，横截面积为 $A$，杆的横截面积为 $A_1$，$CG$ 和 $DH$ 为刚性杆。已知所有材料的弹性模量均为 $E$，试求拉杆 $GH$ 中的轴力。

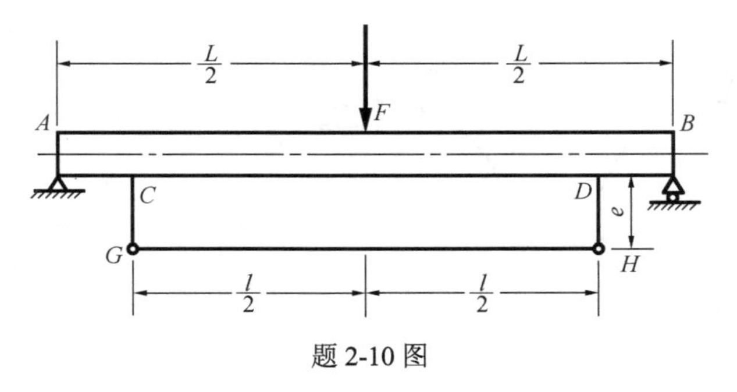


题 2-10 图

2-11　图示刚架受载荷 $F$ 作用，设抗弯刚度 $EI$ 为常数，试求当 $x$ 为何值时支座 $A$ 的支座反力最小。

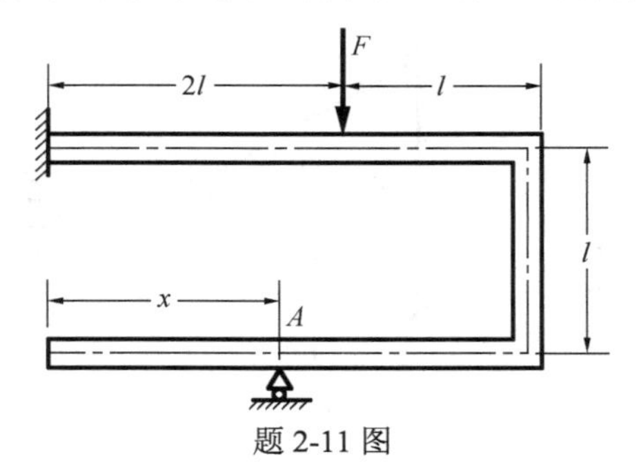


题 2-11 图

2-12　正方形桁架如图所示，各杆的抗拉压刚度均为 $EA$。试求 $AC$ 杆的轴力，以及节点 $A$、$C$ 之间的相对位移 $\Delta$。

2-13　图示小曲率圆环受载荷 $F$ 作用，已知抗弯刚度 $EI$ 为常数。试求：(1) $A$ 截面的弯矩；(2) $B$ 截面和圆心 $O$ 的相对位移。

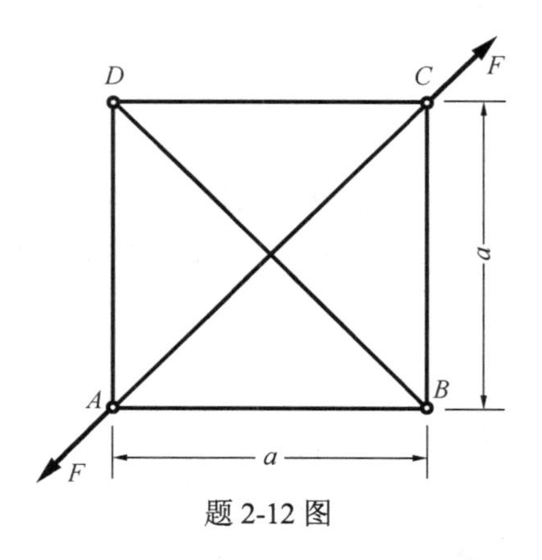


题 2-12 图

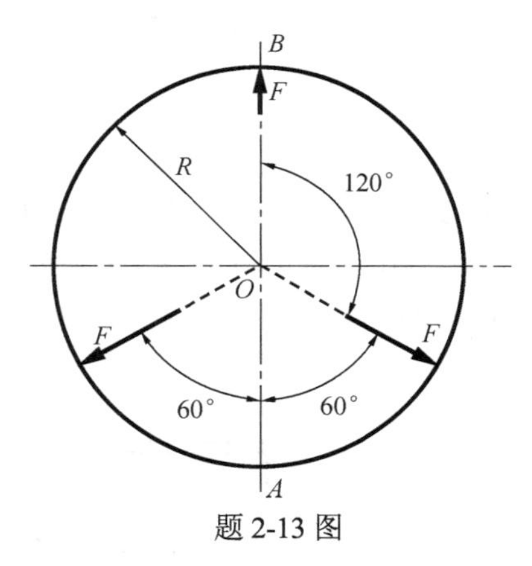


题 2-13 图

2-14　如图所示，梁 $AB$ 的两端固定，而且不受外力作用。如果梁的固定端 $B$ 向下移动 $\Delta$，试求 $A$ 和 $B$ 截面处的弯矩。已知梁的抗弯刚度 $EI$ 为常数。

2-15　如图所示，已知梁的抗弯刚度 $EI$ 为常数，如果梁的固定端 $B$ 旋转了一个角度 $\theta$。试求两端固定的梁在 $A$ 和 $B$ 截面处的弯矩。

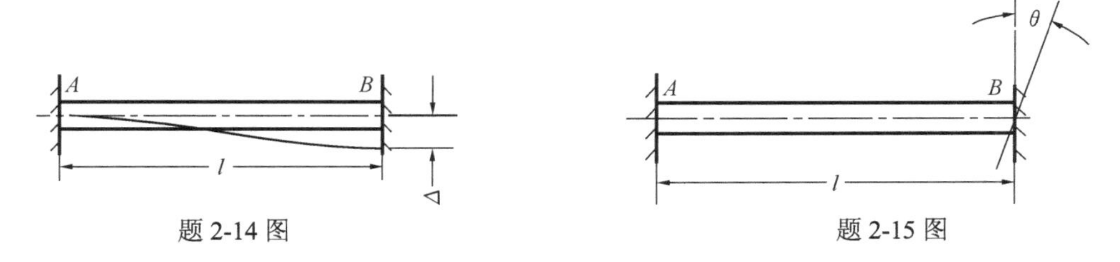


题 2-14 图　　　　题 2-15 图

2-16　图示等截面梁受载荷 $F$ 作用。若已知梁的跨度为 $l$，横截面的惯性矩为 $I$，抗弯截面模量为 $W$，材料的弹性模量为 $E$，许用应力为$[\sigma]$。试求：(1) 支座反力 $F_{By}$；(2) 危险截面的弯矩 $M$；(3) 梁的许可载荷 $F$；(4) 在铅垂方向移动支座 $B$，使得许可载荷 $F$ 最大，求支座在铅垂方向的位移$\Delta$和最大许可载荷。

2-17　如图所示，梁 $AB$、$CD$ 的长度均为 $l$，设抗弯刚度 $EI$ 相同并且已知。两梁水平放置，垂直相交。$CD$ 为简支梁，$AB$ 为悬臂梁，$A$ 端固定，$B$ 端自由。加载前两梁在中点无应力接触，不计梁的自重，试求在力 $F$ 的作用下 $B$ 端的垂直位移。

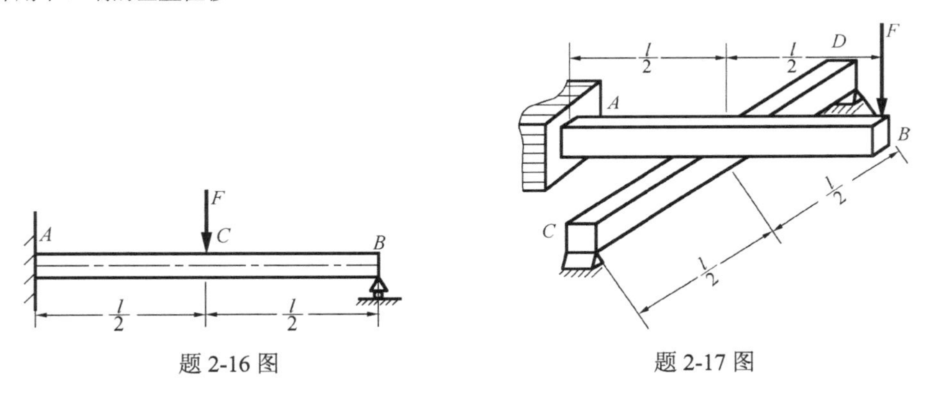


题 2-16 图　　　　题 2-17 图

2-18　求图示刚架 $A$、$B$ 两点之间水平方向的相对位移。设刚架各个部分的抗弯刚度 $EI$ 已知并且相同，不计轴力和剪力对变形的影响。

2-19　试作图示刚架的弯矩图，并求铰链 $A$ 处相邻两截面的相对转角。设刚架各个部分的抗弯刚度 $EI$ 已知并且相同，不计轴力和剪力对变形的影响。

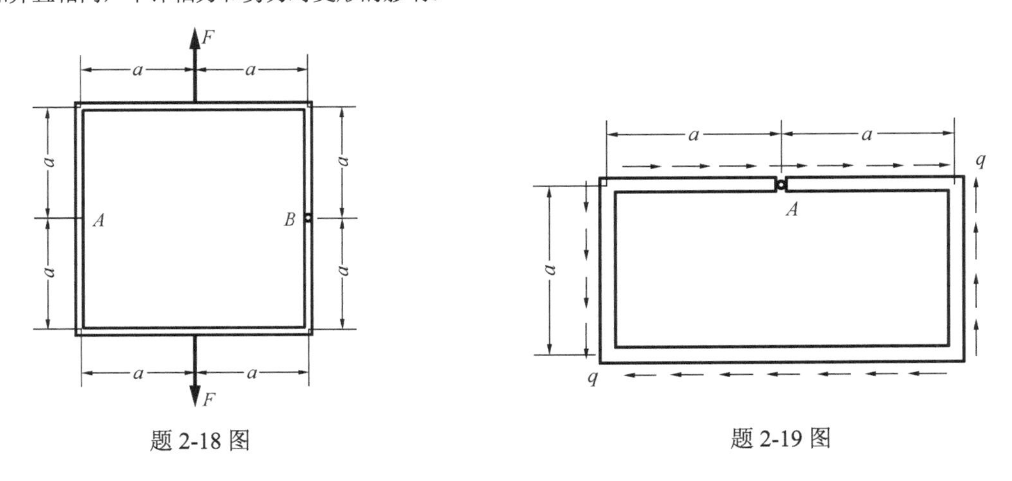


题 2-18 图　　　　题 2-19 图

2-20　作图示梁的弯矩图和剪力图。设抗弯刚度 $EI$ 已知。

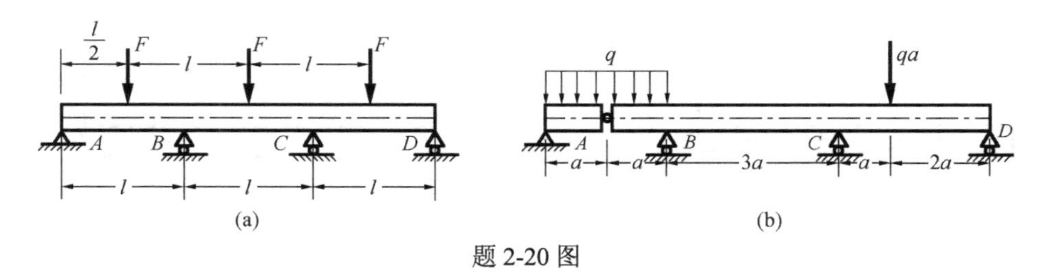


题 2-20 图

2-21　材料相同的半圆形曲杆和刚架与直杆 $AB$ 铰接，如图(a)、(b)所示。横截面均为直径为 $d$ 的圆形截面，受力如图所示。设各杆的抗弯刚度为 $EI$，抗拉压刚度为 $EA$，试求 $B$ 点的位移(只考虑弯矩对变形的影响)。

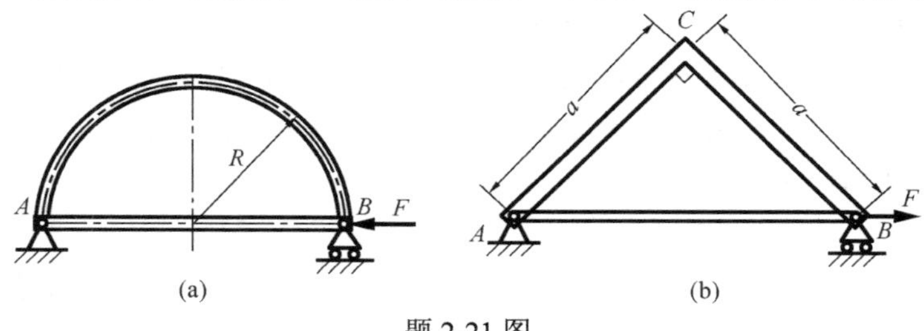


题 2-21 图

2-22　半径为 $R=0.3\text{m}$ 的圆环如图所示，沿环直径装一直杆 $AB$。$AB$ 杆加工短了 $\Delta=3\times10^{-4}\text{m}$，试求安装后 $AB$ 杆的装配内力。已知 $AB$ 杆的抗拉压刚度 $EA=3\times10^{5}\text{kN}$，圆环的抗弯刚度 $EI=2\times10^{3}\text{kN}\cdot\text{m}^{2}$。

2-23　图示刚架受一对沿垂直刚架平面的方向相反、大小相等的力 $F$ 作用。刚架各段 $EI$ 均相等，材料的泊松比 $\mu=0.3$，试确定 $C$ 截面的内力。

2-24　图示等截面刚架的横截面为圆形，材料的弹性模量为 $E$，泊松比为 $\mu=0.3$，试作刚架的弯矩图和扭矩图。

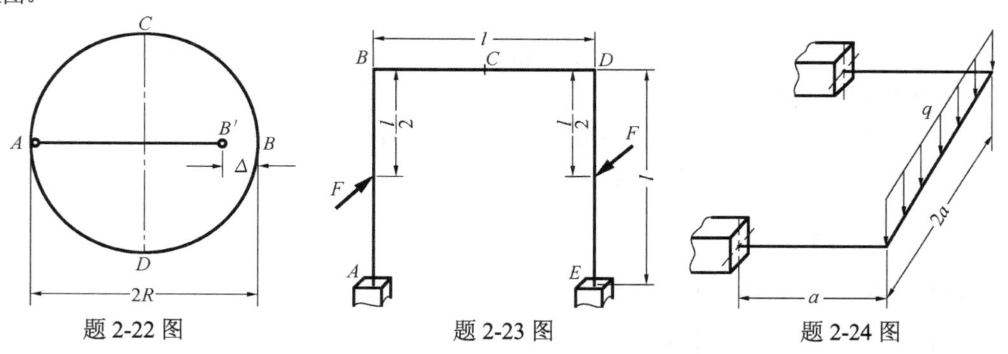


题 2-22 图　　题 2-23 图　　题 2-24 图

2-25　图示刚架的抗弯刚度为 $EI$，受力及尺寸如图所示。(1)试求刚架 $A$ 端的约束反力；(2)如果水平段没有中间铰，求 $A$ 端的约束反力。

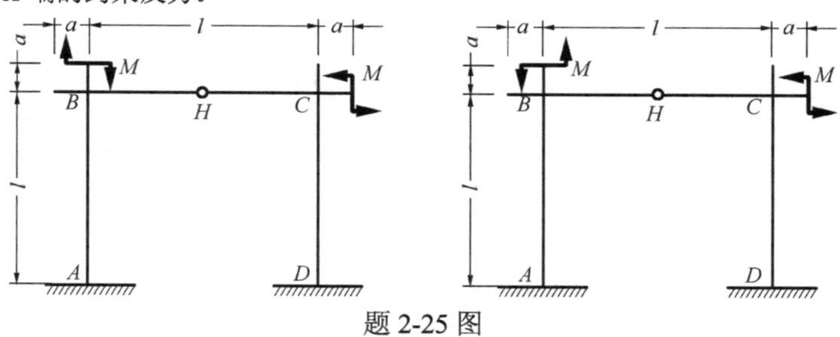


题 2-25 图

2-26　图示抗弯刚度为 $EI$ 的刚架 $A$、$B$ 两点由拉杆 $AB$ 相连接，拉杆的抗拉压刚度为 $EA$。试作刚架的弯矩图，并求 $A$、$B$ 之间的相对位移。

2-27　图示刚架承受载荷 $F = 80\text{kN}$，已知铰链 $A$ 允许传递的剪力 $[F_s] = 40\text{kN}$，$l = 0.5\text{m}$。试求尺寸 $a$ 的允许取值范围。设抗弯刚度 $EI$ 常数。

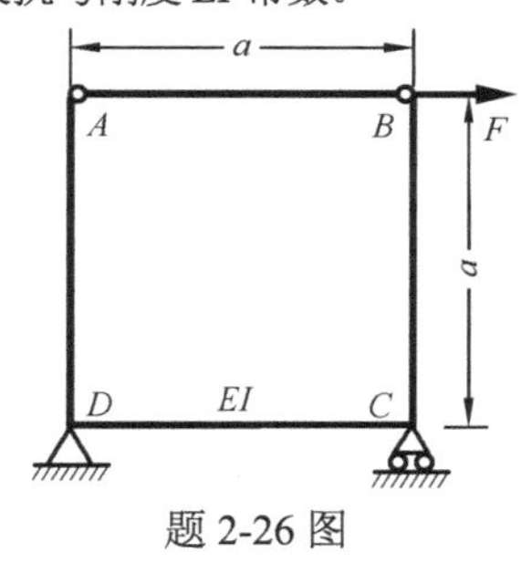


题 2-26 图

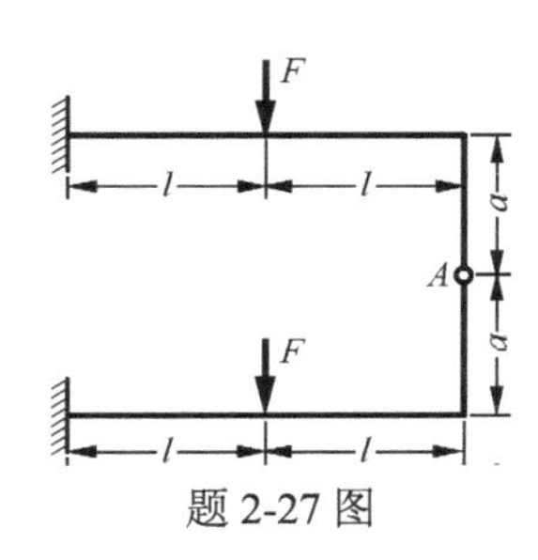


题 2-27 图

2-28　刚架结构受力如图所示。已知刚架各个部分的抗弯刚度均为 $EI$，试作刚架的弯矩图(不计剪力和轴力的影响)。

2-29　如图所示，封闭钢环在 $A$ 处固定，重物 $W = 400\text{N}$，自高度 $h = 3\text{cm}$ 处自由落下。封闭钢环的横截面为 20mm×40mm 的矩形截面，半圆部分的半径 $R$=20cm，钢的弹性模量 $E = 200\text{GPa}$，试求结构的最大动位移和最大动应力。

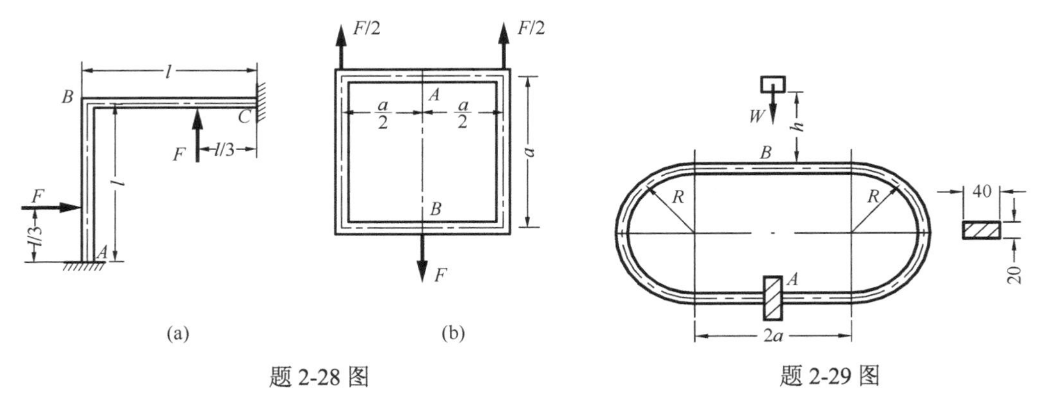


题 2-28 图　　题 2-29 图

# 第3章　疲劳强度*

## 3.1　概　　述

前述各章讨论了在静载荷作用下构件的强度和刚度问题。静载荷是指载荷从零开始缓慢地增加到最终值，然后保持不变的载荷，即受载构件中各点的应力状态不再改变。而在工程构件中有些构件的应力往往随时间而变化。本章主要讨论受此类应力作用的构件的强度问题。

### 3.1.1　交变应力的概念

工程实际中的许多构件，特别是机器零件，其应力往往随时间做周期性的变化。如图3-1(a)所示的机车车轴，虽然由车厢传来的载荷可以认为不随时间改变，但由于轴的转动，横截面上某一点处的弯曲正应力是随时间做周期性变化的。如轴中间横截面上的 $C$ 点，当其在位置1时，受最大弯曲拉应力 $\sigma_{\max}$ ，转到位置2时弯曲正应力为零，至位置3时受最大弯曲压应力 $\sigma_{\min}$ ，至位置4时弯曲正应力又为零。这样重复循环下去，弯曲正应力的大小和方向随时间做周期性变化，如图3-1(b)中曲线所示。这种随时间做周期性交替变化的应力，称为交变应力。

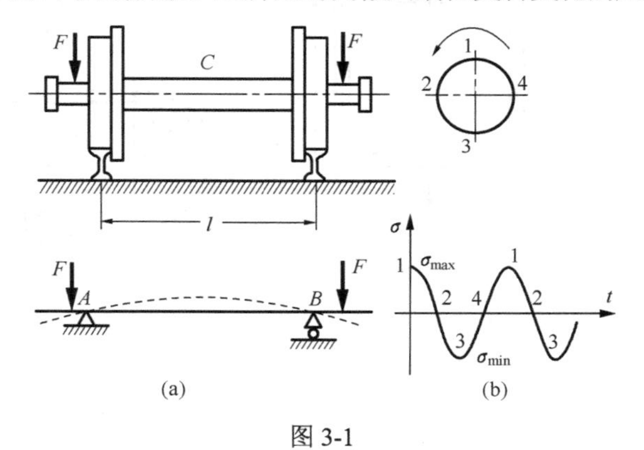


图3-1

金属构件在交变应力作用下，虽然应力水平低于屈服极限，但长期反复作用后构件也会突然断裂。即使是塑性较好的材料，断裂前也无明显的塑性变形。这种在交变应力作用下，材料或杆件产生可见裂纹或完全以脆断形式失效的现象，称为疲劳破坏，习惯上称为“疲劳”。交变应力作用下构件抵抗疲劳失效的能力，常称为**疲劳强度**。以前人们对这种破坏情形不能进行科学的解释，误认为是材料的“疲劳”所造成的，所以至今仍沿用疲劳这一名称表示交变应力作用下的破坏。

### 3.1.2　疲劳失效的特点

金属材料的疲劳失效和静力失效有很大的不同，疲劳失效的特点如下。

(1)在交变应力作用下，虽然最大应力远小于强度极限$\sigma_b$，甚至低于屈服极限$\sigma_s$，长期重复作用后构件也会突然断裂。

(2)疲劳失效需经历多次应力循环后才会出现，失效是一个损伤累积过程。

(3)即使是塑性较好的材料，失效前也往往没有明显的塑性变形，表现为脆性断裂。

(4)构件疲劳的断口，一般可分为光滑区和粗糙区两个区域，如图3-2所示。在光滑区内有时可看到以微裂纹起始点(也称为裂纹源)为中心逐渐扩展的弧形曲线。这种特征往往也用来判断构件破坏是否是由疲劳引起的。

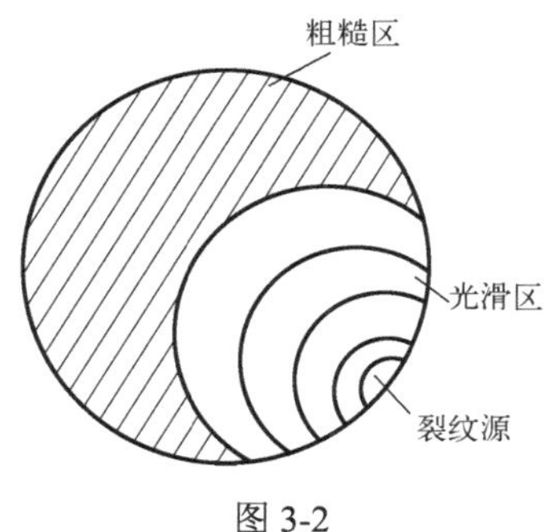


图 3-2

## 3.1.3　疲劳失效的机理

疲劳一般可分为三个阶段：疲劳裂纹萌生、疲劳裂纹扩展、断裂。材料或结构从受载开始到裂纹达到某一给定的长度$a_0$时的循环次数称为裂纹形核寿命。通常$a_0$是现有仪器可检测的最小裂纹长度。此后裂纹扩展到断裂时的循环次数为裂纹扩展寿命。裂纹形核寿命和裂纹扩展寿命之和为疲劳总寿命。

(1)疲劳裂纹萌生。疲劳裂纹的萌生有三种常见的方式：滑移带开裂；晶界和孪晶界开裂；夹杂物或第二相与基体的界面开裂。其中滑移带开裂不但是最常见的疲劳裂纹萌生方式，也是三种萌生方式中最基本的一种。这是由于在晶界开裂和夹杂物界面开裂之前，都会形成滑移带。因此，形成滑移带不但是滑移带开裂的基础，也是其他两种萌生方式的先决条件。

由于构件原材料的冶金缺陷、锻造裂纹、表面处理及焊接裂纹；机械加工中的划伤、刀痕、标印记、毛刺及毛刺处理不当或装配使用损伤、腐蚀、冷作硬化、设计不当等，构件中某些局部区域的应力特别高，而物体的最高应力通常产生于表面或近表面区。如图3-3(a)所示的金属梁，由于交变应力的作用，高应力区$a$点附近材料的受力情形如图3-3(b)所示。由于最大切应力的反复作用，位于表面的晶粒首先沿着与主应力$\sigma$约成45°方向的斜截面产生滑移，且当工作应力达到一定数值时，材料出现滑移带。随着应力循环次数的增加，滑移带变宽并加剧而形成驻留滑移带，出现沿滑移带开裂。

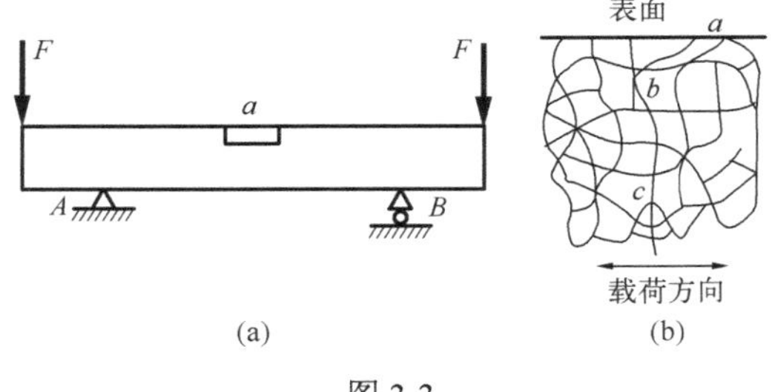


图 3-3

就实际的结构而言，裂纹萌生的标准因检测手段而异，例如，钢轨的核伤(轨头中的埋制裂纹)因超声波探伤的灵敏度而定，一般裂纹萌生长度定为1～2mm。焊接结构也因检测手段及缺陷部位的不同而使裂纹萌生的概念和标准不尽相同。

(2)疲劳裂纹扩展。疲劳裂纹扩展可分为第Ⅰ阶段和第Ⅱ阶段。在第Ⅰ阶段，微裂纹首先沿着切应力最大的方向扩展，具有一定的结晶学特性。在单轴应力下，沿着与外加应力成或接近 45° 角的滑移面向纵深扩展。第Ⅰ阶段的裂纹扩展速率很缓慢，一般在 $da/dN < 3\times10^{-7}$ mm/c（c 为循环），如斜裂纹 $ab$。

当微观裂纹扩展到一个晶粒或两三个晶粒的深度以后，裂纹的扩展方向由开始时与应力成接近 45° 角的方向，逐渐转为与拉伸应力垂直的方向，这时便可认为进入第Ⅱ阶段的裂纹扩展。在裂纹扩展的第Ⅱ阶段，只剩下一条主裂纹，裂纹扩展速率通常处于 $da/dN = 3\times(10^{-7}\sim10^{-2})$ mm/c（c 为循环）。第Ⅰ阶段的裂纹扩展受切应力控制，第Ⅱ阶段的裂纹扩展受正应力控制，如裂纹 $bc$(图 3-3(b))。

实验证实，裂纹的扩展并不是连续的，某些应力循环下裂纹扩展，某些应力循环下裂纹停滞。例如，交变应力的变化是不规则的，有时应力变化较大，有时应力变化较小，所以在光滑区可看到贝壳状纹迹。

(3) 断裂。在疲劳裂纹逐渐扩展的过程中，构件的有效尺寸将不断被削弱，一旦其有效面积不足以承受外力，严重削弱了的截面将发生突然的脆性断裂。

疲劳裂纹往往是在没有明显征兆的情形下突然发生的，从而造成严重事故。据统计，机械零件的损坏大部分是由于疲劳失效。因此，对在交变应力下工作的零件进行疲劳强度计算是非常必要的。

## 3.2　交变应力的循环特征

构件受交变应力作用时，应力每重复变化一次，称为一个应力循环。重复变化的次数称为**循环次数**。应力变化的情形可用应力随时间变化的曲线来表示。在以后的讨论中，一般以交变正应力为例。对交变切应力的情形，只需在相应结构或公式中用切应力 $\tau$ 替换正应力 $\sigma$ 即可。

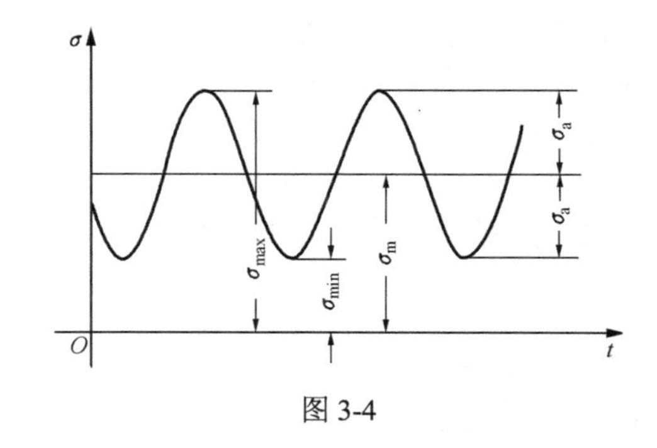


图 3-4

图 3-4 表示一般情形下交变应力的 $\sigma$-$t$ 曲线。从图中可以看出，应力 $\sigma$ 随时间 $t$ 做周期性变化。应力循环中最小应力 $\sigma_{\text{min}}$ 与最大应力 $\sigma_{\text{max}}$ 之比值 $r$，用来表示交变应力的变化特征，称为交变应力的**应力比**或**循环特征**，即

$$r = \frac{\sigma_{\text{min}}}{\sigma_{\text{max}}} \tag{3-1}$$

最大应力 $\sigma_{\text{max}}$ 和最小应力 $\sigma_{\text{min}}$ 的平均值 $\sigma_{\text{m}}$，称为平均应力；最大应力 $\sigma_{\text{max}}$ 和最小应力 $\sigma_{\text{min}}$ 的代数差的 1/2 称应力幅 $\sigma_{\text{a}}$，即

$$\sigma_{\text{m}} = \frac{1}{2}(\sigma_{\text{max}} + \sigma_{\text{min}}) = \frac{1}{2}\sigma_{\text{max}}(1+r) \tag{3-2}$$

$$\sigma_{\text{a}} = \frac{1}{2}(\sigma_{\text{max}} - \sigma_{\text{min}}) = \frac{1}{2}\sigma_{\text{max}}(1-r) \tag{3-3}$$

由式(3-2)和式(3-3)可得

$$\begin{aligned} \sigma_{\text{max}} &= \sigma_{\text{m}} + \sigma_{\text{a}} \\ \sigma_{\text{min}} &= \sigma_{\text{m}} - \sigma_{\text{a}} \end{aligned} \tag{3-4}$$

$\sigma_{max}$、$\sigma_{min}$、$\sigma_m$和$\sigma_a$都表示在图 3-4 中。从图中可见，平均应力$\sigma_m$是交变应力中的不变部分，相当于不随时间变化的静应力。应力幅$\sigma_a$是从平均应力到最大应力或最小应力的改变量，可以看作交变应力中的变动部分。

下面介绍几种交变应力的情形。

图 3-1 所示的机车车轴中间部分在纯弯曲产生的交变应力下工作，其$\sigma_{max}$和$\sigma_{min}$大小相等且符号相反，即$\sigma_{max}=-\sigma_{min}$，这种情形称为**对称循环**，由式(3-1)～式(3-3)可知对称循环下$r=-1$，$\sigma_m=0$，$\sigma_a=\sigma_{max}$。

除对称循环外，其他应力循环统称为不对称循环。不对称循环的平均应力$\sigma_m\neq 0$。由图3-4 可知，任一个不对称循环都可以看成静应力$\sigma_m$和幅度为$\sigma_a$的对称循环叠加的结果。

在不对称循环中较常遇到$\sigma_{min}=0$的情形，如齿轮齿根$A$点处的应力(图 3-5(a))。齿轮可以近似地简化为受集中力$F$作用的悬臂梁(图 3-5(b))，当两齿轮开始接触时，齿根$A$点处将产生弯曲拉应力，并达到最大值$\sigma_{max}$，齿轮脱离接触时，$A$点处应力为零。齿轮每转一周，轮齿$A$点处应力就重复一次。可画出其应力变化，如图 3-5(c)所示。这种变动于零到某一最大值之间的交变应力循环，称为**脉动循环**。由式(3-1)～式(3-3)可知，对于脉动循环，$r=0$，$\sigma_a=\sigma_m=\dfrac{1}{2}\sigma_{max}$。

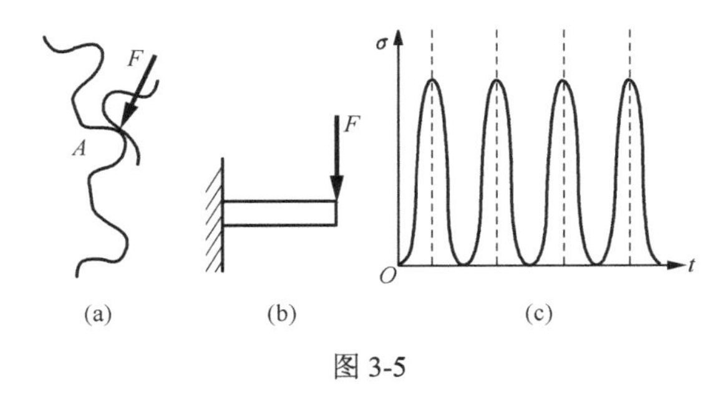


图 3-5

静应力也可看成交变应力的一种特例，此时没有应力幅，即$\sigma_a=0$，$\sigma_{max}=\sigma_{min}=\sigma_m$。循环特征$r=1$，$\sigma$-$t$曲线是一条平行于横坐标轴的直线。

若交变应力的最大应力和最小应力值在工作过程中始终保持不变，称为**恒幅交变应力**。但有些构件，如切削机床、飞机、汽车和拖拉机中的一些构件，其交变应力中的最大值和最小值并非保持不变，这类交变应力称为**变幅交变应力**。在疲劳研究中用载荷谱表示它们。对于变幅交变应力，若最大应力和最小应力的变幅不大，也可近似地作为恒幅交变应力来处理，本章只讨论恒幅交变应力的问题。

## 3.3 疲 劳 极 限

前面已提到，构件在交变应力作用下，当最大应力低于屈服极限$\sigma_s$时，可能发生疲劳破坏。因此，屈服极限或强度极限等指标已不能作为疲劳强度的指标。在交变应力下，材料的强度指标应重新确定。

### 3.3.1 材料的疲劳极限

实验表明，在给定的交变应力下，必须经过一定次数的循环，才可能发生疲劳破坏。而且在同一应力比下，交变应力的最大应力越大，破坏前经历的循环次数越少；反之，降低交变应力中的最大应力，便可使破坏前经历的循环次数增加。在最大应力减小到某一临界值时，光滑小试样(直径为 7～10mm，表面磨光)可经历无限多次应力循环而不发生疲劳破坏，这一临界值称为材料的**疲劳极限**或**持久极限**，用 $\sigma_r$ 表示，下标 $r$ 表示**循环特征**。

在工程应用中，通常是测定对称循环($r=-1$)的疲劳极限。测量时将光滑小试样(图 3-6(a))安装在如图 3-6(b)所示的疲劳试验机夹头内，在下方施加载荷，使试件中间部分产生纯弯曲；电动机转动时，在试件上产生对称循环的交变应力。

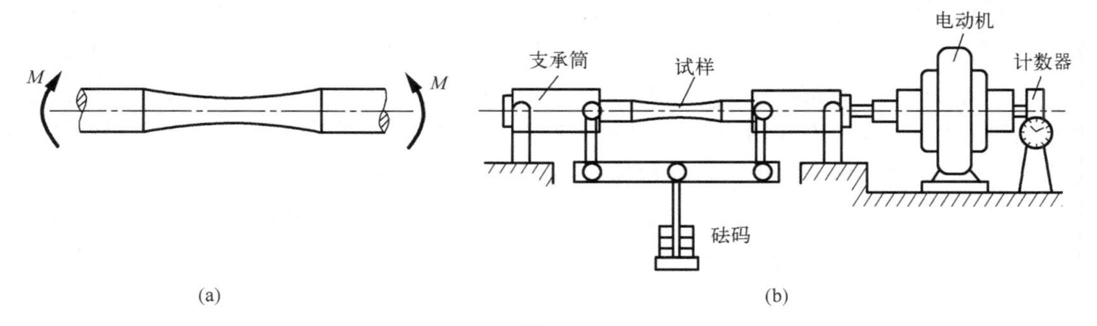


图 3-6

实验时，准备一组同一材料制成的标准试样。使这组试样分别在不同的最大应力 $\sigma_{max}$ 下承受交变应力，直到破坏，记下每个试样破坏前经历的循环次数 $N$。以 $\sigma_{max}$ 为纵坐标，以 $N$ 为横坐标，将这些点连成一条曲线，如图 3-7 所示。这条曲线就是在对称循环 $r=-1$ 下的$\sigma$-$N$ 曲线，习惯上简称为 $S$-$N$ 曲线($S$ 表示广义的应力，既可代表正应力 $\sigma$，又可代表切应力 $\tau$)，或称应力-寿命曲线。对于其他的循环特征，可按同样方法作出 $S$-$N$ 曲线，详细测定方法参见国家标准 GB/T 4337—2015《金属材料 疲劳试验 旋转弯曲方法》。

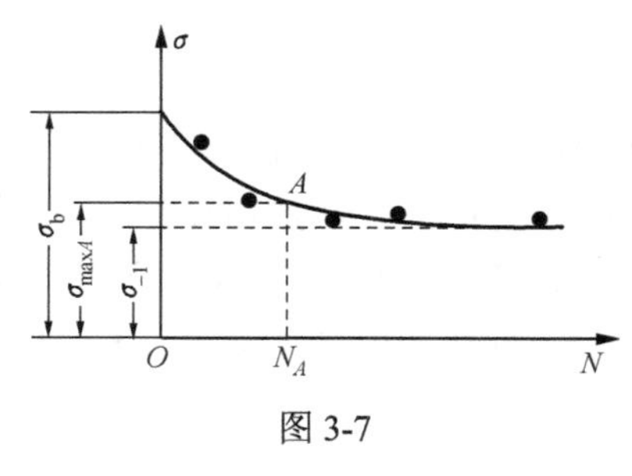


图 3-7

从图 3-7 中可以看出，作用应力 $\sigma_{max}$ 越小，疲劳寿命 $N$ 越长。对于钢和铸铁材料，当 $\sigma_{max}$ 降低到一定的数值后，$S$-$N$ 曲线趋近于水平直线。这说明，只要最大应力不超过此水平线所代表的应力值，材料即可经历无限次应力循环而不发生疲劳破坏。因此，这个应力值 $\sigma_{-1}$ 称为**材料在对称循环下的疲劳极限或持久极限**。

有色金属及其合金的 $S$-$N$ 曲线无明显趋于水平的直线部分。对于这类材料，通常规定 $N_0=(5\sim10)\times10^7$ 次作为一个循环基数，它所对应的 $\sigma_{max}$ 作为这类材料的疲劳极限。

疲劳曲线上任一点 $A$(图 3-7)的纵坐标和横坐标分别为 $\sigma_{max\,A}$ 和 $N_A$，表示当最大应力为 $\sigma_{max\,A}$ 时，试件断裂前所能经受的应力循环次数为 $N_A$，即寿命为 $N_A$，与此对应的 $\sigma_{NA}$ 称为材料的**条件疲劳极限**或**名义疲劳极限**。通常将构件应力水平较高、寿命 $N<10^4\sim10^5$ 次的疲劳问题，称为低周疲劳，如压力容器、燃气轮机零件等的疲劳；而将应力水平较低、寿命 $N>10^4\sim10^5$ 次的疲劳问题，称为高周疲劳，如弹簧、传动轴等的疲劳。

对称循环下的弯曲疲劳试验容易进行，同一材料在各种循环特征下的弯曲疲劳试验中，以对称循环的疲劳极限最低，表明对称交变应力最为危险。因此，在各种疲劳试验和构件的疲劳强度计算中，确定弯曲对称循环下的疲劳极限是非常重要的。

实验结果表明，钢材的疲劳极限$\sigma_{-1}$和强度极限$\sigma_b$之间、脉动循环和对称循环的疲劳极限之间存在如下关系：

弯曲 $\sigma_{-1} \approx 0.4 \sim 0.5\sigma_b$，$\sigma_0 \approx 1.7\sigma_{-1}$

拉压 $\sigma_{-1} \approx 0.33 \sim 0.59\sigma_b$

扭转 $\tau_{-1} \approx 0.23 \sim 0.29\sigma_b$

所以，在缺乏数据时，可用上述关系粗略估计材料的疲劳极限。从上述关系中可以看出，在循环应力作用下，材料抵抗破坏的能力明显下降。

上述疲劳曲线中，用最大应力$\sigma_{max}$作为控制疲劳寿命的参数。在钢结构及连接件中，由于焊接残余应力等其他因素的影响，钢结构容易从连接处或焊接处开始破坏，影响构件寿命的重要参数是应力幅值，这时就不宜用最大应力来建立疲劳强度条件。在GB 50017—2017《钢结构设计标准》中规定，在计算钢结构疲劳强度及疲劳寿命时，用应力幅$\sigma_a$代替最大应力$\sigma_{max}$。

### 3.3.2 疲劳极限曲线

测定材料在不对称循环下的疲劳极限$\sigma_r$，与测定对称循环下的疲劳极限$\sigma_{-1}$的原理相同。对于某一种材料，在一定的循环特征下，利用一组光滑小试样进行疲劳试验，可以得到一条应力-寿命曲线或称为$S$-$N$曲线。然后改变循环特征值，再做疲劳试验，这样可得出不同$r$值下的$S$-$N$曲线族，如图3-8所示。在$N_0$次处作一条与纵坐标平行的直线，此线与$S$-$N$曲线族的一系列交点$A$、$C$、$D$、$E$等的纵坐标，分别给出在指定寿命$N_0$时各循环特征$r$值下的疲劳极限$\sigma_r$。$\sigma_r$是循环特征$r$下，试样经历$N_0$次循环产生疲劳失效，应力中的最大应力$\sigma_{max}$。根据每一循环特征$r$及对应的$\sigma_{max}$值，由式(3-1)可算出$\sigma_{min}$。再由式(3-2)和式(3-3)计算出平均应力$\sigma_m$和应力幅$\sigma_a$。以$\sigma_m$为横坐标、以$\sigma_a$为纵坐标可在图3-9上画出许多点。这些点连成一条曲线$ACDEB$，此曲线称为该种材料的疲劳极限曲线。

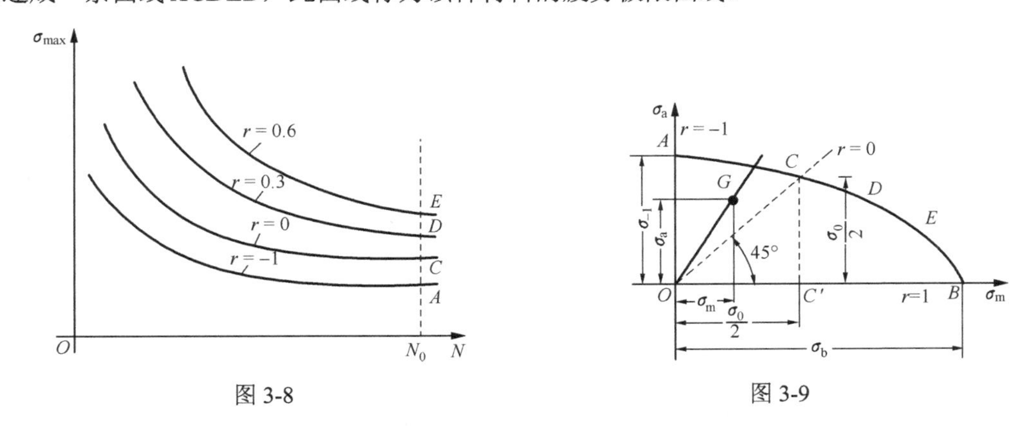


图3-8　　　　图3-9

曲线$ACDEB$上的各点均对应着材料的疲劳极限，其寿命均为$N_0$次。位于此曲线内部的点所对应的交变应力不引起疲劳破坏。位于此曲线外部的点所对应的交变应力在次数小于$N_0$次时能使材料破坏。疲劳极限曲线是试件断裂前能否达到规定的循环次数$N_0$的一条分界线。

从图 3-9 中可知，对任一应力循环，若已知其平均应力 $\sigma_m$ 和应力幅 $\sigma_a$，可在坐标系中确定一点 $G$。反之，坐标系中的任一点 $G$ 都对应着一个特定的应力循环。若把一点的纵坐标 $\sigma_a$ 和横坐标 $\sigma_m$ 相加，即

$$\sigma_a + \sigma_m = \sigma_{max}$$

所得一点的纵横坐标之和就是该点所代表的应力循环的最大应力 $\sigma_{max}$。由原点向 $G$ 点作一射线，其斜率为

$$\tan\alpha = \frac{\sigma_a}{\sigma_m} = \frac{\sigma_{max} - \sigma_{min}}{\sigma_{max} + \sigma_{min}} = \frac{1-r}{1+r}$$

可见循环特征 $r$ 相同的所有应力循环都在同一射线上，离原点越远，纵横坐标之和越大。所以，在每一条由原点出发的射线上，都有一个由疲劳极限确定的临界点。例如，在对称循环下，$r=-1$，$\sigma_m = 0$，纵坐标上各点代表对称循环。由对称循环的疲劳极限 $\sigma_{-1}$ 在纵坐标上确定 $A$ 点。其他各点也可以用同样的方法得到。

## 3.4　影响疲劳极限的因素

用光滑小试样测定的疲劳极限通常认为是材料的疲劳极限。在对构件进行疲劳强度校核时，不能代表实际构件的疲劳极限。实际构件的疲劳极限不但和材料有关，还受构件外形、尺寸、表面质量和其他一些因素的影响。下面介绍影响构件疲劳极限的几种主要因素。

### 3.4.1　构件外形的影响

构件外形的突然变化，例如，构件上有槽、孔、缺口、轴肩等，将引起应力集中，在应力集中的局部区域更易形成疲劳裂纹，使构件的疲劳极限显著降低。在对称循环下，无应力集中光滑小试样的疲劳极限为 $\sigma_{-1}$，有应力集中但相同尺寸的光滑小试样的疲劳极限为 $(\sigma_{-1})_k$，则比值

$$K_\sigma = \frac{\sigma_{-1}}{(\sigma_{-1})_k} \tag{3-5}$$

称为**有效应力集中因数**。因 $\sigma_{-1}$ 大于 $(\sigma_{-1})_k$，所以 $K_\sigma$ 大于 1。工程上为了使用方便，把有效应力集中因数的实验数据整理成图表。图 3-10～图 3-12 就是这类曲线。图中以 $K_\sigma$ 和 $K_\tau$ 分别表示钢材构件在弯曲和扭转时的有效应力集中因数。

应力集中处的最大应力与同一截面上的平均应力之比，称为**理论应力集中因数** $K_t$，对其可用弹性力学的方法或实验方法来测定。理论应力集中因数只和构件的形状、尺寸有关，没有考虑材料的性质。例如，用不同材料加工成形状、尺寸完全相同的构件，则这些构件的理论应力集中因数也就完全相同。但由图 3-10～图 3-12 可以看出，有效应力集中因数不但与构件的形状、尺寸有关，还与材料的强度极限 $\sigma_b$，即材料的性质有关。

从所给的曲线图中可以看出，强度极限 $\sigma_b$ 高的钢材，其 $K_\sigma$ 和 $K_\tau$ 值也比较大，说明应力集中对高强度钢的疲劳极限影响较大。对于给定的直径 $d$，圆角半径 $r$ 越小，有效应力集中因数越大，相应的疲劳极限降低也越多。在设计构件时，应尽可能增加变截面处的过渡圆角半径 $r$。这是减小应力集中程度、提高构件疲劳强度的一条有效途径。

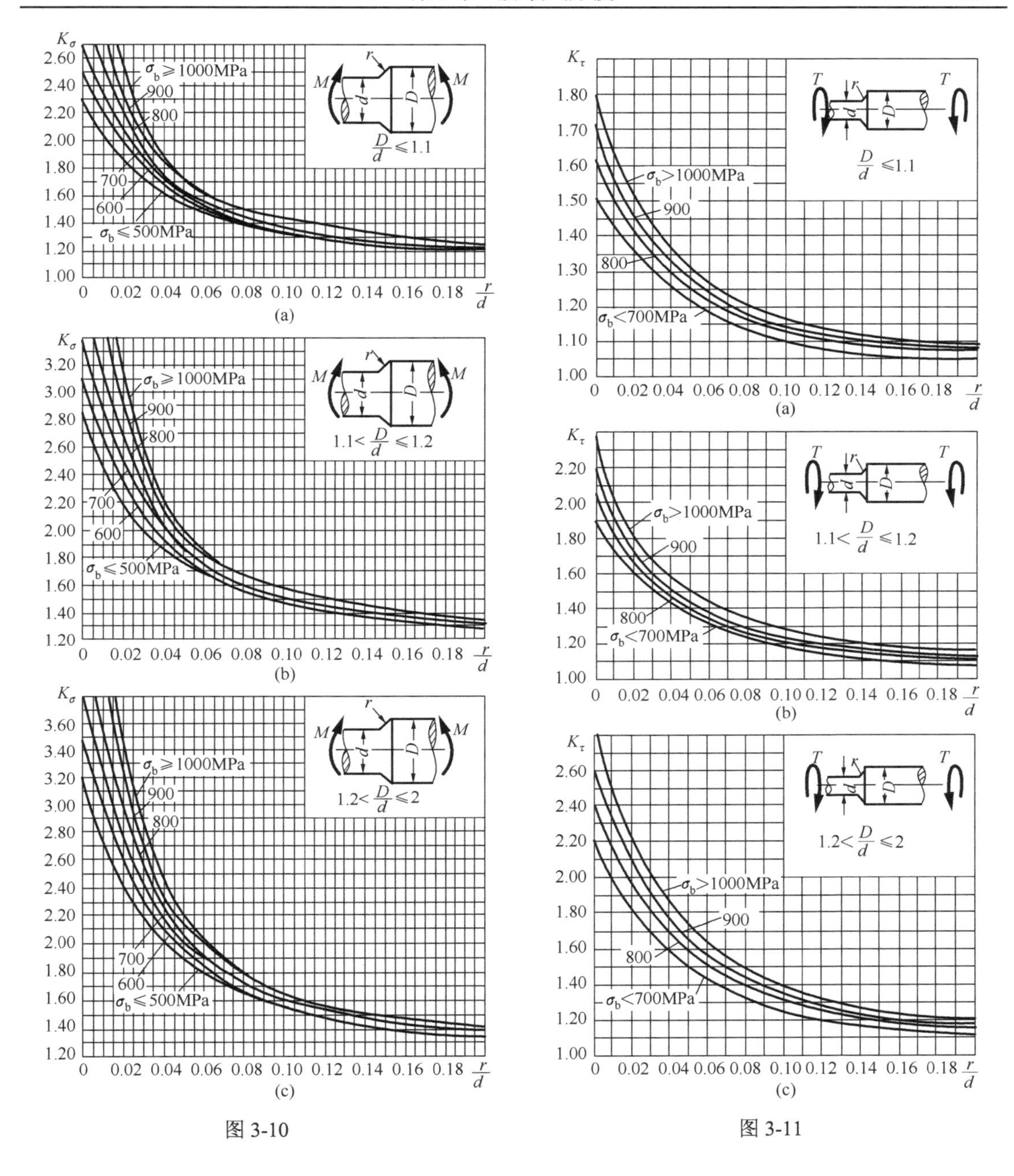


(a)

(b)

(c)

图 3-10

图 3-11

## 3.4.2 构件尺寸的影响

在其他条件都相同的情形下，随着试件横截面尺寸的增大，疲劳极限相应地降低。这种情形可用图 3-13 加以说明。图中为承受弯曲的两个不同直径的试件，在最大弯曲正应力相同的条件下，大试件的高应力区要比小试件的高应力区厚，因此处于高应力状态的金属晶粒数比小试件多。大试件高应力区内所含杂质、缺陷也相应地增多。所以在大试件中更容易形成疲劳裂纹并扩展，其疲劳极限因此降低。

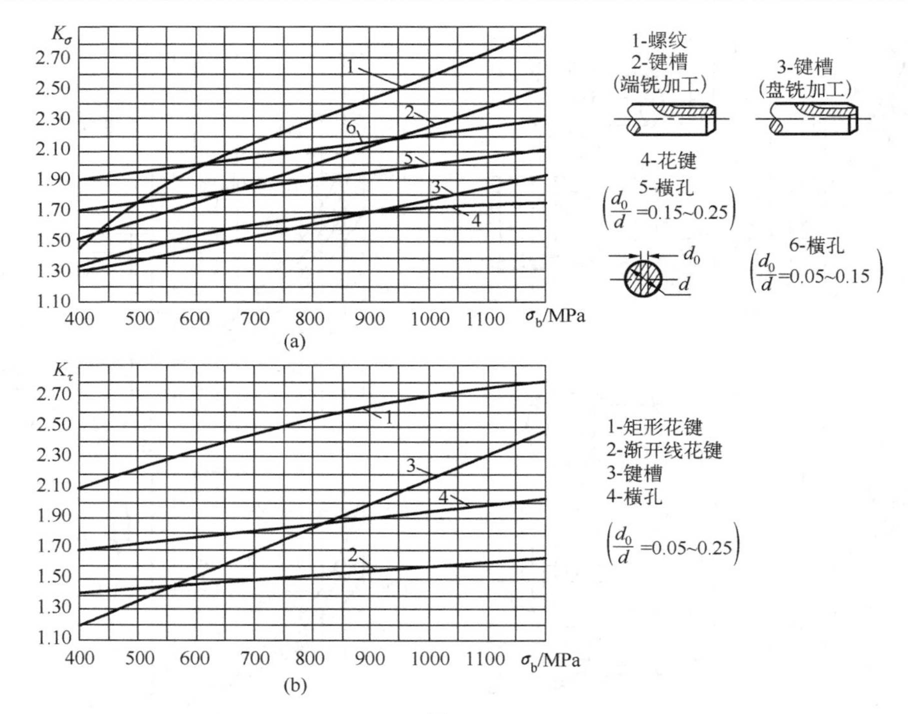


图 3-12

在对称循环下，若光滑小试样的疲劳极限为$\sigma_{-1}$，光滑大试样的疲劳极限为$(\sigma_{-1})_{\mathrm{d}}$，则比值

$$\varepsilon_\sigma=\frac{(\sigma_{-1})_{\mathrm{d}}}{\sigma_{-1}} \tag{3-6}$$

称为**尺寸因数**，它的数值小于 1。钢材的尺寸因数如图 3-14 中曲线所示。

从图 3-14 中可以看出，尺寸因数和材料的强度极限$\sigma_b$有关。对于$\sigma_b$在 500～1200MPa 的钢材，可由此图按内插法求得$\varepsilon_\sigma$或$\varepsilon_\tau$值。图 3-14 给出的$\varepsilon_\sigma$或$\varepsilon_\tau$值分别是构件受弯曲和受扭转时的尺寸因数。

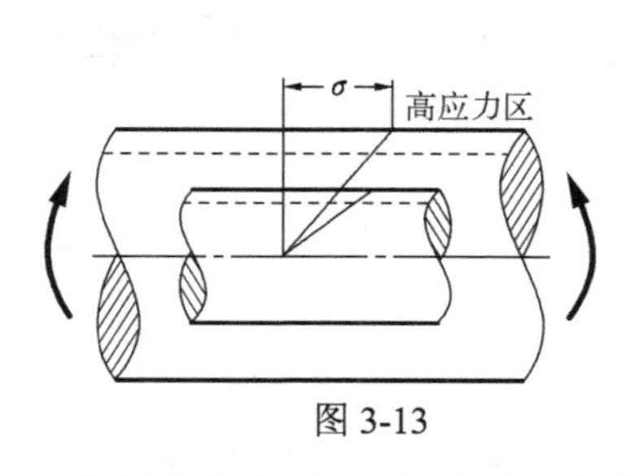


图 3-13

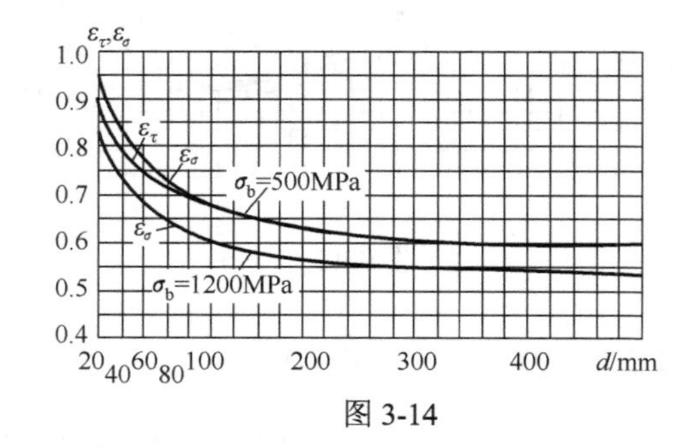


图 3-14

在轴向加载时，由于不存在应力梯度，尺寸影响不大，尺寸因数$\varepsilon_\sigma\approx1$。

### 3.4.3 构件表面质量的影响

构件表面的加工质量对疲劳极限也有影响。例如，表面存在刀痕时，刀痕根部将出现应力集中，因而降低了疲劳极限。表面磨削的试件比表面抛光的试件疲劳极限低，粗车加工的试件比磨削的试件疲劳极限更低。材料的静强度越高，疲劳极限降低越显著。

表面质量对疲劳极限的影响通常用**表面质量因数 $\beta$** 来表示。若表面磨削光滑小试样的疲劳极限为 $(\sigma_{-1})_{\mathrm{d}}$，表面为其他加工情形的疲劳极限为 $\sigma_{-1}$，则

$$\beta = \frac{(\sigma_{-1})_{\beta}}{\sigma_{-1}} \tag{3-7}$$

当构件表面质量低于磨削的试件时，$\beta<1$；抛光或表面经强化处理后，$\beta>1$。不同表面粗糙度的表面质量因数 $\beta$ 可由图 3-15 查得。由图 3-15 可看出表面加工质量对高强度钢的疲劳极限影响较显著。对于高强度钢，要合理加工才能充分发挥其高强度的作用。各种强化方法的表面质量因数列在表 3-1 中。

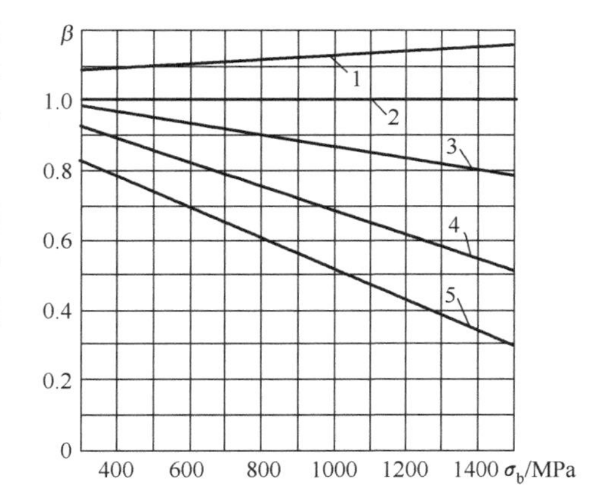


图 3-15　不同表面粗糙度的表面质量因数 $\beta$

1-抛光 $\sqrt{Ra0.05}$ 以上；2-磨削 $\sqrt{Ra0.2}$～$\sqrt{Ra0.1}$；3-精车 $\sqrt{Ra1.6}$～$\sqrt{Ra0.4}$；4-粗车 $\sqrt{Ra12.5}$～$\sqrt{Ra3.2}$；5-未加工

**表 3-1　几种强化方法的表面质量因数 $\beta$**

| 强化方法 | 心部材料的强度极限 $\sigma_b$/MPa | $\beta$ | | |
|---|---|---|---|---|
| | | 光轴 | 低应力集中轴 $K_\sigma \leqslant 1.5$ | 高应力集中轴 $K_\sigma \leqslant 1.8$~2 |
| 高频淬火 | 600～800<br>800～1000 | 1.5～17<br>1.3～1.5 | 1.6～1.7<br>— | 2.4～2.8<br>— |
| 氮化 | 900～1200 | 1.1～1.25 | 1.5～1.7 | — |
| 渗碳 | 400～600<br>700～800<br>1000～1200 | 1.8～2.0<br>1.4～1.5<br>1.2～1.3 | 3<br>—<br>2 | —<br>—<br>— |
| 喷丸硬化 | 600～1500 | 1.1～1.25 | 1.5～1.6 | 1.7～2.1 |
| 滚子滚压 | 600～1500 | 1.1～1.3 | 1.3～1.5 | 1.6～2.0 |

注：① 高频淬火的数据来自试件直径 $d$ 为 10～20mm、淬硬层厚度为 $(0.05～0.20)d$ 的实验数据，对大尺寸的试件，表面强化系数的值会有某些降低。

② 氮化层厚度为 $0.01d$ 时用小值，为 $(0.03～0.04)d$ 时用大值。

③ 喷丸硬化的数据来自 8～40mm 的试验数据。喷丸速度低时用小值，速度高时用大值。

④ 滚子滚压的数据来自直径 $d$ 为 17～130mm 的试验数据。

综合考虑上述 3 种主要因素，构件在对称循环下的疲劳极限应是

$$\sigma_{-1}^{*} = \frac{\varepsilon_\sigma \beta}{K_\sigma}\sigma_{-1} \tag{3-8}$$

式中，$\sigma_{-1}$ 为光滑小试样的疲劳极限；$\sigma_{-1}^{*}$ 为构件的疲劳极限。

上述应力集中、尺寸和表面质量在交变应力下对于材料的强度有影响，但这些因素在不

随时间变动的静应力下，对塑性材料基本上没有什么影响。所以在前述静应力的强度校核中都没有考虑这些因素。

除上述三种主要因素外，环境因素对构件的疲劳极限也有影响。例如，在腐蚀性介质中工作的构件，疲劳极限将明显降低。将这种由于腐蚀介质的侵蚀而促使疲劳裂纹的形成和扩展现象称为腐蚀疲劳。温度对构件的疲劳极限也有影响。例如，钢材在高温工作环境下，随着温度的升高，疲劳极限也会下降。还应指出，即使构件不受载荷，但温度周期性改变使构件内部产生冷热不匀的现象也随时间做周期性变化，由此产生的应力称为温度应力，温度应力也是交变应力。在此交变应力作用下，经若干次应力循环后，构件也可能出现疲劳裂纹，甚至发生断裂。构件的这种疲劳失效现象，称为**热疲劳**。

## 3.5　疲劳强度计算

本节将分别讨论对称循环和不对称循环下构件的疲劳强度计算问题。

### 3.5.1　对称循环下的疲劳强度计算

对称循环下构件的疲劳强度计算，应以构件的疲劳极限 $\sigma_{-1}^{*}$ 为极限应力。选定适当的安全系数 $n$ 后，求得构件在对称循环下的许用应力：

$$[\sigma_{-1}]=\frac{\sigma_{-1}^{*}}{n} \tag{3-9}$$

将式(3-8)代入式(3-9)，得

$$[\sigma_{-1}]=\frac{\varepsilon_\sigma\beta}{K_\sigma}\frac{\sigma_{-1}}{n}$$

因此，构件的强度条件为

$$\sigma_{\max}\leqslant[\sigma_{-1}]=\frac{\varepsilon_\sigma\beta}{K_\sigma}\frac{\sigma_{-1}}{n} \tag{3-10}$$

式中，$\sigma_{\max}$ 为构件危险点处交变应力的最大应力。

除式(3-10)所示用应力表示的强度条件外，在疲劳强度计算中，常采用由安全系数表示的强度条件。可把式(3-10)改写为

$$n_\sigma=\frac{\sigma_{-1}^{*}}{\sigma_{\max}}=\frac{\varepsilon_\sigma\beta\sigma_{-1}}{K_\sigma\sigma_{\max}}=\frac{\sigma_{-1}}{\dfrac{K_\sigma\sigma_{\max}}{\varepsilon_\sigma\beta}}\geqslant n \tag{3-11}$$

$n_\sigma$ 定义为构件的疲劳极限 $\sigma_{-1}^{*}=\dfrac{\varepsilon_\sigma\beta}{K_\sigma}\sigma_{-1}$ 和构件最大工作应力 $\sigma_{\max}=\sigma_{\mathrm{a}}$ 的比值，也就是构件工作时实际具有的安全储备，称为**构件的工作安全系数**。为了保证构件有足够的疲劳强度，$n_\sigma$ 必须大于或至少等于规定的安全系数 $n$。$n$ 的数值根据有关设计规范来确定。

如前所述，当为扭转交变应力时，把式(3-11)中的 $\sigma$ 换成 $\tau$，可得到扭转交变应力的强度条件。

**例 3-1**　如图 3-16 所示的机车车轴，由车厢传来的载荷 $F$=80kN，轴的材料为 45 号钢，

强度极限$\sigma_b = 500\,\text{MPa}$，疲劳极限$\sigma_{-1} = 200\,\text{MPa}$，规定安全系数$n$=1.5。试校核截面Ⅰ的疲劳强度。

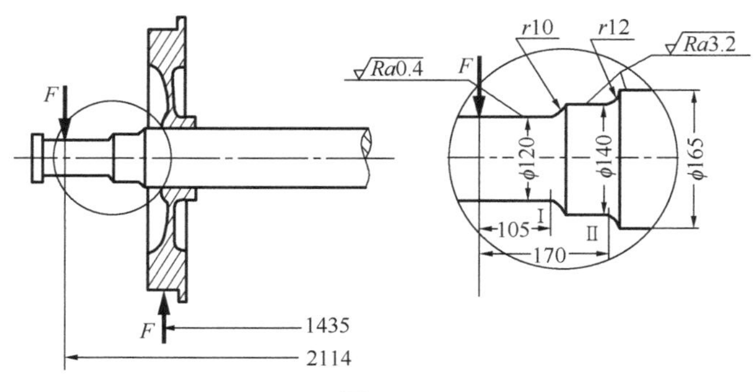


图 3-16

**解** (1)轴在对称循环条件下工作。首先确定该轴的各种因数。在Ⅰ截面处有

$$\frac{r}{d} = \frac{10}{120} = 0.083, \quad \frac{D}{d} = \frac{140}{120} = 1.167$$

轴在弯曲正应力下工作，查图 3-10(b)，可得$K_\sigma$=1.54。由图 3-14 查得$d$=120mm 时的尺寸因数$\varepsilon_\sigma = 0.68$。由表面粗糙度$\sqrt{Ra0.4}$，查图 3-15 可得$\beta$=0.96。

(2)确定最大工作应力。Ⅰ截面的弯矩为

$$M = F \times 105 \times 10^{-3} = 80 \times 10^3 \times 105 \times 10^{-3} = 8.4 \times 10^3 (\text{N}\cdot\text{m}) = 8.4(\text{kN}\cdot\text{m})$$

弯曲截面系数为
$$W = \frac{\pi}{32} d^3 = \frac{\pi}{32} \times 120^3 \times 10^{-9} = 1.696 \times 10^{-4} (\text{m}^3)$$

弯曲最大正应力为
$$\sigma_{\max} = \sigma_a = \frac{M}{W} = \frac{8.4 \times 10^3}{1.696 \times 10^{-4}} = 49.5 \times 10^6 (\text{Pa}) = 49.5(\text{MPa})$$

(3)疲劳强度校核。将相关参数代入式(3-11)得

$$n_\sigma = \frac{\sigma_{-1}}{\dfrac{K_\sigma}{\varepsilon_\sigma \beta} \sigma_a} = \frac{200}{\dfrac{1.54}{0.68 \times 0.96} \times 49.5} = 1.713 > n = 1.5$$

该截面满足疲劳强度条件。

**例 3-2** 圆柱形螺旋弹簧如图 3-17 所示，沿弹簧的轴线作用交变载荷$F = \pm 3\,\text{kN}$。弹簧平均直径 $D$=160mm，簧杆直径 $d$ = 20mm，疲劳极限$\tau_{-1} = 420\,\text{MPa}$，强度极限$\sigma_b = 1200\,\text{MPa}$，表面粗糙度为$\sqrt{Ra0.4}$，规定安全系数$n = 1.8$。试校核弹簧的疲劳强度。

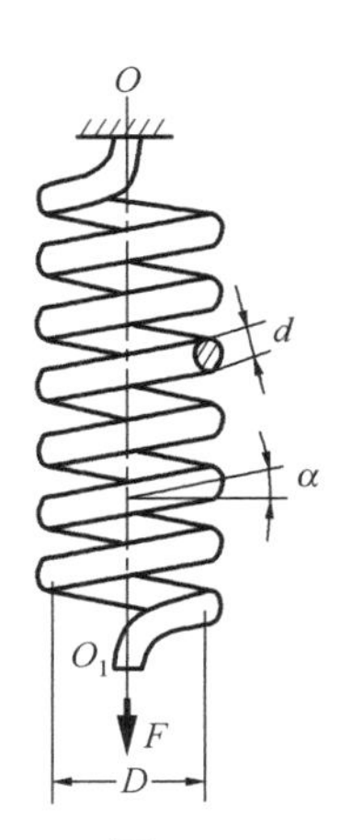


图 3-17

**解** 弹簧在交变载荷作用下，簧杆内产生扭转引起的交变切应力。

(1)确定簧杆的各项系数。由于簧杆的所有截面都相同，没有应力集中现象，取$K_\tau = 1$。簧杆直径$d$ = 20mm，查图 3-14，得尺寸因数$\varepsilon_\tau = 0.88$。由簧杆的粗糙度，查图 3-15，得表面质量因数$\beta = 0.84$。

(2)弹簧簧杆中的最大切应力。由《材料力学(Ⅰ)》中 4.7 节可知

$$C_1=\frac{D}{d}=\frac{160}{20}=8$$

故修正系数为

$$k=\frac{4C_1-1}{4C_1-4}+\frac{0.615}{C_1}=\frac{4\times8-1}{4\times8-4}+\frac{0.615}{8}=1.184$$

代入《材料力学(Ⅰ)》最大切应力式(4-26)，得

$$\tau_{\max}=k\frac{16FR}{\pi d^3}=1.184\times\frac{16\times3\times10^3\times80\times10^{-3}}{\pi\times20^3\times10^{-9}}=180.9\times10^6(\mathrm{Pa})=180.9(\mathrm{MPa})$$

(3)疲劳强度校核。将式(3-11)中的正应力$\sigma$换为切应力$\tau$，得

$$n_\tau=\frac{\tau_{-1}}{\dfrac{K_\tau}{\varepsilon_\tau\beta}\tau_{\max}}=\frac{420}{\dfrac{1}{0.88\times0.84}\times180.9}=1.716<n$$

因此，该弹簧的疲劳强度不够。

### 3.5.2　不对称循环下的疲劳强度计算

在3.3节中根据光滑小试样的试验得到了材料的疲劳极限曲线，如图3-9中的*ACDEB*曲线所示。但是此曲线不便于应用，通常加以简化。最常用的简化曲线是根据材料的$\sigma_{-1}$、$\sigma_0$和$\sigma_b$在$\sigma_m-\sigma_a$坐标平面上确定的*A*、*C*、*B*三点(图3-9)。用折线*ACB*代替疲劳极限曲线，称为简化折线(图3-18)。以这样的简化折线作为构件疲劳强度计算的依据。

实验证明，构件的应力集中、尺寸、表面质量等因素，只对属于动应力的应力幅$\sigma_a$有影响，而对属于静应力的平均应力$\sigma_m$并没有影响。在对称循环和脉动循环下，考虑了上述因素的影响后，应力幅分别为$\dfrac{\varepsilon_\sigma\beta\sigma_{-1}}{K_\sigma}$和$\dfrac{\varepsilon_\sigma\beta\sigma_0}{2K_\sigma}$。在图3-18中相当于$A_1$、$C_1$两点。所以实际构件的简化折线为图3-18中的$A_1C_1B$。

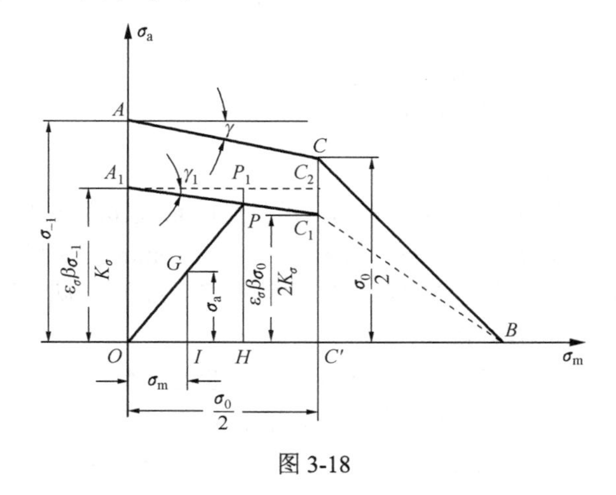


图3-18

在简化折线中，$A_1$、$C_1$部分的斜率为

$$\tan\gamma_1=\frac{C_1C_2}{A_1C_2}=\frac{\dfrac{\varepsilon_\sigma\beta\sigma_{-1}}{K_\sigma}-\dfrac{\varepsilon_\sigma\beta\sigma_0}{2K_\sigma}}{\dfrac{\sigma_0}{2}}$$

$$=\frac{\varepsilon_\sigma\beta}{K_\sigma}\left(\frac{2\sigma_{-1}-\sigma_0}{\sigma_0}\right)$$

令

$$\psi_\sigma=\frac{2\sigma_{-1}-\sigma_0}{\sigma_0} \tag{3-12}$$

得到

$$\tan\gamma_1=\frac{\varepsilon_\sigma\beta}{K_\sigma}\psi_\sigma$$

由图 3-18 及式(3-12)可以看出

$$\psi_\sigma=\frac{2\sigma_{-1}-\sigma_0}{\sigma_0}=\tan\gamma$$

$\psi_\sigma$为简化疲劳极限曲线$AC$的斜率。$\psi_\sigma$的大小反映在不对称循环下，材料疲劳极限$\sigma_r$随循环特征$r$变化的程度，称为**材料对应力循环不对称性的敏感因数**。$\psi_\sigma$的值根据材料的$\sigma_{-1}$和$\sigma_0$由式(3-12)求得。在缺乏实验数据时，对普通钢材，表 3-2 中的$\psi$值可供参考。

**表 3-2 普通钢材对应力循环不对称性的敏感因数$\psi$**

| 敏感因数$\psi$ | 静强度极限$\sigma_b$ / MPa | | | | |
|---|---|---|---|---|---|
| | 350～550 | 550～750 | 750～1000 | 1000～1200 | 1200～1400 |
| $\psi_\sigma$（拉压、弯曲） | 0 | 0.05 | 0.10 | 0.20 | 0.25 |
| $\psi_\tau$（扭转） | 0 | 0 | 0.05 | 0.10 | 0.15 |

图 3-18 所示的简化折线只考虑了$\sigma_m>0$的情形。对塑性材料来说，拉伸和压缩的强度相等，在$\sigma_m$为压应力时，仍认为$\sigma_m$与拉应力时相同。

例如，构件工作时，危险点的交变应力由图 3-18 中的$G$点表示。$G$点的纵横坐标分别代表危险点的应力幅和平均应力，即$I=\sigma_a, OI=\sigma_m$。设$G$点落在折线$A_1C_1B$与坐标轴围成的区域内，因而构件不发生疲劳破坏。在维持循环特征$r$不变的情形下，延长射线$OG$与折线$A_1C_1B$交于$P$点，$P$点的纵横坐标之和就是构件的疲劳极限$\sigma_r^*$，即$PH+OH=\sigma_r^*$。当构件的循环特征$r$在$-1$～0 时，射线$OG$与线段$A_1C_1$相交。这时构件的工作安全系数$n_\sigma$应为

$$n_\sigma=\frac{\sigma_r^*}{\sigma_{\max}}=\frac{PH+OH}{GI+OI} \tag{3-13}$$

由于$\triangle OGI \backsim \triangle OPH$，所以

$$\frac{PH+OH}{GI+OI}=\frac{PH}{GI}$$

式(3-13)可写成

$$n_\sigma=\frac{PH}{GI}=\frac{PH}{\sigma_a} \tag{a}$$

由图 3-18 可知
$$PH = P_1H - PP_1 = OA_1 - OH\tan\gamma_1 = \frac{\varepsilon_\sigma\beta\sigma_{-1}}{K_\sigma} - OH\frac{\varepsilon_\sigma\beta}{K_\sigma}\psi_\sigma \tag{b}$$

由$\triangle OGI \backsim \triangle OPH$，求得
$$OH = \frac{OI}{GI}PH = \frac{\sigma_m}{\sigma_a}PH \tag{c}$$

从式(b)和式(c)中消去$OH$，得
$$PH = \frac{\sigma_{-1}}{\dfrac{K_\sigma}{\varepsilon_\sigma\beta} + \dfrac{\sigma_m}{\sigma_a}\psi_\sigma} \tag{d}$$

将式(d)代入式(a)，得构件的工作安全系数$n_\sigma$应为

$$n_\sigma = \frac{\sigma_{-1}}{\dfrac{K_\sigma}{\varepsilon_\sigma\beta}\sigma_a + \psi_\sigma\sigma_m} \tag{3-14}$$

按式(3-14)求出的构件工作安全系数应满足强度条件。构件的疲劳强度条件为

$$n_\sigma = \frac{\sigma_{-1}}{\dfrac{K_\sigma}{\varepsilon_\sigma\beta}\sigma_a + \psi_\sigma\sigma_m} \geqslant n \tag{3-15}$$

式中，$n$为规定的安全系数。

对于塑性材料制成的构件，除满足疲劳强度条件外，危险点上的最大应力不应超过屈服极限，即$\sigma_{max} = \sigma_m + \sigma_a \leqslant \sigma_s$，否则构件将由于屈服而发生塑性变形。在$\sigma_m - \sigma_a$坐标系中，$\sigma_m + \sigma_a = \sigma_s$是一条在横轴和纵轴上截距都为$\sigma_s$的直线，如图 3-19 中的直线$LJ$所示。为保证构件不发生屈服破坏，代表危险点应力的点必须落在直线$LJ$的下方。要使构件既不发生疲劳破坏，又不发生屈服破坏的区域是图 3-19 中折线$A_1KJ$与坐标轴所围成的区域。

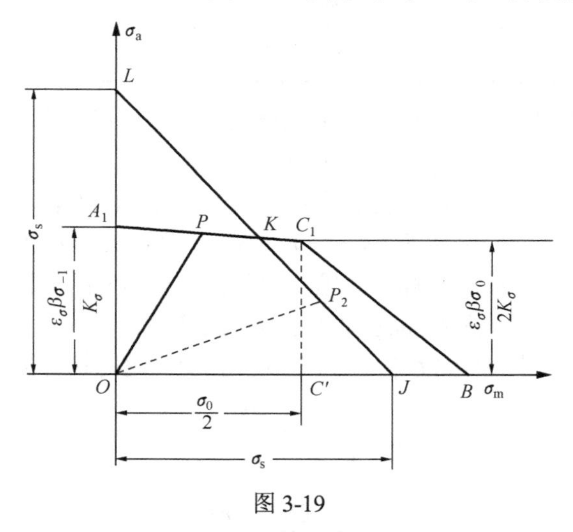


图 3-19

由构件工作应力循环特征$r$所确定的射线$OP$，若先与直线$A_1K$相交，则应按式(3-15)进行疲劳强度计算。若上述射线先与直线$KJ$相交(图 3-19 中的$OP_2$)，表示构件将以出现塑性变形的方式破坏。这时，工作安全系数$n_\sigma$应按下式计算：

$$n_\sigma = \frac{\sigma_s}{\sigma_{max}}$$

相应的强度条件为

$$n_\sigma = \frac{\sigma_s}{\sigma_{max}} = \frac{\sigma_s}{\sigma_m + \sigma_a} \geqslant n_s \tag{3-16}$$

式中，$n_s$为对塑性破坏规定的安全系数。

实验结果表明，对于一般塑性材料制成的构件，在 $r<0$ 的交变应力作用下，通常发生疲劳破坏，应按式(3-15)进行疲劳强度计算；在$r>0$的交变应力作用下，往往先出现明显的塑性变形，然后才发生疲劳破坏。这时控制构件强度的因素，一般是屈服极限而不是疲劳极限，应按式(3-16)进行屈服强度计算。这种情形不是固定不变的。随着构件或材料的具体条件不同，在$r>0$的情形，也可能在没有显著塑性变形时，构件已发生疲劳破坏。在$r$接近于零时，构件发生疲劳破坏或出现塑性变形都是可能的。

**例 3-3**　阶梯形圆轴如图 3-20 所示，粗细两段的直径分别为 $D=50\text{mm}$，$d=40\text{mm}$，过渡圆角半径$r=5\text{mm}$。材料是合金钢，强度极限$\sigma_b=900\,\text{MPa}$，屈服极限$\sigma_s=700\,\text{MPa}$，疲劳极限$\sigma_{-1}=400\,\text{MPa}$。承受交变弯矩作用，$M_{max}=0.5\text{kN}\cdot\text{m}$，$M_{min}=-0.2\text{kN}\cdot\text{m}$，规定安全系数$n=2$，$n_s=1.5$。试校核轴的疲劳强度。

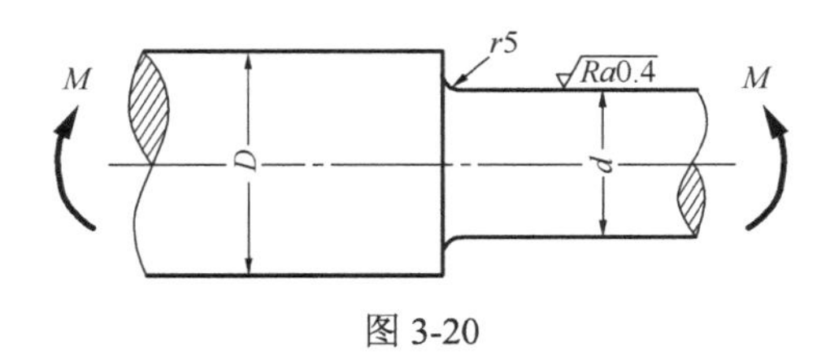


图 3-20

**解**　(1)确定各种因数。由已知条件可得

$$\frac{r}{d} = \frac{5}{40} = 0.125, \quad \frac{D}{d} = \frac{50}{40} = 1.25$$

查图 3-10(c)，得有效应力集中因数$K_\sigma$=1.58。从图 3-14 查尺寸因数$\varepsilon_\sigma$。由于图中没有$\sigma_b=900\text{MPa}$的曲线，需用内插法计算。对$d=40\text{mm}$，从图中查得$\sigma_b=500\text{MPa}$时，$\varepsilon_\sigma=0.84$；$\sigma_b=1200\text{MPa}$时，$\varepsilon_\sigma=0.73$，则$\sigma_b=900\text{MPa}$时，有

$$\varepsilon_\sigma = 0.73 + \frac{1200-900}{1200-500} \times (0.84-0.73) = 0.777$$

由图 3-15 查得表面质量因数$\beta=0.89$。由表 3-2 查得敏感因数$\psi_\sigma=0.10$。

(2)计算弯曲应力。由弯曲应力公式可算得

$$\sigma_{max} = \frac{M_{max}}{W} = \frac{32M_{max}}{\pi d^3} = \frac{32\times0.5\times10^3}{\pi\times40^3\times10^{-9}} = 79.6\times10^6(\text{Pa}) = 79.6(\text{MPa})$$

$$\sigma_{min} = \frac{M_{min}}{W} = \frac{32M_{min}}{\pi d^3} = \frac{32\times(-0.2\times10^3)}{\pi\times40^3\times10^{-9}} = -31.8\times10^6(\text{Pa}) = -31.8(\text{MPa})$$

$$\sigma_a = \frac{1}{2}(\sigma_{max} - \sigma_{min}) = \frac{1}{2} \times (79.6 + 31.8) = 55.7(\text{MPa})$$

$$\sigma_m = \frac{1}{2}(\sigma_{max} + \sigma_{min}) = \frac{1}{2} \times (79.6 - 31.8) = 23.9(\text{MPa})$$

(3) 进行强度校核。由式(3-1)可知交变应力的应力比：

$$r = \frac{\sigma_{min}}{\sigma_{max}} = \frac{-31.8}{79.6} = -0.40 < 0$$

故选择式(3-15)进行疲劳强度计算。将各因数代入式(3-15)，得

$$n_\sigma = \frac{\sigma_{-1}}{\dfrac{K_\sigma}{\varepsilon_\sigma \beta}\sigma_a + \psi_\sigma \sigma_m} = \frac{400}{\dfrac{1.58}{0.777 \times 0.89} \times 55.7 + 0.10 \times 23.9} = 3.09 > n$$

故该轴的疲劳强度满足要求。

## 3.6　弯扭组合作用下构件的疲劳强度计算

弯曲和扭转组合的交变应力在工程中最常见，一般传动轴工作时，就属于这种情形。

在静载荷下，按照第四强度理论，塑性条件为

$$\sqrt{\frac{1}{2}[(\sigma_1 - \sigma_2)^2 + (\sigma_2 - \sigma_3)^2 + (\sigma_3 - \sigma_1)^2]} = \sigma_s \tag{a}$$

因弯扭组合变形下(《材料力学(Ⅰ)》中 10.4 节)，一点处的三个主应力分别为

$$\sigma_1 = \frac{\sigma}{2} + \frac{1}{2}\sqrt{\sigma^2 + 4\tau^2},\quad \sigma_2 = 0,\quad \sigma_3 = \frac{\sigma}{2} - \frac{1}{2}\sqrt{\sigma^2 + 4\tau^2} \tag{b}$$

将式(b)代入式(a)，经整理后得出静载弯扭组合变形下的塑性条件为

$$\sqrt{\sigma^2 + 3\tau^2} = \sigma_s \tag{c}$$

式(c)可改写为

$$\sqrt{\left(\frac{\sigma}{\sigma_s}\right)^2 + \left(\frac{\tau}{\dfrac{\sigma_s}{\sqrt{3}}}\right)^2} = 1 \tag{d}$$

按照第四强度理论，拉伸屈服极限和剪切屈服极限之间的关系为 $\tau_s = \dfrac{\sigma_s}{\sqrt{3}}$。静载下弯扭组合的塑性条件可写成

$$\left(\frac{\sigma}{\sigma_s}\right)^2 + \left(\frac{\tau}{\tau_s}\right)^2 = 1 \tag{e}$$

对于在弯扭组合交变应力下工作的构件，有资料表明，其破坏条件也可写成式(e)的形式，即

$$\left(\frac{\sigma_r'}{\sigma_r^*}\right)^2 + \left(\frac{\tau_r'}{\tau_r^*}\right)^2 = 1 \tag{f}$$

式中，$\sigma_r^*$和$\tau_r^*$分别为构件在某个循环特征$r$时的疲劳极限；$\sigma_r'$和$\tau_r'$分别为某个循环特征$r$时，弯扭组合交变应力中构件疲劳极限的弯曲正应力部分和扭转切应力部分。

假定随着构件所受载荷的增加，工作应力中弯曲正应力和扭转切应力之间的比值不变，即

$$\frac{\sigma_{\max}}{\tau_{\max}}=\frac{\sigma_r'}{\tau_r'}$$

构件的工作安全系数可由式(g)确定，即

$$n=\frac{\sigma_r'}{\sigma_{\max}}=\frac{\tau_r'}{\tau_{\max}} \tag{g}$$

将式(g)代入式(f)，得

$$\left(\frac{n\sigma_{\max}}{\sigma_r^*}\right)^2+\left(\frac{n\tau_{\max}}{\tau_r^*}\right)^2=1$$

由式(3-13)关于构件工作安全系数$n_\sigma$的定义类比$n_\tau$，可得

$$\left(\frac{n}{n_\sigma}\right)^2+\left(\frac{n}{n_\tau}\right)^2=1$$

相应的强度条件为

$$\left(\frac{n}{n_\sigma}\right)^2+\left(\frac{n}{n_\tau}\right)^2\leqslant 1 \tag{h}$$

式(h)可容易地改写为

$$\frac{n_\sigma n_\tau}{\sqrt{n_\sigma^2+n_\tau^2}}\geqslant n$$

令

$$n_{\sigma\tau}=\frac{n_\sigma n_\tau}{\sqrt{n_\sigma^2+n_\tau^2}} \tag{3-17}$$

在弯扭组合变形条件下，构件的疲劳强度用式(3-18)进行校核。

$$n_{\sigma\tau}=\frac{n_\sigma n_\tau}{\sqrt{n_\sigma^2+n_\tau^2}}\geqslant n \tag{3-18}$$

式中，$n_{\sigma\tau}$为弯扭组合交变应力下构件的工作安全系数；构件弯曲的工作安全系数$n_\sigma$可按式(3-14)或式(3-16)计算；而构件扭转的工作安全系数$n_\tau$仅需将式(3-14)或式(3-16)中正应力$\sigma$换成切应力$\tau$即可计算。

**例3-4**　阶梯轴的尺寸如图3-21所示。材料为合金钢，强度极限$\sigma_b=900\text{MPa}$，屈服极限$\sigma_s=700\text{MPa}$，$\tau_s=404\text{MPa}$，疲劳极限$\sigma_{-1}=410\text{MPa}$，$\tau_{-1}=240\text{MPa}$。作用于轴上的弯矩在$M_{\max}=1.5\text{kN}\cdot\text{m}$和$M_{\min}=-0.3\text{kN}\cdot\text{m}$之间变化；扭矩在$T_{\max}=1.5\text{kN}\cdot\text{m}$和$T_{\min}=0$之间变化，规定安全系数$n$=2。试校核轴的疲劳强度。

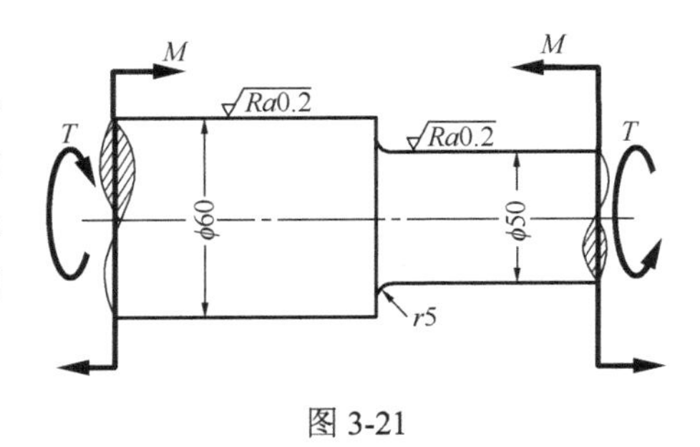

图3-21

**解**　(1)确定各种因数。由图3-21中尺寸可得

$$\frac{r}{d}=\frac{5}{50}=0.1,\quad \frac{D}{d}=\frac{60}{50}=1.2$$

由图 3-10(b)查得有效应力集中因数$K_{\sigma}$=1.55，由图 3-11(b)查得$K_{\tau}=1.24$。由图 3-14 查得尺寸因数，当强度极限$\sigma_{\mathrm{b}}=500\mathrm{MPa}$时，$\varepsilon_{\sigma}=0.8$；$\sigma_{\mathrm{b}}=1200\mathrm{MPa}$时，$\varepsilon_{\sigma}=0.71$。由内插法得尺寸因数为

$$\varepsilon_{\sigma}=0.71+\frac{1200-900}{1200-500}\times(0.8-0.71)=0.749$$

同时还可查得$\varepsilon_{\tau}=0.82$。由图 3-15 查得表面质量因数 $\beta$=1。由表 3-2 中查得敏感因数$\psi_{\sigma}=0.10$，$\psi_{\tau}=0.05$。

(2)计算工作应力。由弯曲和扭转时弯曲正应力和扭转切应力公式可得

$$\sigma_{\max}=\frac{M_{\max}}{W}=\frac{32M_{\max}}{\pi d^{3}}=\frac{32\times1.5\times10^{3}}{\pi\times50^{3}\times10^{-9}}=1.222\times10^{8}(\mathrm{Pa})=122.2(\mathrm{MPa})$$

$$\sigma_{\min}=\frac{M_{\min}}{W}=\frac{32M_{\min}}{\pi d^{3}}=\frac{32\times(-0.3)\times10^{3}}{\pi\times50^{3}\times10^{-9}}=-2.44\times10^{7}(\mathrm{Pa})=-24.4(\mathrm{MPa})$$

$$\tau_{\max}=\frac{T_{\max}}{W_{\mathrm{p}}}=\frac{16M_{\max}}{\pi d^{3}}=\frac{16\times1.5\times10^{3}}{\pi\times50^{3}\times10^{-9}}=6.11\times10^{7}(\mathrm{Pa})=61.1(\mathrm{MPa})$$

$$\tau_{\min}=\frac{T_{\min}}{W_{\mathrm{p}}}=0$$

由式(3-2)和式(3-3)得

$$\sigma_{\mathrm{a}}=\frac{1}{2}(\sigma_{\max}-\sigma_{\min})=\frac{1}{2}\times(122.2+24.4)=73.3(\mathrm{MPa})$$

$$\sigma_{\mathrm{m}}=\frac{1}{2}(\sigma_{\min}+\sigma_{\min})=\frac{1}{2}\times(122.2-24.4)=48.9(\mathrm{MPa})$$

$$\tau_{\mathrm{a}}=\tau_{\mathrm{m}}=\frac{1}{2}\tau_{\max}=\frac{1}{2}\times61.1=30.6(\mathrm{MPa})$$

(3)计算安全系数$n_{\sigma}$和$n_{\tau}$。由式(3-14)和式(3-16)可分别算得

$$n_{\sigma_1}=\frac{\sigma_{-1}}{\dfrac{K_{\sigma}}{\varepsilon_{\sigma}\beta}\sigma_{\mathrm{a}}+\psi_{\sigma}\sigma_{\mathrm{m}}}=\frac{410}{\dfrac{1.55}{0.749\times1}\times73.3+0.10\times48.9}=2.62$$

$$n_{\sigma_2}=\frac{\sigma_{s}}{\sigma_{\max}}=\frac{700}{122.2}=5.73$$

$$n_{\tau_1}=\frac{\tau_{-1}}{\dfrac{K_{\tau}}{\varepsilon_{\tau}\beta}\tau_{\mathrm{a}}+\psi_{\tau}\tau_{\mathrm{m}}}=\frac{240}{\dfrac{1.24}{0.82\times1}\times30.6+0.05\times30.6}=5.03$$

$$n_{\tau_2}=\frac{\tau_{\mathrm{s}}}{\tau_{\max}}=\frac{402}{61.1}=6.61$$

(4)进行强度校核。在上面算出的$n_{\sigma}$和$n_{\tau}$中分别取小值，代入式(3-18)，得

$$n_{\sigma\tau}=\frac{n_\sigma n_\tau}{\sqrt{n_\sigma^2+n_\tau^2}}=\frac{2.62\times5.03}{\sqrt{2.62^2+5.03^2}}=2.32>n$$

该轴满足疲劳强度条件。

## 3.7　抗疲劳设计

在交变载荷作用时，构件所受到的应力即使远低于屈服极限，也可能发生断裂破坏。为了保证结构的安全运行，需要对结构进行抗疲劳设计。

抗疲劳设计方法主要有**安全寿命设计方法**和**损伤容限设计方法**等。安全寿命设计方法要求结构件在一定使用周期内不发生疲劳破坏。设计参数主要为疲劳强度或安全系数，在3.5和3.6节中确定构件的疲劳强度的计算流程就是安全寿命设计中的基本方法。

损伤容限概念是在保证足够强度和刚度的条件下，允许结构件中含有一定大小的裂纹或有一定损伤。损伤容限设计主要应用于航空航天工业中。在飞行器结构设计中，既要减轻结构物的重量，又要提高飞行器的安全性和经济性，因而要解决这类矛盾只有依靠合理的设计。

损伤容限设计方法是把结构看成含有裂纹的完整结构，在疲劳载荷作用下，结构内的裂纹开始扩展，最终达到临界尺寸而失效。下面就损伤容限设计中的几个主要概念进行简要介绍。

### 3.7.1　裂纹扩展速率

由于认为失效是由裂纹扩展引起的，因而确定裂纹扩展速率是非常重要的工作。大量的实验结果指出，应力强度因子幅度$\Delta K$是控制裂纹扩展速率的一个主要参量。设交变载荷的循环次数为$N$，裂纹尺寸为$a$，每次应力循环中，应力强度因子幅度为

$$\Delta K=K_{\max}=F^*(\sigma_{\max}-\sigma_{\min})(\pi a)^{\frac{1}{2}}$$

式中，$\sigma_{\max}$、$\sigma_{\min}$分别为本次循环中的最大应力和最小应力；$F^*$为与试件几何尺寸有关的量。

每次循环中裂纹扩展的增量为$\frac{\mathrm{d}a}{\mathrm{d}N}$，称为裂纹扩展速率。帕瑞斯(Paris)分析了大量的实验结果，给出了裂纹扩展速率的经验公式：

$$\frac{\mathrm{d}a}{\mathrm{d}N}=C(\Delta K)^m \tag{3-19}$$

式中，$C$、$m$分别为与材料有关的常数。一般金属材料的$m$为2～7，大多数取2～4。

影响裂纹扩展速率的主要因素有如下几种。

(1)应力比。应力比是交变应力中的应力最小值和最大值之比，即交变应力的循环特征$r$，应力比的影响与材料的断裂机理有关。

(2)残余应力。残余拉应力增加裂纹扩展速率；相反，残余压应力降低裂纹扩展速率。因此表面热处理、表面强化能有效地降低疲劳裂纹扩展速率。

(3)加载频率。在较低裂纹扩展速率时，加载频率的影响较小；而在较高裂纹扩展速率时，加载频率降低，裂纹扩展速率反而增大。

(4)腐蚀环境。腐蚀介质促使裂纹扩展速率加快，缩短使用寿命。

### 3.7.2 疲劳寿命估算

设裂纹尖端的应力强度因子为

$$K = F^{*}\sigma(\pi a)^{\frac{1}{2}} \tag{3-20}$$

式中，$\sigma$ 为名义应力；$F^{*}$为几何形状因子。

在交变应力作用下，应力强度因子幅度为

$$\Delta K = F^{*}\Delta\sigma(\pi a)^{\frac{1}{2}} \tag{3-21}$$

由式(3-19)得

$$\mathrm{d}N = \frac{\mathrm{d}a}{C(\Delta K)^{m}}$$

积分上式，得

$$N = \int_{a_{\mathrm{i}}}^{a_{\mathrm{c}}} \frac{\mathrm{d}a}{C(\Delta K)^{m}} = \int_{a_{\mathrm{i}}}^{a_{\mathrm{c}}} \frac{\mathrm{d}a}{C\left[F^{*}\Delta\sigma(\pi a)^{\frac{1}{2}}\right]^{m}} = \frac{2}{C(m-2)\pi^{\frac{m}{2}}(F^{*}\Delta\sigma)^{m}}\left(\frac{1}{a_{\mathrm{i}}^{\frac{m}{2}-1}} - \frac{1}{a_{\mathrm{c}}^{\frac{m}{2}-1}}\right), \quad m\neq 2 \tag{3-22a}$$

$$N = \frac{1}{C(F^{*}\Delta\sigma\sqrt{\pi})^{m}}\ln\left(\frac{a_{\mathrm{c}}}{a_{\mathrm{i}}}\right), \quad m=2 \tag{3-22b}$$

式中，$a_{\mathrm{i}}$为初始裂纹长度；$a_{\mathrm{c}}$为临界裂纹长度。

若知道含裂纹构件的裂纹长度，就可以计算出含裂纹构件的剩余疲劳寿命。

### 3.7.3 结构件检修周期

结构件中的裂纹分为可检测裂纹和不可检测裂纹。由于受检测技术限制，裂纹尺寸小于一定程度就不易检测了。设 $a_{\mathrm{i}}$ 为初始裂纹长度，$a_{\mathrm{d}}$ 为可检测裂纹长度，$a_{\mathrm{c}}$ 为临界裂纹长度，$a_{\mathrm{i}}$ 可由疲劳寿命推算出来。在 $a_{\mathrm{d}}$ 到 $a_{\mathrm{c}}$ 范围内裂纹是可检测的，假定循环频率为 $f$，裂纹可检测时间为

$$(\Delta t)_{\max} = f\int_{a_{\mathrm{d}}}^{a_{\mathrm{c}}} \frac{\mathrm{d}a}{C(\Delta K)^{m}} = \frac{2f}{C(m-2)\pi^{\frac{m}{2}}F^{*}(\Delta\sigma)^{m}}\left(\frac{1}{a_{\mathrm{d}}^{\frac{m}{2}-1}} - \frac{1}{a_{\mathrm{c}}^{\frac{m}{2}-1}}\right), \quad m\neq 2 \tag{3-23a}$$

$$(\Delta t)_{\max} = f\int_{a_{\mathrm{d}}}^{a_{\mathrm{c}}} \frac{\mathrm{d}a}{C(\Delta K)^{m}} = \frac{f}{C(F^{*}\Delta\sigma\sqrt{\pi})^{m}}\ln\left(\frac{a_{\mathrm{c}}}{a_{\mathrm{d}}}\right), \quad m=2 \tag{3-23b}$$

在 $(\Delta t)_{\max}$ 时间内检测裂纹的大小，以确定结构件是修理还是更换。

## 3.8 提高构件疲劳强度的措施

疲劳破坏是由裂纹扩展引起的，裂纹主要在构件应力集中的部位和构件表面。提高构件的疲劳强度应从减缓应力集中、提高表面质量等方面入手。

### 3.8.1 减缓应力集中

应力集中是疲劳破坏的主要原因。为了提高构件的疲劳强度，应尽可能地消除或减缓应力集中。在设计构件的外形时，应避免出现方形或带有尖角的孔和槽。在截面尺寸突然改变处(如阶梯轴的轴肩)，要采用半径足够大的过渡圆角，以减小应力集中。

采用平滑过渡来减小应力集中，可借助比拟流体运动的“流线”概念加以说明。图3-22(a)为一带有半圆形缺口的受拉板条，若将板条的侧边视为管道边界，则当流体通过时，在缺口附近的流线将产生显著的密集现象，表示该处应力集中严重。若在缺口左右切割较小的半圆形“卸荷槽”(图3-22(b))，则流线的变化趋于缓和，表示该处的应力集中大大降低。减少应力集中的方法如图3-22(c)～(e)所示。

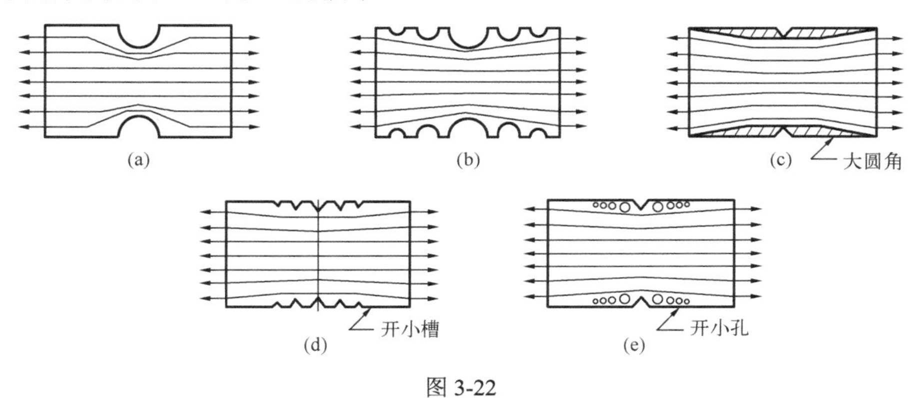


图3-22

除加大半径来降低应力集中外，也可采用缺荷槽(图3-23(a))或退刀槽(图3-23(b))实现应力平缓过渡。在同样的工作条件下，其寿命可大为增加。在可能的条件下，截面的变化处要有一定的过渡圆角(图3-23(c))。有时为加大过渡的圆角半径，可采用间隔环(图3-23(d))。

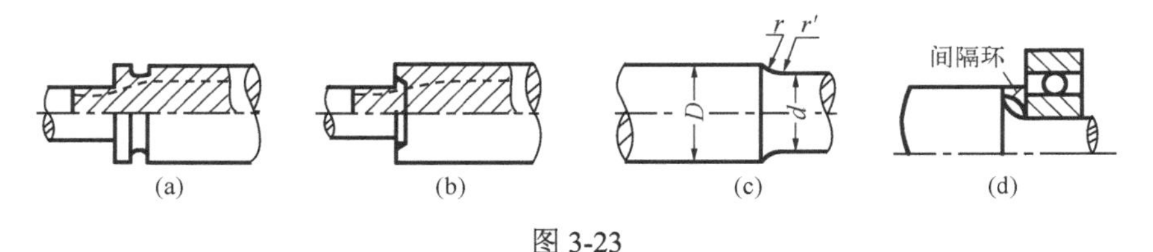


图3-23

在机械中紧配合的轮毂和轴的配合面边缘处，有明显的应力集中，可在轮上开减荷槽(图3-24(a))或采用图3-24(b)所示的方式，将配合部分加粗，并引入圆角过渡。通过缩小轮毂和轴之间的刚度差距，可改善配合面边缘处应力集中的程度。

选择焊接结构或接头形式时，也要注意避免急剧过渡。采用图3-25(a)所示的坡口焊接，应力集中程度要比无坡口焊接(图3-25(b))低很多。

强度越高的钢对应力集中的敏感性越大。因此，对高强度钢(尤其是合金钢)更要注意降低应力集中的影响。焊接工艺中的缺陷，如夹渣、气孔、裂缝以及未焊透等都将引起应力集中，也是必须避免的。

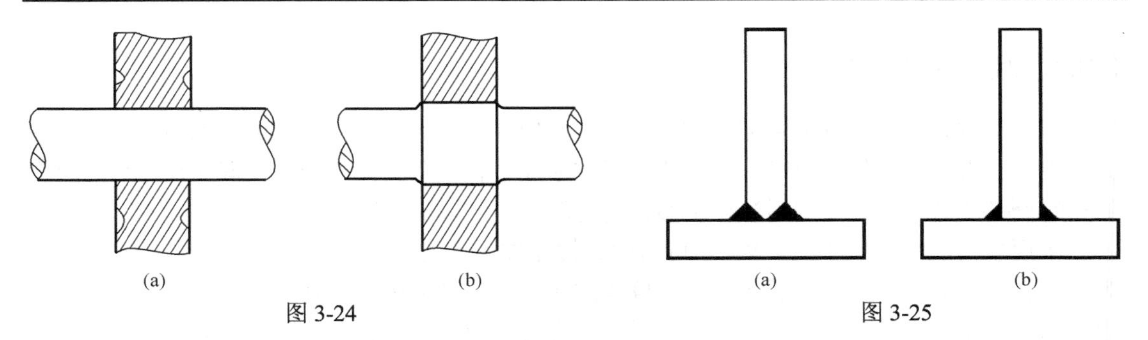


图 3-24　　图 3-25

## 3.8.2　降低表面粗糙度

构件表层的应力一般比较大，例如，杆件受弯或受扭时，最大应力都发生在杆表层。构件表面的刀痕或损伤又将引起应力集中，容易形成疲劳裂纹。所以构件表面加工质量对疲劳强度的影响很大。疲劳强度要求较高的构件，应有较低的表面粗糙度。高强度钢对表面粗糙度更为敏感。只有经过精加工，才有利于发挥它的高强度性能。在使用中也应尽量避免使构件表面受到机械损伤(如划伤、刻印等)或化学损伤(如腐蚀、生锈等)。

## 3.8.3　增加表层强度

为了强化构件的表层，可采用热处理和化学处理，如表面高频淬火、渗碳、氮化和氰化等。对表面层用滚压、喷丸(用高速小球冲打构件表面)等方法，可使构件的疲劳极限提高。这些方法的共同特点是使构件表层产生残余压应力，降低表面的作用应力 $\sigma_{\max}$ ，减小出现表面微裂纹的机会，使得裂纹萌生在次表面，以达到提高疲劳极限的目的。但使用这些方法时，要严格控制工艺过程，否则表面将产生微裂纹，反而降低疲劳极限。

# 思　考　题

3.1　何谓交变载荷、交变应力、对称循环？试举一个对称循环的弯曲交变应力作用下的构件实例。

3.2　疲劳失效有哪些特点？试解释疲劳失效的过程。

3.3　何谓材料的持久极限，它与构件的持久极限有何区别？试以对称循环弯曲疲劳实验为例，说明如何测定材料的持久极限。

3.4　影响构件持久极限的因素有哪些？应该采用哪些措施来提高构件的持久极限？

3.5　受 $F$ 力作用的旋转圆轴如图所示，需在轴表面上打钢印。考虑圆轴受交变应力的特点，应将钢印打在哪段上？

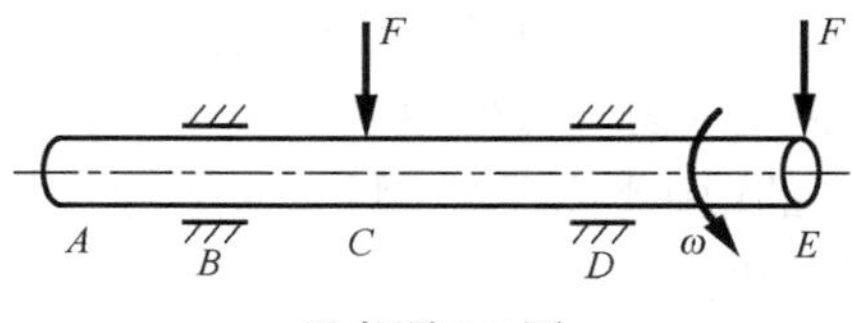


思考题 3.5 图

3.6　材料的持久极限曲线如图所示，$\sigma_m$-$\sigma_a$ 坐标平面上的哪些点与 $e$ 点具有相同的循环特征？并说明 $f$、$g$、$e$、$b$ 及 $h$ 各点的含义。

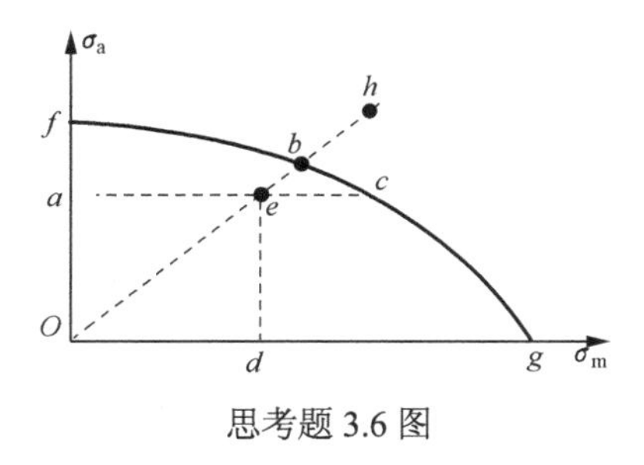


思考题 3.6 图

3.7　同一材料在相同的变形形式中，当循环特征 $r$ 为何值时，其持久极限最低？

3.8　在交变载荷作用下，在图(a)所示板条上的切口附近钻上大小不同的小孔，如思考题 3-8(b)图所示，则其持久极限将会降低还是提高？为什么？

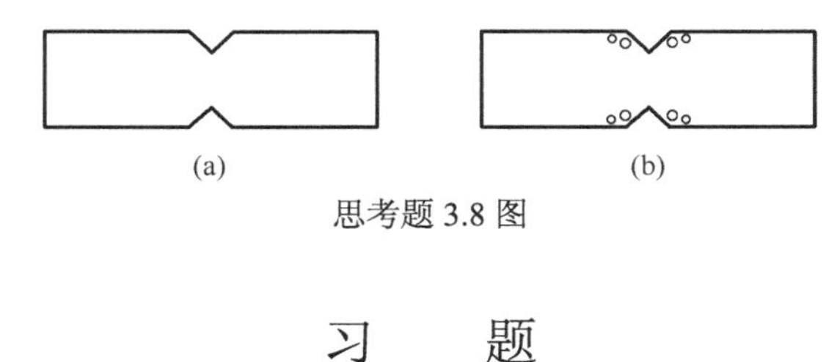


思考题 3.8 图

# 习　　题

3-1　试计算图示各交变应力的循环特征。

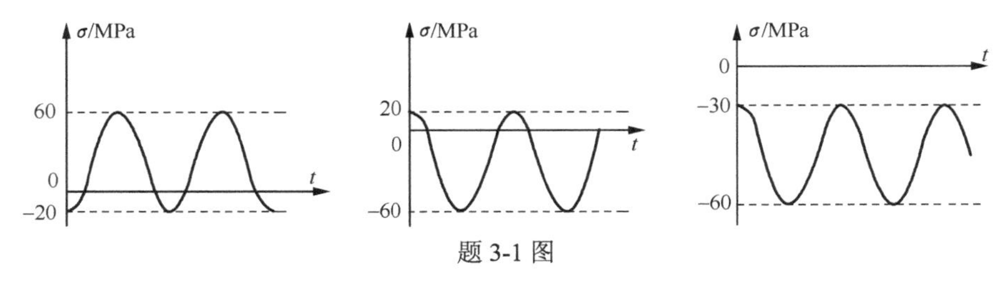


题 3-1 图

3-2　如图所示，1、2 两杆截面相等，$AD$ 为刚性梁，重物 $W = 50\text{kN}$，且在 $BC$ 间做往复运动，试求杆 1、2 的循环特征。

3-3　如图所示，疲劳试件由钢材制成，强度极限 $\sigma_b = 600\text{MPa}$，实验时承受对称循环弯曲载荷作用，试确定夹持部位的有效应力集中因数。

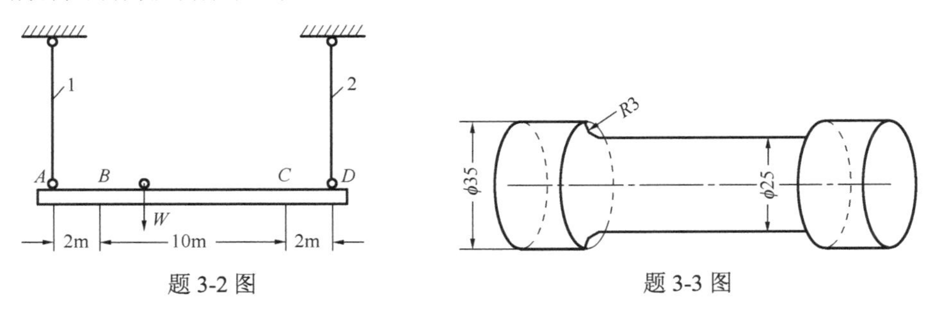


题 3-2 图　　　　题 3-3 图

3-4　题 3-3 中试件若承受对称循环的扭矩作用，试确定其有效应力集中因数。

3-5　钢轴如图所示，承受对称循环弯曲应力作用，钢轴分别由合金钢和碳钢制成，合金钢的 $\sigma_b = 1200\text{MPa}$，$\sigma_{-1} = 480\text{MPa}$，碳钢的 $\sigma_b = 700\text{MPa}$，$\sigma_{-1} = 280\text{MPa}$，它们都经粗车制成。设安全系数 $n = 2$，试分析计算各钢轴的许用应力 $[\sigma_{-1}]$，并进行比较。

3-6　如图所示，旋转碳钢轴上作用一不变的弯矩 $M = 1\text{kN}$，已知材料的强度极限 $\sigma_b = 600\text{MPa}$，$\sigma_{-1} = 250\text{MPa}$，试求轴的工作安全系数。

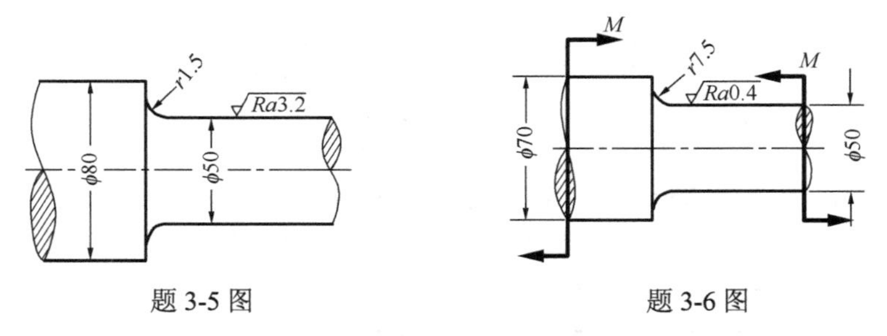


题 3-5 图　　　　题 3-6 图

3-7　如图所示，碳钢车轴的载荷 $F = 40\text{kN}$，外伸部分为磨削加工，材料的强度极限 $\sigma_b = 600\text{MPa}$，疲劳极限 $\sigma_{-1} = 250\text{MPa}$。若规定安全系数 $n = 2$，试问此轴是否安全？

3-8　旋转圆截面钢梁承受载荷，如图所示。材料的强度极限 $\sigma_b = 530\text{MPa}$，屈服极限 $\sigma_s = 320\text{MPa}$，疲劳极限 $\sigma_{-1} = 250\text{MPa}$。若规定安全系数 $n = 3$。试求许可载荷 $F$。

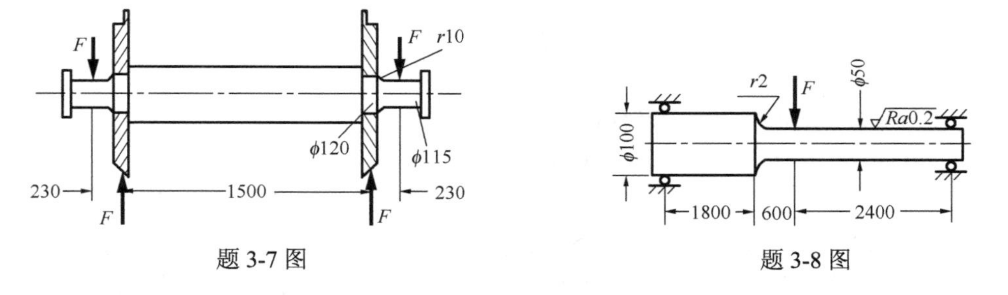


题 3-7 图　　　　题 3-8 图

3-9　如图所示，卷扬机阶梯轴的某段安装一滚珠轴承。因滚珠轴承内座圈上圆角半径很小，若装配时不用定距环，则轴上的圆角半径为 $r_1 = 1\text{mm}$，若增加一定距环，则轴上的圆角半径可增加为 $r_2 = 5\text{mm}$。已知材料为 45 号钢，强度极限 $\sigma_b = 520\text{MPa}$，疲劳极限 $\sigma_{-1} = 220\text{MPa}$，表面质量因数 $\beta = 1$，规定安全系数 $n = 1.7$。试比较轴在 (a)、(b) 两种情况下的对称循环许可弯矩 $[M]$。

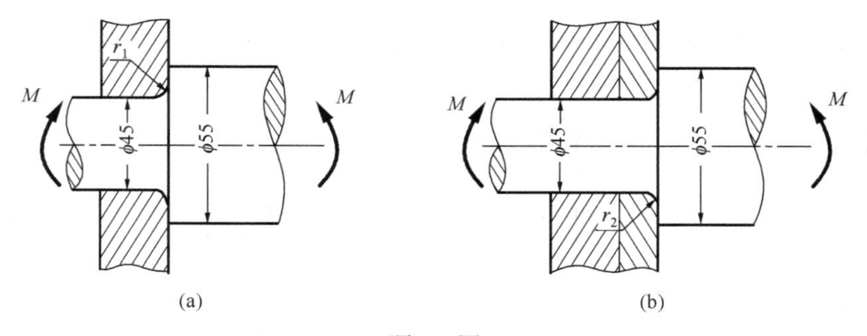


题 3-9 图

3-10　如图所示，重物通过轴承对截面光滑圆轴(磨削加工)作用一铅垂力 $W = 4\text{kN}$，而轴在 $\pm 45°$ 范围内摆动，已知材料为碳钢，强度极限 $\sigma_b = 500\text{MPa}$，疲劳极限 $\sigma_{-1} = 250\text{MPa}$，屈服极限 $\sigma_s = 320\text{MPa}$，敏感因数 $\psi_\sigma = 0.05$。试求危险截面 1、2、3、4 各点的应力循环特征及工作安全系数。

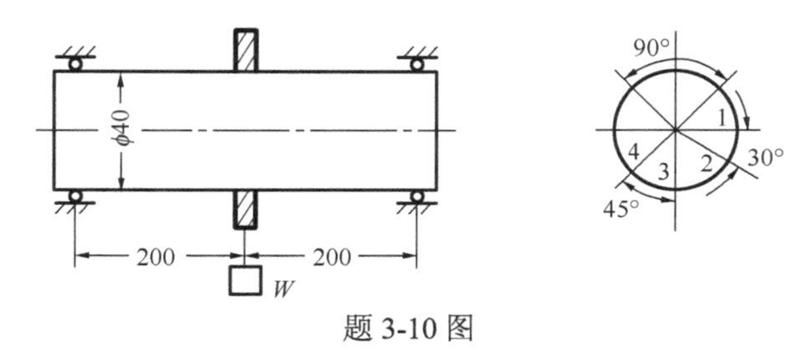


题 3-10 图

3-11　如图所示，阶梯圆轴承受变动扭矩作用。已知轴的工作安全系数为 2，最大扭矩和最小扭矩之比为 4，轴的材料为碳钢，强度极限为 $\sigma_b = 700\text{MPa}$，$\tau_s = 240\text{MPa}$，疲劳极限 $\tau_{-1} = 180\text{MPa}$，表面质量因数 $\beta = 0.8$。试求最大及最小扭矩的许可值。

3-12　如图所示，圆杆表面未经加工，且因径向圆孔而削弱。杆受到由 0 到 $F_{max}$ 变化的交变轴向应力作用。已知材料为普通碳钢，强度极限 $\sigma_b = 600\text{MPa}$，屈服极限 $\sigma_s = 340\text{MPa}$。疲劳极限 $\sigma_{-1} = 200\text{MPa}$，取敏感因数 $\psi_\sigma = 0.1$。规定安全系数 $n = 1.7$，试求最大载荷 $F_{max}$。

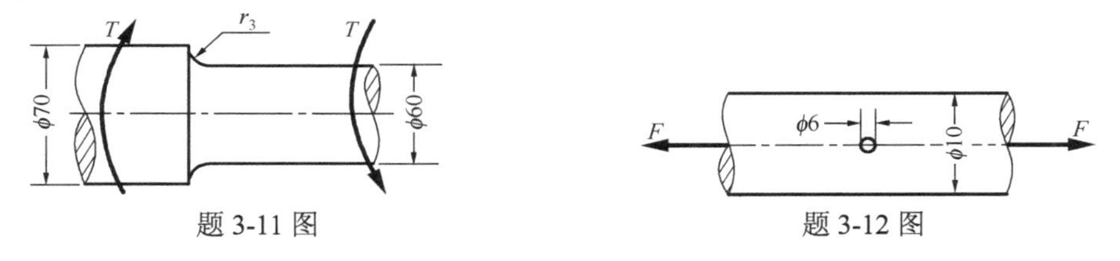


题 3-11 图　　　　题 3-12 图

3-13　试求飞机发动机的圆柱形气阀弹簧的工作安全系数。已知弹簧的平均直径 $D = 43.8\text{mm}$，弹簧丝的直径 $d = 4.2\text{mm}$，当气阀全部开放时弹簧所受的力 $F_{max} = 270\text{N}$，气阀关闭时 $F_{max} = 171\text{N}$。材料的强度极限分别为 $\sigma_b = 1700\text{MPa}$，$\tau_s = 900\text{MPa}$，疲劳极限 $\tau_{-1} = 500\text{MPa}$，取敏感因数 $\psi_\sigma = 0.1$，表面质量因数 $\beta = 1$。

3-14　阶梯圆轴如图所示，受到交变弯矩和交变扭矩的联合作用。弯矩从 $200\ \text{N}\cdot\text{m}$ 变化到 $-200\ \text{N}\cdot\text{m}$，扭矩从 $500\ \text{N}\cdot\text{m}$ 变化到 $250\ \text{N}\cdot\text{m}$，二者相位相同。轴的材料为碳钢，强度极限分别为 $\sigma_b = 500\text{MPa}$，$\tau_b = 350\text{MPa}$；屈服极限分别为 $\tau_s = 180\text{MPa}$，$\sigma_s = 300\text{MPa}$；疲劳极限分别为 $\tau_{-1} = 120\text{MPa}$，$\sigma_{-1} = 220\text{MPa}$，轴表面经磨削加工，$D = 50\text{mm}$，$d = 40\text{mm}$，$r = 2\text{mm}$，$n = 1.8$，$n_s = 1.5$，试校核该轴的疲劳强度。

3-15　如图所示，电动机直径 $d = 30\text{mm}$，轴上开有端铣加工的键槽，轴的材料是合金钢，强度极限分别为 $\sigma_b = 750\text{MPa}$，$\tau_b = 400\text{MPa}$；屈服极限 $\tau_s = 260\text{MPa}$，疲劳极限 $\tau_{-1} = 190\text{MPa}$。轴在 $n = 755\text{r/min}$ 的转速下传递的功率 $P_k = 14\text{kW}$。该轴时而工作，时而停止，但无反向旋转。轴表面经磨削加工，若规定安全系数 $n = 2$，$n_s = 1.5$。试校核该轴的强度。

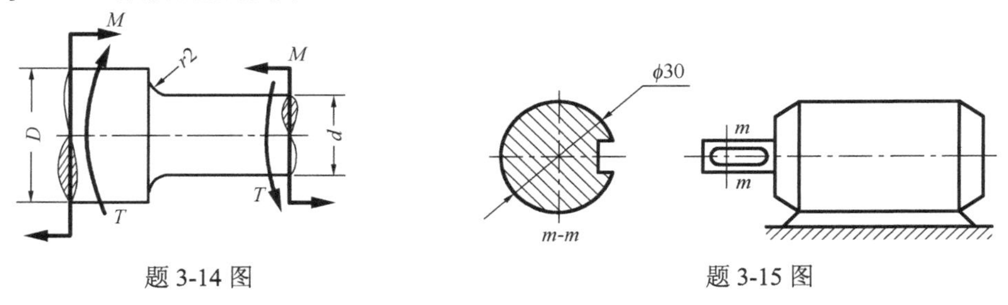


题 3-14 图　　　　题 3-15 图

3-16　如图所示，飞机发动机的活塞销经磨削加工，承受左右对称载荷，$q$ 在 $\frac{52}{5.08}$kN/cm 与 $-\frac{11.5}{5.08}$kN/cm 之间变化，已知材料为合金钢，强度极限 $\sigma_b = 1000$MPa，疲劳极限 $\sigma_{-1} = 450$MPa，$\psi_\sigma = 0.15$。若可不考虑截面变化，且其尺寸系数与实心轴相同，试求工作安全系数。

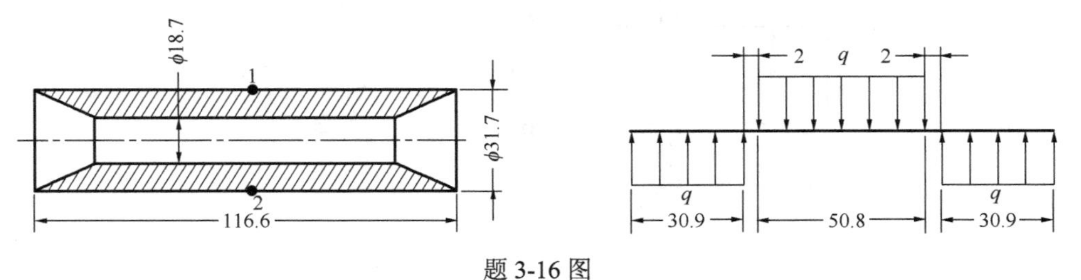


题 3-16 图

3-17　构件由某合金钢制成，已知疲劳极限 $\sigma_{-1} = 450$MPa，$\sigma_0 = 782.6$MPa，强度极限 $\sigma_b = 1000$MPa，屈服极限 $\sigma_s = 600$MPa，要求：(1) 画出疲劳极限的简化折线；(2) 该构件危险点的 $\sigma_{max} = 380.4$MPa，$\sigma_{min} = -219.6$MPa，试在曲线所在坐标平面内标出危险点与相应疲劳极限临界点的坐标位置；(3) 若主要影响系数 $\varepsilon_\sigma \beta / K_\sigma = 0.88$，试给出工作安全系数，并说明构件可能会以何种形式(疲劳或屈服)失效。

# 第 4 章　扭转及弯曲问题的进一步研究*

重点及难点

在《材料力学（Ⅰ）》第 4～7 章关于扭转及弯曲问题的讨论中，主要讨论等直杆件的实体轴和梁。然而，在实际工程结构中为了减轻结构的重量，经常采用各种轧制型钢，如工字钢、槽钢及薄壁管状杆件等。这类杆件的壁厚远小于杆件的其他尺寸，称为**薄壁杆件**。由于结构形式或强度的需要，还要使用曲杆及组合梁等。

本章对薄壁杆件的扭转和弯曲、曲杆及组合的梁弯曲应力、梁弯曲变形等问题进行进一步的分析和讨论。

## 4.1　薄壁杆件的自由扭转

薄壁杆件横截面厚度的平分线称为**截面中线**，若截面中线是一条不封闭的折线或曲线，称为**开口薄壁杆件**。若截面中线是一条封闭的折线或曲线，称为**闭口薄壁杆件**。这里仅讨论开口和闭口薄壁杆件自由扭转时横截面上的切应力。

### 4.1.1　开口薄壁杆件

对于如图 4-1 所示的开口薄壁杆件，可将横截面看作由若干个狭长矩形所组成。在自由扭转时可假设：杆件变形后，横截面虽然变成了曲面，但在其变形前平面上的投影只做刚性平面转动。因此，整个横截面和组成横截面的各部分的转角都相等。若以 $\varphi$ 表示整个截面的转角，$\varphi_1,\varphi_2,\cdots,\varphi_i,\cdots$ 分别代表各组成部分的转角，则

$$\varphi=\varphi_1=\varphi_2=\cdots=\varphi_i=\cdots$$

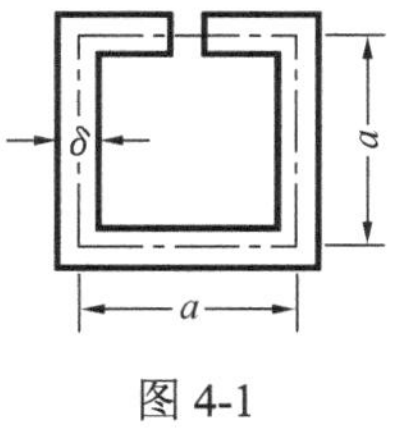

若以 $T$ 代表整个横截面上的扭矩，$T_1,T_2,\cdots,T_i,\cdots$ 分别表示截面各组成部分上的扭矩，则整个截面上扭矩的总和为

$$T=T_1+T_2+\cdots+T_i+\cdots=\sum T_i$$

图 4-1

由《材料力学（Ⅰ）》中式(4-34)，有

$$\varphi_1=\frac{T_1 l}{G\dfrac{1}{3}h_1\delta_1^3},\quad \varphi_2=\frac{T_2 l}{G\dfrac{1}{3}h_2\delta_2^3},\quad \cdots,\quad \varphi_i=\frac{T_i l}{G\dfrac{1}{3}h_i\delta_i^3},\cdots$$

得到

$$T=T_1+T_2+\cdots+T_i+\cdots=\varphi\frac{G}{l}\left(\frac{1}{3}h_1\delta_1^3+\frac{1}{3}h_2\delta_2^3+\cdots+\frac{1}{3}h_i\delta_i^3+\cdots\right)=\varphi\frac{G}{l}\sum\frac{1}{3}h_i\delta_i^3$$

记

$$I_{\mathrm{n}}=\sum\frac{1}{3}h_i\delta_i^3 \tag{4-1}$$

则

$$\varphi=\frac{Tl}{GI_{\mathrm{n}}} \tag{4-2}$$

式中，$GI_n$ 称为**抗扭刚度**。

在组成截面的任一狭长矩形上，长边各点的切应力可由《材料力学(Ⅰ)》中式(4-33)计算：

$$\tau_i = \frac{T_i}{\frac{1}{3}h_i\delta_i^2} \tag{4-2}$$

由 $\varphi_i = \varphi$，可得

$$\frac{T_i l}{G\frac{1}{3}h_i\delta_i^2} = \frac{Tl}{GI_n}$$

于是

$$T_i = \frac{T\frac{1}{3}h_i\delta_i^3}{I_n}$$

代入式(4-2)，得

$$\tau_i = \frac{T\delta_i}{I_n} \tag{4-3}$$

由式(4-3)可看出，当 $\delta_i$ 为最大时，切应力 $\tau_i$ 达到最大值。故 $\tau_{max}$ 发生在厚度最大的狭长矩形的长边中点处。沿截面的周边，切应力的方向与周边切线方向一致，在同一厚度处的两端，周边上的切应力方向相反(图 4-4(d))。

对于工程实际中所使用的槽钢、工字钢等开口薄壁杆件，横截面上各狭长矩形连接处有圆角，翼缘内侧有斜度，这就改变了杆件的抗扭刚度，因而在应用式(4-1)时须加以修正。修正公式为

$$I_n = \eta\frac{1}{3}\sum h_i\delta_i^3 \tag{4-4}$$

式中，$\eta$ 为修正系数。角钢 $\eta=1.00$，槽钢 $\eta=1.12$，T 字钢 $\eta=1.15$，工字钢 $\eta=1.20$。

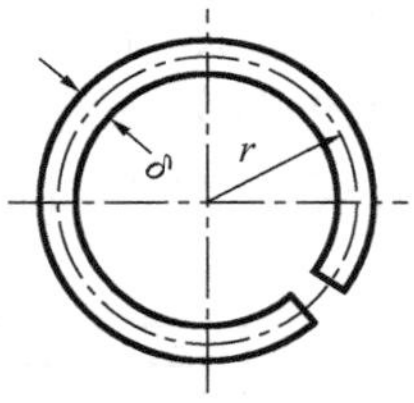

对于中线为曲线的开口薄壁杆件，若其截面的厚度不变(图 4-2)，计算时可将截面展直，作为狭长矩形截面处理。

图 4-2

## 4.1.2　闭口薄壁杆件

工程中除采用开口薄壁杆件外，还经常采用闭口薄壁杆件。这里只讨论横截面仅有内外两个边界的单孔薄壁管形杆件，如图 4-3(a)所示。杆件壁厚 $\delta$ 沿截面中线可以是变化的，但与杆件的其他尺寸相比总是很小的，因此可以认为切应力沿厚度 $\delta$ 均匀分布。沿截面中线每单位长度内的剪力可以写成 $\tau\delta$，$\tau\delta$ 的方向与截面中线相切。用两个相邻的横截面和两个任意纵向截面从杆中取出一部分，如图 4-3(b)所示。截面在 $A$ 点的厚度为 $\delta_A$，切应力为 $\tau_A$；而在 $B$ 点则分别为 $\delta_B$ 和 $\tau_B$。根据切应力互等定理，在纵向截面 $AC$、$BD$ 上的切应力也分别为 $\tau_A$ 和 $\tau_B$，纵向截面上的剪力分别为 $F_{sA}$ 和 $F_{sB}$，则

$$F_{sA} = \tau_A\delta_A \mathrm{d}x, \quad F_{sB} = \tau_B\delta_B \mathrm{d}x$$

由于自由扭转时横截面上没有正应力，由图 4-3(b)所示部分沿轴线方向力的平衡条件可知

$$F_{sA} = F_{sB}$$

即
$$\tau_A \delta_A \mathrm{d}x = \tau_B \delta_B \mathrm{d}x$$

所以
$$\tau_A \delta_A = \tau_B \delta_B$$

$A$ 和 $B$ 是横截面上的任意两点，这说明在横截面上的任意点处，切应力 $\tau$ 与壁厚的乘积为一常数，称这一常数称为**剪流**，**用 $q$ 表示**，即

$$q = \tau\delta \tag{4-5}$$

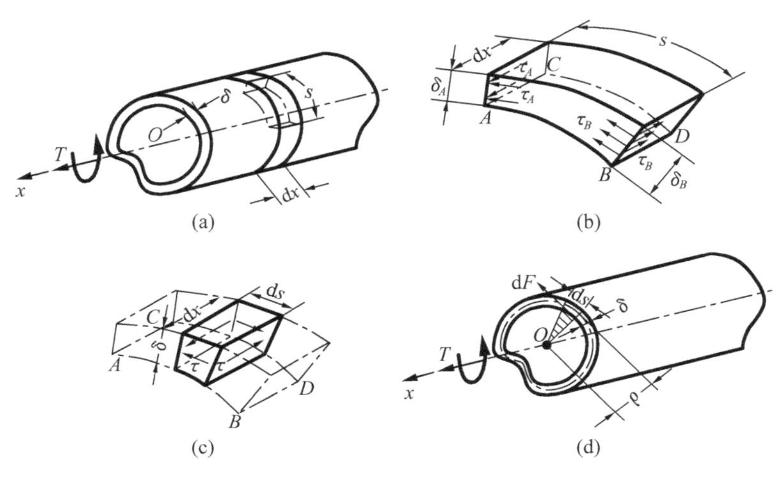


图 4-3

沿截面中线取长为 d$s$ 的一段，在 d$s$ 微段上，横截面上的剪力为 $\tau\delta \mathrm{d}s = q\mathrm{d}s$，如图 4-3(c)所示，其方向与中线相切。若对截面内的任一点 $O$ 取矩(图 4-3(d))，则整个截面上的内力对 $O$ 点的矩，即为截面上的扭矩。于是有

$$T = \int_s q\rho \mathrm{d}s = q\int_s \rho \mathrm{d}s$$

式中，$\rho$ 为由 $O$ 点到截面中线的切线的垂直距离；$\rho\mathrm{d}s$ 等于图中三角形面积 $\mathrm{d}\omega$ 的两倍。所以积分 $\int_s \rho \mathrm{d}s$ 是截面中线所围面积 $\omega$ 的两倍，即

$$T = 2q\omega$$

于是
$$q = \frac{T}{2\omega} = \tau\delta \tag{4-6}$$

所以闭口薄壁等直杆在自由扭转时，横截面上任一点处的切应力 $\tau$ 为

$$\tau = \frac{T}{2\omega\delta} \tag{4-7}$$

这与《材料力学(Ⅰ)》中式(3-5)完全一致。最大切应力产生在壁厚 $\delta$ 最小处，其值为

$$\tau_{\max} = \frac{q}{\delta_{\min}} = \frac{T}{2\omega\delta_{\min}} \tag{4-8}$$

在自由扭转的情形下，横截面上的扭矩 $T$ 和外力偶矩 $M_\mathrm{e}$ 相等。由式(4-7)求得的横截面上一

点处的切应力可改写成

$$\tau=\frac{T}{2\omega\delta}=\frac{M_{\mathrm{e}}}{2\omega\delta}$$

纯剪切状态下杆内任一点处的应变能密度可由《材料力学(Ⅰ)》中式(3-12)求得，代入上式得

$$v_{\mathrm{s}}=\frac{\tau^2}{2G}=\frac{M_{\mathrm{e}}^2}{8G\omega^2\delta^2}$$

整个闭口薄壁杆件内储存的应变能 $V_{\mathrm{s}}$ 为

$$V_{\mathrm{s}}=\int_{V}v_{\mathrm{s}}\mathrm{d}V=\int_{V}v_{\mathrm{s}}\delta\mathrm{d}s\mathrm{d}x=\int_{l}\left(\oint\frac{M_{\mathrm{e}}^2\mathrm{d}s}{8G\omega^2\delta}\right)\mathrm{d}x=\frac{M_{\mathrm{e}}^2 l}{8G\omega^2}\oint\frac{\mathrm{d}s}{\delta}$$

若杆件两端的相对转角为 $\varphi$，外力偶矩 $M_{\mathrm{e}}$ 在变形过程中所做的功为

$$W=\frac{1}{2}M_{\mathrm{e}}\varphi$$

由功能原理 $V_{\mathrm{s}}=W$，得

$$\varphi=\frac{2V_{\mathrm{s}}}{M_{\mathrm{e}}}=\frac{M_{\mathrm{e}}l}{4G\omega^2}\oint\frac{\mathrm{d}s}{\delta}\tag{4-9}$$

若杆件的壁厚 $\delta$ 不变，式(4-9)可简化为

$$\varphi=\frac{M_{\mathrm{e}}ls}{4G\omega^2\delta}\tag{4-10}$$

式中，$s=\oint\mathrm{d}s$ 为横截面中线的长度。

**例 4-1**　截面为圆环形的铝制闭口和开口薄壁杆件，如图 4-4(a)、(c)所示。杆的两端受一对 $M_{\mathrm{e}}=15\mathrm{N\cdot m}$ 的外力偶矩作用。两杆的平均直径 $d=40\mathrm{mm}$，壁厚 $\delta=2\mathrm{mm}$，长 $l=1\mathrm{m}$，铝的切变模量 $G=27\mathrm{GPa}$。试计算：(1)两杆内的最大切应力；(2)各杆两端面的相对转角，并加以比较。

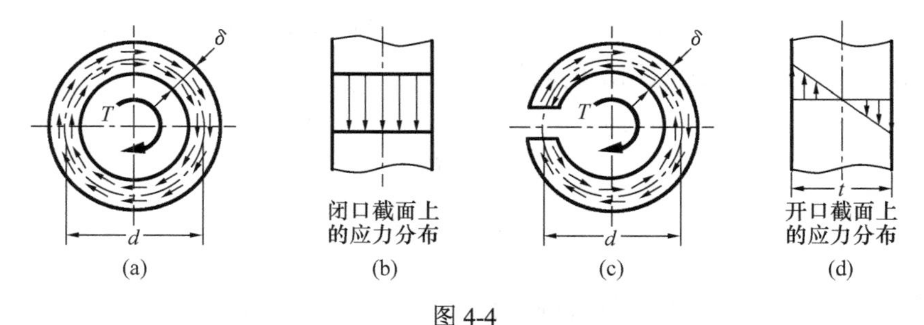

(a)　(b)　(c)　(d)

图 4-4

**解**　由截面法可知，杆截面上的内力 $T$ 等于外力偶矩，即

$$T=M_{\mathrm{e}}=15\,\mathrm{N\cdot m}$$

(1)闭口薄壁杆件。环形闭口薄壁杆件截面中线所围面积 $\omega$ 和中线长度 $s$ 分别为

$$\omega=\frac{\pi}{4}d^2,\quad s=\pi d$$

以 $\omega$ 值代入式(4-7)，得

$$\tau_1 = \frac{T}{2\omega\delta} = \frac{2T}{\pi d^2\delta} = \frac{2\times 15}{\pi\times 40^2\times 10^{-6}\times 2\times 10^{-3}} = 2.98\times 10^6(\text{Pa}) = 2.98(\text{MPa})$$

以 $\omega$ 和 $s$ 值代入式(4-10)，得

$$\varphi_1 = \frac{Tls}{4G\omega^2\delta} = \frac{4Tl}{G\pi d^3\delta} = \frac{4\times 15\times 1}{27\times 10^9\times\pi\times 40^3\times 10^{-9}\times 2\times 10^{-3}} = 5.53\times 10^{-3}(\text{rad}) = 0.317(°)$$

(2)开口薄壁杆件。计算开口薄壁杆件的应力和变形时，可以把环形展直，视为狭长矩形。这时

$$\frac{1}{3}h\delta^3 = \frac{1}{3}\pi d\delta^3,\quad \frac{1}{3}h\delta^2 = \frac{1}{3}\pi d\delta^2$$

由式(4-2a)，求得环形开口薄壁杆件的应力为

$$\tau_2 = \frac{T}{\frac{1}{3}h\delta^2} = \frac{3M_e}{\pi d\delta^2} = \frac{3\times 15}{\pi\times 40\times 10^{-3}\times 2^2\times 10^{-6}} = 8.95\times 10^7(\text{Pa}) = 89.5(\text{MPa})$$

由式(4-2)，求得转角为

$$\varphi_2 = \frac{Tl}{G\frac{1}{3}h\delta^3} = \frac{3M_e l}{G\pi d\delta^3} = \frac{3\times 15\times 1}{27\times 10^9\times\pi\times 40\times 10^{-3}\times 2^3\times 10^{-9}} = 1.658(\text{rad}) = 95.0(°)$$

在 $T$ 和 $l$ 相同的情形下，两者应力之比为

$$\frac{\tau_2}{\tau_1} = \frac{3d}{2\delta} = \frac{3\times 40}{2\times 2} = 30$$

开口薄壁杆件的最大切应力是闭口薄壁杆件的 30 倍。两者的转角之比为

$$\frac{\varphi_2}{\varphi_1} = \frac{3d^2}{4\delta^2} = \frac{3\times 40^2}{4\times 2^2} = 300$$

开口薄壁杆件的转角是闭口薄壁杆件的 300 倍。所以开口薄壁杆件的应力和变形都远大于同样情形下的闭口薄壁杆件。工程中受扭杆件应尽量避免采用开口薄壁截面。这两种截面在扭转强度和刚度上相差如此之大，是因为截面上切应力的分布情形不同。在开口薄壁杆件截面上，中线两侧切应力的方向是相反的(图 4-4(d))，力臂极小；而在闭口薄壁杆截面上，切应力沿壁厚均匀分布(图 4-4(b))，对截面中心的力臂较大。若两种截面上作用着相同的扭矩，则开口截面上的切应力必远大于闭口截面上的切应力。

## 4.2　开口薄壁杆件的弯曲切应力及弯曲中心

在工程结构中，特别是飞行器结构中，薄壁杆件较为常见。本节研究开口薄壁杆件的弯曲切应力和其他相关问题。

### 4.2.1　开口薄壁杆件的弯曲切应力

图 4-5(a)为开口薄壁杆件，$y$ 和 $z$ 为横截面的形心主惯性轴。设载荷 $F$ 作用在平行于形心主惯性平面 $xy$ 的平面内，并使梁产生平面弯曲。此时，$z$ 轴为弯曲变形时横截面的中性轴，

横截面上的弯曲正应力仍用《材料力学(Ⅰ)》中式(6-2)计算。

由于杆件的壁厚 $\delta$ 远小于横截面的其他尺寸，所以可以假设沿壁厚 $\delta$ 切应力的大小没有变化。杆件的内侧表面和外侧表面都为自由表面，没有任何与表面相切的载荷作用，因此，截面上的切应力应与截面的周边相切。截取相距 $\mathrm{d}x$ 的两个横截面(图 4-5(a))，从微段中沿纵向截面 $\xi$ 段 $abcd$(图 4-5(c))。在这一部分的 $ad$ 和 $bc$ 面上作用着弯曲正应力，在底面 $dc$ 上作用着切应力。这些应力的方向都平行于 $x$ 轴。用《材料力学(Ⅰ)》中第 6 章的同样方法，求得 $bc$ 和 $ad$ 面上的合力 $F_{N1}$ 和 $F_{N2}$ 分别为

$$F_{N1}=\frac{MS_z^*}{I_z},\quad F_{N2}=\frac{(M+\mathrm{d}M)S_z^*}{I_z}$$

式中，$M$、$M+\mathrm{d}M$ 分别为 $bc$ 和 $ad$ 两个横截面上的弯矩；$S_z^*$ 为横截面上截出部分(图中画阴影线部分)对中性轴的静矩；$I_z$ 为整个横截面对中性轴 $z$ 的截面二次矩。

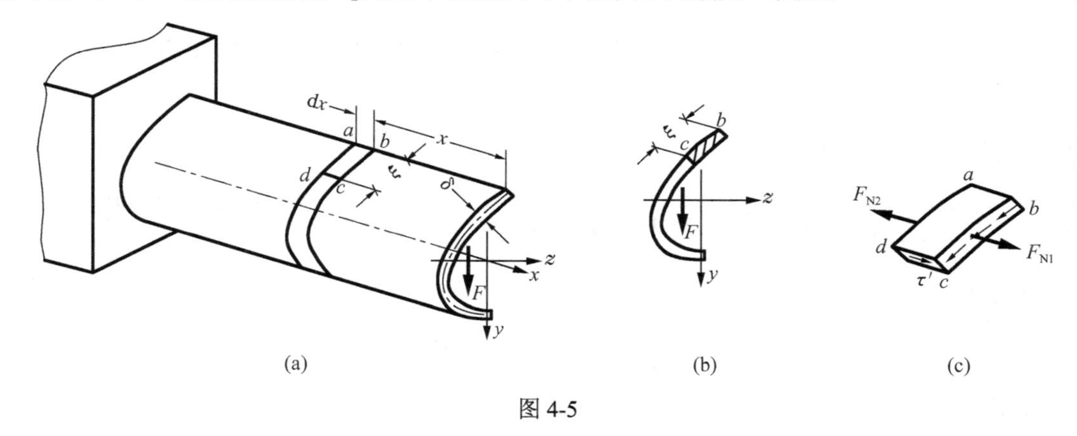


图 4-5

底面 $dc$ 上的内力为 $\tau'\delta\mathrm{d}x$，对于截出的 $abcd$ 部分，由平衡条件 $\sum F_x=0$，得

$$F_{N2}-F_{N1}-\tau'\delta\mathrm{d}x=0$$

即

$$\frac{(M+\mathrm{d}M)S_z^*}{I_z}-\frac{MS_z^*}{I_z}-\tau'\delta\mathrm{d}x=0$$

于是

$$\tau'=\frac{S_z^*}{I_z\delta}\frac{\mathrm{d}M}{\mathrm{d}x}=\frac{F_sS_z^*}{\delta I_z}$$

这是作用于纵向截面 $dc$ 上的切应力。由切应力互等定理可求得横截面上距自由边 $\xi$ 处的切应力 $\tau$，即

$$\tau=\frac{F_sS_z^*}{\delta I_z}\tag{4-11}$$

式(4-11)和《材料力学(Ⅰ)》中式(6-5)相同，$S_z^*$ 取绝对值，$\tau$ 的方向可由横截面上的剪力 $F_s$ 确定。式(4-11)是开口薄壁杆件横截面上弯曲切应力的计算公式。

应当注意，在上面的讨论中，设外力作用面平行于形心主惯性平面 $xy$，并使杆件轴线产生在 $xy$ 平面内的平面弯曲。外力作用面的位置将在下面得到确定。

### 4.2.2　弯曲中心

《材料力学(Ⅰ)》中第 5 章已指出，杆件有纵向对称面，且载荷作用于对称面内时，杆件的变形是平面弯曲。对非对称杆件(横截面无对称轴)，即使横向力作用于形心主惯性平面内，杆件除弯曲变形外，还将发生扭转变形，如图 4-6(a)所示。只有当横向力的作用平面平行于形心主惯性平面，且通过某一特定点时，杆件才只有弯曲而没有扭转(图 4-6(b))。这时，在横截面内，载荷平行于形心主惯性轴，且通过特定点 $A$。这一特定点称为**弯曲中心**。

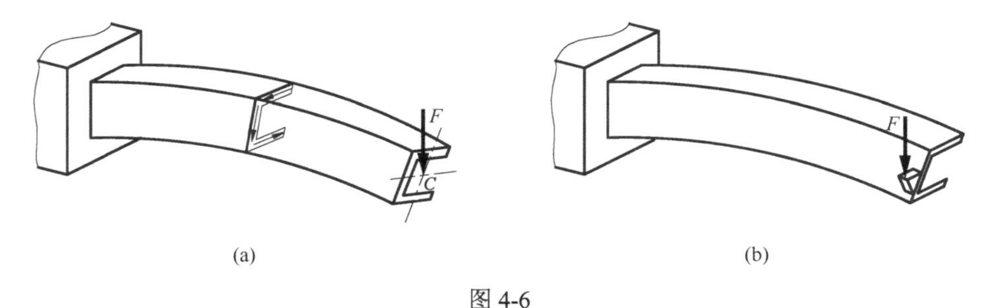


图 4-6

用材料力学的方法，可以确定开口薄壁杆件的弯曲中心，而这类杆件的弯曲中心又有较大的实用价值。本节仅讨论开口薄壁杆件弯曲中心的确定。

任意薄壁杆件的横截面如图 4-7(a)所示。设当薄壁杆件在 $xy$ 平面内发生平面弯曲时，$F_{sy}$ 的作用线到 $y$ 轴的距离为 $e_z$，由于剪力 $F_{sy}$ 是横截面上切应力组成的内力的合力，剪力 $F_{sy}$ 对坐标原点 $O$ 的力矩，应等于横截面上所有微剪力 $q_y \mathrm{d}\xi$ 对坐标原点力矩的代数和。式中 $q_y = \tau_1 \delta$，$\tau_1$ 为 $F_{sy}$ 所产生的横截面上的切应力。于是

$$F_{sy} e_z = \int_s \rho q_y \mathrm{d}\xi$$

式中，$s$ 为横截面中线的长度。

将式(4-11)代入上式，得

$$F_{sy} e_z = \frac{F_{sy}}{I_z} \int_s S_z^* \rho \mathrm{d}\xi$$

解得

$$e_z = \frac{1}{I_z} \int_s S_z^* \rho \mathrm{d}\xi \tag{4-12}$$

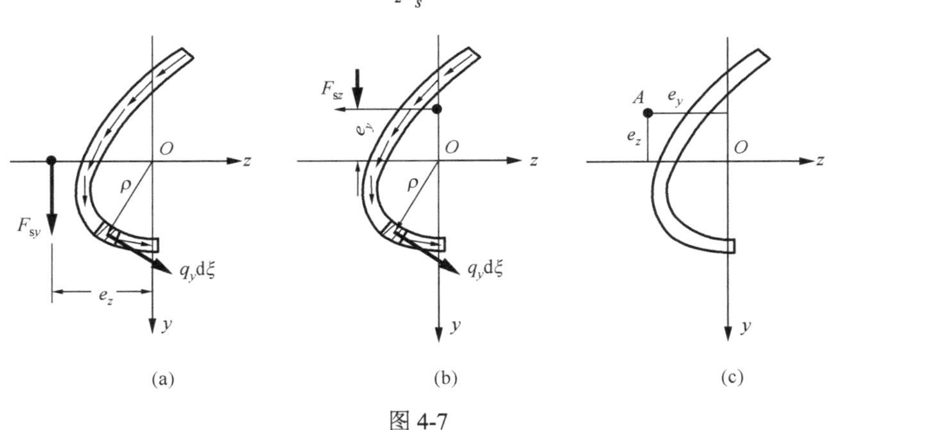


图 4-7

同理，当在 $xz$ 平面内产生平面弯曲时（图 4-7(b)），剪力的作用位置为

$$e_y = \frac{1}{I_y}\int_s S_y^* \rho \mathrm{d}\xi \tag{4-13}$$

在横截面所在的平面内，坐标为 $(e_y, e_z)$ 的点 $A$（图 4-7(c)），即剪力 $F_{sy}$ 与 $F_{sz}$ 作用线的交点，称为弯曲中心。由式(4-12)和式(4-13)可知，弯曲中心的坐标仅取决于横截面的几何性质。

由以上分析可见，当截面有一个对称轴时，弯曲中心必在对称轴上；若截面有一对或一对以上的对称轴，则弯曲中心 $A$ 必与截面形心 $C$ 重合；T 形截面和 L 形截面的弯曲中心为两条中线的交点；反对称 Z 形截面的弯曲中心和形心重合。

由上述分析可知，当外力通过弯曲中心时，无论平行于 $y$ 轴还是平行于 $z$ 轴，外力和横截面上的剪力在同一纵向平面内，杆件只有弯曲变形。相反，若外力 $F$ 不通过弯曲中心，把外力向弯曲中心简化，将得到通过弯曲中心的力 $F$ 和一个力偶矩 $M_e$。通过弯曲中心的横向力 $F$ 引起弯曲变形，力偶矩 $M_e$ 将引起杆件的扭转变形。这就是图 4-6(a)所示的既有弯曲又有扭转的情形。

开口薄壁杆件的抗扭刚度较小，若横向力不通过弯曲中心，将引起比较严重的扭转变形。不但要产生扭转切应力，有时还将因约束扭转而引起附加的正应力和切应力。因此应尽可能避免这种情形。所以，确定开口薄壁截面的弯曲中心具有实际工程意义，特别对航空航天构件中薄壳结构的应力分析非常重要。

**例 4-2**　试确定图 4-8(a)所示槽形截面的弯曲中心。

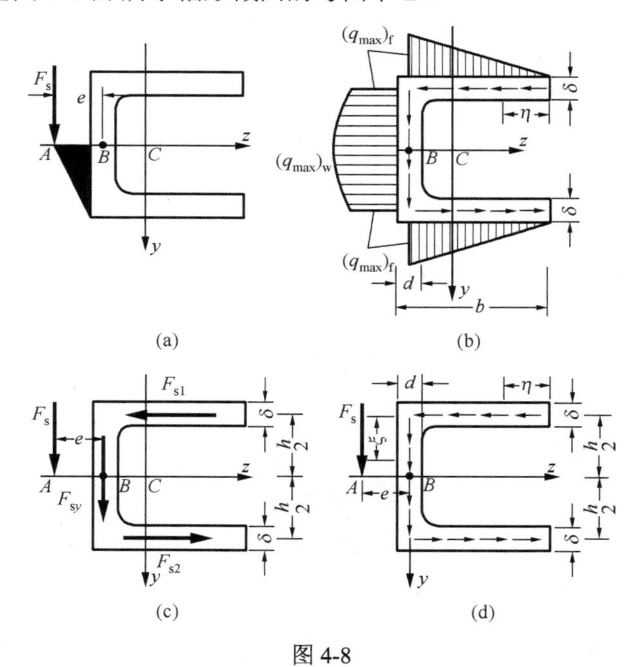


图 4-8

**解**　由于 $z$ 轴是截面的对称轴，弯曲中心 $A$ 必位于 $z$ 轴上。

设剪力 $F_s$ 通过弯曲中心 $A$，则相应的切应力如图 4-8(b)所示。又设在上、下翼缘和腹板上由切应力合成的合力分别为 $F_{s1}$、$F_{s2}$和$F_{sy}$（图 4-8(c)），由弯曲中心的定义可知，这三个力

对弯曲中心力偶矩求和应为零，即

$$F_{sy}e - F_{s1}\frac{h}{2} - F_{s2}\frac{h}{2} = 0$$

由 $z$ 轴方向力的平衡条件 $\sum F_z = 0$，得

$$F_{s1} = F_{s2}$$

所以

$$e = \frac{(F_{s1} + F_{s2})\dfrac{h}{2}}{F_{sy}} = \frac{F_{s1}h}{F_{sy}}$$

由式(4-11)得，上翼缘距开口 $\eta$ 处(图 4-8(b))的切应力 $\tau_1$ 为

$$\tau_1 = \frac{F_s S_z^*}{\delta I_z}$$

而

$$F_{s1} = \int_{A_1} \tau_1 \mathrm{d}A = \int_0^b \tau_1 \delta \mathrm{d}\eta = \frac{F_s}{I_z}\int_0^b S_z^* \mathrm{d}\eta$$

因为

$$S_z^* = \int_{A_1} y \mathrm{d}A = \int_0^\eta \frac{h}{2}\delta \mathrm{d}\eta = \frac{h}{2}\delta\eta$$

所以

$$F_{s1} = \frac{F_s}{I_z}\int_0^b S_z^* \mathrm{d}\eta = \frac{F_s}{I_z}\int_0^b \frac{h}{2}\delta\eta \mathrm{d}\eta = \frac{F_s h\delta b^2}{4I_z}$$

将 $F_{s1}$ 代入弯曲中心 $e$ 的表达式，并注意 $F_s= F_{sy}$，得

$$e = \frac{F_{s1}h}{F_{sy}} = \frac{h^2b^2\delta}{4I_z}$$

另外，同样可根据式(4-12)来确定槽形截面的弯曲中心。

取坐标原点为 $B$(图 4-8(d))，对上翼缘上 $\eta$ 段有

$$S_z^* = \frac{1}{2}h\delta\eta, \quad \rho = \frac{h}{2}$$

且上、下翼缘对称。而腹板 $\xi$ 处有

$$S_z^* = \frac{1}{2}hb\delta + \xi d\left(\frac{h}{2} - \frac{\xi}{2}\right), \quad \rho = 0$$

故

$$e_z = \frac{2}{I_z}\int_0^b S_z^* \rho \mathrm{d}\eta = \frac{2}{I_z}\int_0^b \frac{1}{2}h\delta\eta \frac{h}{2}\mathrm{d}\eta = \frac{2}{I_z}\frac{h^2}{4}\delta\frac{b^2}{2} = \frac{h^2b^2\delta}{4I_z} = e$$

**例 4-3**　已知横截面为开口薄壁圆环的直杆，在垂直于对称轴的方向上受横向力作用而发生平面弯曲，截面承受的剪力为 $F_s$，试确定截面的弯曲中心(图 4-9)。

**解**　求弯曲中心的方法之一是用合力矩定理对该截面对称轴上某点求矩，因此，必须先求出横截面上的切应力分布。根据开口薄壁截面切应力的假定，切应力沿壁厚均匀分布，方向与周边相切，设任一点的圆心角为 $\varphi$，该点的切应力为 $\tau_\varphi$，则

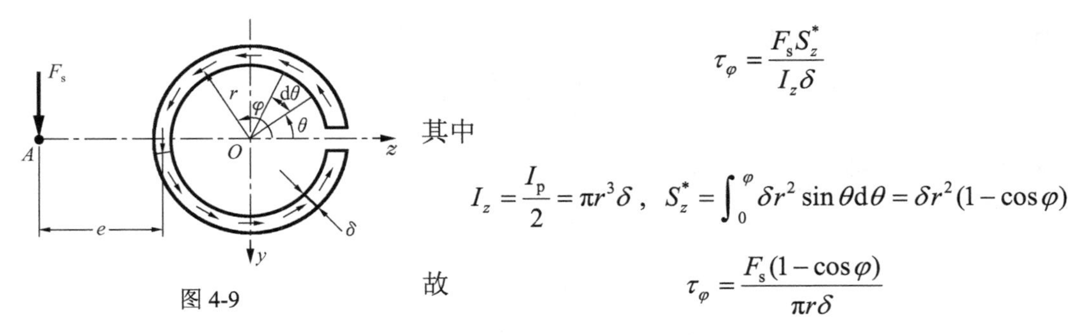


图 4-9

$$\tau_\varphi = \frac{F_s S_z^*}{I_z \delta}$$

其中

$$I_z = \frac{I_p}{2} = \pi r^3 \delta \text{，} \quad S_z^* = \int_0^\varphi \delta r^2 \sin\theta \mathrm{d}\theta = \delta r^2 (1-\cos\varphi)$$

故

$$\tau_\varphi = \frac{F_s (1-\cos\varphi)}{\pi r \delta}$$

弯曲中心为切应力的合力 $F_s$ 的作用线与 $z$ 轴的交点 $A$，设离圆心之距为 $e+r$，则

$$F_s(e+r) = 2\int_0^\pi \tau_\varphi \delta r^2 \mathrm{d}\varphi = 2\int_0^\pi \frac{F_s r}{\pi}(1-\cos\varphi)\mathrm{d}\varphi = 2F_s r$$

所以 $e=r$。可见，弯曲中心的位置仅与截面的几何形状和尺寸有关，而与外载荷无关。

同样，可设 $F_s$ 到 $y$ 轴的距离为 $e_z$，直接应用式(4-12)有

$$e_z = \frac{1}{I_z}\int_s S_z^* \rho \mathrm{d}\xi$$

将 $S_z^* = \delta r^2 (1-\cos\varphi)$，$I_z = \pi r^3 \delta$，$\rho = r$，$\mathrm{d}\xi = r\mathrm{d}\varphi$，从0到2π 进行积分，得 $e_z = 2r$，即 $e = r$。

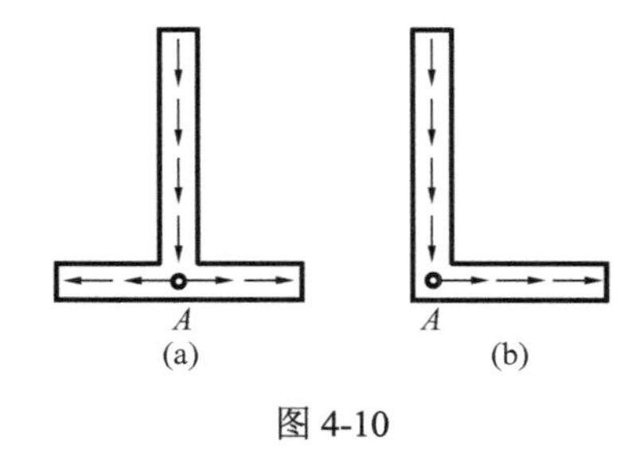


图 4-10

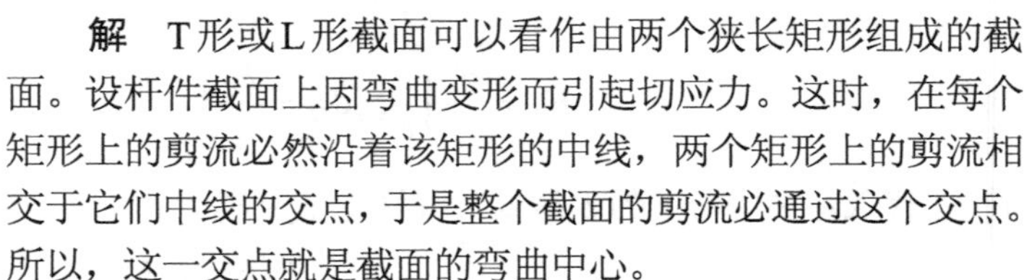

**例 4-4**　试确定 T 形或 L 形截面的弯曲中心(图 4-10)。

**解**　T形或L形截面可以看作由两个狭长矩形组成的截面。设杆件截面上因弯曲变形而引起切应力。这时，在每个矩形上的剪流必然沿着该矩形的中线，两个矩形上的剪流相交于它们中线的交点，于是整个截面的剪流必通过这个交点。所以，这一交点就是截面的弯曲中心。

**例 4-5**　如图 4-11(a)所示，薄壁截面梁承受分布载荷 $q$ 的作用，已知梁的长度为 $l$，两端铰支，支座位于分布载荷 $q$ 作用的铅垂平面内。梁的横截面为半圆形，平均半径为 $R$，厚度为 $\delta$(常数)，且 $\delta \ll R$。试求 $B$ 截面内的最大正应力、最大切应力及其作用位置(不考虑约束扭转的影响)。

**解**　(1)求截面的弯曲中心位置。根据切应力的分布公式(4-11)有

$$\tau = \frac{F_s S_y^*}{\delta I_y}$$

由图 4-11(b)可知　$S_y^* = \int_\theta^{\frac{\pi}{2}} (\delta R \mathrm{d}\xi) R \sin\xi = R^2 \delta \cos\theta, \quad I_y = \frac{\pi}{2} R^3 \delta$

故

$$\tau = \frac{2F_s \cos\theta}{\pi \delta R}$$

设弯曲中心在 $A$ 点处，取 $O$ 点为力矩中心，得

$$F_s e = \int_{-\frac{\pi}{2}}^{\frac{\pi}{2}} (\tau \delta R \mathrm{d}\theta) R = \int_{-\frac{\pi}{2}}^{\frac{\pi}{2}} \frac{2F_s \cos\theta}{\pi} R \mathrm{d}\theta = \frac{4F_s R}{\pi}$$

从而求得截面弯曲中心的位置

$$e = \frac{4}{\pi} R$$

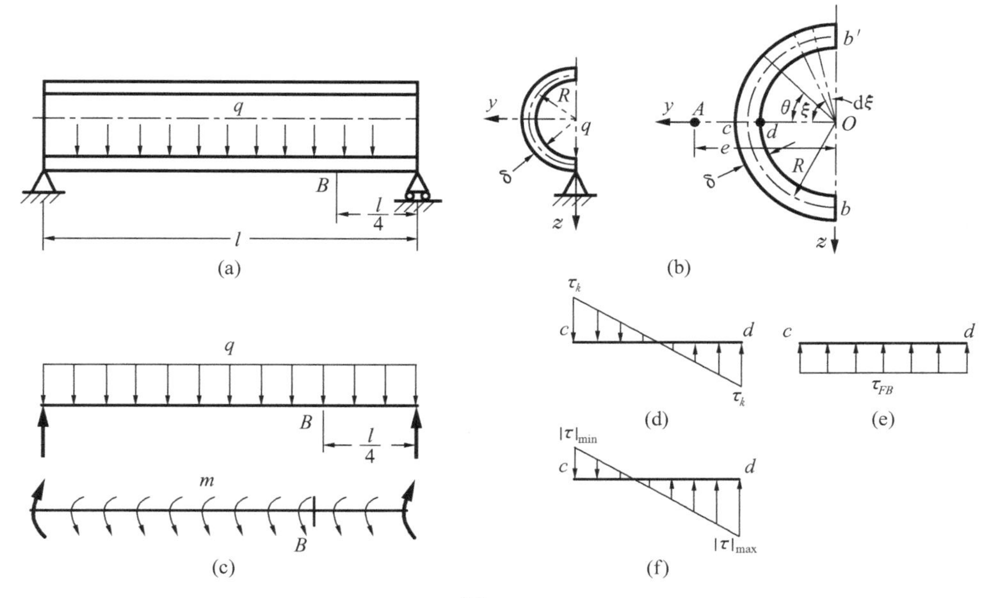


图 4-11

(2) 求 $\sigma_{\max}$、$\tau_{\max}$ 及其作用位置。将分布载荷向弯曲中心简化后，梁承受平面弯曲载荷 $q$ 及扭转载荷 $m=qe$ 的作用，如图 4-11(c) 所示。

$B$ 截面的弯矩为
$$M_B=\frac{1}{2}ql\left(\frac{l}{4}\right)-\frac{1}{2}q\left(\frac{l}{4}\right)^2=\frac{3}{32}ql^2$$

将 $B$ 截面的弯矩 $M_B$，$Z_{\max}=R+\dfrac{\delta}{2}$ 及 $I_y$ 代入正应力公式，得

$$\sigma_{\max}\frac{M_B Z_{\max}}{I_y}=\frac{3}{32}ql^2\frac{R+\dfrac{\delta}{2}}{\dfrac{\pi}{2}R^3\delta}=\frac{3ql^2}{16\pi R^2\delta}\left(1+\frac{\delta}{2R}\right)\approx\frac{3ql^2}{16\pi R^2\delta}$$

最大拉应力在 $b$ 点，最大压应力在 $b'$ 点。$B$ 截面的扭矩为

$$T_{kB}=\frac{1}{2}ml-m\frac{l}{4}=\frac{1}{4}ml=\frac{1}{4}q\frac{4}{\pi}Rl=\frac{1}{\pi}Rlq$$

将 $T_{kB}$ 代入切应力表达式，其中 $W_t$ 按长为 $\pi R$、宽为 $\delta$ 的狭长矩形计，得

$$\tau_{kB}=\frac{T_{kB}}{W_t}=\frac{\dfrac{1}{\pi}Rlq}{\dfrac{1}{3}\pi R\delta^2}=\frac{3ql}{\pi^2\delta^2}$$

最大扭转切应力发生在周边处。在 $\theta=0$ 处沿壁厚的分布及方向如图 4-11(d) 所示。

横力弯曲中 $F_s$ 引起的切应力在 $\theta=0$ 处最大，故 $B$ 截面的最大弯曲切应力为

$$\tau=\frac{F_s S_z^*}{I_y\delta}$$

由《材料力学(Ⅰ)》中 6.4.2 节可知，式中 $I_y = \dfrac{\pi}{2}R^3\delta, S_y^* = R^2\delta, F_s = \dfrac{1}{2}ql - \dfrac{1}{4}ql = \dfrac{1}{4}ql$，故

$$\tau_{FB} = \frac{2F_s}{\pi\delta R} = \frac{2}{\pi\delta R}\left(\frac{1}{4}ql\right) = \frac{ql}{2\pi\delta R}$$

方向如图 4-11(e)所示，沿壁厚均匀分布。因此 $B$ 截面切应力分布如图 4-11(f)所示，最大切应力为

$$\tau_{max} = \tau_{kB} + \tau_{FB} = \frac{3ql}{\pi^2\delta^2} + \frac{ql}{2\pi\delta R} = \frac{3ql}{\pi^2\delta^2}\left(1 + \frac{\pi\delta}{6R}\right) \approx \frac{3ql}{\pi^2\delta^2}$$

发生在 $\theta = 0$ 的内壁 $d$ 点处。

对于几种常见截面，当载荷作用在弯曲中心时，其剪流分布如表 4-1 所示。

**表 4-1　几种常见截面切应力的分布**

| 序号 | 截面形状及内力 | 切应力的合力 | 剪流分布 |
| --- | --- | --- | --- |
| 1 | 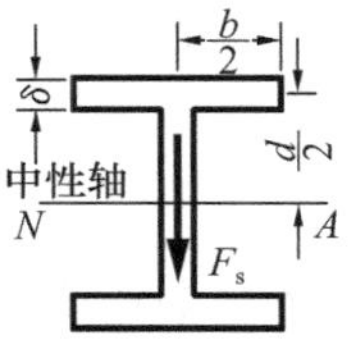 | 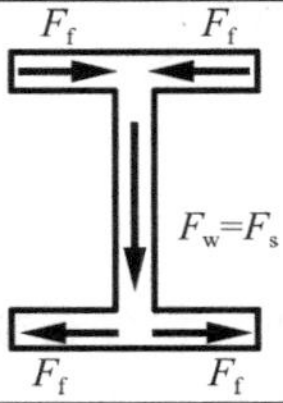 | 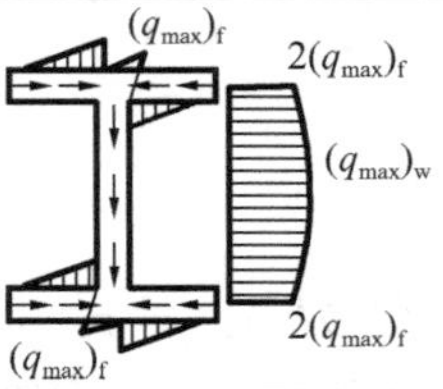 |
| 2 | 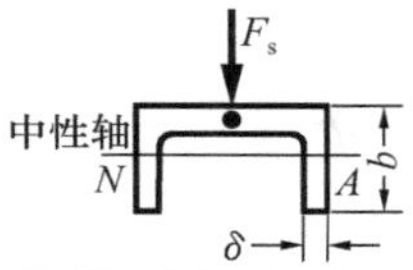 | 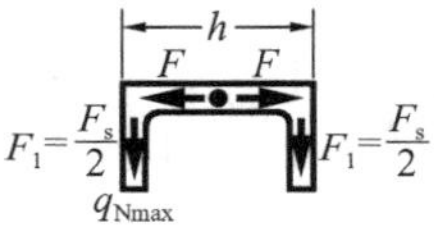 |  |
| 3 | 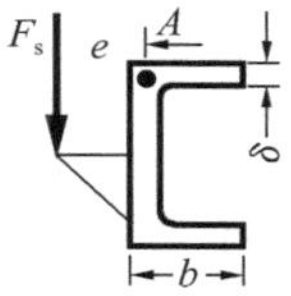 | 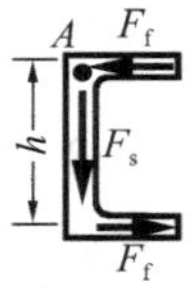 | 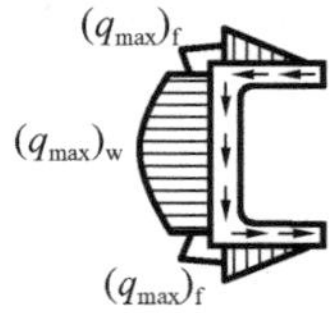 |
| 4 | 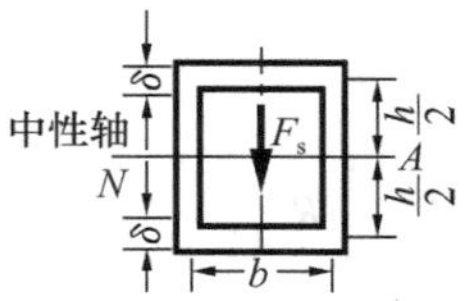 | 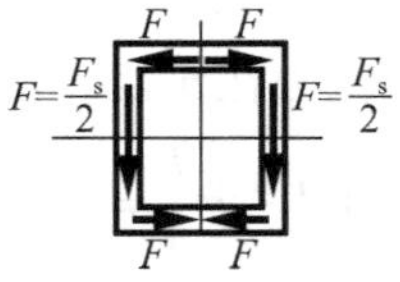 | 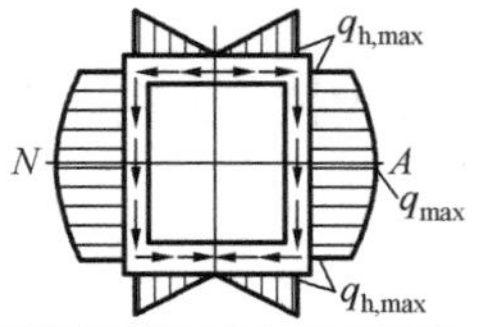 |
| 5 | 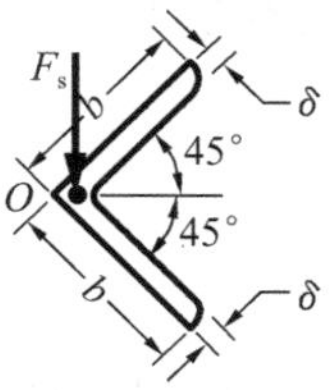 | 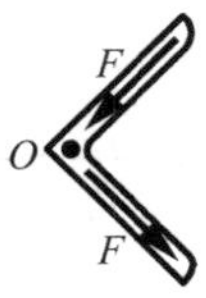 | 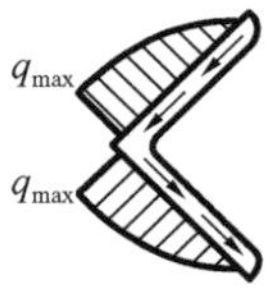 |

## 4.3　组　合　梁

有时候，工程上需要采用由几种不同材料组合成的梁。当几种材料连接得很紧密时，该

组合梁的变形与整体梁变形一样。实验证明，在研究同一材料制成的整体梁的应力和变形时所采用的各项假设，对组合梁也是适用的。本节只研究两种材料组成的组合梁。

### 4.3.1　两种材料黏合的组合梁

图 4-12(a)为由两种材料组成的组合梁，材料 1、2 的弹性模量分别为 $E_1$ 和 $E_2$，它们在横截面上的面积分别为 $A_1$ 和 $A_2$，并在梁纵向对称面内作用一对力偶矩，使梁产生弯曲变形。

如图 4-12(a)所示，以梁横截面内的垂直对称轴和中性轴分别建立 $y$ 轴和 $z$ 轴。由于横截面在变形后仍保持为平面，横截面上 $y$ 处的纵向线应变为

$$\varepsilon = \frac{y}{\rho} \tag{a}$$

线应变沿横截面高度按直线规律变化(图 4-12(b))。

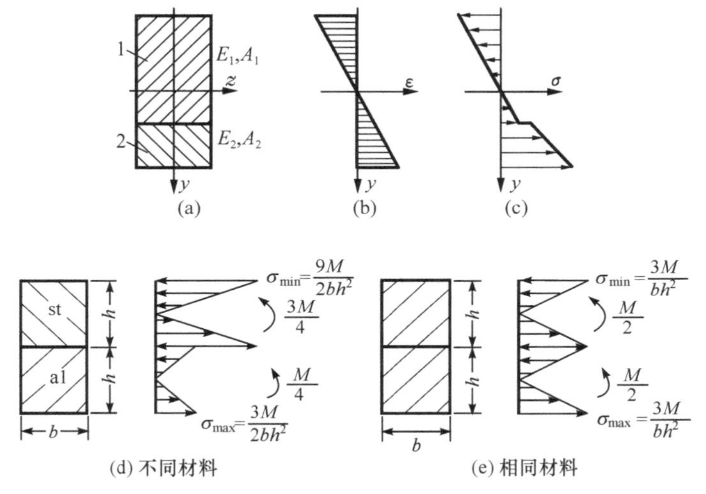


图 4-12

仍设各纵向纤维处于单向受力状态，将式(a)代入《材料力学(Ⅰ)》中式(2-6)，得横截面 1、2 部分上的正应力分别为

$$\begin{cases} \sigma' = E_1 \dfrac{y}{\rho} \\ \sigma'' = E_2 \dfrac{y}{\rho} \end{cases} \tag{b}$$

正应力在各自的区域内为线性分布，但两者的斜率不同，且在两种材料的交接处应力发生突变(图 4-12(c))。

由于横截面上没有轴力，只有弯矩 $M$，由静力平衡条件得横截面上的合力为

$$F_{\mathrm{N}} = \int_A \sigma \mathrm{d}A = \int_{A_1} \sigma' \mathrm{d}A + \int_{A_2} \sigma'' \mathrm{d}A = 0 \tag{c}$$

$$M = \int_A y\sigma \mathrm{d}A = \int_{A_1} y\sigma' \mathrm{d}A + \int_{A_2} y\sigma'' \mathrm{d}A \tag{d}$$

将式(b)代入式(c)，得
$$\int_{A_1}\frac{E_1}{\rho}y\mathrm{d}A+\int_{A_2}\frac{E_2}{\rho}y\mathrm{d}A=0$$

化简后得
$$E_1\int_{A_1}y\mathrm{d}A+E_2\int_{A_2}y\mathrm{d}A=0 \tag{4-14}$$

由式(4-14)可确定中性轴的位置。将式(b)代入式(d)，得
$$\int_{A_1}\frac{E_1}{\rho}y^2\mathrm{d}A+\int_{A_2}\frac{E_2}{\rho}y^2\mathrm{d}A=M$$

于是
$$\frac{E_1}{\rho}I_{z1}+\frac{E_2}{\rho}I_{z2}=M \tag{4-15}$$

式中，$I_{z1}=\int_{A_1}y^2\mathrm{d}A,\ I_{z2}=\int_{A_2}y^2\mathrm{d}A$，分别代表横截面的 1、2 部分对整个横截面中性轴的截面二次矩。

将式(4-15)代入式(b)，得横截面 1、2 部分上的正应力分别为
$$\sigma'=\frac{ME_1y}{E_1I_{z1}+E_2I_{z2}},\quad \sigma''=\frac{ME_2y}{E_1I_{z1}+E_2I_{z2}} \tag{4-16}$$

式(4-16)为两种材料组合梁纯弯曲时的正应力公式。对于非纯弯曲梁，该公式仍然适用。

若截面由弹性模量不同的 $n$ 个部分组成，则式(4-14)改为
$$\sum_{i=1}^{n}E_i\int_{A_i}y\mathrm{d}A=0 \tag{4-17}$$

由式(4-17)可确定中性轴的位置。而式(4-15)改为
$$\frac{1}{\rho}=\frac{M}{\sum\limits_{i=1}^{n}E_iI_{zi}} \tag{4-18}$$

相应的正应力为
$$\sigma_i=\frac{ME_iy}{\sum\limits_{i=1}^{n}E_iI_{zi}} \tag{4-19}$$

为了更方便地计算组合梁的弯曲正应力，还可用等效截面法来计算。现将等效截面法简单介绍如下。

设材料 1、2 的弹性模量分别为 $E_1$ 和 $E_2$，且 $E_2>E_1$。令 $\alpha=\dfrac{E_2}{E_1}$；$\overline{I}_z=I_{z1}+\alpha I_{z2}$，于是式(4-14)可改写为
$$E_1\int_{A_1}y\mathrm{d}A+E_2\int_{A_2}y\mathrm{d}A=E_1\left(\int_{A_1}y\mathrm{d}A+\alpha\int_{A_2}y\mathrm{d}A\right)=0$$

即
$$\int_{A_1}y\mathrm{d}A+\alpha\int_{A_2}y\mathrm{d}A=0 \tag{4-20}$$

式(4-15)可改写为

$$\frac{E_1}{\rho}I_{z1}+\frac{E_2}{\rho}I_{z2}=\frac{E_1}{\rho}(I_{z1}+\alpha I_{z2})=\frac{E_1}{\rho}\bar{I}_z=M$$

即

$$\frac{1}{\rho}=\frac{M}{E_1\bar{I}_z} \tag{4-21}$$

式(4-16)可改写为

$$\begin{cases}\sigma'=\dfrac{ME_1y}{E_1I_{z1}+E_2I_{z2}}=\dfrac{My}{\bar{I}_z}\\[2ex] \sigma''=\dfrac{ME_2y}{E_1I_{z1}+E_2I_{z2}}=\dfrac{\alpha My}{\bar{I}_z}\end{cases} \tag{4-22}$$

由此可知，若将材料 1 所构成的横截面保持不变，将横截面由材料 2 构成的部分沿 $z$ 轴尺寸放大(设 $E_2>E_1$) $\alpha$ 倍，整个横截面材料的弹性模量均为 $E_1$，将实际横截面变换成仅由材料 1 所构成的截面(图 4-13(b))。

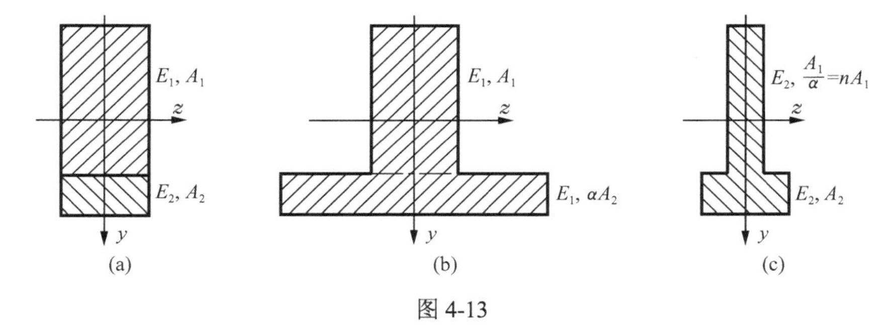


图 4-13

由式(4-14)和式(4-15)可见，这样处理横截面，并未改变实际横截面中性轴的位置，也未改变中性轴的曲率半径的大小。这种变换后的截面，通常称为实际横截面的**等效截面**。

反之，若将材料 2 所构成的横截面保持不变，将材料 1 构成的部分沿 $z$ 轴缩小到原来宽度的 $n$ 倍，即令 $n=\dfrac{E_1}{E_2}$，则 $\bar{I}_z=nI_{z1}+I_{z2}$ (设 $E_2>E_1$)。整个横截面材料的弹性模量均为 $E_2$，将实际横截面变成仅由材料 2 构成的截面(图 4-13(c))。这时

$$\sigma'=n\frac{My}{\bar{I}_z}，\quad \sigma''=\frac{My}{\bar{I}_z} \tag{4-23}$$

总之，可以将材料 1 作为基体材料，将材料 2 的部分进行折算；也可以选材料 2 作为基体材料，将材料 1 的部分进行折算。不管如何折算，所求得的应力与前述方法相同。

将实际截面转化为等效截面后，按单一材料的方法，确定等效截面的形心位置，即中性轴的位置，求出等效截面二次矩 $\bar{I}_z$，由式(4-22)或式(4-23)即可求出横截面 1、2 两部分上的正应力。

**例 4-6**　如图 4-14(a)所示的组合梁由木料和其底边固定钢板组成。已知木材和钢材的弹性模量分别为 $E_{\text{w}}=12\text{GPa}, E_{\text{st}}=200\text{GPa}$。横截面上的弯矩 $M=2\text{kN}\cdot\text{m}$。求 $B$、$C$ 两点的正应力。

**解**　(1)对基体材料的选择是任意的。本例中将截面转换成单一材料——钢材。由于

$E_{st} > E_w$，故木材必须缩小到钢材的等效宽度。

因为 $n = \dfrac{E_w}{E_{st}}$，所以，等效缩小后的宽度为

$$b_{st} = nb_w = \frac{12\text{GPa}}{200\text{GPa}} \times 150\text{mm} = 9\text{mm}$$

变换成单一钢材组成的截面，如图 4-14(b)所示。

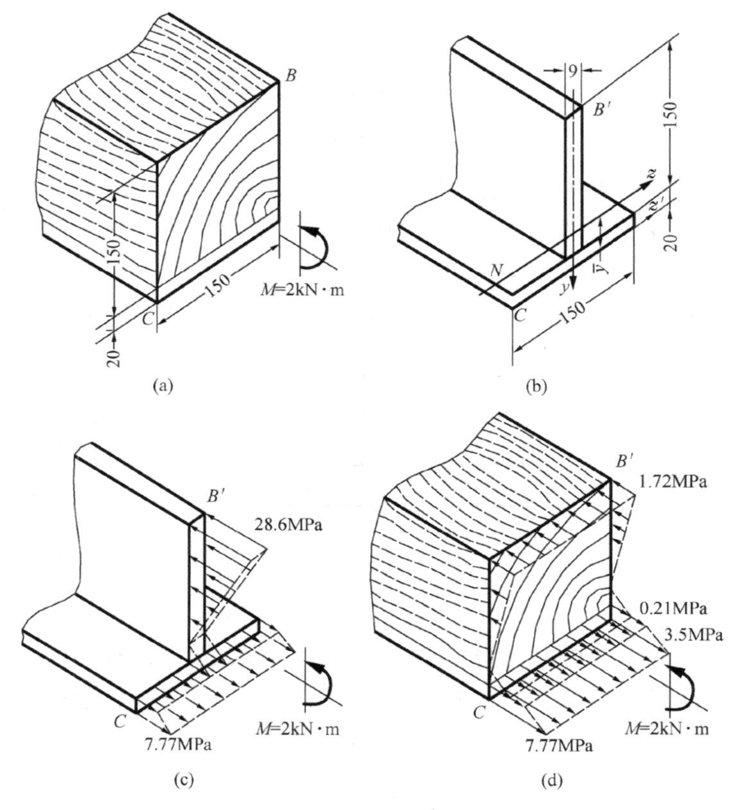


图 4-14

(2) 以底边为参考坐标系，确定中性轴 $z$ 的位置。由《材料力学(Ⅰ)》中式(A-6)得

$$\bar{y} = \frac{\sum y_{Ci} A_i}{\sum A_i} = \frac{10 \times 20 \times 150 + (20 + 75) \times 9 \times 150}{20 \times 150 + 9 \times 150} = 36.38(\text{mm})$$

对于等效截面对 $z$ 轴的截面二次矩 $I_z$，根据平行移轴公式(A-14)，有

$$I_z = \left[\frac{1}{12} \times 150 \times 20^3 + (36.38 - 10)^2 \times 150 \times 20\right] + \left[\frac{1}{12} \times 9 \times 150^3 + (95 - 36.38)^2 \times 150 \times 9\right]$$
$$= 9.36 \times 10^6(\text{mm}^4) = 9.36 \times 10^{-6}(\text{m}^4)$$

(3) 根据《材料力学(Ⅰ)》中弯曲正应力式(6-2)，求得点 $B$、$C$ 的正应力为

$$\sigma'_B = \frac{2 \times 10^3 \times (170 - 36.38) \times 10^{-3}}{9.36 \times 10^{-6}} = 28.6 \times 10^6(\text{Pa}) = 28.6(\text{MPa})$$

$$\sigma_C = \frac{2\times10^3\times36.38\times10^{-3}}{9.36\times10^{-6}} = 7.77\times10^6(\text{Pa}) = 7.77(\text{MPa})$$

正应力在单一材料的等效截面上的分布如图 4-14(c)所示。

在实际截面上的 $B$ 点，木材所承受的正应力为

$$\sigma_B = n\sigma'_B = \frac{12\times10^3}{200\times10^3}\times28.6(\text{MPa}) = 1.72(\text{MPa})$$

(4)在结合面上，用《材料力学(Ⅰ)》中式(6-2)可以算出正应力 $\sigma = 3.5\text{MPa}$，换算到实际截面上，$\sigma_{\text{st}} = 3.5\text{MPa}, \sigma_{\text{w}} = n\sigma = 0.21\text{MPa}$，分布图如图 4-14(d)所示。显然，结合面处应力不连续。

工程中把相同或不同材料的几根梁叠合在一起所组成的梁，称为**叠(合)梁**。图 4-12 就是这种叠梁。叠梁包括界面固定和界面自由两种形式。

当两根梁中间截面用胶粘合，或用螺栓、楔体等将上下梁连接为一体时称为截面固定叠梁。此时叠梁同前述不同材料的组合梁一样，如同一整体梁发生弯曲，平面假设依然成立。强度计算用式(4-16)或式(4-22)进行。

若两根梁接触面光滑，则是界面自由叠梁。此时叠梁弯曲变形时，横截面绕各自的中性轴转动，在小变形条件下，各根梁的曲率认为处处相同，共同承受跨中弯矩($\sum M_i = M$)。设图 4-12(a)中矩形截面宽度为 $b$，材料 1、2 的高度均为 $h$，截面弯矩为 $M$，则不同材料内最大应力只要将式(4-22)中的 $y$ 换为 $h/2$ 即可。若上层为钢梁，下层为铝梁，且 $E_1=3E_2$，则钢梁承担 $3M/4$，铝梁承担 $M/4$，其应力分布如图 4-12(d)所示。当上下层材料相同时，各自承担 $M/2$，其应力分布如图 4-12(e)所示，显然其最大应力比界面固定叠梁增大了 1 倍。

### 4.3.2　两种材料掺和的组合梁

钢筋混凝土梁也是一种组合梁，仅在弯曲正应力计算中假设：

(1)混凝土不承担拉应力；

(2)钢筋不承受压应力；

(3)变形后横截面仍为平面。

对钢筋混凝土梁，也可采用等效截面法进行计算。图 4-15(a)中的等效截面如图 4-15(d)所示。

设中性轴 $z$ 距截面上边缘的距离为 $Kd$，得混凝土中的最大压应力为

$$|\sigma_{\text{c}}|_{\max} = \frac{MKd}{\bar{I}_z} \tag{4-24}$$

钢筋中的拉应力为

$$\sigma_{\text{st}} = \frac{\alpha M(1-K)d}{\bar{I}_z} \tag{4-25}$$

由于一般的钢筋直径远小于整个横截面的高度，可以认为钢筋中的应力是均匀分布的。

图 4-15(d)所示等效截面对中性轴 $z$ 的截面二次矩为

$$\bar{I}_z = \frac{1}{3}b(Kd)^3 + \alpha A_{\text{st}}(1-K)^2 d^2$$

等效截面对中性轴的静矩为零，由图 4-15(d)有

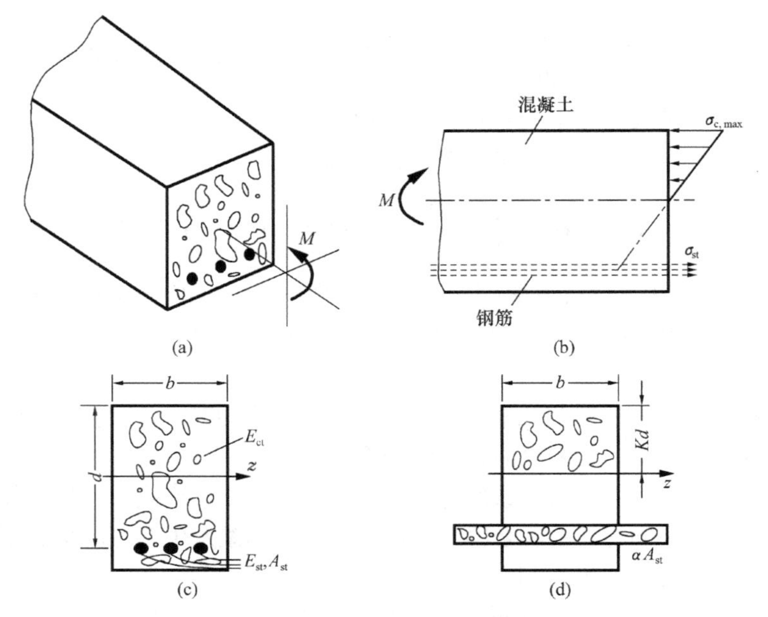


图 4-15

$$\frac{1}{2}b(Kd)^2-\alpha A_{\mathrm{st}}d(1-K)=0$$

得

$$K=\sqrt{2\alpha\beta+(\alpha\beta)^2}-\alpha\beta$$

式中，$\beta=\dfrac{A_{\mathrm{st}}}{bd}$，$\alpha=\dfrac{E_{\mathrm{st}}}{E_{\mathrm{ct}}}$，$E_{\mathrm{st}}$、$E_{\mathrm{ct}}$ 分别为钢筋和混凝土的弹性模量，$A_{\mathrm{st}}$ 为钢筋横截面的总面积。

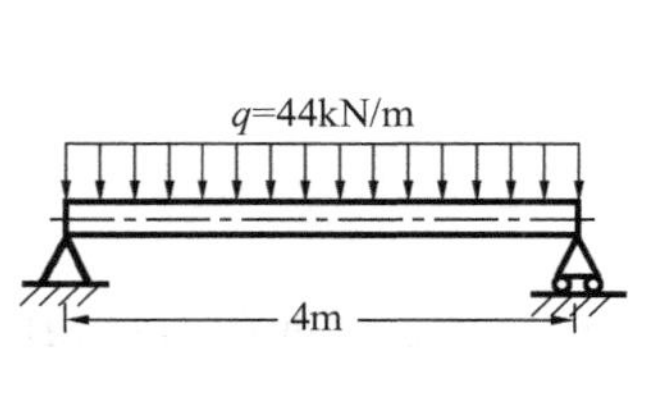


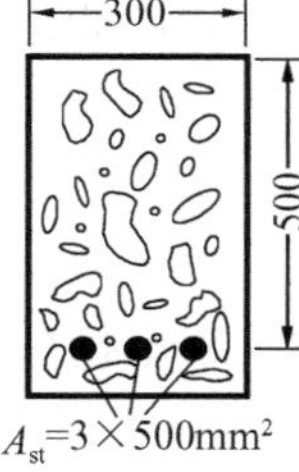


图 4-16

**例 4-7**　钢筋混凝土简支梁如图 4-16 所示。包括自重在内的均布载荷 $q=44\mathrm{kN/m}$。已知钢筋与混凝土的弹性模量比 $\alpha=\dfrac{E_{\mathrm{st}}}{E_{\mathrm{ct}}}=10$，试求混凝土中的最大压应力和钢筋中的拉应力。

**解**　(1) 梁内最大弯矩在梁中点处，其值为

$$M_{\max}=\frac{1}{8}ql^2=\frac{1}{8}\times44\times10^3\times4^2=8.8\times10^4(\mathrm{N\cdot m})$$

已知 $b=300\mathrm{mm}$，$d=500\mathrm{mm}$，$A_{\mathrm{st}}=3\times500=1500(\mathrm{mm}^2)$。于是

$$\beta=\frac{A_{\mathrm{st}}}{bd}=\frac{1500}{300\times500}=0.01$$

$$K=\sqrt{2\alpha\beta+(\alpha\beta)^2}-\alpha\beta=\sqrt{2\times10\times0.01+(10\times0.01)^2}-10\times0.01=0.358$$

$$\bar{I}_z=\frac{1}{3}b(Kd)^3+\alpha A_{\mathrm{st}}(1-K)^2d^2=\frac{1}{3}\times0.3\times(0.358\times0.5)^3$$
$$+10\times1.5\times10^{-3}\times(1-0.358)^2\times0.5^2=2.12\times10^{-3}(\mathrm{m}^4)$$

(2) 钢筋内的最大拉应力。由式(4-25)得

$$\sigma_{\mathrm{st,max}}=\frac{\alpha M(1-K)d}{\bar{I}_z}=\frac{10\times 8.8\times 10^4\times(1-0.358)\times 0.5}{2.12\times 10^{-3}}=133.2\times 10^6(\mathrm{Pa})=133.2(\mathrm{MPa})$$

(3)混凝土中的最大压应力。由式(4-24)得

$$\sigma_{\mathrm{c,max}}=\frac{MKd}{\bar{I}_z}=\frac{8.8\times 10^4\times 0.358\times 0.5}{2.12\times 10^{-3}}=7.43\times 10^6(\mathrm{Pa})=7.43(\mathrm{MPa})$$

## 4.4　平面曲杆的正应力

工程中除了轴线为直线的杆件，还会遇到杆件轴线为曲线的情形，称这类杆件为**曲杆**。最常见的曲杆有一纵向对称面(即横截面有一对称轴)，曲杆轴线是纵向对称面中的一条平面曲线，外力作用在纵向对称面内，变形后的轴线仍是纵向对称面内的平面曲线，这就是曲杆的**平面弯曲**。图 4-17 中所示的吊钩、链环、单臂压力机的机架等，都属于曲杆平面弯曲问题。

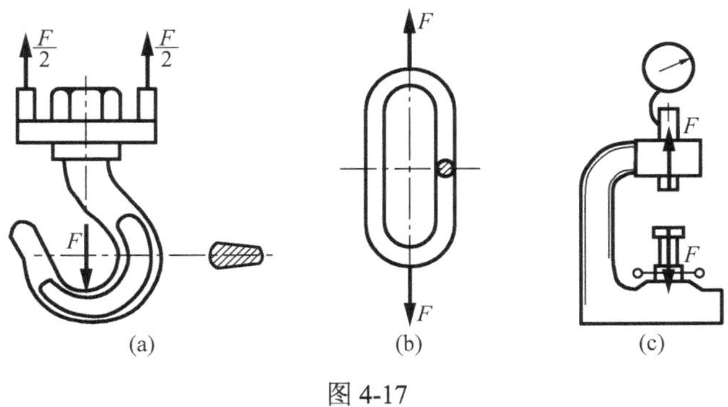


图 4-17

平面曲杆在外力作用下，任意截面上一般有轴力 $F_N$、剪力 $F_s$ 和弯矩 $M$。内力的计算及其正负号规定与《材料力学(Ⅰ)》中 5.3 节相同。下面进一步讨论横截面上的应力分布和强度条件。

### 4.4.1　横截面上的应力

轴力 $F_N$ 引起的正应力 $\sigma$ 在横截面上仍然是均匀分布的，所以仍采用直杆公式 $\sigma=F_N/A$ 计算。剪力引起的切应力 $\tau$ 也近似采用直杆公式 $\tau=\dfrac{F_sS_z^*}{bI_z}$ 计算。在实际应用中，采用上式计算切应力已足够精确。

当曲杆横截面的高度与轴线的曲率半径相比不是一个小量时，其弯曲正应力的分布规律与直杆有很大差别。设在曲杆的纵向对称面内，曲杆的两端作用大小相等、方向相反的两个弯曲力偶矩 $M_e$(图 4-18(a))。这时曲杆横截面上只有与弯矩 $M_e=M_z$ 对应的弯曲正应力。与解决直杆的弯曲问题一样，对曲杆的弯曲问题仍需考虑变形几何关系、物理条件和静力学条件三个方面。

1. 变形几何关系

根据实验结果，平面假设仍然成立，即弯曲变形前垂直于轴线的横截面，变形后仍保持为平面，且仍垂直于变形后的轴线，仅是绕中性轴转了一个角度。

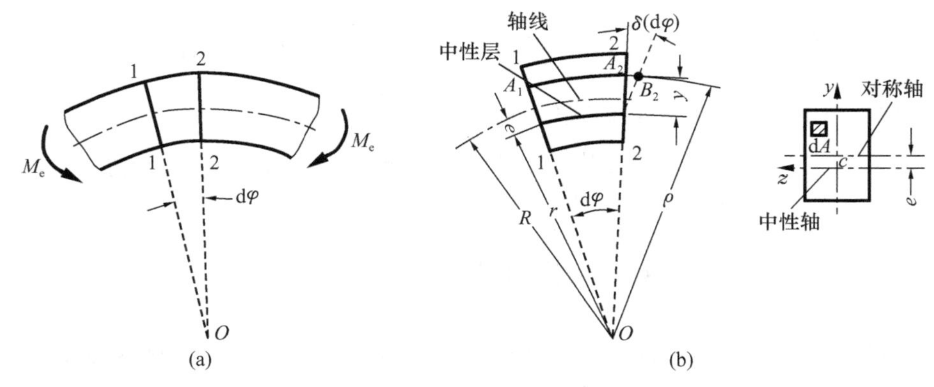


图 4-18

如图 4-18(a)、(b)所示，变形前以夹角为 $\mathrm{d}\varphi$ 的两相邻截面 1-1 和 2-2 取出一个微段。根据平面假设，变形后截面 2-2 相对于截面 1-1 绕中性轴转过了一个微小角度 $\delta(\mathrm{d}\varphi)$ 。以截面的对称轴为 $y$ 轴，中性轴为 $z$ 轴，截面的外法线为 $x$ 轴。设中性层的曲率半径为 $r$。变形前，距中性层为 $y$ 的纵向纤维 $\overset{\frown}{A_1A_2}$ 的长度为

$$\overset{\frown}{A_1A_2}=(r+y)\mathrm{d}\varphi=\rho\mathrm{d}\varphi$$

式中， $\rho=r+y$ ，是该层纤维的曲率半径。变形后，纤维 $\overset{\frown}{A_1A_2}$ 的伸长量是

$$\overset{\frown}{A_2B_2}=y\delta(\mathrm{d}\varphi)$$

纤维 $\overset{\frown}{A_1A_2}$ 的应变为

$$\varepsilon=\frac{\overset{\frown}{A_2B_2}}{\overset{\frown}{A_1A_2}}=\frac{y\delta(\mathrm{d}\varphi)}{\rho\mathrm{d}\varphi}$$

2. 物理条件

设各纵向纤维之间没有相互挤压，于是各纵向纤维都是单向受力状态。根据《材料力学（Ⅰ）》中式(2-6)，有

$$\sigma=E\varepsilon=\frac{Ey}{\rho}\frac{\delta(\mathrm{d}\varphi)}{\mathrm{d}\varphi}=\frac{Ey}{r+y}\frac{\delta(\mathrm{d}\varphi)}{\mathrm{d}\varphi} \tag{4-26}$$

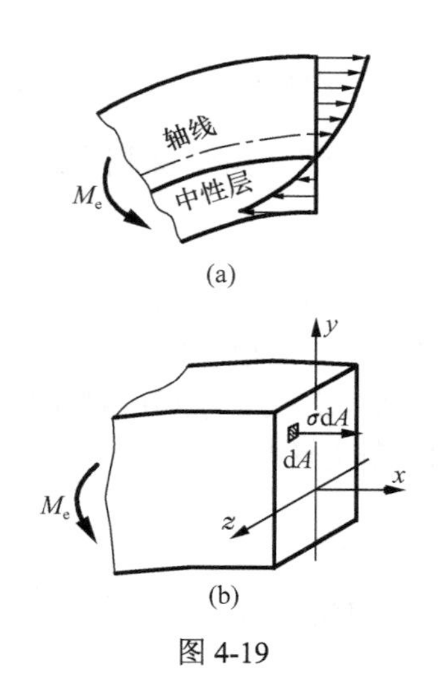


图 4-19

对某一给定横截面来说， $E\dfrac{\delta(\mathrm{d}\varphi)}{\mathrm{d}\varphi}$ 和中性层的曲率半径 $r$ 都是常量，因而各点的正应力 $\sigma$ 只与坐标 $y$ 有关系。式(4-26)表明，$\sigma$ 与 $y$ 的关系是双曲线关系，所以沿截面高度 $\sigma$ 按双曲线规律变化，如图 4-19(a)所示。在曲杆中，若在中性层的内侧(靠近曲率中心一侧)和外侧的等远处取两条纤维，其伸长或缩短的绝对数值虽然相同，但其原来长度不同，靠内侧处短，外侧处长，故内侧的应变和应力数值都比外侧的大。

3. 静力学条件

由横截面上微内力 $\sigma\mathrm{d}A$ (图 4-19(b))合成横截面上的总

内力。这样的平行力系只可能合成三个内力分量，即 $F_N$、$M_y$ 和 $M_z$，可表示为

$$F_N = \int_A \sigma \mathrm{d}A = 0 \tag{1}$$

$$M_y = \int_A z\sigma \mathrm{d}A = 0 \tag{2}$$

$$M_z = \int_A y\sigma \mathrm{d}A \tag{3}$$

由式(1)可得

$$F_N = \int_A \sigma \mathrm{d}A = E\frac{\delta(\mathrm{d}\varphi)}{\mathrm{d}\varphi}\int_A \frac{y}{\rho}\mathrm{d}A = 0$$

由于 $E\dfrac{\delta(\mathrm{d}\varphi)}{\mathrm{d}\varphi}$ 不为零，所以

$$\int_A \frac{y}{\rho}\mathrm{d}A = 0 \tag{4}$$

将 $\rho = r + y$, $\dfrac{y}{\rho} = \dfrac{y}{r+y} = 1 - \dfrac{r}{\rho}$ 代入式(4)，得

$$\int_A \frac{y}{\rho}\mathrm{d}A = \int_A \left(1 - \frac{r}{\rho}\right)\mathrm{d}A = \int_A \mathrm{d}A - \int_A \frac{r}{\rho}\mathrm{d}A = 0$$

由此得出

$$r = \frac{A}{\displaystyle\int_A \frac{1}{\rho}\mathrm{d}A} \tag{4-27}$$

由式(4-27)可算出中性层的曲率半径 $r$，并确定中性轴在横截面上的位置。

这里并未得出截面对中性轴的静矩等于零的结论。由于横截面上的正应力按双曲线规律分布，靠近曲杆曲率中心一侧的应力增加较快，远离曲率中心一侧的应力增加缓慢，而整个横截面上的合内力 $F_N = 0$。所以中性轴从截面形心向曲杆的曲率中心一侧移动。

由式(2)可得

$$\int_A z\sigma \mathrm{d}A = E\frac{\delta(\mathrm{d}\varphi)}{\mathrm{d}\varphi}\int_A \frac{yz}{\rho}\mathrm{d}A = 0$$

由于 $y$ 是对称轴，所以上式中的积分应为零，即

$$\int_A \frac{yz}{\rho}\mathrm{d}A = 0$$

这样，自然满足式(2)。

由式(3)得

$$\int_A y\sigma \mathrm{d}A = E\frac{\delta(\mathrm{d}\varphi)}{\mathrm{d}\varphi}\int_A \frac{y^2}{\rho}\mathrm{d}A = M_z$$

由于 $\rho = r + y$，于是

$$\int_A \frac{y^2}{\rho}\mathrm{d}A = \int_A \frac{r+y-r}{\rho}y\mathrm{d}A = \int_A \left(1 - \frac{r}{\rho}\right)y\mathrm{d}A = \int_A y\mathrm{d}A - r\int_A \frac{y}{\rho}\mathrm{d}A$$

由式(4)可知，上式中第二个积分为零。于是

$$\int_A \frac{y^2}{\rho} \mathrm{d}A = \int_A y \mathrm{d}A = S_z$$

这样

$$M_z = E\frac{\delta(\mathrm{d}\varphi)}{\mathrm{d}\varphi}\int_A \frac{y^2}{\rho} \mathrm{d}A = E\frac{\delta(\mathrm{d}\varphi)}{\mathrm{d}\varphi} S_z \tag{5}$$

将式(5)代入式(4-26)得

$$\sigma = \frac{Ey}{\rho}\frac{\delta(\mathrm{d}\varphi)}{\mathrm{d}\varphi} = \frac{M_z y}{\rho S_z} = \frac{M_z y}{(r+y)S_z} \tag{4-28}$$

式中，$y$ 为要计算应力的点到中性轴的距离；$\rho$ 为该点到曲杆曲率中心的距离(曲率半径)；$S_z$ 为整个横截面对中性轴的静矩；$M_z$ 为横截面上的弯矩。

式(4-28)是平面曲杆纯弯曲时，横截面上任一点正应力的计算公式。从弯曲正应力的分布规律容易看出，离中性轴最远的边缘处正应力最大。

### 4.4.2　中性层曲率半径 *r* 的计算

本节仅就矩形和圆形截面中性层的曲率半径如何计算进行介绍，更多截面中性层的曲率半径的计算可在相关手册中查到。设所讨论曲杆均受使曲杆曲率增加的正弯矩作用。

1. 矩形截面

图 4-20(a)为一个 $b\times h$ 的矩形截面，取 $\mathrm{d}A = b\mathrm{d}\rho$ ，则由式(4-27)得

$$r = \frac{A}{\int_A \frac{\mathrm{d}A}{\rho}} = \frac{bh}{\int_A \frac{b\mathrm{d}\rho}{\rho}} = \frac{h}{\int_{R_2}^{R_1} \frac{\mathrm{d}\rho}{\rho}} = \frac{h}{\ln\frac{R_1}{R_2}} \tag{4-28a}$$

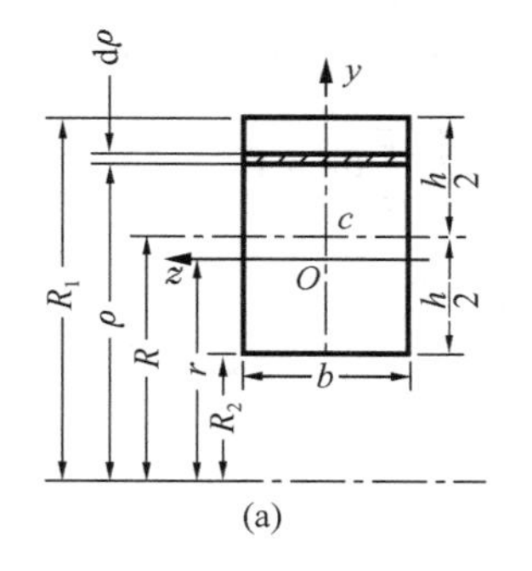


(a)

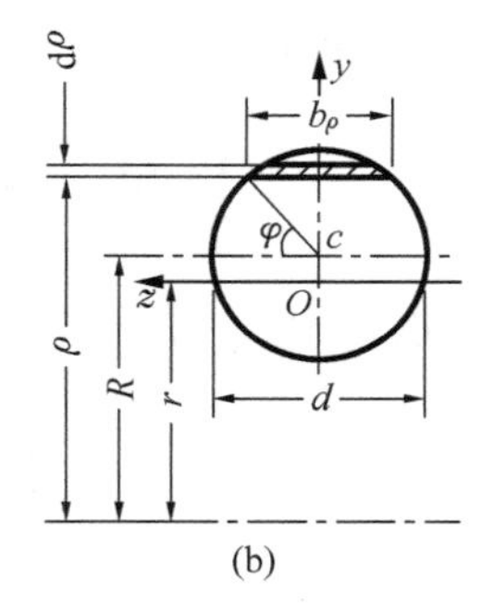


(b)

图 4-20

若取一矩形截面曲杆，设 $R = 5h$，按式(4-28a)可算得

$$r = \frac{h}{\ln\frac{R_1}{R_2}} = \frac{h}{\ln\frac{R+0.5h}{R-0.5h}} = \frac{h}{\ln\frac{5.5}{4.5}} = 4.9833h$$

由式(4-28)得上边缘最大拉应力为

$$\sigma_{\mathrm{t,max}}=\frac{M_z y}{(r+y)S_z}=\frac{M_z(R_1-r)}{R_1S_z}=\frac{M_z(5.5-4.9833)h}{5.5h\times bh\times(5-4.9833)h}=0.9376\frac{M_z}{W}$$

最大压应力为

$$\sigma_{\mathrm{c,max}}=\frac{M_z y}{(r-y)S_z}=\frac{M_z(r-R_2)}{R_2S_z}=\frac{M_z(4.9833-4.5)h}{4.5h\times bh\times(5-4.9833)h}=1.0719\frac{M_z}{W}$$

上两式中 $W=\frac{1}{6}bh^2$。可见若按直杆计算弯曲正应力，将带来的 7%的误差。由此例还可看出，$r$ 与 $R$ 非常接近，因此计算 $r$ 的误差将影响到 $\sigma$ 的精度，所以 $r$ 值应算得足够准确。

2. 圆形截面

图 4-20(b)是直径为 $d$ 的圆截面，若以 $\varphi$ 角为变量，则有

$$\rho=R+\frac{d}{2}\sin\varphi,\quad \mathrm{d}\rho=\frac{d}{2}\cos\varphi\mathrm{d}\varphi,\quad b_\rho=d\cos\varphi$$

又 $\mathrm{d}A=b_\rho\mathrm{d}\rho=\frac{1}{2}d^2\cos^2\varphi\mathrm{d}\varphi$，由此求得

$$\int_A\frac{\mathrm{d}A}{\rho}=\int_{-\frac{\pi}{2}}^{\frac{\pi}{2}}\frac{\frac{1}{2}d^2\cos^2\varphi\mathrm{d}\varphi}{R+\frac{d}{2}\sin\varphi}=\pi(2R-\sqrt{4R^2-d^2})$$

所以

$$r=\frac{A}{\int_A\frac{\mathrm{d}A}{\rho}}=\frac{d^2}{4(2R-\sqrt{4R^2-d^2})}\tag{4-28b}$$

与矩形截面曲杆类似，若取 $R=5d$，可用相似方法算得曲杆中的最大拉应力为

$$\sigma_{\mathrm{t,max}}=0.9318\frac{M_z}{W}$$

最大压应力为

$$\sigma_{\mathrm{c,max}}=1.0833\frac{M_z}{W}$$

以上两式中 $W=\frac{\pi}{32}d^3$。

### 4.4.3　曲杆正应力公式应用范围

从上面所举矩形截面和圆形截面的例子可见，在工程上一般把 $R>5h$ 的曲杆称**小曲率杆**，其弯曲正应力可近似地按直杆弯曲正应力公式计算，误差并不太大。而把 $R\leqslant 5h$ 的曲杆称为**大曲率杆**，需用式(4-28)来计算横截面上的弯曲正应力。这里的 $R$ 是曲杆轴线的曲率半径，$h$ 是曲杆的横截面高度。

### 4.4.4　强度条件

曲杆在平面弯曲情形下，截面上同时有轴力 $F_{\mathrm{N}}$ 和弯矩 $M$。根据叠加原理，其正应力为

$$\sigma = \frac{F_N}{A} + \frac{M_z y}{\rho S_z}$$

最大正应力发生在横截面的内、外边缘上，故强度条件为

$$\sigma_{max} = \frac{F_N}{A} + \frac{M_z y_i}{\rho_i S_z} \leqslant [\sigma] \tag{4-29}$$

若用 $y_1$、$y_2$ 分别表示外侧和内侧离中性层的距离，则 $\rho_i$ 表示外、内侧处的曲率半径，即 $R_1 = \rho_1 = r + y_1, R_2 = \rho_2 = r - y_2$。另外，应用式(4-29)时，需注意弯矩引起的正应力与轴力引起的正应力符号的异同。

**例 4-8**　试对图 4-21 所示曲杆进行强度校核。已知曲杆轴线的曲率半径 $R = 60\text{mm}$，作用于 $B$ 端的外力 $F = 10\text{kN}$，矩形截面的长度 $h = 40\text{mm}$，宽度 $b = 20\text{mm}$，材料的许用应力 $[\sigma] = 160\text{MPa}$。

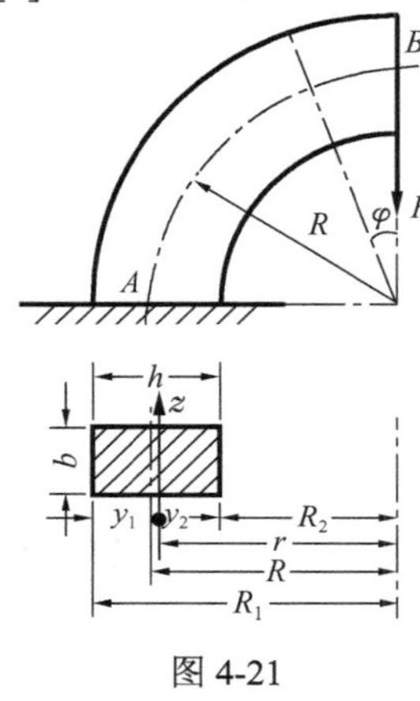


图 4-21

**解**　(1)用截面法求任一截面 $\varphi$ 上的内力：

$$F_N = -F\sin\varphi, \quad F_s = F\cos\varphi, \quad M = FR\sin\varphi$$

分析可知，$A$ 截面是危险截面。危险截面 $A$ 处的内力为

$$F_N = -F, \ F_s = 0, \ M_z = FR$$

由于 $\dfrac{R}{h} = \dfrac{60}{40} = 1.5$，故该杆为大曲率杆。

(2)曲杆外侧和内侧纤维的曲率半径分别为

$$R_1 = R + \frac{h}{2} = 60 + \frac{40}{2} = 80(\text{mm})$$

$$R_2 = R - \frac{h}{2} = 60 - \frac{40}{2} = 40(\text{mm})$$

由式(4-27)可得中性轴的曲率半径为

$$r = \frac{A}{\int_A \frac{\mathrm{d}A}{\rho}} = \frac{h}{\ln\frac{R_1}{R_2}} = \frac{40}{\ln\frac{80}{40}} = 57.7(\text{mm})$$

(3)求最大弯曲正应力。由式(4-28)求得外侧最大拉应力为

$$\sigma' = \frac{My_1}{\rho S_z} = \frac{Fry_1}{R_1 bh(R-r)} = \frac{10\times10^3\times0.0577\times(80-57.7)\times10^{-3}}{0.08\times0.04\times0.02\times(60-57.7)\times10^{-3}} = 87.4\times10^6(\text{Pa}) = 87.4(\text{MPa})$$

内侧最大压应力为

$$\sigma'' = \frac{My_2}{\rho S_z} = \frac{Fry_2}{R_2 bh(R-r)} = \frac{10\times10^3\times0.0577\times(57.7-40)\times10^{-3}}{0.04\times0.04\times0.02\times(60-57.7)\times10^{-3}}$$
$$= 1.388\times10^8(\text{Pa}) = 138.8(\text{MPa})$$

由轴力引起的压应力为

$$\sigma = \frac{F_N}{A} = \frac{F}{bh} = \frac{10\times10^3}{0.04\times0.02} = 1.25\times10^7(\text{Pa}) = 12.5(\text{MPa})$$

(4) 求$A$截面上的最大应力。由式(4-29)叠加得$A$截面上的最大拉应力为

$$\sigma'_{\mathrm{t,max}} = \sigma' - \sigma = 87.4 - 12.5 = 74.9(\mathrm{MPa}) < [\sigma]$$

最大压应力为

$$\sigma'_{\mathrm{c,max}} = \sigma'' + \sigma = 138.8 + 12.5 = 151.3(\mathrm{MPa}) < [\sigma]$$

曲杆$\overset{\frown}{AB}$安全。

**例 4-9**　铆钉机的钢机架如图 4-22 所示。已知$F = 100\mathrm{kN}$，$[\sigma] = 90\mathrm{MPa}$，若略去轴力的影响，试对机架截面$AB$进行强度校核。

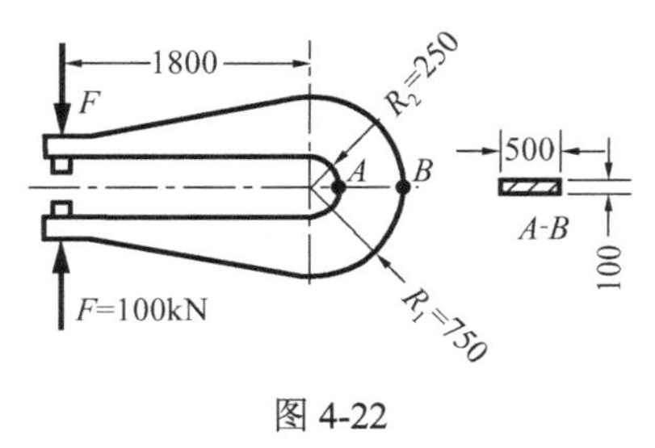


图 4-22

**解**　工程中也常用$C/R$的比值来区别大小曲率杆，$C/R < 0.1$的曲杆称为小曲率杆，而$C/R \geqslant 0.1$的曲杆称为大曲率杆。这里$C$是截面形心轴至曲杆内侧边缘的距离，$R$是轴线的曲率半径。

(1) 题中$AB$截面上形心至内侧边缘的距离$C = \dfrac{1}{2}h = 250\mathrm{mm}$，轴线的曲率半径$R = \dfrac{1}{2}(R_1 + R_2) = 500\mathrm{mm}$。$C/R = 250/500 = 0.5 > 0.1$，此曲杆属大曲率杆。

(2) 求曲杆中性轴的曲率半径。由式(4-28a)可知

$$r = \frac{A}{\displaystyle\int_A \frac{\mathrm{d}A}{\rho}} = \frac{bh}{\displaystyle\int_{R_2}^{R_1} \frac{b\mathrm{d}\rho}{\rho}} = \frac{h}{\ln\dfrac{R_1}{R_2}} = \frac{R_1 - R_2}{\ln\dfrac{R_1}{R_2}} = \frac{750 - 250}{\ln\dfrac{750}{250}} = 455(\mathrm{mm})$$

(3) 在曲杆内侧$A$点具有最大压应力，应用式(4-28)，即

$$\sigma = \frac{My}{(r + y)S_z}$$

式中

$$M = F(l + r) = 100 \times (1800 + 455)\,\mathrm{N \cdot m}$$

$$y = r - R_2 = 455 - 250 = 205\,(\mathrm{mm})$$

$$\rho = r - y = R_2 = 250\mathrm{mm}$$

$$S_z = Ay_C = bh(R - r) = 500 \times 100 \times (500 - 455)\,\mathrm{mm}^3$$

将以上数值代入式(4-28)，得

$$\sigma_{\mathrm{c,max}} = 82.2\,\mathrm{MPa}$$

在曲杆外侧$B$点具有最大拉应力，同样应用式(4-28)，其中$M$、$S_z$同上，$y = R_1 - r = 750 - 455 = 295\,(\mathrm{mm})$，$\rho = r + y = R_1 = 750\mathrm{mm}$。将以上数值代入式(4-28)，得

$$\sigma_{\mathrm{t,max}} = 39.4\,\mathrm{MPa}$$

## 4.5　用共轭梁法求梁的变形

在工程计算中，往往只需计算梁上某一指定截面的转角和(或)挠度。但当载荷比较复杂时，用积分法计算梁的变形十分烦琐。为了简化计算，曾提出过很多种计算梁变形的方法。

本节介绍的**共轭梁法**是计算指定截面挠度或转角时比较方便的方法之一。

共轭梁法建立在

$$EI\frac{d^2y}{dx^2}=M(x) \quad 和 \quad \frac{d^2M}{dx^2}=q(x)$$

两个微分方程相似的基础上。

设想有一个虚拟的梁(简称**虚梁**)，其长度和实际梁(简称**实梁**)的长度相等，并使作用在虚梁上任一截面 $x$ 处的分布载荷 $\overline{q}(x)$ 在数值上等于相应截面上实梁的弯矩 $M(x)$ (实梁和虚梁的 $x$ 轴方向和坐标原点位置都相同)，即将实梁的弯矩图 $M(x)$ 作为虚梁的虚分布载荷 $\overline{q}(x)$ 。

于是对于虚梁，根据《材料力学(Ⅰ)》中式(5-3)，有如下关系：

$$\frac{d^2\overline{M}}{dx^2}=\overline{q}(x) \tag{1}$$

将式(1)两边进行积分，可得

$$\frac{d\overline{M}}{dx}=\overline{F}_s(x)=\int_0^x \overline{q}(x)dx+\overline{F}_{s0} \tag{2}$$

再积分一次，得

$$\overline{M}(x)=\int_0^x\left[\int_0^x \overline{q}(x)dx\right]dx+\overline{F}_{s0}x+\overline{M}_0 \tag{3}$$

式中，$\overline{M}(x)$、$\overline{F}_s(x)$ 分别为虚梁在任意 $x$ 截面处的虚弯矩和虚剪力；$\overline{M}_0$、$\overline{F}_{s0}$ 分别为虚梁在坐标原点处截面上的虚弯矩和虚剪力。

对于实梁，其挠曲线近似微分方程为

$$EI\frac{d^2y}{dx^2}=M(x)$$

积分一次，得

$$EI\frac{d^2y}{dx^2}=EI\theta(x)=\int_0^x M(x)dx+EI\theta_0 \tag{4}$$

再积分一次，得

$$EIy(x)=\int_0^x\left[\int_0^x M(x)dx\right]dx+EI\theta_0x+EIy_0 \tag{5}$$

式中，$\theta_0$、$y_0$ 分别为坐标原点处截面的转角和挠度。

由于已将实梁的 $M(x)$ 取作虚梁的 $\overline{q}(x)$，对于同一个 $x$ 截面，以下两个定积分是恒等的：

$$\int_0^x \overline{q}(x)dx=\int_0^x M(x)dx,\quad \int_0^x\left[\int_0^x \overline{q}(x)dx\right]dx=\int_0^x\left[\int_0^x M(x)dx\right]dx$$

只要使虚梁的 $\overline{M}_0$ 和 $\overline{F}_{s0}$ 分别在数值上等于实梁的 $EIy_0$ 和 $EI\theta_0$，即

$$\overline{M}_0=EIy_0 \tag{6}$$

$$\overline{F}_{s0}=EI\theta_0 \tag{7}$$

则式(2)和式(4)，等号右边全等，式(3)和式(5)右边也全等。于是对任一横截面，实梁和虚梁间存在如下关系：

$$EI\theta(x)=\overline{F}_s(x) \tag{4-30}$$

$$EIy(x)=\overline{M}(x) \tag{4-31}$$

这样，将实梁的变形计算转换为虚梁上虚剪力和虚弯矩的计算。

实梁的 $EI\theta_0$ 和 $EIy_0$ 通过其位移边界条件来确定。若在虚梁（图 4-23）的对应截面处亦有与之相对应的边界条件，则由式（2）和式（3）所解得的虚梁的 $\bar{F}_{s0}$ 和 $\overline{M}_0$ 必然分别等于实梁的 $EI\theta_0$ 和 $EIy_0$。要使虚梁有相应的边界条件，只能为虚梁选择合适的支座，因为虚梁的虚载荷是不能任意选择的。这就使满足式（6）和式（7）变为根据实梁的支座情形来选择相应虚梁支座的问题。例如，实梁端部为铰支座，该点处 $EIy=0$，$EI\theta\neq0$。相应的虚梁该点处应有 $\overline{M}=0$，$\bar{F}_s\neq0$。所以虚梁的对应点也应是铰支座。又如，实梁的铰支座 $A$ 不在端部（图 4-23（a）），该处的 $EIy_A=0, EI\theta_A\neq0$。且由梁的连续条件可知，支座 $A$ 的左、右两截面的转角 $\theta_{A1}$ 和 $\theta_{A2}$ 应相等，即 $EI\theta_{A1}=EI\theta_{A2}$。相应的，虚梁对应点处应有 $\overline{M}_A=0, \bar{F}_{sA}\neq0$，且 $\bar{F}_{sA1}=\bar{F}_{sA2}$。虚梁对应点处应是一个中间铰（图 4-23（b））。中间铰处的弯矩恒等于零，且铰左、右两截面上的剪力相等。

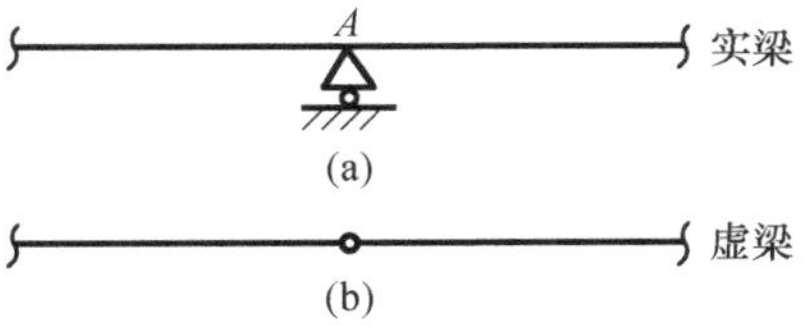

A　实梁

(a)

虚梁

(b)

图 4-23

表 4-2 给出了相关实梁和虚梁支座的对应关系，可以得到实梁和虚梁的对应情形，若实梁为简支梁，对应的虚梁也是简支梁；若实梁为悬臂梁，对应的虚梁也是悬臂梁，仅是实梁的固定端对应虚梁的自由端，实梁的自由端对应虚梁的固定端。

**表 4-2　实梁和虚梁支座的对应关系**

| 实梁 | | 虚梁 | |
|---|---|---|---|
| 支座情形或端部情形 | 边界及连续条件 | 支座情形或端部情形 | 边界及连续条件 |
| 固定端 A | $EIy_A=0$<br>$EI\theta_A=0$ | 自由端 A | $\overline{M}_A=0$<br>$\bar{F}_{sA}=0$ |
| 自由端 A | $EIy_A\neq0$<br>$EI\theta_A\neq0$ | 固定端 A | $\overline{M}_A\neq0$<br>$\bar{F}_{sA}\neq0$ |
| 端铰支座 A | $EIy_A=0$<br>$EI\theta_A\neq0$ | 端铰支座 A | $\overline{M}_A=0$<br>$\bar{F}_{sA}\neq0$ |
| 中间铰支座 A | $EIy_A=0$<br>$EI\theta_A\neq0$<br>$EI\theta_{A1}=EI\theta_{A2}$ | 中间铰 A | $\overline{M}_A=0$<br>$\bar{F}_{sA}\neq0$<br>$\bar{F}_{sA1}=\bar{F}_{sA2}$ |
| 中间铰 A | $EIy_{A1}=EIy_{A2}$<br>$EI\theta_{A1}\neq EI\theta_{A2}$ | 中间铰支座 A | $\overline{M}_{A1}=\overline{M}_{A2}$<br>$\bar{F}_{sA1}\neq\bar{F}_{sA2}$ |

由此可见，实梁和虚梁具有共轭关系，即若以转换的虚梁作为实梁，则原来的实梁就成为与之对应的虚梁，所以通常称这一对梁为共轭梁。利用虚梁的虚剪力和虚弯矩来确定实梁的转角和挠度的方法称为**共轭梁法**。方法的核心是将实梁的弯矩作为虚梁的虚分布载荷，故也称为**弯矩面积法**。

**例 4-10**　图 4-24（a）所示悬臂梁上作用均布载荷 $q$。梁的抗弯刚度 $EI$ 已知为常数。试用

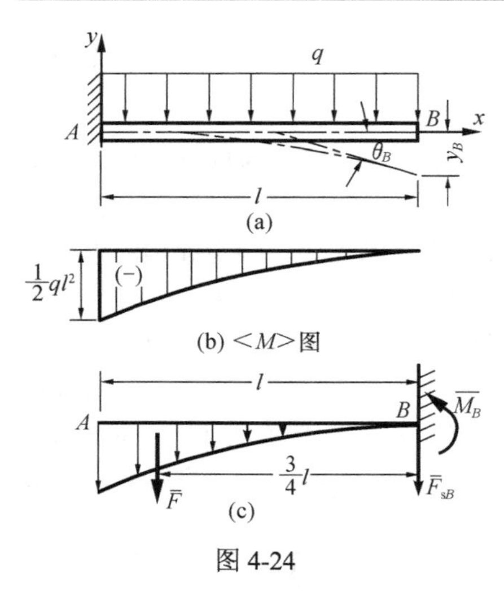

图 4-24

共轭梁法求自由端的转角和挠度。

**解**　(1) 画实梁弯矩图，如图 4-24(b) 所示。弯矩图为顶点在自由端的二次抛物线。实梁的弯矩为负值，虚梁的虚载荷也应向下，虚载荷的分布图也是二次抛物线。由表 1-2 可得此抛物线下的面积，也就是虚载荷的合力（图 4-24(c)）为

$$\overline{F}=\frac{1}{3}\left(\frac{1}{2}ql^2\right)l=\frac{1}{6}ql^3$$

$\overline{F}$ 的作用线到 $A$ 端的距离为 $l/4$。

(2) 实梁是悬臂梁，由表 4-2 可知，虚梁 $A$ 端为自由端，$B$ 端为固定端，是一个与实梁两端对调的悬臂梁（图 4-24(c)）。

(3) 为求实梁 $B$ 端的转角和挠度，只需求虚梁 $B$ 端的虚剪力和虚弯矩。设 $B$ 截面的虚剪力 $\overline{F}_{sB}$ 和虚弯矩 $\overline{M}_B$ 均为正，由平衡方程 $\sum F_y=0$ 和 $\sum M_B=0$，得

$$\overline{F}_{sB}=-\overline{F}=-\frac{1}{6}ql^3,\quad \overline{M}_B=-\overline{F}\times\frac{3}{4}l=-\frac{1}{6}ql^3\times\frac{3}{4}l=-\frac{1}{8}ql^4$$

得自由端的转角和挠度分别为

$$\theta_B=\frac{1}{EI}\overline{F}_{sB}=-\frac{ql^3}{6EI},\quad y_B=\frac{1}{EI}\overline{M}_B=-\frac{ql^4}{8EI}$$

用共轭梁法计算梁的变形时，通常需要计算虚梁虚载荷分布图下的面积及其形心位置。在表 1-2 中列出了几种常见图形的面积及形心位置，同样适用于虚载荷。表 1-2 中的顶点是指该处曲线的一阶导数为零。

当虚梁的虚载荷分布图（实梁的弯矩图）比较复杂，不能直接用表 1-2 来计算它们的面积和形心位置时，可以用叠加求弯矩图的办法，将虚载荷分成几部分，这样可使计算简化。

**例 4-11**　图 4-25(a) 所示外伸梁在全梁上受均布载荷作用。梁的抗弯刚度 $EI$ 已知为常数。试用共轭梁法求：(1) 外伸端 $A$ 面的转角和挠度；(2) $BC$ 跨度中面 $D$ 的挠度。

**解**　(1) 根据叠加原理画出实梁弯矩图。把整个梁的受载情形看作仅 $AB$ 段作用均布载荷 $q$ 和 $BC$ 段作用均布载荷 $q$ 两种情形。作弯矩图如图 4-25(b) 所示。

(2) 虚梁上的虚载荷分布图也按实梁弯矩图一样分成两部分。正弯矩对应虚载荷向上，负弯

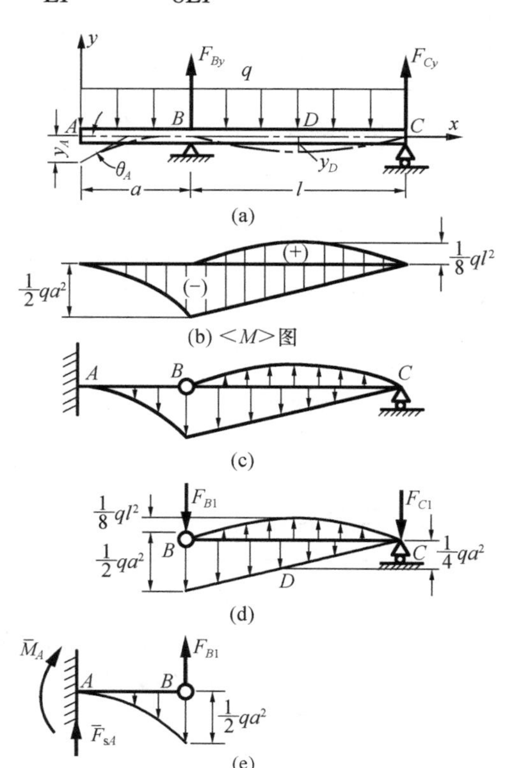

图 4-25

矩对应虚载荷向下。虚梁的支座按表 4-2 可相应地给出(图 4-25(c))。现在将求 $A$ 面的转角和挠度、$D$ 面的挠度，转化为求图 4-25(c)所示虚梁 $A$ 面的剪力和弯矩及 $D$ 面的弯矩。可将带中间铰的虚梁分成 $AB$ 和 $BC$ 两段来求解。由虚梁 $BC$ 的平衡条件 $\sum M_C = 0$ 和 $\sum M_B = 0$ 可求得支座反力(图 4-25(d))为

$$F_{B1} = \frac{1}{24}ql^3 - \frac{1}{6}qa^2 l, \quad F_{C1} = \frac{1}{24}ql^3 - \frac{1}{12}qa^2 l$$

(3)作用在虚梁 $AB$ 的 $B$ 面处的虚载荷，与求得的 $F_{B1}$ 大小相等，但方向向上(图 4-25(e))。由此可求得虚梁 $AB$ 在 $A$ 面处的剪力和弯矩为

$$\bar{F}_{sA} = \frac{1}{3}\left(\frac{1}{2}qa^2\right)a - F_{B1} = \frac{1}{6}qa^3 - \frac{1}{24}ql^3 + \frac{1}{6}qa^2 l$$

$$\begin{aligned}\overline{M}_A &= F_{B1}a - \left[\frac{1}{3}\left(\frac{1}{2}qa^2\right)a\right]\frac{3}{4}a \\ &= \left(\frac{1}{24}ql^3 - \frac{1}{6}qa^2 l\right)a - \frac{1}{8}qa^4 \\ &= \frac{1}{24}qal^3 - \frac{1}{6}qa^3 l - \frac{1}{8}qa^4\end{aligned}$$

于是求得 $A$ 面的转角和挠度为

$$\theta_A = \frac{\bar{F}_{sA}}{EI} = \frac{q}{24EI}(4a^3 + 4a^2 l - l^3)$$

$$y_A = \frac{\overline{M}_A}{EI} = -\frac{q}{24EI}(3a^4 + 4a^3 l - al^3)$$

(4)求 $D$ 面的虚弯矩 $\overline{M}_D$，将图 4-25(d)从中面处截开，且设该面弯矩 $\overline{M}_D$ 为正，由 $\sum M_D = 0$ 可得

$$\begin{aligned}\overline{M}_D &= -F_{C1}\frac{l}{2} - \left(\frac{1}{2}\times\frac{1}{4}qa^2\times\frac{l}{2}\right)\times\frac{1}{3}\times\frac{l}{2} + \left(\frac{2}{3}\times\frac{1}{8}ql^2\times\frac{l}{2}\right)\times\frac{3}{8}\times\frac{l}{2} \\ &= -\frac{1}{24}ql^3\times\frac{l}{2} + \frac{1}{12}qa^2 l\times\frac{l}{2} - \frac{1}{96}qa^2 l^2 + \frac{1}{128}ql^4 = \frac{1}{32}qa^2 l^2 - \frac{5}{384}ql^4\end{aligned}$$

于是求得 $D$ 面的挠度为

$$y_D = \frac{\overline{M}_D}{EI} = -\frac{ql^2}{384EI}(5l^2 - 12a^2)$$

从例 4-10 和例 4-11 可以看出，用共轭梁法求指定点的位移时比较方便。如果例 4-11 用积分法求解，在 2 段中写出 2 个弯矩方程，积分后有 4 个积分常数要确定，明显比较冗繁；应用共轭梁法时要求熟练准确地画出实梁的弯矩图，正确进行实-虚梁的转换，只有这样才能准确求得给定截面的位移。

## 4.6　梁变形的普遍方程——奇异函数法

《材料力学(Ⅰ)》中第 7 章介绍了用积分法求梁的变形。积分法虽然比较直接，但弯矩

方程的分段越多，挠曲线近似微分方程也越多，积分常数也越多。如果梁有 $n$ 个弯矩方程，就有 $2n$ 个积分常数，需求解 $2n$ 个联立方程，才能确定 $2n$ 个积分常数，其计算过程冗长，实际应用时颇为不便。而求梁的变形的另一种方法——共轭梁法，仅就求梁变形的某些特定值而言更有优势，第 1 章中介绍的能量法也具有同样的特点。

从《材料力学（Ⅰ）》中例 7-3 可以看出，在挠曲线微分方程的组成及积分的一定程序下，可以把积分常数化为两个，在该例中有几点值得注意：

(1) 各段截面的横坐标由同一坐标原点算起，坐标原点定在梁的最左端；

(2) 写任一截面的弯矩方程时，都由该截面左侧的外力来确定；

(3) 积分时不去掉 $(x-a)$ 的括号。

在此例的基础上，介绍求梁变形的普遍方程的另一种方法——**奇异函数法**。该方法以一种简单的形式直接用于受任何集中力、力偶及分布载荷组合作用的梁，但需掌握奇异函数的定义：

$$f_n(x) = \langle x-a \rangle^n = \begin{cases} 0, & x < a \\ (x-a)^n, & x \geqslant a,\ n \geqslant 0 \end{cases}$$

且服从积分法则：

$$\int \langle x-a \rangle^n \, \mathrm{d}x = \frac{\langle x-a \rangle^{n+1}}{n+1} + c, \quad n \geqslant 0$$

工程中常见 4 种载荷下任意截面上的弯矩 $M$ 的奇异函数表示法见表 4-3。

**表 4-3　常见载荷下梁任意截面上的弯矩的奇异函数表示**

| 载荷 | 奇异函数 | 函数含义 |
|---|---|---|
| 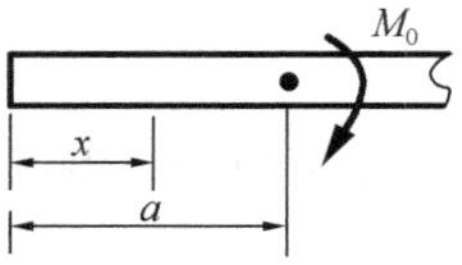$M_0$<br>x<br>a | $M=M_0\langle x-a\rangle^0$ | 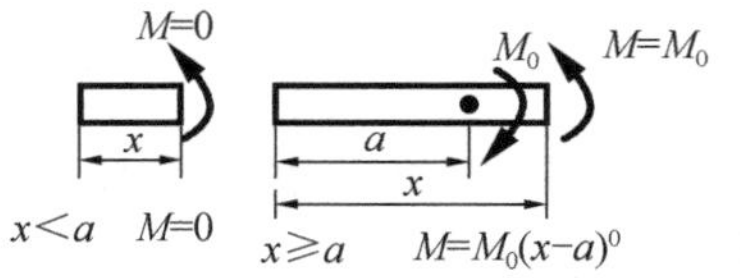M=0<br>$M_0$<br>$M=M_0$<br>x<br>a<br>x<br>x<a　M=0<br>x≥a　$M=M_0(x-a)^0$ |
| 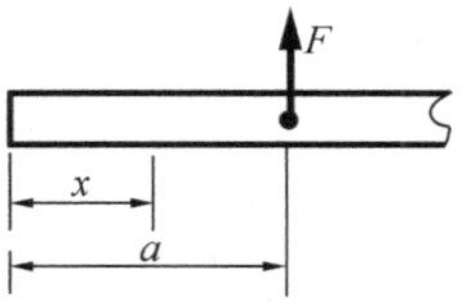F<br>x<br>a | $M=F\langle x-a\rangle$ | 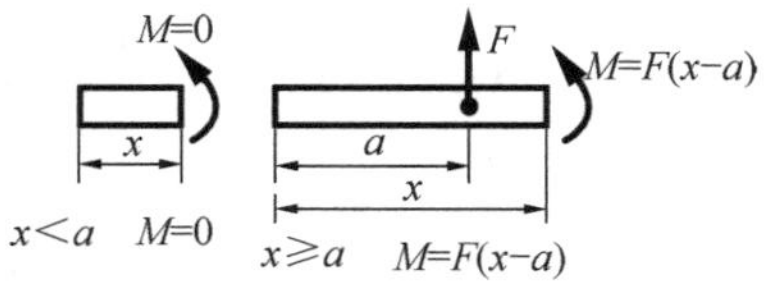M=0<br>F<br>M=F(x−a)<br>x<br>a<br>x<br>x<a　M=0<br>x≥a　M=F(x−a) |
| 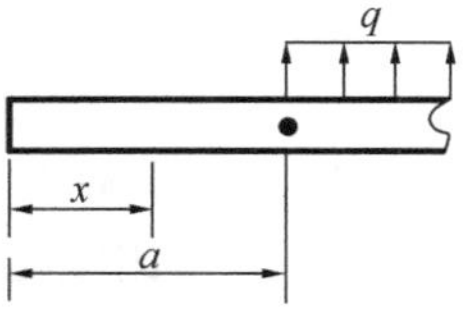q<br>x<br>a | $M=q\langle x-a\rangle^2/2$ | 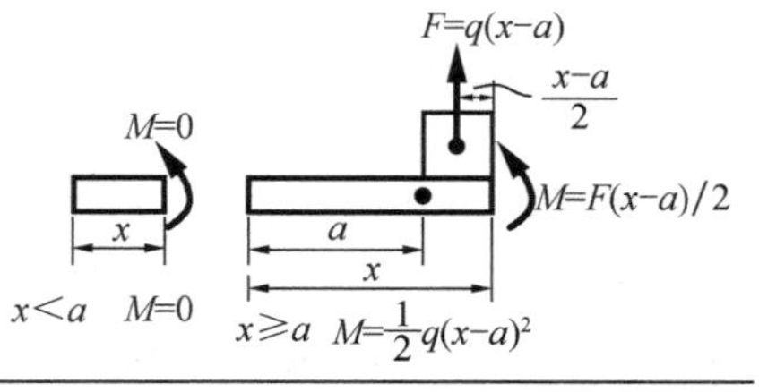F=q(x−a)<br>$\frac{x-a}{2}$<br>M=0<br>M=F(x−a)/2<br>x<br>a<br>x<br>x<a　M=0<br>x≥a　$M=\frac{1}{2}q(x-a)^2$ |
| 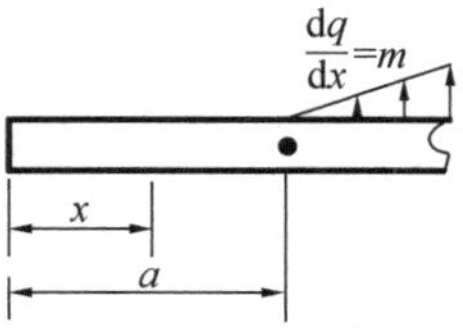$\frac{dq}{dx}=m$<br>x<br>a | $M=m\langle x-a\rangle^3/6$ | 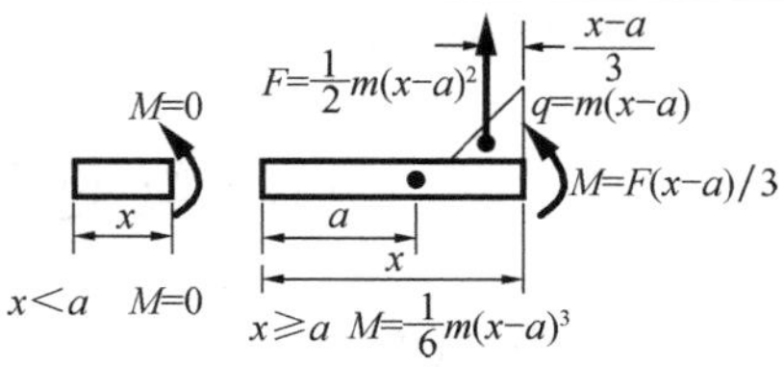$\frac{x-a}{3}$<br>$F=\frac{1}{2}m(x-a)^2$<br>q=m(x−a)<br>M=0<br>M=F(x−a)/3<br>x<br>a<br>x<br>x<a　M=0<br>x≥a　$M=\frac{1}{6}m(x-a)^3$ |

图 4-26 所示梁上作用有载荷 $q$、$F$、$M_e$。现将图中 $AB$ 、$BC$ 、$CD$ 、$DE$ 和 $EG$ 五个区段的弯矩方程进行比较，以便得出用奇异函数表示的梁变形的普遍方程，分别如下：

$AB$ 段　$M = 0, \quad 0 < x < l_1$

$BC$ 段　$M = M_e, \quad l_1 < x < l_2$

$CD$ 段　$M = M_e + F(x-l_2), \quad l_2 < x < l_3$

$DE$ 段　$M = M_e + F(x-l_2) + \dfrac{1}{2}q(x-l_3)^2, \quad l_3 < x < l_4$

$EG$ 段　$M = M_e + F(x-l_2) + \dfrac{1}{2}q(x-l_3)^2 - \dfrac{1}{2}q(x-l_4)^2, \quad l_4 < x < l_5$

可以看出，每一个后面区段的弯矩方程式，完全包含了它前面一个区段的弯矩方程式，不同的只是每次有它自己的增补项。从 $DE$ 段过渡到 $EG$ 段时，需将 $DE$ 段的均布载荷延续到 $EG$ 段，同时在 $EG$ 段加上同样大小的反向均布载荷。

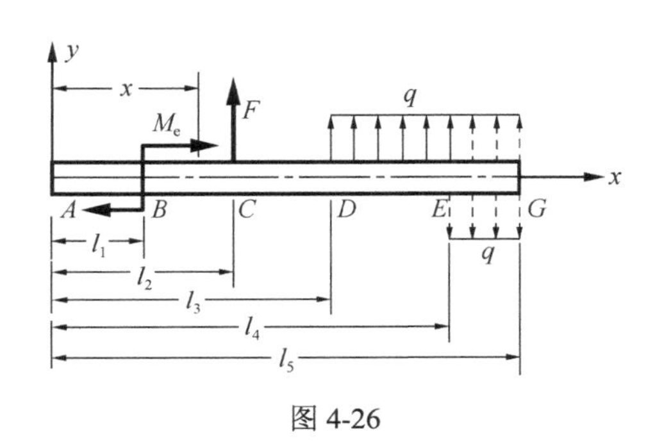


图 4-26

将上面的弯矩方程式分别代入《材料力学（Ⅰ）》中挠曲线近似微分方程式(7-1)，并积分一次。积分时不要去掉$(x-l)$的括号。注意到 $BC$ 段的弯矩 $M_e$ 可写成 $M_e(x-l_1)^0$，这并不影响弯矩方程式。积分一次的结果分别如下：

$AB$ 段　$EI\theta = C_1$

$BC$ 段　$EI\theta = C_2 + M_e(x-l_1)$

$CD$ 段　$EI\theta = C_3 + M_e(x-l_1) + \dfrac{1}{2}F(x-l_2)^2$

$DE$ 段　$EI\theta = C_4 + M_e(x-l_1) + \dfrac{1}{2}F(x-l_2)^2 + \dfrac{1}{6}q(x-l_3)^3$

$EG$ 段　$EI\theta = C_5 + M_e(x-l_1) + \dfrac{1}{2}F(x-l_2)^2 + \dfrac{1}{6}q(x-l_3)^3 - \dfrac{1}{6}q(x-l_4)^3$

按 $B$、$C$、$D$、$E$ 截面的光滑连续条件，即这些点处左、右两截面转角相等，可得

$$C_1 = C_2 = C_3 = C_4 = C_5$$

挠曲线在坐标原点的转角 $\theta_0$ 由 $AB$ 段的转角方程求得 $EI\theta_0 = C_1$。

对所得的转角方程进行第二次积分，得

$AB$ 段　$EIy = D_1 + C_1x$

$BC$ 段　$EIy = D_2 + C_1x + \dfrac{1}{2}M_e(x-l_1)^2$

$CD$ 段　$EIy = D_3 + C_1x + \dfrac{1}{2}M_e(x-l_1)^2 + \dfrac{1}{6}F(x-l_2)^3$

$DE$ 段　$EIy = D_4 + C_1 x + \dfrac{1}{2}M_e(x-l_1)^2 + \dfrac{1}{6}F(x-l_2)^3 + \dfrac{1}{24}q(x-l_3)^4$

$EG$ 段　$EIy = D_5 + C_1 x + \dfrac{1}{2}M_e(x-l_1)^2 + \dfrac{1}{6}F(x-l_2)^3 + \dfrac{1}{24}q(x-l_3)^4 - \dfrac{1}{24}q(x-l_4)^4$

同样，根据各区段边界上挠度连续的条件，可得

$$D_1 = D_2 = D_3 = D_4 = D_5 = EIy_0$$

式中，$y_0$是挠曲线在坐标原点的挠度。上面的方程式可写成如下的一般形式：

$$M = \sum_{j=1}^{n} M_{ej} + \sum_{j=1}^{n} F_j < x - l_i >^1 + \sum_{j=1}^{n} \frac{1}{2!} q_j < x - l_i >^2 \tag{4-32}$$

$$EI\theta = EI\theta_0 + \sum_{j=1}^{n} M_{ej} < x - l_i >^1 + \sum_{j=1}^{n} \frac{1}{2!} F_j < x - l_i >^2 + \sum_{j=1}^{n} \frac{1}{3!} q_j < x - l_i >^3 \tag{4-33}$$

$$EIy = EIy_0 + EI\theta_0 x + \sum_{j=1}^{n} \frac{1}{2!} M_{ej} < x - l_i >^2 + \sum_{j=1}^{n} \frac{1}{3!} F_j < x - l_i >^3 + \sum_{j=1}^{n} \frac{1}{4!} q_j < x - l_i >^4 \tag{4-34}$$

式(4-33)和式(4-34)即为奇异函数表示的梁变形的普遍方程，应用这些方程时需注意：

(1)坐标原点选在梁的最左端。

(2)外力 $q$ 和 $F$ 向上为正，反之为负。顺时针旋转的外力偶为正，反之为负。

(3)均布载荷 $q$ 应从作用起始面一直延续到梁的最右端。如果均布载荷 $q$ 仅作用在梁内某一区间，则应将均布载荷延至梁的最右端，并在延伸部分同时加反向均布载荷 $q$。

(4)式(4-32)～式(4-34)，应从坐标原点写至梁的最右端，当需求梁中间某一截面处的弯矩、转角或挠度时，凡$< x-l_i >$为负值的各项都去掉，剩下的就是 $M$、$\theta$和 $y$ 方程中应有的各项。

这种用奇异函数表征梁变形的方法称为**奇异函数法**或**初参数法**。

**例 4-12**　试用奇异函数法求图 4-27(a)所示悬臂梁的挠曲线方程，并求自由端的挠度。梁的 $EI$ 已知。

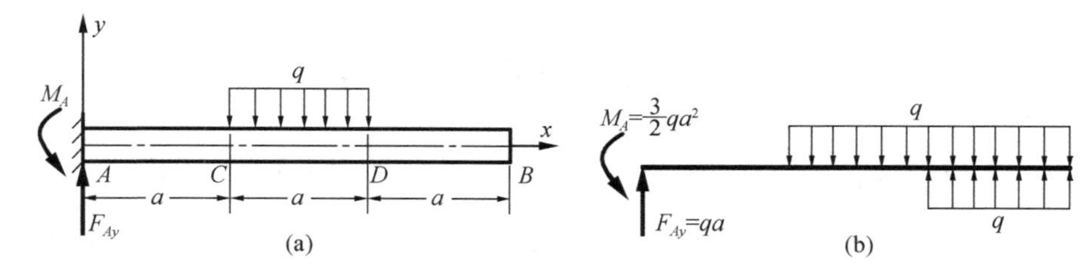


图 4-27

**解**　(1)由平衡条件$\sum M_A = 0$和$\sum F_y = 0$，可求得

$$M_A = \frac{3}{2}qa^2,\quad F_{Ay} = qa$$

(2)坐标原点取在梁的最左端 $A$ 截面处，由位移边界条件可知，$y_0 = 0$，$\theta_0 = 0$。按普遍方程的要求，将图 4-27 中的均布载荷 $q$ 等效地转换为图 4-27(b)所示的情形。按式(4-34)可写出

$$EIy=-\frac{1}{2!}M_A<x-0>^2+\frac{1}{3!}F_{Ay}<x-0>^3-\frac{1}{4!}q<x-a>^4+\frac{1}{4!}q<x-2a>^4$$

(3)将 $x=3a$ 代入上式，可得自由端的挠度为

$$\begin{aligned}EIy_B&=-\frac{1}{2!}M_Ax^2+\frac{1}{3!}F_{Ay}x^3-\frac{1}{4!}q(x-a)^4+\frac{1}{4!}q(x-2a)^4\\&=-\frac{1}{2}\times\left(\frac{3}{2}qa^2\right)(3a)^2+\frac{1}{6}(qa)(3a)^3-\frac{1}{24}q(2a)^4+\frac{1}{24}q(a)^4=-\frac{23}{8}qa^4\end{aligned}$$

于是
$$y_B=-\frac{23qa^4}{8EI}$$

**例 4-13**　求图 4-28 所示梁的挠曲线方程。$B$ 处为弹性支承，弹簧刚度系数为 $K$。

**解**　(1)从中间铰处分为 $AC$ 和 $CD$ 两段梁，由平衡条件可得

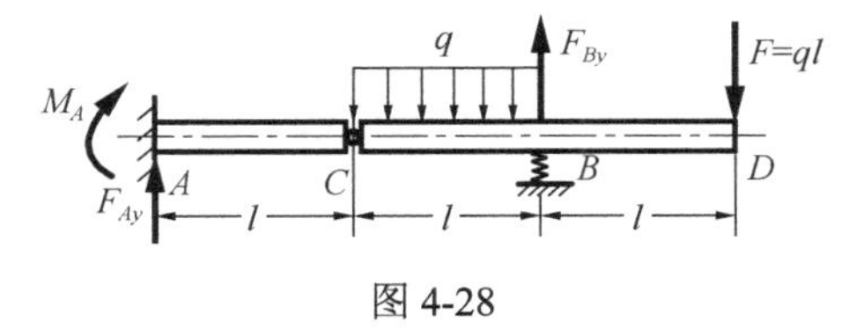

图 4-28

$$F_{By}=\frac{5}{2}ql,\quad F_{Ay}=-\frac{1}{2}ql,\quad M_A=\frac{1}{2}ql^2$$

(2)按式(4-34)写出挠曲线方程时，需注意在中间铰 $C$ 处转角的突变(转角不连续)。设转角的突变值为 $\Delta\theta_C$，所以应在挠曲线方程中加上相应的一项 $EI\Delta\theta_C<x-l>$。$A$ 端是固定端，即 $y_0=0$，$\theta_0=0$，于是得

$$\begin{aligned}EIy=&\frac{1}{2!}M_A<x-0>^2+\frac{1}{3!}F_{Ay}<x-0>^3+EI\Delta\theta_C<x-l>^1\\&-\frac{1}{4!}q<x-l>^4+\frac{1}{4!}q<x-2l>^4+\frac{1}{3!}F_{By}<x-2l>^3\end{aligned}$$

式中，$\Delta\theta_C$ 之值可用边界条件求得，即

$$y_B=-\frac{F_{By}}{K}=-\frac{5ql}{2K}=\left[\frac{1}{2}M_A(2l)^2+\frac{1}{6}F_{Ay}(2l)^3+EI\Delta\theta_Cl-\frac{1}{24}ql^4\right]\frac{1}{EI}$$

解得
$$\Delta\theta_C=-\frac{5q}{2K}-\frac{7ql^3}{24EI}$$

(3)梁的挠曲线普遍方程为

$$\begin{aligned}EIy=&\frac{1}{4}ql^2x^2-\frac{1}{12}qlx^3-\left(\frac{5EI}{2K}+\frac{7l^3}{24}\right)q<x-l>^1-\frac{1}{24}q<x-l>^4\\&+\frac{1}{24}q<x-2l>^4+\frac{5}{12}ql<x-2l>^3\end{aligned}$$

例 4-12 和例 4-13 仅根据式(4-34)所示的梁变形的普遍方程，在求出梁的未知支座反力后，将边界条件、各种载荷代入即得梁的挠曲线方程。

例 4-14 和例 4-15 根据表 4-3 提供的常见载荷的弯矩奇异函数，写出梁的弯矩普遍方程，继而积分、确定积分常数、求出梁的挠曲线方程。

**例 4-14**　试用奇异函数法求图 4-29(a)所示简支梁的挠曲线方程。

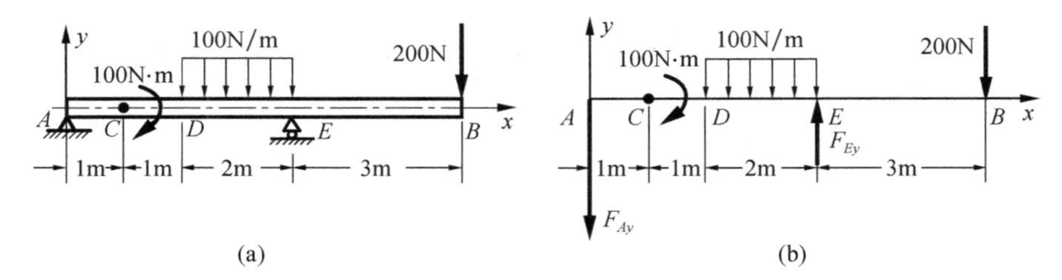


(a)　　　(b)

图 4-29

**解**　(1)梁的自由体图如图 4-29(b)所示。由平衡条件 $\sum M_A = 0$ 和 $\sum F_y = 0$，可求得

$$F_{Ay} = 125\,\text{N}, \quad F_{Ey} = 525\,\text{N}$$

(2)根据式(4-32)和表 4-3，自左至右写出梁弯矩的奇异函数表达式：

$$M(x) = -125 < x-0 >^1 + 100 < x-1 >^0 - \frac{100}{2} < x-2 >^2 + \frac{100}{2} < x-4 >^2 + 525 < x-4 >^1 - 200 < x-7 >^1$$

根据《材料力学(Ⅰ)》中式(7-1)，得梁的挠曲线近似微分方程为

$$EI\frac{\mathrm{d}^2 y}{\mathrm{d}x^2} = M(x) = -125 < x-0 >^1 + 100 < x-1 >^0 - \frac{100}{2} < x-2 >^2 + \frac{100}{2} < x-4 >^2 + 525 < x-4 >^1 - 200 < x-7 >^1$$

(3)积分求转角及挠度方程为

$$EI\frac{\mathrm{d}y}{\mathrm{d}x} = -\frac{125}{2} < x-0 >^2 + 100 < x-1 >^1 - \frac{100}{6} < x-2 >^3 + \frac{100}{6} < x-4 >^3 + \frac{525}{2} < x-4 >^2 - \frac{200}{2} < x-7 >^2 + C$$

$$EIy = -\frac{125}{6} < x-0 >^3 + \frac{100}{2} < x-1 >^2 - \frac{100}{24} < x-2 >^4 + \frac{100}{24} < x-4 >^4 + \frac{525}{6} < x-4 >^3 - \frac{200}{6} < x-7 >^3 + Cx + D$$

当边界条件为 $x=0$ 和 $x=4\text{m}$ 时，$y=0$，求出常数 $C=237.5$，$D=0$。

(4)所求梁的挠曲线方程为

$$EIy = -\frac{125}{6} < x-0 >^3 + \frac{100}{2} < x-1 >^2 - \frac{100}{24} < x-2 >^4 + \frac{100}{24} < x-4 >^4 + \frac{525}{6} < x-4 >^3 - \frac{200}{6} < x-7 >^3 + 237.5x$$

必须注意：应当采用一致的单位，由于梁的长度以 m 为单位，因而 $EI$ 的单位应为 $\text{N}\cdot\text{m}^2$。

**例 4-15**　图 4-30(a)所示梁两端简支，中点为一弹性支座，试确定当梁在弹性支座点的弯矩为零时的弹簧系数。

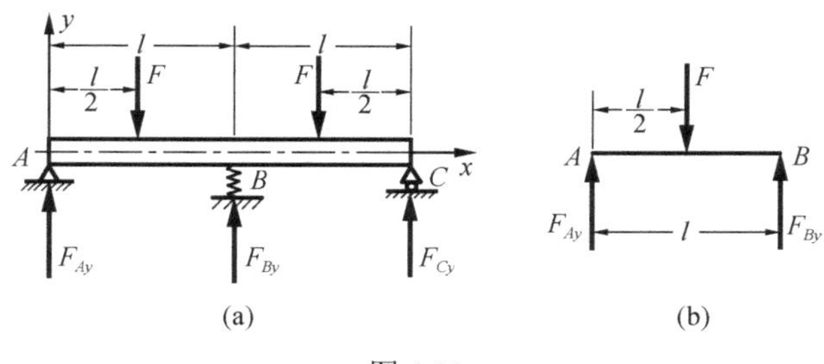


图 4-30

**解**　(1) 虽然初看起来是超静定问题，但依题意令中点 $B$ 弯矩等于零，实际上就可以使系统变成静定系统。因此，取梁的左半部，如图 4-30(b) 所示，根据平衡方程有

$$\sum M_B = F_{Ay} l - F \times \frac{l}{2} = 0$$

可求出 $F_{Ay} = \dfrac{F}{2}$。根据结构的对称性及梁的平衡条件，有

$$\sum F_y = 2F_{Ay} + F_{By} - 2F = 0$$

求出 $F_{By} = F$，即为弹簧作用在梁上的反力。

(2) 根据式 (4-32) 及表 4-3，自左至右写出梁弯矩的奇异函数表达式：

$$M(x) = \frac{F}{2} < x-0 >^1 - F < x - \frac{l}{2} >^1 + F < x - l >^1 - F < x - \frac{3l}{2} >^1 + \frac{F}{2} < x - 2l >^1$$

根据《材料力学(Ⅰ)》中式 (7-1)，得梁的挠曲线近似微分方程为

$$EI\frac{\mathrm{d}^2 y}{\mathrm{d}x^2} = M(x) = \frac{F}{2} < x-0 >^1 - F < x - \frac{l}{2} >^1 + F < x - l >^1 - F < x - \frac{3l}{2} >^1 + \frac{F}{2} < x - 2l >^1$$

对近似微分方程积分一次得

$$EI\frac{\mathrm{d}y}{\mathrm{d}x} = \frac{F}{4} < x-0 >^2 - \frac{F}{2} < x - \frac{l}{2} >^2 + \frac{F}{2} < x - l >^2 - \frac{F}{2} < x - \frac{3l}{2} >^2 + \frac{F}{4} < x - 2l >^2 + C$$

根据对称性可知 $x = l,\ \dfrac{\mathrm{d}y}{\mathrm{d}x} = 0$，则 $0 = \dfrac{F}{4} l^2 - \dfrac{F}{2} < \dfrac{l}{2} >^2 + C$

得

$$C = -\frac{Fl^2}{8}$$

对近似微分方程积分两次得

$$EIy = \frac{F}{12} < x-0 >^3 - \frac{F}{6} < x - \frac{l}{2} >^3 + \frac{F}{6} < x - l >^3 - \frac{F}{6} < x - \frac{3l}{2} >^3 + \frac{F}{12} < x - 2l >^3 - \frac{Fl^2}{8} x + D$$

由边界条件 $x$=0，$y$=0，得 $D$=0。根据上式，将 $x$=$l$ 代入，可求出 $B$ 截面的挠度 $EIy\big|_{x=l} = \dfrac{Fl^3}{16}$。

(3) 弹簧的反力 $F_{By} = K\,y\big|_{x=l}$，故 $F = K\left(\dfrac{Fl^3}{16EI}\right)$，即弹簧系数为 $K = \dfrac{16EI}{l^3}$。

**例 4-16**　试用奇异函数法求图 4-31 所示梁的挠曲线方程(其中 $EI$ 为常数)。

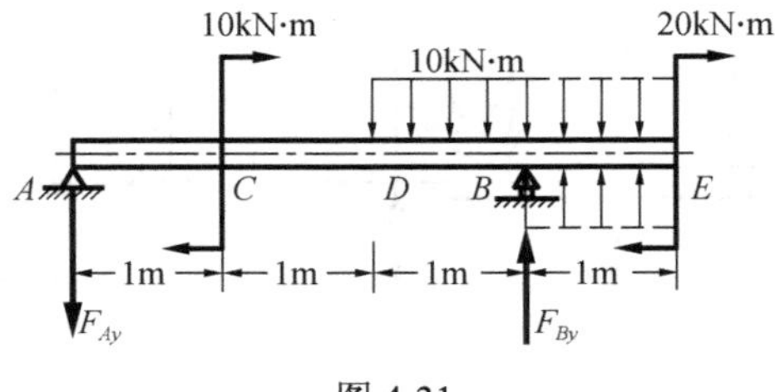


图 4-31

**解**　根据平衡条件，求出支座反力：

$$F_{Ay}=\frac{25}{3}\text{kN},\quad F_{By}=\frac{55}{3}\text{kN}$$

根据式(4-32)所示的弯矩方程的一般形式，其中

$F_1=F_{Ay}$ (向下为负)，　$l_0=0$

$F_2=F_{By}$ (向上为正)，　$l_3=3$

$M_{e1}=10$ (顺时向为正)，　$l_1=1$

$M_{e2}=20$ (顺时向为正)，　$l_4=4$

$q_1=10$ (向下为负)，　$l_2=2$

$q_2=10$ (向上为正)，　$l_3=3$

代入数据，得挠曲线的近似微分方程为

$$EI\frac{\mathrm{d}^2y}{\mathrm{d}x^2}=M(x)=-\frac{25}{3}<x-0>^1+10<x-1>^0-\frac{10}{2}<x-2>^2$$
$$+\frac{10}{2}<x-3>^2+\frac{55}{3}<x-3>^1+20<x-4>^0$$

积分一次得梁的转角方程：

$$EI\frac{\mathrm{d}y}{\mathrm{d}x}=EI\theta(x)=-\frac{25}{6}<x-0>^2+10<x-1>^1-\frac{5}{3}<x-2>^3$$
$$+\frac{5}{3}<x-3>^3+\frac{55}{6}<x-3>^2+20<x-4>^1+C$$

积分两次得梁的挠曲线方程：

$$EIy(x)=-\frac{25}{18}<x-0>^3+5<x-1>^2-\frac{5}{12}<x-2>^4$$
$$+\frac{5}{12}<x-3>^4+\frac{55}{18}<x-3>^3+10<x-4>^4+Cx+D$$

根据边界条件$x=0$，$y(0)=0$，得$D=0$；$x=3$，$y(3)=0$，得$C=\dfrac{215}{12}$。

故梁的挠曲线方程为

$$y(x)=\frac{1}{EI}\left[-\frac{25}{18}<x>^3+5<x-1>^2-\frac{5}{12}<x-2>^4\right.$$
$$\left.+\frac{5}{12}<x-3>^4+\frac{55}{18}<x-3>^3+10<x-4>^4+\frac{215}{12}x\right]$$

如果要求某个给定截面的位移，如求 $C$ 截面的转角，则 $x$=1，将转角方程 $\theta(x)$中 $x-l_i<0$ 的各项去掉，得

$$\theta(1)=\frac{165}{12EI}\ (\circlearrowright)$$

又如求 $D$ 截面的挠度，则 $x$=2，将挠曲线方程 $y(x)$ 中 $x-l_i<0$ 的各项去掉，得

$$y(2)=\frac{535}{18EI}(\uparrow)$$

从以上几例可以看出，采用奇异函数法，无论梁上的载荷如何复杂，均可直接写出梁的挠曲线方程，从而避免了积分法中由于分段过多而需要确定较多积分常数的烦冗；可直接利用式(4-34)写出梁的挠曲线方程，而该式由于直接了写出载荷而不必写出弯矩方程式，故对于静定或超静定梁同样适用；无论载荷多么复杂，该方法将分段积分时的诸多积分常数都简化为两个初参数 $y_0$ 和 $\theta_0$，计算过程比较简洁；不同的载荷项代入时，要注意相应的符号规定。尤其要注意遇到均布载荷中断截面时，要补上与其符号相反的一项。

# 思　考　题

4.1　图示空心三角形截面杆的两端受扭矩 $M_e$ 作用，试问其横截面上 $a$、$b$、$c$、$d$ 四个点处是否存在切应力？为什么？

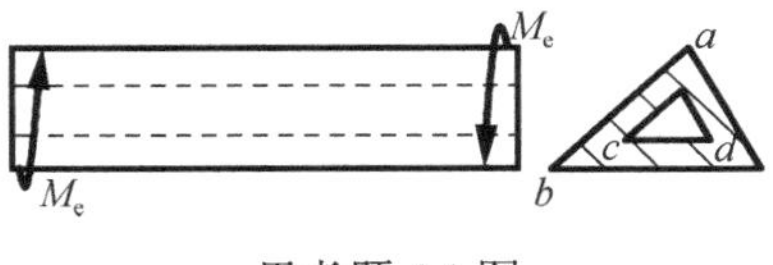


思考题 4.1 图

4.2　长度相同、壁厚均为 $\delta=d_0/20$ 的三根薄壁截面杆的横截面如图所示。若三杆的两端均受到一对大小相等的扭矩 $M_e$ 作用，且杆在弹性范围内工作，试问其横截面上的切应力哪个大？哪个小？

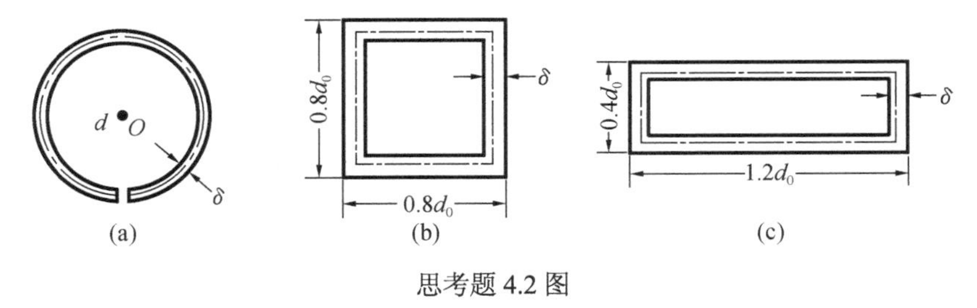


思考题 4.2 图

4.3　何谓弯曲中心？截面的弯曲中心和哪些因素有关？如何寻找槽形截面的弯曲中心？当外力不通过弯曲中心时将出现什么现象？

4.4　平面曲杆弯曲时的正应力公式及其应力分布和直杆有何不同？曲杆正应力公式的适用范围是什么？

4.5　何谓共轭梁法？共轭梁法是如何确定梁的转角和挠度的？虚剪力和虚弯矩与实弯矩有何联系？

4.6　奇异函数是如何定义的？用奇异函数法求梁的变形时有何优点？

4.7　试画出图示各截面的剪流方向和弯曲中心的大致位置。

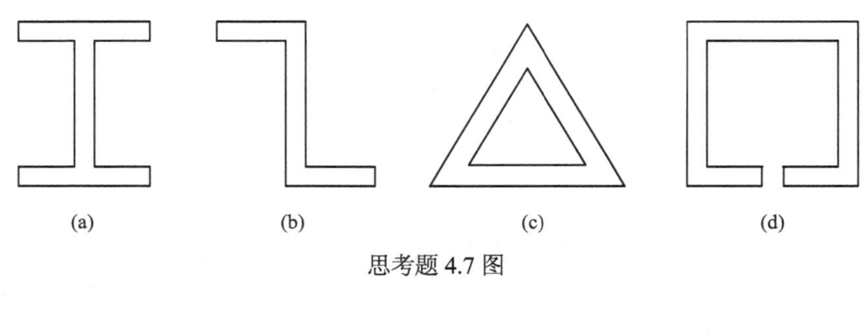


思考题 4.7 图

# 习　　题

4-1　如图所示，T 形薄壁截面杆的长度 $l=2\text{m}$，在两端受扭转力偶矩作用，材料的切变模量 $G=80\text{GPa}$，杆横截面上的扭矩 $T=0.2\text{kN}\cdot\text{m}$。试求此杆在纯扭转时的最大切应力和单位长度转角。

4-2　薄壁梁如图所示，$E$ 端视为固定端。材料的切变模量 $G=38\text{GPa}$。求点 $A$、$B$ 的切应力及端面 $C$ 的转角。

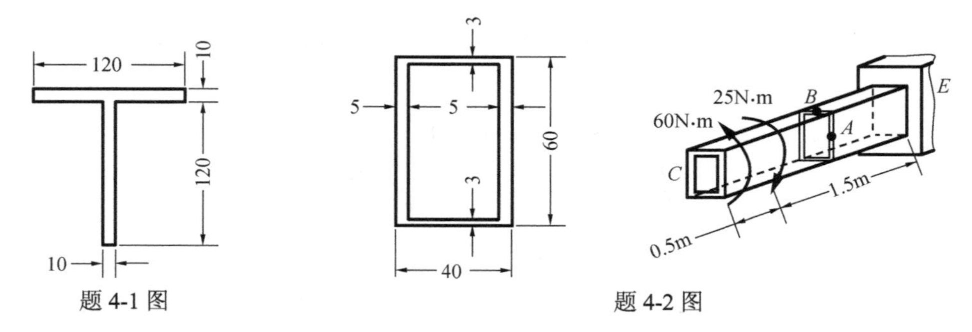


题 4-1 图　　题 4-2 图

4-3　图示为一闭口薄壁截面杆的横截面，此杆在两端受到一对外力偶矩 $M_e$ 作用。材料的许用切应力 $[\tau]=60\text{MPa}$。(1) 试按强度条件确定其许可扭转力偶矩 $[T]$；(2) 若在杆上沿母线切开一条缝后，许可扭转力偶矩 $[T]$ 将减至多少？

4-4　如图所示，薄壁杆有两种不同的截面，其壁厚及管壁中线的周长 $s$ 均相同，两杆的长度和材料相同，它们在两端承受一对力偶作用。求：(1) 两者最大切应力之比；(2) 相对转角之比。

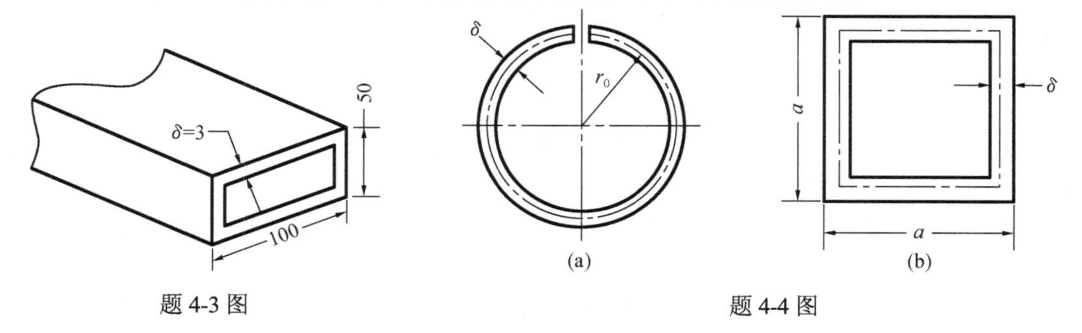


题 4-3 图　　题 4-4 图

4-5　确定图示形状截面的弯曲中心距离 $e$。各截面具有相同的厚度 $\delta$。

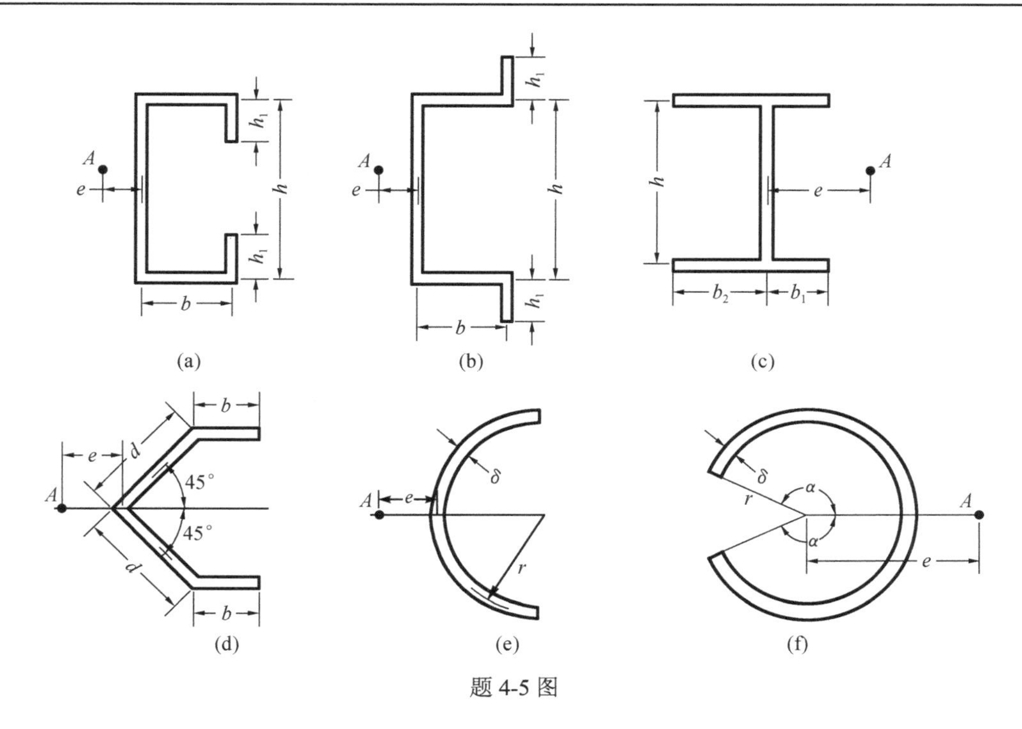


题 4-5 图

4-6　力 $F$ 作用在图示梁的腹板上。已知截面具有相同的厚度 $\delta$，求当 $e=250\text{mm}$、梁仅向下弯曲而不发生翘曲时，右边翼缘的高度 $h$。

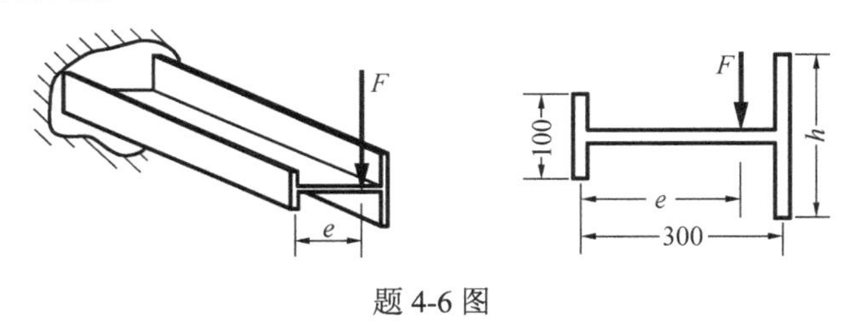


题 4-6 图

4-7　试用共轭梁法求图示各梁自由端的挠度和转角。梁的 $EI$ 已知。

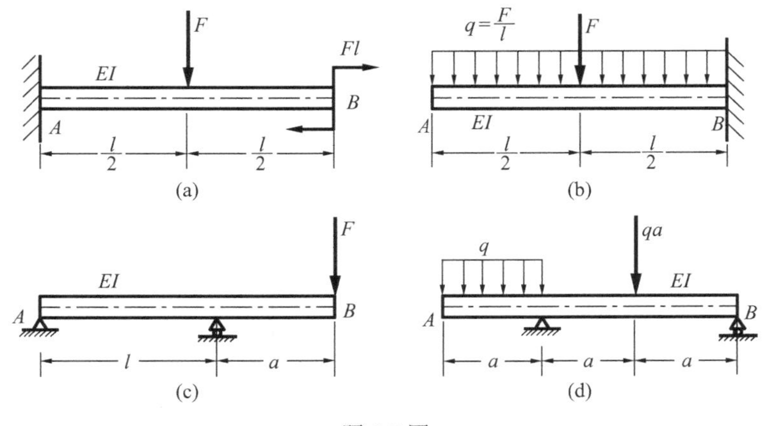


题 4-7 图

4-8　如图所示，圆环的内径 $D_2=12\text{cm}$，圆环的横截面为直径 $d=8\text{cm}$ 的圆形，承受集中载荷 $F=20\text{kN}$，试计算 $AB$ 截面上 $A$、$B$ 两点的正应力。

4-9　如图所示，活塞涨圈的外表面具有半径为 $R$ 的圆弧形状，涨圈具有等宽度 $b$ 和变厚度 $\delta$ 的横截面。若要使涨圈嵌入汽缸后，在汽缸壁上的压力为均匀分布，试求 $\delta$ 的变化规律(以最大厚度 $\delta_0$ 表示，可将涨圈看成小曲率杆)。

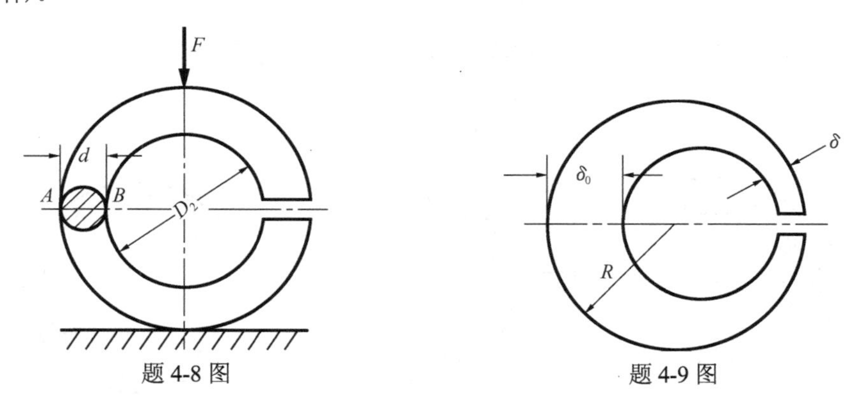


题 4-8 图　　题 4-9 图

4-10　如图所示，开口圆环在外周承受着均匀压力 $p=4\text{MPa}$。试求环内最大正应力。已知 $R_1=40\text{mm}$，$R_2=10\text{mm}$，$b=5\text{mm}$。

4-11　矩形截面曲杆如图所示。杆上承受一对集中力 $F=250\text{N}$，求 $a$-$a$ 截面的最大拉应力和最大压应力。

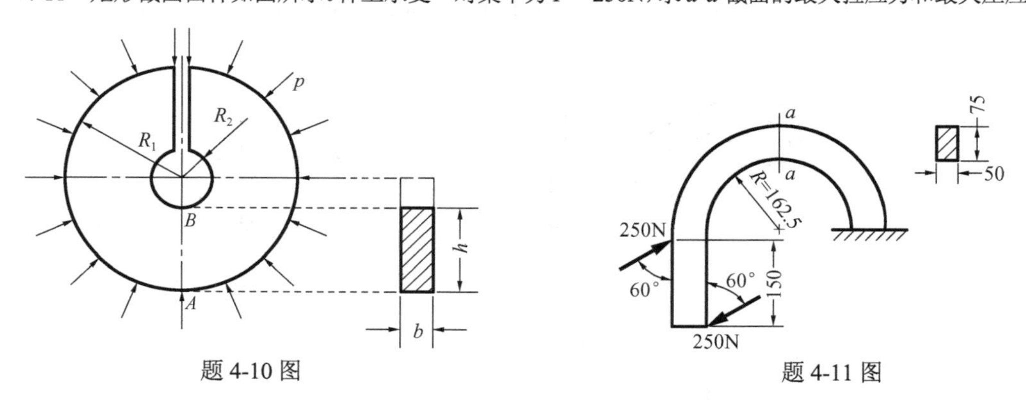


题 4-10 图　　题 4-11 图

4-12　如图所示，圆形弹簧对中间平板产生 3N 的夹紧力，求在弹簧 $A$ 截面处产生的最大弯曲应力。

4-13　如图所示，直径为 100mm 的圆钢被弯成 S 形。两端作用 125N · m 的弯矩，求圆钢中的最大拉应力和最大压应力。

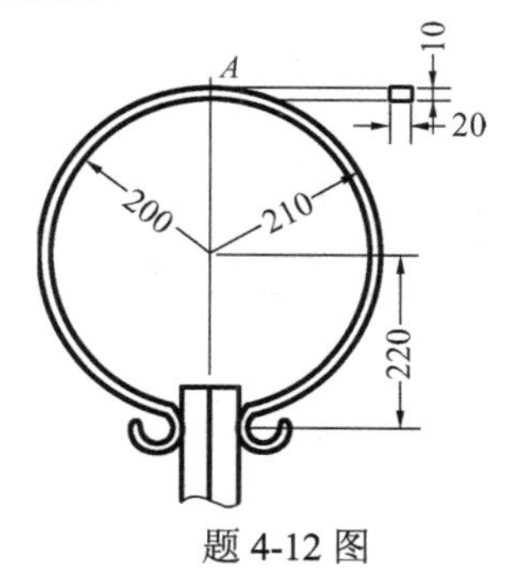


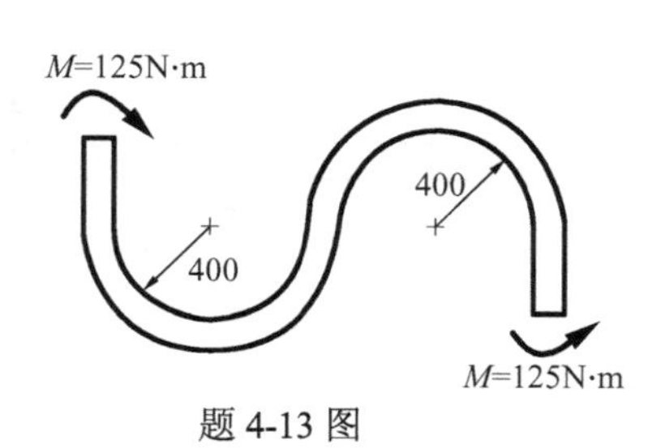


题 4-12 图　　题 4-13 图

4-14　试用奇异函数法求图示各梁的挠曲线方程。

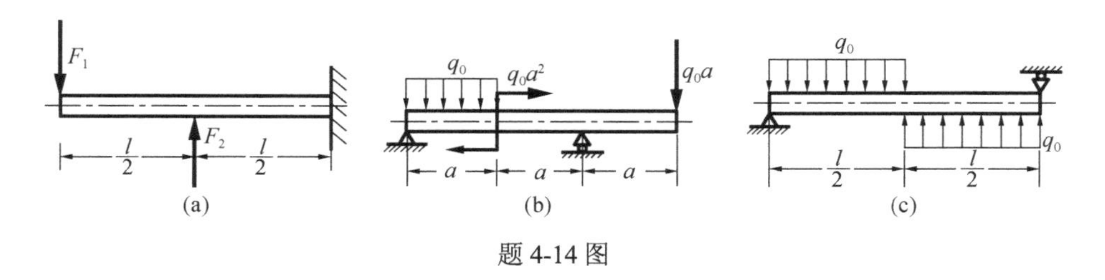


题 4-14 图

4-15　钢杆和铝杆连接在一起组成如图所示的矩形截面梁。已知钢和铝的弹性模量分别为 $E_{st}=200\text{GPa}$，$E_{al}=70\text{GPa}$，且截面上作用正弯矩 1.5kN·m。求图示两种组合形式时铝和钢中的最大正应力。

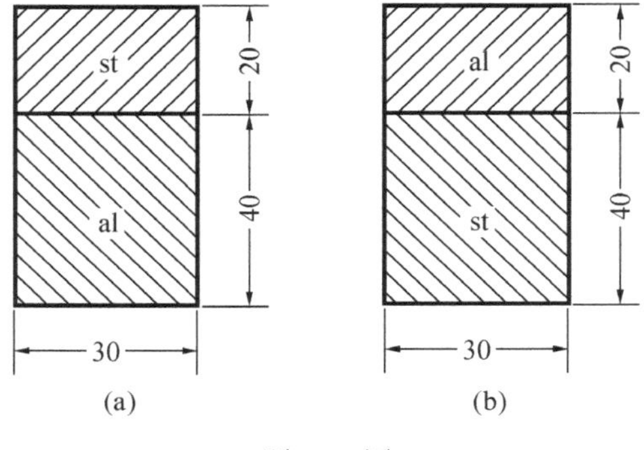


题 4-15 图

4-16　钢筋混凝土梁如图所示，截面上作用正弯矩 $M=55\text{kN}\cdot\text{m}$。已知混凝土和钢筋的弹性模量分别为 $E_c=25\text{GPa}$，$E_{st}=200\text{GPa}$，求钢筋中的应力和混凝土中的最大压应力(钢筋直径 $d=22\text{mm}$)。

4-17　槽钢中用木材加筋，如图所示。梁截面上作用弯矩 $M=118\text{N}\cdot\text{m}$，钢和木材的弹性模量分别为 $E_{st}=200\text{GPa}$ 和 $E_w=11.0\text{GPa}$。求两种材料中的最大应力。

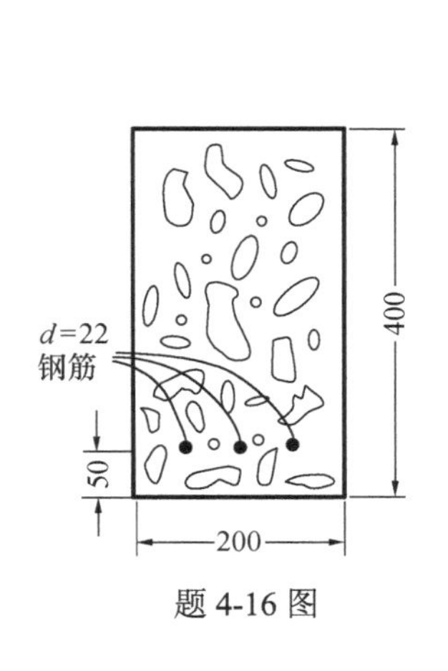


题 4-16 图

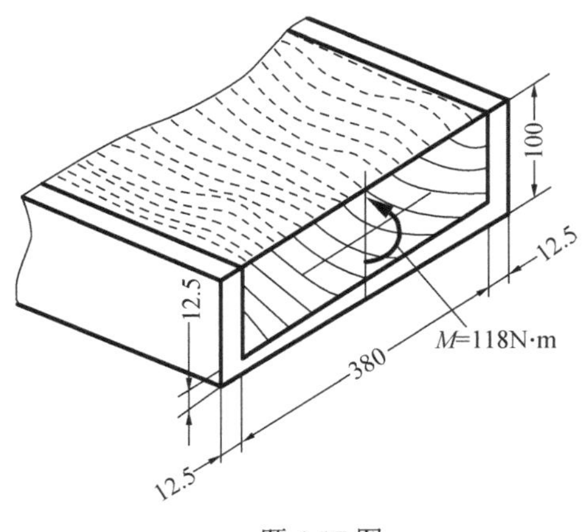


题 4-17 图

4-18　如图所示，矩形开口薄壁杆件在两端受扭转力偶矩 $T$=0.2kN·m，材料的切变模量 $G$=80GPa，求杆在自由扭转时的最大切应力及转角。

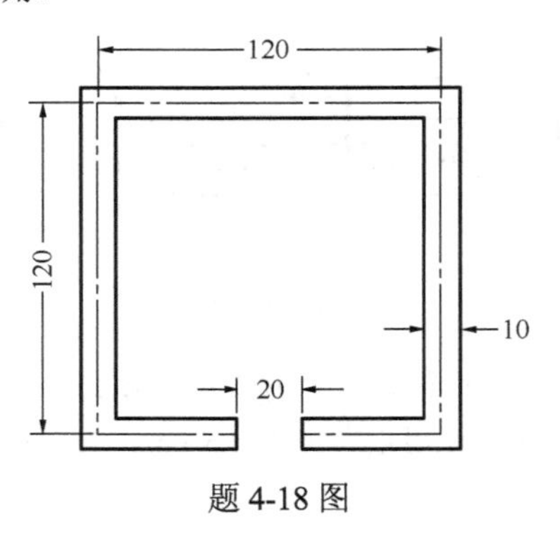


题 4-18 图

4-19　如图所示，木梁上作用有均布载荷 $q$ =2kN/m。为提高木梁的强度，考虑在木梁的上下表面各粘贴一块 $t$=2mm 的薄钢板。假设钢板与木梁有足够的黏结强度，并保证在黏结处不会因切应力强度不够而开裂。已知木梁的截面尺寸为 250×460mm$^2$，梁长 $l$=8m，弹性模量 $E_w$=3.0GPa；钢板的弹性模量 $E_{st}$=200GPa。(1)计算加强前木梁的最大应力；(2)粘贴钢板后木梁和钢板中的最大应力。

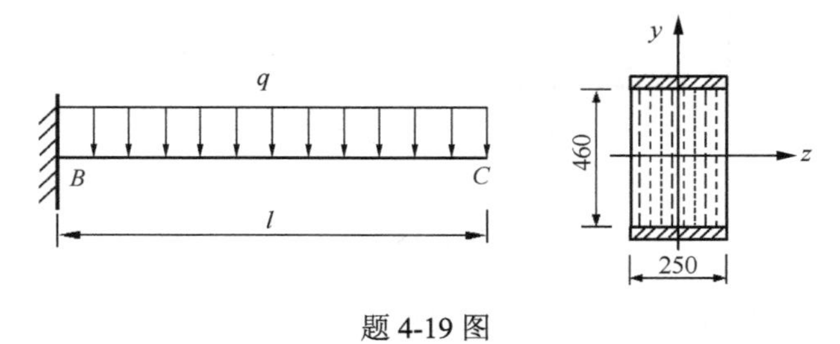


题 4-19 图

# 第 5 章　超过弹性极限材料的变形与强度

## 5.1　概　　述

前面各章讨论的各种变形都属于弹性变形，即当载荷卸掉后物体能完全恢复到加载初始的形状，而没有残余变形。对于大多数金属材料而言，只有当材料的应力在弹性极限内时，其变形才是弹性的。当应力超过了弹性极限后，材料就可能产生塑性变形，即材料受载后发生的变形在载荷移去后并不完全消失，而会残留永久变形。材料的这种性质称为塑性。

一般金属材料都具有塑性性质。人们利用金属材料的这一性质来进行塑性加工，如各种锻造、挤压、拉拔、模压成形等，相当一部分金属构件都是经过塑性加工而成的。而金属材料的破坏也往往经过塑性变形的过程，人们可以从绝大多数金属材料断口上发现塑性变形的痕迹。材料的塑性变形对材料的抗破坏能力有很大的影响，一些金属材料的破坏准则也是按材料开始进入塑性变形来确定的。结构工程问题中，绝大部分构件设计成在弹性范围内工作，一般很少论及构件的塑性变形，但在有些情形下，需要研究结构或构件在超过弹性极限后的塑性变形，如局部应力集中引起的塑性变形、过载引起的塑性变形和表层加工引起的塑性变形等。为此，需要了解材料在超过弹性极限后的力学性质。

本章仅讨论常温、静态情形下材料的塑性性质、杆件的塑性变形、残余应力和极限载荷计算等。更深入的讨论请查阅塑性力学理论的有关著作。

## 5.2　金属材料在简单拉压载荷下的塑性变形

以下以简单拉伸或压缩载荷下的情形为例，讨论材料的塑性性质。

忽略比例极限、弹性极限和屈服极限之间的细小差别，可以认为：应力在弹性极限以下时应力-应变的关系是线性的，变形是可逆的；而应力超过弹性极限后材料将出现明显的塑性变形，超过弹性极限后材料的应力-应变关系是非线性的，其变形是不可逆的。

可以将总应变分为弹性应变 $\varepsilon_{\mathrm{e}}$ 和塑性应变 $\varepsilon_{\mathrm{p}}$ 两部分，即

$$\varepsilon = \varepsilon_{\mathrm{e}} + \varepsilon_{\mathrm{p}} \tag{5-1}$$

式中，弹性应变 $\varepsilon_{\mathrm{e}}$ 在应力卸除后将消失，代表了变形的可逆部分；塑性应变 $\varepsilon_{\mathrm{p}}$ 在应力卸除后仍将存在，代表了变形的不可逆部分。

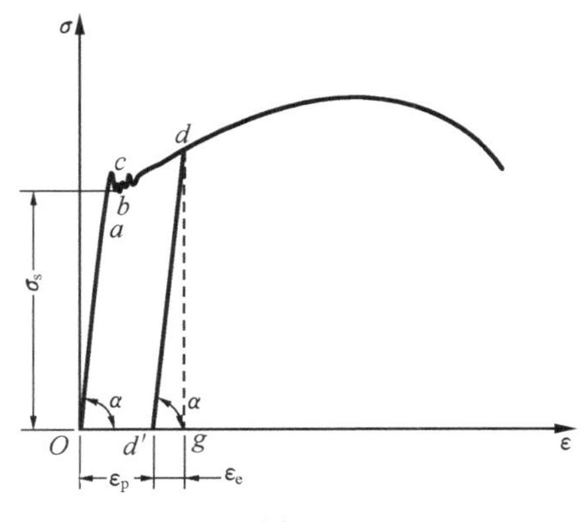

图 5-1

以图 5-1 为例，$\sigma_{\mathrm{s}}$ 代表屈服极限(材料的比例极

限、弹性极限、屈服极限一般相差不大，可以用屈服极限$\sigma_s$近似代替)，$Od'$是不可逆的塑性应变$\varepsilon_p$，$d'g$是可逆的弹性应变$\varepsilon_e$。

当从塑性状态下卸载时，应力-应变关系基本上是线性关系，斜率与最初加载时近似相同，在图 5-1 中显示为$dd'$近似平行于$Oa$。重新加载后，材料并不在初始屈服点处进入塑性状态，而是在最后的卸载点附近进入塑性状态。进入塑性状态后，应力-应变曲线渐与初始应力-应变曲线重合。这表明经历塑性变形后，材料的屈服应力有了提高。这种现象称为**应变硬化**。在《材料力学(Ⅰ)》2.4 节材料拉伸时的力学性质中曾作过介绍。材料硬化的程度可以用单轴应力塑性应变曲线上应力对塑性应变的导数来衡量，称其为**硬化率**。

## 5.2.1　应力-应变关系的简单模型

如果对具体塑性问题作解析分析，需要知道材料的应力-应变关系，而真实应力-应变实验曲线往往比较复杂。为此，常常根据具体问题对实验曲线进行简化。常用的简化模型有以下几种。

### 1. 理想弹塑性模型

理想弹塑性模型适用于硬化率较低的材料和屈服阶段明显的材料。在模型中忽略硬化效应，假定拉伸与压缩时的屈服应力绝对值相同，则单调载荷下的应力-应变关系为(图 5-2(a))

$$\begin{cases}\sigma = E\varepsilon, & |\varepsilon| < \varepsilon_s \\ \sigma = \sigma_s \operatorname{sgn}\varepsilon, & |\varepsilon| \geqslant \varepsilon_s\end{cases} \tag{5-2}$$

式中，sgn 是符号函数，用于反映拉伸和压缩状态。

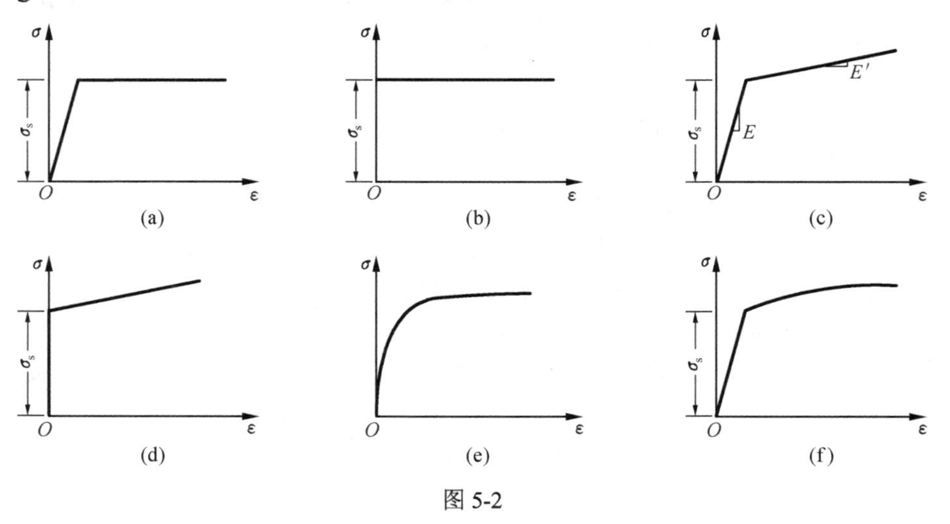


图 5-2

如果弹性变形相对于塑性变形非常小以至于可以忽略不计，那么从式(5-2)可退化得到理想刚塑性模型(图 5-2(b))。

### 2. 线性硬化弹塑性模型

线性硬化弹塑性模型适用于硬化率较高，且硬化率在一定范围内变化不大的材料。假定为线性硬化，而且假定拉伸压缩的屈服应力绝对值相同，硬化模量相同，则在单调载荷下，线性硬化弹塑性模型的应力-应变关系为(图 5-2(c))

$$\begin{cases}\sigma = E\varepsilon, & |\varepsilon| \leqslant \varepsilon_s \\ \sigma = [\sigma_s + E'(|\varepsilon| - \varepsilon_s)]\operatorname{sgn}\varepsilon, & |\varepsilon| > \varepsilon_s\end{cases} \tag{5-3}$$

式中，$E'$ 为材料的硬化模量。

如果弹性变形相对于塑性变形可以忽略不计，那么从式(5-3)可退化得到线性硬化刚塑性模型(图 5-2(d))。

3. 幂次硬化模型

如果材料的硬化率不是常数(不能用线性硬化来描述)，假定材料拉伸与压缩的硬化规律相同，则在单调载荷下幂次硬化模型的应力-应变关系为

$$\sigma = C|\varepsilon|^n \operatorname{sgn}\varepsilon \tag{5-4}$$

式中，$C$、$n$ 均为材料常数，分别称为硬化系数和硬化指数，且 $C>0$，$0<n<1$。

该模型在 $\varepsilon = 0$ 处近似性较差，因为此时斜率为无穷大(图 5-2(e))。为避免这一点，常采用图 5-2(f)所示的弹性-幂次硬化模型的应力-应变关系，其中

$$\begin{cases}\sigma = E\varepsilon, & |\varepsilon| \leqslant \varepsilon_s \\ \sigma = C|\varepsilon|^n \operatorname{sgn}\varepsilon, & |\varepsilon| > \varepsilon\end{cases} \tag{5-5}$$

**例 5-1**　图 5-3 所示的等截面直杆，横截面积为 $A$。在 $x=a(b>a)$ 处作用一逐渐增加的集中力 $F$。该杆材料的应力-应变关系是幂次硬化的，即 $\sigma = C|\varepsilon|^n \operatorname{sgn}\varepsilon$，试求杆左端反力 $F_{Bx}$ 与力 $F$ 的关系。

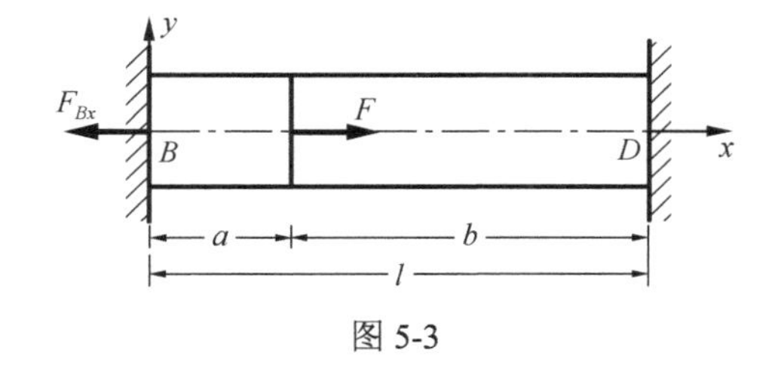


图 5-3

**解**　在 $0<x<a$ 段，内力是 $F_{N1} = F_{Bx}$，而在 $a<x<l$ 段，内力是 $F_{N2} = F_{Bx} - F$ (设 $F_{N1}$、$F_{N2}$ 均为正的轴力)。构件两端固定，由于所给边界条件要求构件总伸长为零，则

$$|\varepsilon_1|a = |\varepsilon_2|b \tag{1}$$

由题知

$$|\varepsilon| = \left(\frac{|\sigma|}{C}\right)^{\frac{1}{n}} = \left(\frac{|F_N|}{CA}\right)^{\frac{1}{n}} \tag{2}$$

将式(2)代入式(1)，得

$$\left(\frac{|F_{N1}|}{CA}\right)^{\frac{1}{n}} a = \left(\frac{|F_{N1} - F|}{CA}\right)^{\frac{1}{n}} b \tag{3}$$

整理得

$$|F_{N1}|\left(\frac{a}{b}\right)^n = |F_{N1} - F|$$

若 $F_{N1} - F < 0$，必有 $F_{N1} > 0$，反之亦然。因此

$$F_{N1}\left(\frac{a}{b}\right)^n = F - F_{N1}$$

从而解得 $F_{N1}$ 与力 $F$ 的关系为

$$F_{N1} = \frac{F}{1+(a/b)^n} \tag{4}$$

### 5.2.2 简单屈服条件

在强度理论《材料力学(Ⅰ)》中第9章中已经讲到，在应力满足屈服条件后材料将出现塑性变形。最常用的屈服条件有两种，即Tresca屈服条件(最大切应力条件)和Mises屈服条件(形状改变比能条件)。

(1) Tresca屈服条件。根据最大切应力理论，材料的屈服条件是

$$\tau_{max} = \frac{\sigma_1 - \sigma_3}{2} = \tau_s \tag{5-6}$$

(2) Mises屈服条件。根据形状改变比能理论，材料的屈服条件是

$$(\sigma_1 - \sigma_2)^2 + (\sigma_2 - \sigma_3)^2 + (\sigma_3 - \sigma_1)^2 = 2\sigma_s^2 \tag{5-7}$$

在单轴拉伸或压缩情形下，Tresca屈服条件可以写为

$$\sigma = 2\tau_s = \sigma_s$$

而Mises屈服条件则可以写为

$$\sigma = \sigma_s$$

式中，$\sigma$ 为单轴应力。

**例 5-2** 一薄板受面内拉应力 $\sigma$ 和切应力 $\tau$ 作用，材料的单轴拉伸屈服应力为 $\sigma_s$，试写出在此情况下的Mises屈服条件和Tresca屈服条件。

**解** 由题知在平面应力状态下，$\sigma_x = \sigma$，$\tau_{xy} = \tau$，$\sigma_y = 0$，$\tau_{yx} = -\tau$。其主应力分别为

$$\sigma_1 = \frac{\sigma}{2} + \frac{1}{2}\sqrt{\sigma^2 + 4\tau^2}, \quad \sigma_2 = 0, \quad \sigma_3 = \frac{\sigma}{2} - \frac{1}{2}\sqrt{\sigma^2 + 4\tau^2}$$

代入式(5-6)，则得Tresca屈服条件：

$$\sigma^2 + 4\tau^2 = (2\tau_s)^2 = \sigma_s^2$$

代入式(5-7)，得Mises屈服条件：

$$\sigma^2 + 3\tau^2 = \sigma_s^2$$

上述屈服条件是材料弹性条件下强度条件的极限形式。稍作变换，即得上述平面应力状态下第三或第四强度理论的表达式。

## 5.3 纯弯曲梁的塑性变形

作与弹性弯曲时相同的假设：①弯曲时梁的截面保持为平面并与挠曲线垂直；②梁的纵向纤维处于简单拉伸或压缩状态且相互间无横向压力。

由假设①可知，横截面上距中性轴为 $y$ 点的应变可写为

$$\varepsilon = \frac{y}{\rho} \tag{5-8}$$

式中，$1/\rho$ 为梁挠曲线的曲率。

式(5-8)建立在平面假设的几何分析基础上，《材料力学(Ⅰ)》第 6 章弯曲应力中已有详细分析，因与材料的弹塑性性质无关，故结果与弹性分析时相同。由于是纯弯曲，横截面上的轴向应力合力等于零，合力矩大小等于横截面上的弯矩。于是有静力平衡方程为

$$\int_A \sigma \mathrm{d}A = 0 \tag{5-9}$$

$$\int_A y\sigma \mathrm{d}A = M \tag{5-10}$$

为简单起见，假设材料是理想弹塑性的。在此情形下讨论纯弯曲梁的弹性极限弯矩、塑性极限弯矩和弹塑性状态下梁的挠曲线。

## 5.3.1　梁的弹性极限弯矩

梁横截面上最大弯曲正应力达到屈服极限 $\sigma_\mathrm{s}$ 时，梁开始屈服。这时的弯矩称为弹性极限弯矩 $M_\mathrm{e}$，由《材料力学(Ⅰ)》第 6 章弯曲应力中式(6-3)，得

$$M_\mathrm{e} = \sigma_\mathrm{s} \frac{I_z}{y_{\max}} \tag{5-11}$$

式中，$I_z$ 为梁的横截面对其中性轴的惯性矩；$y_{\max}$ 为中性轴到梁的横截面最远纤维的距离。

以矩形梁(图 5-4)为例，弹性极限弯矩 $M_\mathrm{e}$ 为

$$M_\mathrm{e} = \sigma_\mathrm{s} \frac{bh^2}{6} \tag{5-12}$$

横截面上的应力分布如图 5-4(c)所示。此时，除梁最远边缘处外，所有区域均处于弹性状态。

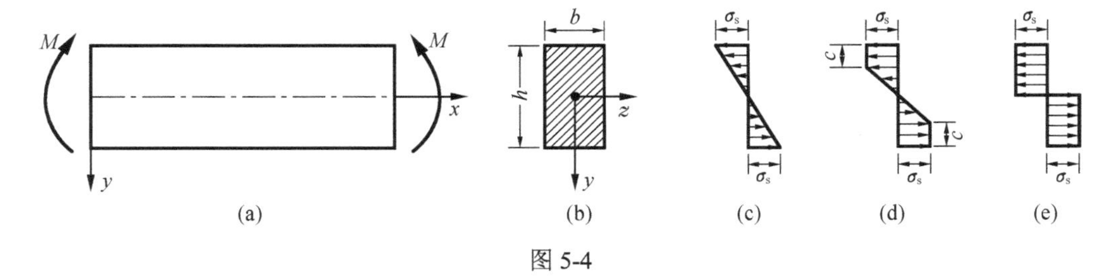


图 5-4

## 5.3.2　梁的塑性极限弯矩

如果弯矩继续增加，梁的最远边缘处附近会逐渐达到屈服状态，塑性区域将从边缘向内扩展(图 5-4(d))。对于理想弹塑性材料，梁的相应弯矩为

$$M = \sigma_\mathrm{s} bc(h-c) + \sigma_\mathrm{s} \frac{b(h-2c)^2}{6} = M_\mathrm{e}\left[1 + \frac{2c}{h}\left(1 - \frac{c}{h}\right)\right] \tag{5-13}$$

式中，$c$ 为塑性区深度，如图 5-4(d)所示。

随着弯矩继续增加，塑性区域逐渐扩大，最后 $c$ 趋近于 $h/2$，塑性区域扩展至梁的整个横截面。此时横截面上的应力分布趋近于图 5-4(e)所示的情形，梁承受的相应弯矩称为塑性

极限弯矩 $M_p$，且

$$M_p = \sigma_s \frac{bh^2}{4} \tag{5-14}$$

### 5.3.3 梁的曲率

在弹性状态时，将胡克定律代入式(5-8)，且 $y = h/2$，可求得梁的曲率为

$$\frac{1}{\rho} = \frac{2\sigma}{Eh}$$

当弯矩等于弹性极限弯矩 $M_e$ 时，相应的曲率 $\frac{1}{\rho_e}$ 为

$$\frac{1}{\rho_e} = \frac{2\sigma_s}{Eh} \tag{5-15}$$

设矩形梁的边缘区域已进入塑性状态，且梁 $\frac{h}{2} - c$ 处的应力恰好达到屈服应力，将式(5-8)代入胡克定律，得

$$\sigma_s = E\varepsilon_s = \frac{E\left(\frac{h}{2} - c\right)}{\rho}$$

因此，可求得梁的曲率为

$$\frac{1}{\rho} = \frac{\sigma_s}{E\left(\frac{h}{2} - c\right)} = \frac{1}{\rho_e} \frac{\frac{h}{2}}{\frac{h}{2} - c} \tag{5-16}$$

当 $M$ 趋近于 $M_p$，即 $c$ 趋近于 $h/2$ 时，梁的曲率趋于无穷大。也就是说当 $M$ 趋近于 $M_p$ 时，微小的弯矩增加就会引起梁曲率的很大增加，意味着梁的破坏。一般来说这是不允许的。比较式(5-14)与式(5-12)，有

$$\frac{M_p}{M_e} = 1.5 \tag{5-17}$$

可以看出，引起矩形梁完全屈服所需的弯矩比塑性变形刚发生时的弹性极限弯矩 $M_e$ 要大50%。

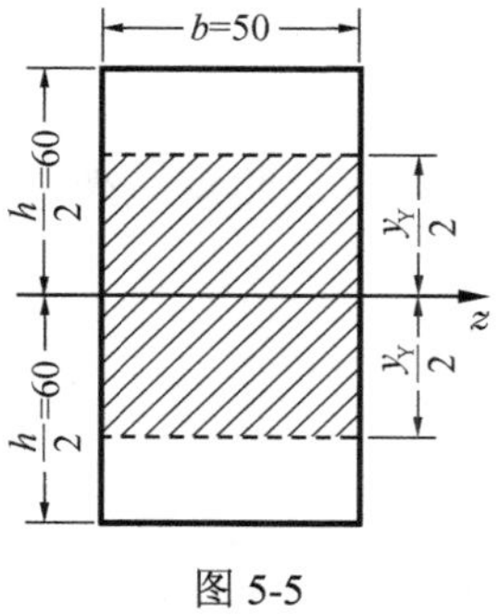

**例 5-3** 如图5-5所示，受纯弯曲的等截面矩形梁的横截面尺寸是 50mm×120mm，弯矩 $M$= 36.8kN · m。设梁由弹塑性材料制成，材料的屈服应力 $\sigma_s = 240\text{MPa}$，弹性模量 $E = 200\text{GPa}$。试确定：(1)弹性区的厚度尺寸 $y_Y$；(2)中性面的曲率半径 $\rho$。

图 5-5

**解** (1)求弹性区的厚度尺寸。先确定梁的弹性极限弯矩 $M_e$。将已知数据代入式(5-12)，得

$$M_e = \sigma_s \frac{2I_z}{h} = \frac{1}{6} bh^2 \sigma_s$$

$$= \frac{1}{6} \times 50 \times 10^{-3} \times 120^2 \times 10^{-6} \times 240 \times 10^6 = 28800(\text{N} \cdot \text{m})$$

将 $M_e$ 代入式(5-13)，得
$$M = M_e\left[1+\frac{1}{2}\left(1-\frac{y_Y^2}{h^2}\right)\right]$$

解出
$$\frac{y_Y}{h}=\sqrt{3-\frac{2M}{M_e}}=\sqrt{3-2\times\frac{36800}{28800}}=0.667$$

从而 $y_Y=0.667\times h=80.0\times10^{-3}\,\text{m}$，即弹性区的厚度尺寸为 80mm。

(2) 求中性面的曲率半径。由式(5-15)求得与 $M_e$ 对应的曲率 $1/\rho_e$，代入式(5-16)，并注意 $h/2-c=y_Y/2$，得

$$\rho=\frac{Ey_Y}{2\sigma_s}=\frac{2\times10^{11}\times80\times10^{-3}}{2\times240\times10^6}=33.3(\text{m})$$

所以，弹性区的厚度尺寸 $y_Y$ 为 80mm，中性面的曲率半径 $\rho$ 为 33.3m。

## 5.4　横力弯曲梁的塑性弯曲

与纯弯曲不同，横力弯曲下弯矩沿梁轴线是变化的，而且横截面上除弯矩外还有剪力作用。现以图 5-6(a) 所示简支矩形梁跨度中点受集中载荷 $F$ 作用为例，研究横向力引起的塑性弯曲问题。

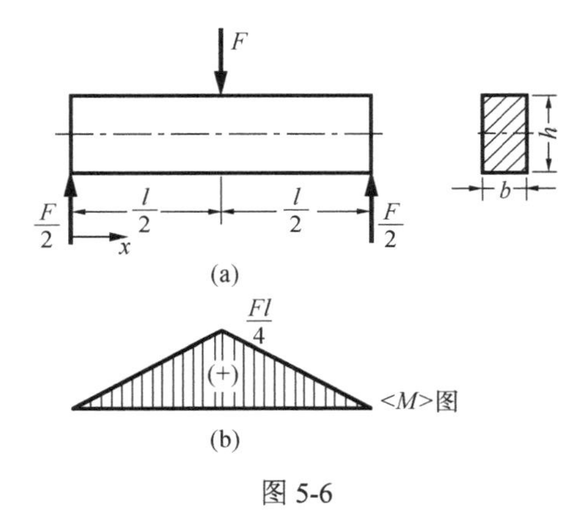


图 5-6

### 5.4.1　梁的弹性极限弯矩

在此三点弯曲情形下，任意截面的弯矩方程为

$$\begin{aligned} M(x_1)&=\frac{F}{2}x, & 0\leqslant x\leqslant\frac{l}{2} \\ M(x_2)&=\frac{F}{2}l-\frac{F}{2}x, & \frac{l}{2}\leqslant x\leqslant l \end{aligned} \tag{5-18}$$

弯矩图(图 5-6(b))为三角形，在跨度中点弯矩最大，且 $M_{\max}=\dfrac{Fl}{4}$。忽略切应力对变形的影响，弹性状态下梁内最大正应力可由下式求得：

$$\sigma_{\max}=\frac{6M_{\max}}{bh^2}=\frac{3Fl}{2bh^2}$$

于是弹性极限载荷 $F_e$ 为

$$F_e=\sigma_s\frac{2bh^2}{3l} \tag{5-19}$$

### 5.4.2　梁的塑性极限弯矩

当载荷继续增加时(图 5-7)，梁跨度中点截面上，距上、下边沿形成高 $c$ 的塑性区，对应的截面弯矩为

$$\begin{aligned}M&=\int_A y\sigma\mathrm{d}A=2\int_{\frac{h}{2}-c}^{\frac{h}{2}}y\sigma_s b\mathrm{d}y+2\int_0^{\frac{h}{2}-c}\frac{\sigma_s y^2}{h/2-c}b\mathrm{d}y\\&=\sigma_s\frac{bh^2}{12}\left[3-\left(1-\frac{c}{h/2}\right)^2\right]=\sigma_s\frac{bh^2}{6}\left[1+\frac{2c}{h}\left(1-\frac{c}{h}\right)\right]\end{aligned} \tag{5-20}$$

比较式(5-13)和式(5-20)可以看出二者是完全相同的。不同之处在于前者是纯弯曲梁任一截面上的弯矩，而后者是梁跨度中点的最大弯矩。由式(5-20)可知，当 $c$ 趋于 $\frac{h}{2}$ 时，即此截面趋近于全面屈服时，$M$ 趋近于一个极限。此极限为梁的塑性极限弯矩，记为 $M_p$，且 $M_p=\sigma_s\frac{bh^2}{4}$。由于材料是理想弹塑性的，此时，在这一截面上拉应力和压应力均保持为 $\sigma_s$，截面上的弯矩达到了最大值，在不卸载的情形下保持不变。危险截面附近形成图 5-7(c)阴影部分所示的塑性区。危险截面在不卸载情形下的转动不受限制，梁的左右两段绕此截面的转动就如同绕一个铰链转动一样，因此称其为**塑性铰**。

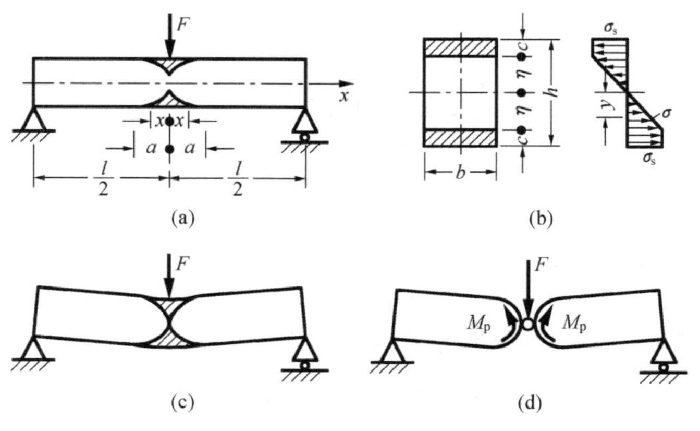


图 5-7

由　　$$M_p=\sigma_s\frac{bh^2}{4},\quad M_{\max}=\frac{Fl}{4}$$

可求得塑性极限载荷 $F_p$ 为

$$F_p=\sigma_s\frac{bh^2}{l} \tag{5-21}$$

比较式(5-19)与式(5-21)可知

$$F_{\mathrm{p}}=\frac{3}{2}F_{\mathrm{e}} \tag{5-22}$$

即在上述情形下，矩形梁达到其塑性极限所需的载荷比塑性变形刚发生时大 50%。

### 5.4.3　梁内的塑性区边界

令图 5-7(b)中梁横截面上的弹性区高度为

$$\eta=\frac{h}{2}-c$$

取坐标原点为梁的中点(图 5-7)，由式(5-20)可求得梁内塑性区边界方程：

$$F\left(\frac{l}{2}-x\right)=\sigma_{\mathrm{s}}\frac{bh^2}{12}\left[3-\left(\frac{2\eta}{h}\right)^2\right] \tag{5-23}$$

它表示梁内的塑性区边界可由抛物线描述，如图 5-7(a)所示。

图 5-7(a)中 $a$ 标明了梁上下表面的塑性区边界，它可由式(5-23)求得。先取 $c=0$，则 $\eta=\dfrac{h}{2}$，式(5-23)简化为

$$F\left(\frac{l}{2}-x\right)=\sigma_{\mathrm{s}}\frac{bh^2}{6}$$

设开始出现塑性变形的截面坐标为 $x=a$，解出 $a=\dfrac{l}{2}-\dfrac{\sigma_{\mathrm{s}}bh^2}{6F}$，$a$ 即为梁内塑性区边界尺寸。

### 5.4.4　塑性变形区域内梁的曲率

忽略切应力对曲率的影响，由式(5-16)和式(5-20)可得当梁的横截面出现塑性变形时该截面的曲率为

$$\frac{1}{\rho}=\frac{M}{E\dfrac{bh^3}{12}\left(1-\dfrac{2c}{h}\right)\left[1+\dfrac{2c}{h}\left(1-\dfrac{c}{h}\right)\right]} \tag{5-24}$$

当塑性区高度 $c$ 为零时，式(5-24)退化为弹性状态下的曲率公式。当 $c$ 趋近于 $h/2$ 时，式(5-24)的曲率趋于无穷大，这意味着梁的屈服失效。

**例 5-4**　T 形截面梁如图 5-8(a)所示，已知跨度 $l$=2m，屈服极限 $\sigma_{\mathrm{s}}=240\mathrm{MPa}$，安全系数 $n=1.5$。(1)试按许用应力计算梁的许可载荷；(2)设材料是理想弹塑性材料，试按塑性极限载荷确定梁的许可载荷。

**解**　由平衡条件 $\sum M_A=0$ 和 $\sum M_B=0$，得梁的支座反力为 $F_{Ay}=F_{By}=\dfrac{F}{2}$。作弯矩图，如图 5-8(b)所示。最大弯矩 $M_{\max}=\dfrac{Fl}{4}$。

(1)按许用应力计算梁的许可载荷。

① 先确定横截面中性轴位置并计算截面惯性矩。取参考轴 $y_1$，如图 5-8(c)所示，求得图形形心位置 $z_C=55.8\,\mathrm{mm}$，截面形心主惯性矩 $I_y=1.92\times10^{-6}\,\mathrm{m}^4$。

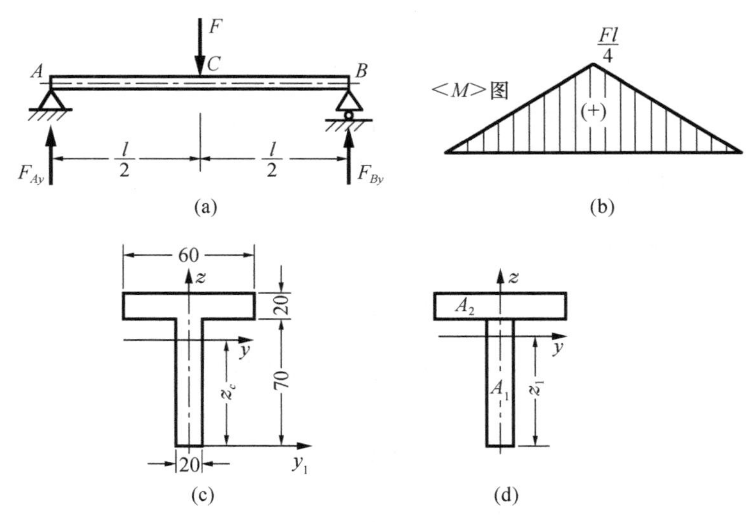


图 5-8

② 计算许用应力$[\sigma]$与许可载荷 $F_1$。根据题意可知$[\sigma]=\dfrac{\sigma_s}{n}=\dfrac{240}{1.5}=160\ (\text{MPa})$。由梁的最大应力不大于许用应力，即$\sigma_{\max}\leqslant[\sigma]$，且$\sigma_{\max}=\dfrac{M_{\max}z_{\max}}{I_y}$，求得许可载荷：

$$F_1\leqslant[\sigma]\frac{4I_y}{l\,|z|_{\max}}=\frac{4\times160\times10^6\times1.92\times10^{-6}}{2\times55.8\times10^{-3}}=11.01\times10^3(\text{N})=11.01(\text{kN})$$

(2) 按塑性极限载荷确定梁的许可载荷。

① 计算横截面中性轴位置。应当指出，当梁的某一截面进入塑性时其中性轴会因塑性区的变化而移动。在梁的危险截面完全进入塑性时，该截面的内力弯矩为

$$M=M_p=\int_{A_1}\sigma_s z\mathrm{d}A+\int_{A_2}\sigma_s z\mathrm{d}A=\sigma_s\left(\int_{A_1}z\mathrm{d}A+\int_{A_2}z\mathrm{d}A\right)=\sigma_s(S_{y1}+S_{y2})$$

式中，$z$ 为横截面上一点至中性轴的距离；$A_1$ 和 $A_2$ 分别代表横截面上拉应力区域和压应力区域的面积，如图 5-8(d)所示。要注意 T 形梁横截面上下不对称，进入塑性后应力分布规律将不同于弹性状态的情形，中性轴的位置与弹性状态时的位置也有所不同。利用该截面轴力为零的条件，可求得图 5-8(d)的中性轴位置，它由 $z_1$ 确定。由 $A_1=20\times z_1$，$A_2=60\times20+20\times(70-z_1)$，且 $A_1=A_2$，可解得 $z_1=65\text{mm}$。$A_1$ 和 $A_2$ 两部分对中性轴的静矩分别为

$$S_{y1}=20\times65\times\frac{65}{2}=4.23\times10^{-5}(\text{m}^3)$$

$$S_{y2}=20\times60\times(80-65)+20\times\frac{(70-65)^2}{2}=1.825\times10^{-5}(\text{m}^3)$$

② 计算梁的许可载荷 $F_2$。许可弯矩$M\leqslant\dfrac{M_p}{n}=\dfrac{\sigma_s(S_{y1}+S_{y2})}{n}$。而危险截面的最大弯矩

$M_{\max} = \dfrac{Fl}{4}$，代入上式得

$$F_2 \leqslant \frac{4\sigma_s(S_{y1}+S_{y2})}{nl} = \frac{4\times240\times10^6\times(4.23+1.825)\times10^{-5}}{1.5\times2} = 19.4\times10^3(\text{N}) = 19.4(\text{kN})$$

比较 $F_1$ 和 $F_2$ 可知，用塑性极限载荷确定的许可载荷比用许用应力确定的许可载荷约大 76%。

# 5.5　圆轴的极限扭矩

假定材料为理想弹塑性材料，现讨论圆轴的极限扭矩问题。

## 5.5.1　弹性极限扭矩

对于圆轴的扭转，其最大切应力公式为 $\tau_{\max} = \dfrac{T}{I_p}R = \dfrac{T}{W_p}$，式中 $T$ 为截面上的扭矩；$I_p$ 为圆轴截面对中心的极惯性矩；$W_p=I_p/R$ 为圆轴的抗扭截面模量。

当圆轴截面上的最大切应力 $\tau_{\max}$ 达到材料的屈服极限值(忽略屈服极限与弹性极限的细小差别)时，即 $\tau_{\max}=\tau_s$ 时，圆轴的边缘开始进入塑性。对应于这一状态的扭矩称为**弹性极限扭矩**，记为 $T_e$，且

$$T_e = \tau_s W_p = \frac{\pi R^3}{2}\tau_s \tag{5-25}$$

此时只有圆轴边缘达到了塑性屈服状态，截面内部各点仍处于弹性状态(图 5-9(b))，因此圆轴仍能承担继续增大的扭矩。

## 5.5.2　塑性极限扭矩

当圆轴承受的扭矩达到弹性极限扭矩后，再继续增加扭矩，圆截面上由外向里塑性区不断扩大，应力分布如图 5-9(c)所示，其值可按式(5-26)确定：

$$\tau = \begin{cases} \dfrac{r}{c}\tau_s, & r < c \\ \tau_s, & r \geqslant c \end{cases} \tag{5-26}$$

式中，$c$ 为圆轴横截面上的弹性区的半径(图 5-9(c)中的小圆半径)，对应的扭矩为

$$T = 2\pi\int_0^R \tau r^2 \mathrm{d}r = 2\pi\int_0^c \tau r^2 \mathrm{d}r + 2\pi\int_c^R \tau_s r^2 \mathrm{d}r$$

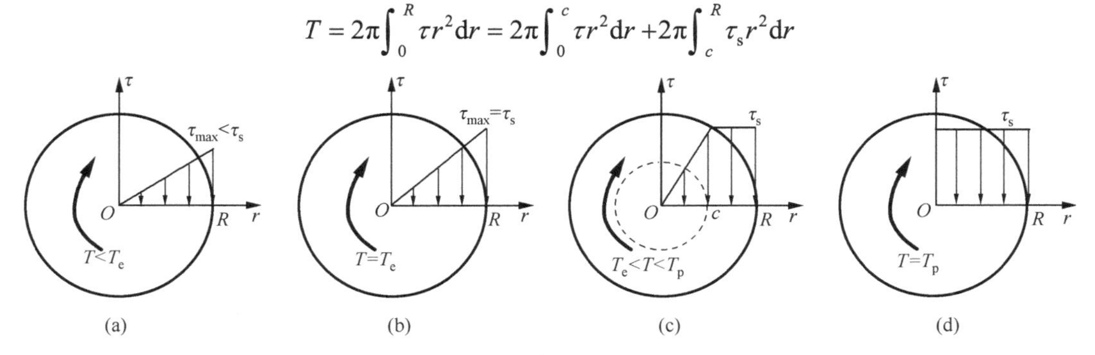


图 5-9

将式(5-26)代入上式，则有

$$T=2\pi\int_0^c\frac{\tau_s}{c}r^3\mathrm{d}r+2\pi\int_c^R\tau_s r^2\mathrm{d}r=T_p\left(1-\frac{1}{4}\frac{c^3}{R^3}\right)\tag{5-27}$$

式中

$$T_p=\frac{2}{3}\pi\tau_s R^3\tag{5-28}$$

$T_p$ 称为塑性极限扭矩，它对应于 $c$ 趋于零，即圆轴截面趋于完全屈服时的扭矩(图 5-9(d))。比较式(5-25)和式(5-28)，有

$$\frac{T_p}{T_e}=\frac{\frac{2}{3}\pi\tau_s R^3}{\frac{1}{2}\pi\tau_s R^3}=\frac{4}{3}\tag{5-29}$$

由式(5-29)可以看出，圆轴扭转时的塑性极限扭矩要比弹性极限扭矩大 33.3%。

**例 5-5**　图 5-10 所示等截面实心圆轴的直径为 50mm，两端作用扭矩 4.6kN · m。假设轴由理想弹塑性材料制成，且剪切屈服应力 $\tau_s=150\,\mathrm{MPa}$，切变模量 $G=80\mathrm{GPa}$。试确定轴的弹性区半径。

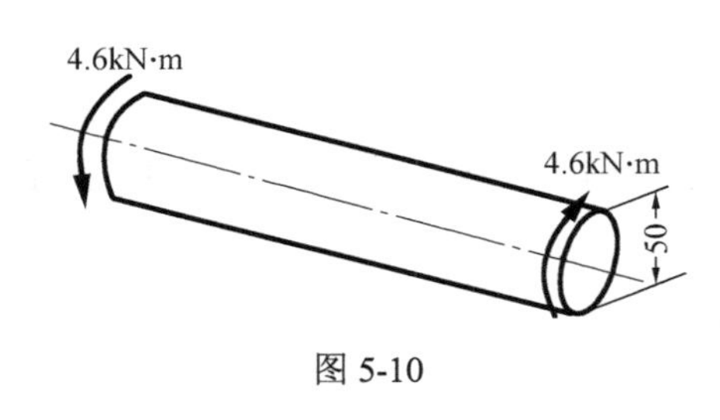

图 5-10

**解**　由式(5-27)和式(5-28)，有

$$T=\frac{2}{3}\pi\tau_s R^3\left(1-\frac{1}{4}\frac{c^3}{R^3}\right)$$

解得弹性区半径：

$$c=\sqrt[3]{4R^3-\frac{6T}{\pi\tau_s}}=\sqrt[3]{4\times25^3\times10^{-9}-\frac{6\times4.6\times10^3}{\pi\times150\times10^6}}=0.01578(\mathrm{m})=15.78(\mathrm{mm})$$

故该轴的弹性区半径为 15.78mm。

## 5.6　简单桁架的弹塑性变形分析

本节讨论简单桁架的弹塑性变形，仍假设材料是理想弹塑性材料。简单桁架是一种真实的工程结构，对它的讨论有一定的实际意义。另外，简单桁架也可以看作二维物体的简单近似，对它讨论所得的结果对复杂的二维或三维结构分析会有所启示。

为简单起见，仅讨论图 5-11(a)所示的简单桁架在竖直拉伸载荷下的变形。设图 5-11 中三根杆的横截面积均为 $A$，中间杆 2 的杆长为 $l$，它与相邻的杆 1 和杆 3 的夹角 $\theta$ 均为 45°。在节点 $O$ 处作用垂直向下的力 $F$, $O$ 点将产生垂直位移 $\delta_y$。由于结构对称，故水平位移 $\delta_x=0$。

用截面法取分离体，如图 5-11(b)所示，列出静力平衡方程，有

$$\sum F_x=0,\qquad F_{N1}=F_{N3}$$
$$\sum F_y=0,\qquad F_{N2}+2F_{N1}\cos45^\circ=F$$

因各杆横截面积相等且均为 $A$，同除以 $A$，得

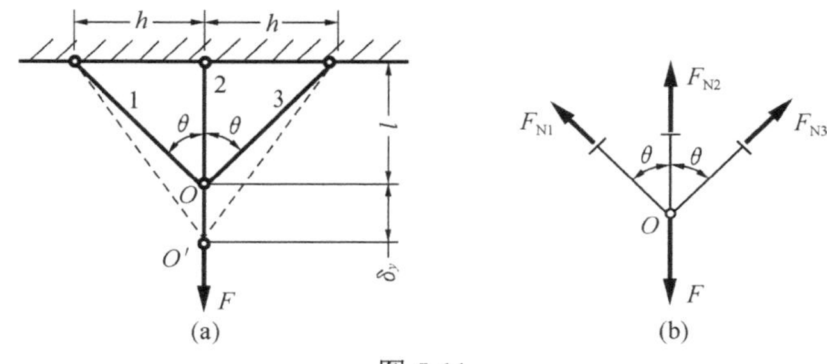

图 5-11

$$\sigma_1=\sigma_3,\quad \sigma_2+\sqrt{2}\sigma_1=\frac{F}{A} \tag{5-30}$$

式中，$\sigma_1$、$\sigma_2$ 和 $\sigma_3$ 分别为杆 1、2、3 的轴向应力。

由几何关系且考虑小变形条件，得

$$\varepsilon_1=\varepsilon_3=\frac{\delta_y}{2l},\quad \varepsilon_2=\frac{\delta_y}{l} \tag{5-31}$$

式中，$\varepsilon_1$、$\varepsilon_2$ 和 $\varepsilon_3$ 分别为杆 1、2、3 的轴向应变。

于是得到应变协调方程：

$$\varepsilon_2=2\varepsilon_1 \tag{5-32}$$

在弹性阶段有

$$\sigma_i=E\varepsilon_i,\quad i=1,2,3 \tag{5-33}$$

代入应变协调方程(5-32)，得

$$\sigma_2=2\sigma_1$$

与平衡方程(5-30)联立，求得

$$\sigma_1=\sigma_3=\frac{1}{2+\sqrt{2}}\frac{F}{A},\quad \sigma_2=\frac{2}{2+\sqrt{2}}\frac{F}{A} \tag{5-34}$$

### 5.6.1　加载

由式(5-34)可知杆 2 应力最大，必然最早进入塑性屈服。当杆 2 屈服时($\sigma_2=\sigma_s$)，对应的载荷 $F=F_e$ 称为弹性极限载荷，由式(5-34)可求得弹性极限载荷为

$$F_e=\frac{2+\sqrt{2}}{2}A\sigma_s \tag{5-35}$$

将式(5-35)代入式(5-34)，可知三个杆均处于弹性阶段时各杆的应力为

$$\sigma_1=\sigma_3=\frac{\sigma_s}{2}\left(\frac{F}{F_e}\right),\quad \sigma_2=\sigma_s\left(\frac{F}{F_e}\right) \tag{5-36}$$

由式(5-36)、式(5-31)和式(5-33)可求得各杆应变和节点 $O$ 的垂直位移 $\delta_y$：

$$\varepsilon_1=\varepsilon_3=\frac{\sigma_s}{2E}\left(\frac{F}{F_e}\right),\quad \varepsilon_2=\frac{\sigma_s}{E}\left(\frac{F}{F_e}\right) \tag{5-37}$$

$$\delta_y=\varepsilon_2 l=\left(\frac{\sigma_s l}{E}\right)\left(\frac{F}{F_e}\right) \tag{5-38}$$

桁架杆 2 进入屈服后再继续加载。由于材料是理想弹塑性材料，杆 2 的应力将维持不变，即 $\sigma_2=\sigma_s$。在这一阶段，平衡方程式(5-30)、协调方程式(5-32)和几何方程式(5-31)仍然适用，但弹性应力-应变关系式(5-33)不再适用于杆 2。这时应按下式确定各杆的应力-应变关系：

$$\sigma_i = E\varepsilon_i, \quad i=1,3, \quad \sigma_2 = \sigma_s \tag{5-39}$$

由于此时杆 2 的应力维持不变，结构成为静定结构。注意到对称性，且 $\sigma_2 = \sigma_s$，由式(5-30)可得

$$\sigma_2 = \sigma_s, \quad \sigma_1 = \sigma_3 = \frac{\sqrt{2}}{2}\left(\frac{F}{A} - \sigma_s\right) \tag{5-40}$$

由式(5-35)可得 $A = \dfrac{2}{2+\sqrt{2}}\dfrac{F_e}{\sigma_s}$，代入式(5-40)，得

$$\sigma_1 = \sigma_3 = \frac{\sigma_s}{2}\left[(1+\sqrt{2})\frac{F}{F_e} - \sqrt{2}\right], \quad \sigma_2 = \sigma_s \tag{5-41}$$

考虑变形协调方程及式(5-39)，有

$$\varepsilon_1 = \varepsilon_3 = \frac{\sigma_s}{2E}\left[(1+\sqrt{2})\frac{F}{F_e} - \sqrt{2}\right], \quad \varepsilon_2 = 2\varepsilon_1 \tag{5-42}$$

这时，杆 2 已丧失进一步的承载能力。但由于另外两根杆仍处于弹性状态，它们不仅约束了杆 2 的变形，还在外载增加时提供了与外载平衡的变形抗力。这种状态到载荷 $F$ 增大到塑性极限载荷 $F_p$(即对应于另外两根杆进入塑性屈服的载荷)时为止。

由式(5-40)或式(5-41)，可求出塑性极限载荷 $F_p$：

$$F_p = (1+\sqrt{2})A\sigma_s = \sqrt{2}F_e \tag{5-43}$$

在这一阶段节点 $O$ 的垂直位移 $\delta_y$ 可由式(5-31)、式(5-39)和式(5-41)求得：

$$\delta_y = \varepsilon_2 l = 2\varepsilon_1 l = 2\left(\frac{\sigma_1 l}{E}\right) = \left(\frac{\sigma_s l}{E}\right)\left[(1+\sqrt{2})\left(\frac{F}{F_e}\right) - \sqrt{2}\right] \tag{5-44}$$

对于理想弹塑性材料单一杆件而言，一旦屈服，材料就丧失了进一步的承载能力。但对于理想弹塑性材料的超静定桁架，从上面的分析可知，其中一根杆件屈服并不意味着桁架丧失了进一步的承载能力，在外载增加时它还能提供与外载平衡的变形抗力。也就是说，在弹塑性阶段，桁架的承载能力还能有显著的提高。

### 5.6.2 卸载

取 $F = F^*$，且 $F_e < F^* < F_p$。那么在 $F = F^*$ 后卸载 $\Delta F < 0$。卸载时各杆件服从胡克定律，在小变形情形下，式(5-36)可用于求解各杆件应力随载荷变化的改变量，即

$$\Delta\sigma_1 = \Delta\sigma_3 = \frac{\sigma_s}{2}\left(\frac{\Delta F}{F_e}\right), \quad \Delta\sigma_2 = \sigma_s\left(\frac{\Delta F}{F_e}\right) \tag{5-45}$$

相应的各杆件应变的改变量为

$$\Delta\varepsilon_1 = \Delta\varepsilon_3 = \frac{\sigma_s}{2E}\left(\frac{\Delta F}{F_e}\right), \quad \Delta\varepsilon_2 = \frac{\sigma_s}{E}\left(\frac{\Delta F}{F_e}\right) \tag{5-46}$$

卸载过程中的应力-应变值可由式(5-41)、式(5-42)和式(5-45)叠加卸载时的应力、应变改变量得出：

$$\sigma_1 = \sigma_3 = \frac{\sigma_s}{2}\left[(1+\sqrt{2})\left(\frac{F^*}{F_e}\right) - \sqrt{2}\right] + \frac{\sigma_s}{2}\left(\frac{\Delta F}{F_e}\right), \quad \sigma_2 = \sigma_s + \sigma_s\left(\frac{\Delta F}{F_e}\right) \tag{5-47}$$

$$\left.\begin{aligned}\varepsilon_1=\varepsilon_3&=\frac{\sigma_s}{2E}\left[(1+\sqrt{2})\left(\frac{F^*}{F_e}\right)-\sqrt{2}\right]+\frac{\sigma_s}{2E}\left(\frac{\Delta F}{F_e}\right)\\ \varepsilon_2&=\frac{\sigma_s}{E}\left[(1+\sqrt{2})\left(\frac{F^*}{F_e}\right)-\sqrt{2}\right]+\frac{\sigma_s}{E}\left(\frac{\Delta F}{F_e}\right)\end{aligned}\right.\tag{5-48}$$

### 5.6.3　残余应力与残余应变

当外载卸为零时，即 $\Delta F=-F^*$，可由式(5-47)、式(5-48)求出残余应力与残余应变：

$$\sigma_1^r=\sigma_3^r=\frac{\sigma_s\sqrt{2}}{2}\left(\frac{F^*}{F_e}-1\right)>0,\quad \sigma_2^r=\sigma_s\left(1-\frac{F^*}{F_e}\right)<0\tag{5-49}$$

$$\varepsilon_1^r=\varepsilon_3^r=\frac{\sigma_s\sqrt{2}}{2E}\left(\frac{F^*}{F_e}-1\right)>0,\quad \varepsilon_2^r=\frac{\sigma_s\sqrt{2}}{E}\left(\frac{F^*}{F_e}-1\right)>0\tag{5-50}$$

由式(5-49)和式(5-50)可知，杆 1、3 存在残余拉应力，杆 2 存在残余压应力。而三个杆的残余应变都是残余拉应变。

节点 $O$ 的残余位移 $\delta_y^r$ 为　$\delta_y^r=\varepsilon_2^r l>0$

## 思　考　题

5.1　单轴拉伸下，若已知弹性模量 $E$、硬化模量 $E'$ 和增量应变 $\varepsilon$，如何求增量应力、增量弹性应变和增量塑性应变?

5.2　试讨论本章所列各种塑性模型的特点，并加以比较。

5.3　若已知材料的剪切屈服应力 $\tau_s$ 和拉伸屈服应力 $\sigma_s$，分别考虑弯曲问题和扭转问题，说明是选用 Tresca 屈服条件合理，还是选用 Mises 屈服条件更合理。

5.4　如果受弯曲梁的横截面不对称于中性轴，在塑性变形过程中中性轴是否仍能保持不变?

5.5　在 5.6 节所分析的简单桁架的图 5-11 中，如果在交汇点 $O$ 处同时作用有垂直向下的力 $F_y$ 和水平向右的力 $F_x$，试讨论对应于该桁架达到弹性极限时的各种可能情况。

## 习　　题

5-1　已知理想弹塑性材料制成的空心圆轴内半径为 $a$，外半径为 $b$，试求此轴的弹性极限扭矩与塑性极限扭矩。

5-2　一薄壁圆管的半径为 $R$，壁厚为 $\delta$，同时受拉力 $F$ 和扭矩 $M_e$ 的作用，并设 $Fl=kM_e$ ($l$ 为单位长度，$k$ 为常数)，试用 Mises 屈服条件确定圆管何时屈服。

5-3　如图 5-11 所示的简单桁架，若在交汇点 $O$ 处施加一水平载荷，求桁架的弹性极限载荷与塑性极限载荷。

5-4　如图 5-5 所示的等截面矩形梁受纯弯曲作用，材料是理想弹塑性的，且 $\sigma_s$=500MPa。若规定其横截面塑性区面积最多为整个面积 1/2，求此梁的最大允许弯矩。

# 第 6 章 材料力学行为的进一步认识

工程中的材料有时不满足材料力学对变形固体的基本假设，如带有缺陷或裂纹的材料不满足连续条件；复合材料通常不是各向同性而是各向异性的；材料在高温和长时间载荷作用下具有介于弹性固体和黏性流体之间的特性。为了进一步认识材料的这些力学行为，本章将简单介绍材料的黏弹性力学、断裂力学和各向异性力学方面的基本概念。另外，还将讨论温度和应变速率对材料力学性能的影响。

## 6.1 温度对材料力学性能的影响

温度对材料力学性能的影响是复杂的。本节主要介绍短期静载下温度对材料拉伸力学性能影响的实验结果。短期静载拉伸实验一般指在十几分钟内拉断的实验。

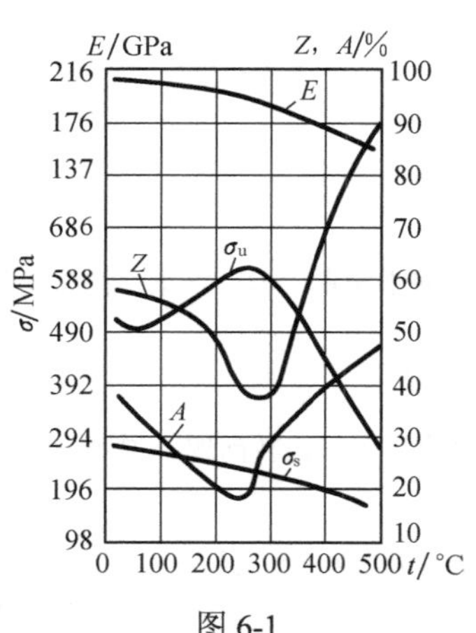

图 6-1

图 6-1 给出了低碳钢拉伸力学性能随温度升高的变化情况。从总的趋势看，温度升高，反映材料抵抗变形和破坏能力的指标 $E$、$\sigma_s$和$\sigma_u$ 减小，反映材料塑性的指标断后伸长率 $A$ 和断面收缩率 $Z$ 则增大。图 6-2 给出的铬锰合金钢的 $\sigma_{0.2}$、$\sigma_u$ 和 $A$ 随温度变化的曲线也反映了相同的规律。不过图 6-1 中低碳钢在低于 250℃时，温度升高$\sigma_u$ 反而增大，$A$ 和 $Z$ 却减小。

图 6-3 是中碳钢的低温拉伸曲线。可以看到温度由室温降至−196℃时，$\sigma_s$和$\sigma_u$ 增加了近一倍，而 $A$ 则减小；温度为−253℃时，材料的塑性完全丧失，变成脆性材料，$\sigma_u$ 也有进一步地提高。

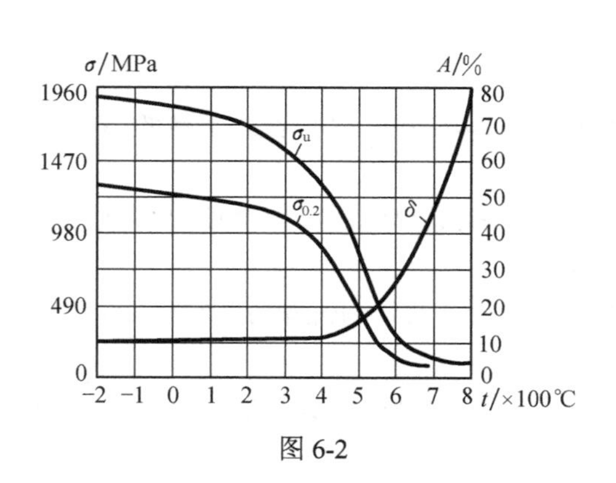

图 6-2

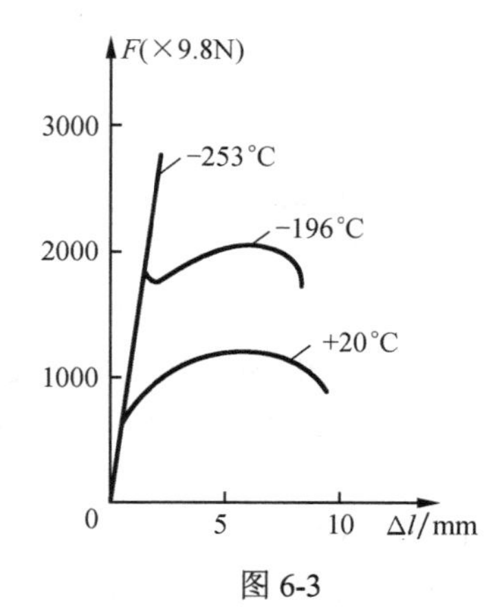

图 6-3

## 6.2　应变速率对材料力学性能的影响

实验结果表明，高应变速率$\left(\frac{d\varepsilon}{dt}>3/\min\right)$对部分材料的力学性能的影响是显著的。图 6-4 中的曲线 1 和 2 分别是低碳钢在静载和高应变速率下的拉伸 $\sigma$-$\varepsilon$ 曲线。显然，高应变速率下，低碳钢的强度极限明显提高，而且没有流动阶段。一般塑性材料的强度极限随应变速率增加而升高，断裂应变则下降。这是因为加载速率很高时，塑性变形来不及形成，试件中材料不容易滑移，材料变脆。由于材料的这一特性，测试材料在静载下的力学性质时，要求限制实验机的加载速度，以避免应变速率对结果产生影响。

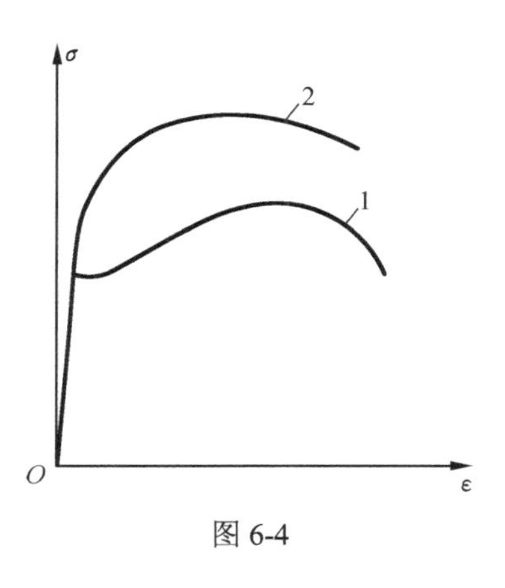

图 6-4

## 6.3　材料的黏弹性特性简介

高温下的金属材料(低碳钢高于 300～350℃，合金钢高于 350～400℃)和常温下的高分子材料(如工程塑料)，在长时间静载作用下的力学行为是介于弹性固体和黏性流体之间的，称为**黏弹性**特性。黏弹性材料的典型特征是**蠕变和应力松弛**。

### 6.3.1　材料的蠕变现象

当试件中的拉伸应力超过某一限度时，在某一固定应力和固定温度下，材料不可恢复的蠕变变形随时间的增加不断增大，这种现象称为蠕变。设计在高温状态下长期工作的构件时，必须要考虑蠕变。例如，汽轮机叶片长期在高温和离心力作用下，就会因产生过大的蠕变变形而造成打坏机壳和叶片的事故。图 6-5 是典型的材料蠕变曲线，它显示了变形(用应变$\varepsilon$表示)与加载时间的关系。该曲线可分为四个阶段：开始时蠕变变形增加较快，蠕变速率$\left(用\frac{d\varepsilon}{dt}表示\right)$逐渐降低，不稳定，称为**不稳定阶段**；之后蠕变速率稳定为一常数，进入**稳定阶段**；随着时间推移，蠕变速率又逐渐增加，称为**加速阶段**；最后蠕变速率急速增加，试件很快断裂，称为**破坏阶段**。

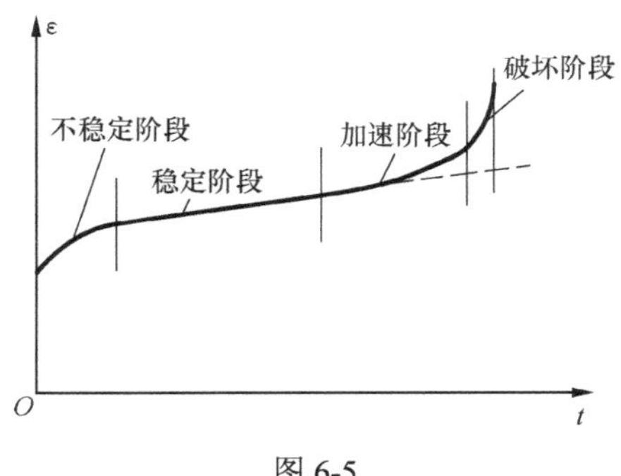

图 6-5

相同温度不同拉伸应力下，材料的蠕变曲线的特征是不同的(图 6-6)。从图中可以看到，应力越高稳定阶段越短，该阶段的蠕变速率也越高。应力超过某值后，材料蠕变直接由不稳定阶段进入破坏阶段。应力低于某值时，稳定阶段的蠕变速率接近于零，此时蠕变可不予考虑。

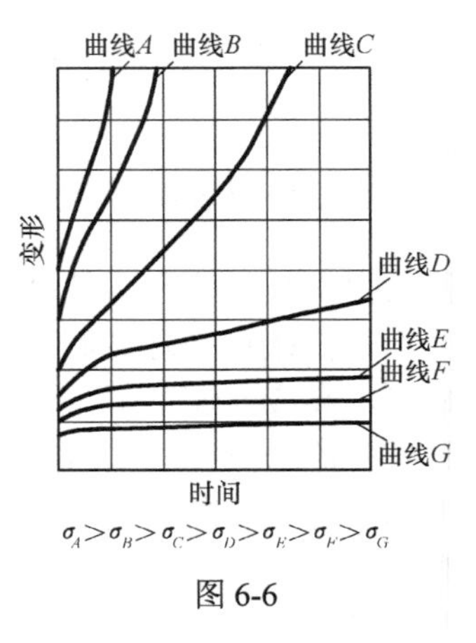


$\sigma_A>\sigma_B>\sigma_C>\sigma_D>\sigma_E>\sigma_F>\sigma_G$

图 6-6

## 6.3.2　材料的应力松弛现象

拉伸试件受载后保持恒定变形和恒定温度，由于蠕变变形，材料中的应力随时间推移逐渐减小，这种现象称为**应力松弛**(简称**松弛**)。例如，发动机汽缸盖与缸体之间的连接螺栓拧紧后会产生一定的弹性变形，内部会有一定初始应力。发动机在高温下长时间工作后，螺栓产生了蠕变变形，引起内部应力降低，即螺栓的紧固力下降。严重时缸盖发生松动，造成汽缸漏气。因此对这类螺栓必须采取定期拧紧的措施。图 6-7 是典型的金属材料试件的一组松弛曲线。它表示了一组相同温度不同初始弹性变形(用应变 $\varepsilon$ 表示)条件下的应力松弛情况。显然，初始弹性变形越大，应力松弛速率$\left(\dfrac{\mathrm{d}\sigma}{\mathrm{d}t}\right)$越高。经过相当时间后，应力均不再下降$\left(\dfrac{\mathrm{d}\sigma}{\mathrm{d}t}\approx 0\right)$。

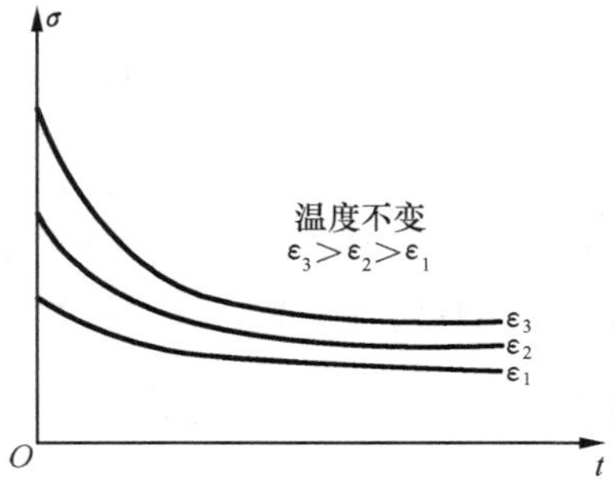

图 6-7

## 6.3.3　黏弹性力学基础

为了从理论上解释蠕变和应力松弛现象，简略介绍两种描述线性黏弹性体的应力-应变与时间历程关系的最基本的力学模型。假设黏弹性材料中的线弹性特征可以用一个弹簧元件来表示，它的应力-应变关系服从胡克定律：

$$\sigma = E\varepsilon_{\mathrm{e}} \tag{6-1}$$

另外，黏性流体的性质可以用称为“黏壶”的元件来表示。黏壶是一个充满黏度为 $\eta$ 的牛顿流体的带活塞的油缸。牛顿流体满足线性黏性体运动方程：

$$\sigma = \eta\frac{\mathrm{d}\varepsilon_{\mathrm{d}}}{\mathrm{d}t} \tag{6-2}$$

式中，$\varepsilon_{\mathrm{d}}$ 为黏壶的应变。

黏弹性体的最基本的力学模型就是弹簧和黏壶的串联或并联。

1. 串联模型(Maxwell 模型)

这是将弹簧和黏壶串联的模型，如图 6-8 所示。黏弹性体的总应变应为弹簧和黏壶的应变之和。由式(6-1)和式(6-2)得

$$\frac{\mathrm{d}\varepsilon}{\mathrm{d}t}=\frac{\mathrm{d}}{\mathrm{d}t}(\varepsilon_{\mathrm{e}}+\varepsilon_{\mathrm{d}})=\frac{1}{E}\frac{\mathrm{d}\sigma}{\mathrm{d}t}+\frac{\sigma}{\eta} \tag{6-3}$$

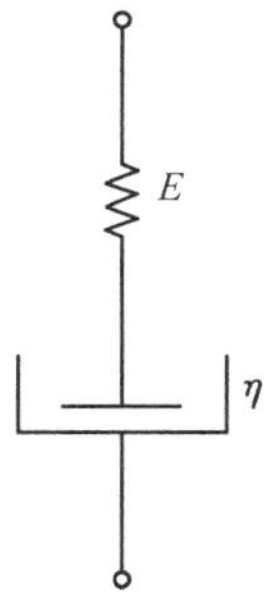

当该模型处于恒应变 $\varepsilon=\varepsilon_0$ 状态时，式(6-3)变为

$$\frac{1}{E}\frac{\mathrm{d}\sigma}{\mathrm{d}t}+\frac{\sigma}{\eta}=0$$

经积分，得

$$\begin{cases}\sigma(t)=E\varepsilon_0\mathrm{e}^{-\frac{t}{T}}\\ T=\dfrac{\eta}{E}\end{cases} \tag{6-4}$$

图 6-8

式中，$T$ 为该模型的**松弛时间**。显然，随时间 $t$ 的增加，黏弹性体中的应力不断减小，这正是应力松弛的过程。

当该模型受到恒应力 $\sigma=\sigma_0$ 作用时，式(6-3)退化为

$$\frac{\mathrm{d}\varepsilon}{\mathrm{d}t}=\frac{\sigma_0}{\eta}$$

经积分，得

$$\varepsilon(t)=\varepsilon_0+\frac{\sigma_0}{\eta}t \tag{6-5}$$

这时应变是随时间增加而增大的，因此 Maxwell 模型也可以描述蠕变过程。

2. 并联模型(Kelvin 模型)

这是弹簧和黏壶并联的模型，如图 6-9 所示。这时黏弹性体的总应力为弹簧和黏壶上的应力之和

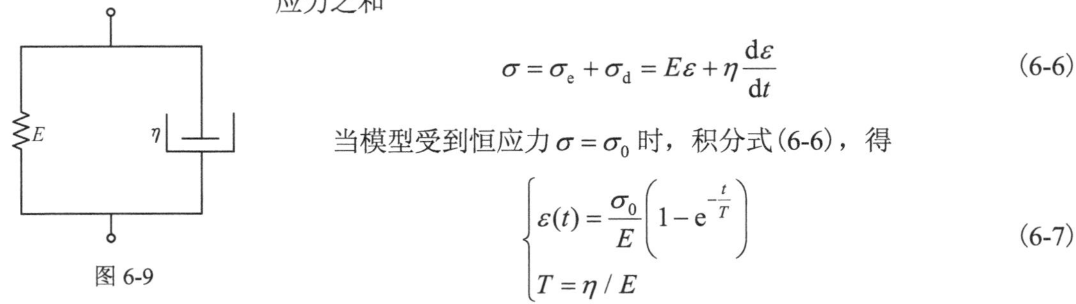


$$\sigma=\sigma_{\mathrm{e}}+\sigma_{\mathrm{d}}=E\varepsilon+\eta\frac{\mathrm{d}\varepsilon}{\mathrm{d}t} \tag{6-6}$$

当模型受到恒应力 $\sigma=\sigma_0$ 时，积分式(6-6)，得

$$\begin{cases}\varepsilon(t)=\dfrac{\sigma_0}{E}\left(1-\mathrm{e}^{-\frac{t}{T}}\right)\\ T=\eta/E\end{cases} \tag{6-7}$$

图 6-9

由式(6-7)不难看到随着时间的增加，应变 $\varepsilon(t)$ 是增大的，这正是蠕变变形的过程。但是，对模型施加恒应变 $\varepsilon=\varepsilon_0$ 时，式(6-6)变为

$$\sigma(t)=E\varepsilon_0 \tag{6-8}$$

这表明当应变固定时，应力立即松弛为某一确定值，因此 Kelvin 模型用来描述应力松弛过程是不完全的。

真实的黏弹性材料的蠕变与松弛的力学行为非常复杂，仅用一个简单的串联或并联模型无法确切描述。较为合理的模型是若干串联模型的并联或并联模型的串联组合或串联与并联模型的组合。

# 6.4 线弹性断裂力学简介

随着高强度和超高强度材料的使用、工程结构的大型化、焊接工艺的普遍化，有时按强度条件设计的构件不能满足强度要求。构件破坏时的断裂应力远低于屈服应力，甚至低于许用应力。大量的事故分析表明，内部存在裂纹是构件低应力断裂的根本原因。

构件内缺陷或裂纹的存在破坏了材料的连续性，建立在连续性假设基础上的材料力学强度计算理论已显不足。必须提出描述裂纹材料抵抗低应力断裂的新力学参量，建立新的破坏准则，这就是断裂力学的内容。

## 6.4.1 裂纹体的应力集中

当含有一个长短轴分别为$2a$和$2b$椭圆孔的无限大板受到均匀拉伸时，孔边产生应力集中，如图 6-10 所示。椭圆孔长轴顶端 $y$ 方向的应力最大：

$$\sigma_{y,\max} = K\sigma \tag{6-9}$$

$K$ 是应力集中系数，且

$$K = 1 + 2\sqrt{\frac{a}{\rho}} \tag{6-10}$$

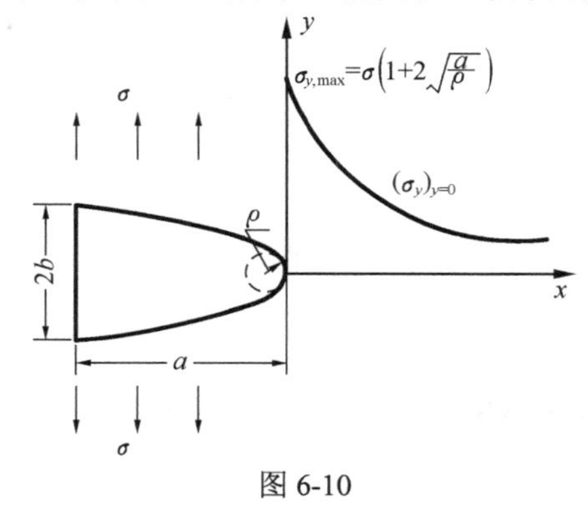

图 6-10

式中，$\rho$ 为椭圆长轴顶端圆弧半径，$\rho = b^2/a$。这时，$x$ 轴截面上的 $\sigma_y$ 在靠近孔顶端处的分布近似为

$$\sigma_y\big|_{y=0} \approx \sigma\left(1 + 2\sqrt{\frac{a}{\rho}}\right)\sqrt{\frac{\rho}{\rho + 4x}} \tag{6-11}$$

当 $\rho \to 0$ 时，孔退化为一条长 $2a$ 的裂纹。这时

$$\sigma_y\big|_{y=0} \approx \frac{\sigma\sqrt{a}}{\sqrt{x}} \tag{6-12}$$

显然，裂纹尖端附近的应力 $\sigma_y$ 不但和施加的应力 $\sigma$ 成正比，还和裂纹半长的平方根 $\sqrt{a}$ 成正比。也就是说，即使外加应力 $\sigma$ 不大，但裂纹长度较长时，$\sigma_y$ 也可能很大。另外，$\sigma_y$ 还和距裂纹尖端的距离的平方根 $\sqrt{x}$ 成反比。当 $x \to 0$ 时，$\sigma_y$ 将趋于无穷大。这表明裂纹尖端的高度应力集中是导致构件低应力断裂的关键。

## 6.4.2 应力强度因子

依照不同受力和位移特征，裂纹体的开裂形式分为三种类型：垂直裂纹面应力造成开裂的**张开型裂纹**，也称 **Ⅰ 型裂纹**；面内剪切造成的**滑开型(Ⅱ型)裂纹**；面外剪切造成的**撕开型(Ⅲ型)裂纹**，如图 6-11 所示。其中 Ⅰ 型最重要，本节主要讨论 Ⅰ 型问题。

为了描述裂纹尖端应力场的强弱程度，引入了一个新的力学参量——**应力强度因子** $K_{\mathrm{I}}$，即

$$K_{\mathrm{I}} = \sigma\sqrt{\pi a} \tag{6-13}$$

它的量纲是 $N\cdot m^{-\frac{3}{2}}$。

根据进一步分析，在无限大板中，Ⅰ型裂纹尖端附近某一点处的应力为

$$\begin{cases}\sigma_x=\dfrac{K_{\mathrm{I}}}{\sqrt{2\pi r}}\cos\dfrac{\theta}{2}\left(1-\sin\dfrac{\theta}{2}\sin\dfrac{3\theta}{2}\right)\\ \sigma_y=\dfrac{K_{\mathrm{I}}}{\sqrt{2\pi r}}\cos\dfrac{\theta}{2}\left(1+\sin\dfrac{\theta}{2}\sin\dfrac{3\theta}{2}\right)\\ \tau_{xy}=\dfrac{K_{\mathrm{I}}}{\sqrt{2\pi r}}\cos\dfrac{\theta}{2}\sin\dfrac{\theta}{2}\cos\dfrac{3\theta}{2}\end{cases} \tag{6-14}$$

式中，$r$ 和 $\theta$ 如图 6-12 所示。

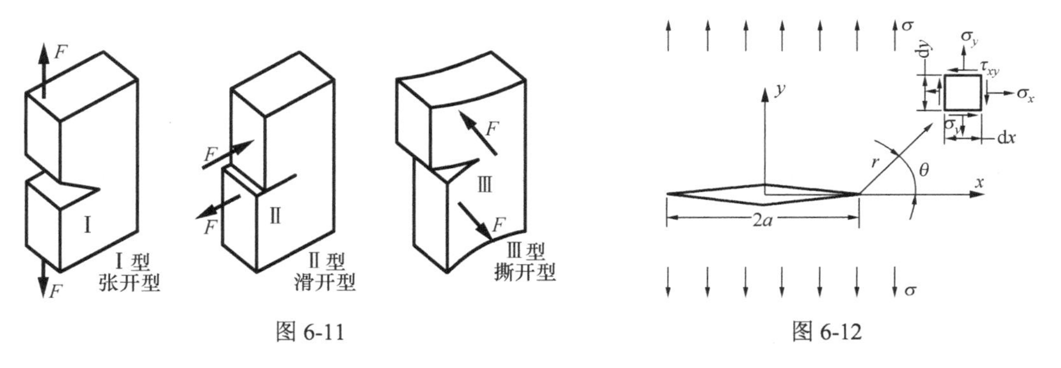


图 6-11　　　　图 6-12

由式(6-14)可知裂纹尖端的应力场的强弱不仅与外加应力有关，还与裂纹长度有关。设有两块无限大板，一块含裂纹长 $4a$，另一块含裂纹长 $a$，若将前者加载到 $\sigma$，后者加载到 $2\sigma$，由式(6-14)可知它们裂纹尖端的应力场是相同的。另外，当 $r\to 0$ 时，裂纹尖端的应力分量 $\sigma_y$ 趋于无穷，这种特性称为**应力具有 $r^{-\frac{1}{2}}$ 奇异性**。

### 6.4.3　断裂韧度 $K_{\mathrm{IC}}$ 与断裂准则

断裂韧度 $K_{\mathrm{IC}}$ 是反映材料抵抗裂纹起始扩展能力的强度指标，和 $\sigma_s$、$\sigma_b$ 一样属于材料固有的力学性能。测试 $K_{\mathrm{IC}}$ 的方法已经有国家标准 GB/T 4161—2007《金属材料　平面应变断裂韧度 $K_{\mathrm{IC}}$ 试验方法》。该试验是使用带有预制裂纹的标准试件，如三点弯曲试件(图 6-13)，加载至断裂。记录试验中测得的裂纹起始扩展的临界载荷 $F_{\mathrm{cr}}$ 和裂纹长度 $a$，就可以得到临界应力强度因子，即断裂韧度 $K_{\mathrm{IC}}$。不同形式的试件，$K_{\mathrm{IC}}$ 的计算表达式是不同的，对于标准三点弯曲试件：

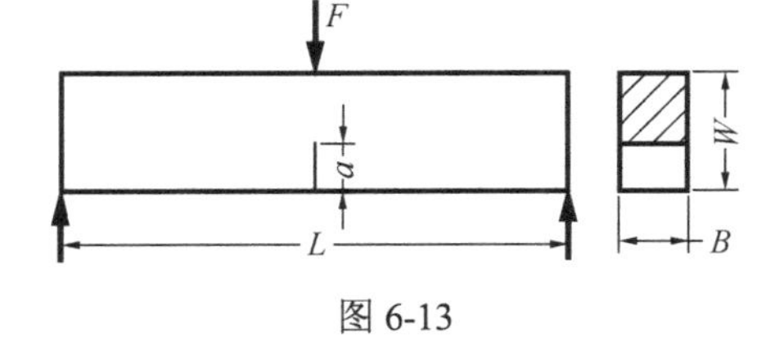


图 6-13

$$K_{\mathrm{IC}}=\frac{F_{\mathrm{cr}}L}{BW^{\frac{3}{2}}}f\left(\frac{a}{W}\right) \tag{6-15}$$

式中，$f\left(\dfrac{a}{W}\right)$ 为试件的宽度修正系数，且

$$f\left(\frac{a}{W}\right)=\frac{3\left(\frac{a}{W}\right)^{\frac{1}{2}}\left\{1.99-\frac{a}{W}\left(1-\frac{a}{W}\right)\left[2.15-3.93\frac{a}{W}+2.7\left(\frac{a}{W}\right)^{2}\right]\right\}}{2\left(1+\frac{2a}{W}\right)\left(1-\frac{a}{W}\right)^{\frac{3}{2}}}$$

已知材料的断裂韧度 $K_{\mathrm{IC}}$ 后，就可以根据断裂准则

$$K_{\mathrm{I}}\leqslant K_{\mathrm{IC}} \tag{6-16}$$

进行带裂纹构件的强度计算。不等式左边的应力强度因子由式(6-13)计算得到，它取决于裂纹长度 $a$ 和外加应力 $\sigma$ 。

# 6.5　复合材料力学简介

复合材料一般是各向异性和非均匀的，不同方向的刚度和强度不同。最典型的复合材料是纤维增强树脂基体复合材料。它具有强度和刚度高，比重小的优点，已被广泛用于航空航天结构、体育用品、建筑结构、船舶等。这类复合材料是用高模量和高强度的碳纤维、玻璃纤维等均匀平行排列在树脂基体中，构成很薄的单向层(也称为**铺层**)(图 6-14(a))。若干铺层按一定方向和顺序铺叠压制成复合材料**层合板**(图 6-14(b))。铺层方向不同的层合板称为**多向层合板**，相同的称为**单向层合板**。单向层的力学特性是研究层合板的刚度和强度的基础。本节将用材料力学的方法讨论单向层的各向异性应力-应变关系、单向层弹性常数的估算以及单向层合板的强度等。

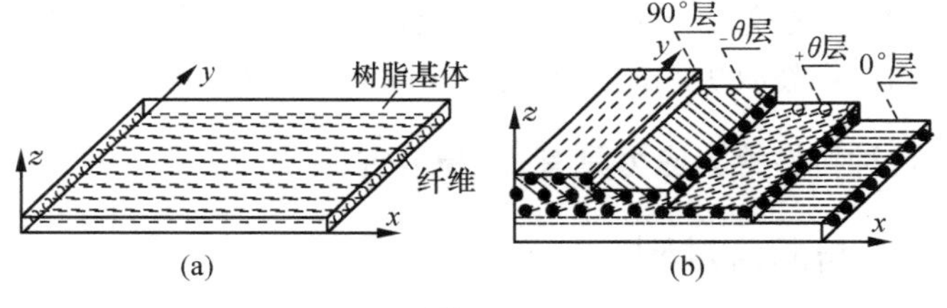


图 6-14

## 6.5.1　单向层正轴向广义胡克定律

单向层沿纤维的方向和垂直于纤维的方向称为单向复合材料的两个**材料主方向**，也称为**正轴向**。复合材料的模量和强度在这两个方向上分别取最大和最小。单向层正轴向的应力状态可以看成 3 个简单应力状态的叠加，如图 6-15 所示。

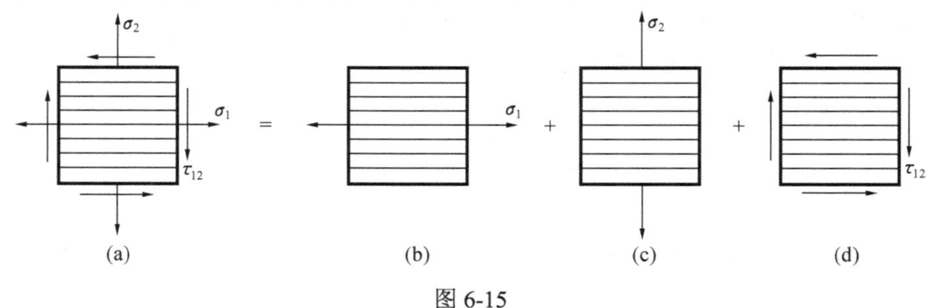


图 6-15

单向层沿纤维方向（$\sigma_1$ 轴向）的拉压弹性模量为 $E_1$，垂直于纤维方向（$\sigma_2$ 轴向）的拉压弹性模量为 $E_2$。1 轴向拉伸引起 2 轴横向变形对应的泊松比为 $\mu_{21}$，反之为 $\mu_{12}$。

(1) 轴向拉伸时，有

$$\begin{aligned} \varepsilon_1^{(1)} &= \frac{1}{E_1}\sigma_1 \\ \varepsilon_2^{(1)} &= -\mu_{21}\varepsilon_1^{(1)} = -\frac{\mu_{21}}{E_1}\sigma_1 \end{aligned} \tag{6-17}$$

式中，$\varepsilon$ 的上标表示拉伸方向，下标表示应变方向。

(2) 轴向拉伸时，有

$$\begin{aligned} \varepsilon_1^{(2)} &= -\mu_{12}\varepsilon_2^{(2)} = -\frac{\mu_{12}}{E_2}\sigma_2 \\ \varepsilon_2^{(2)} &= -\frac{1}{E_2}\sigma_2 \end{aligned} \tag{6-18}$$

(3) 面内剪切时，有

$$\gamma_{12} = \frac{1}{G_{12}}\tau_{12} \tag{6-19}$$

式中，$G_{12}$ 为单向层的面内**切变模量**。

利用叠加原理，便得到单向层正轴向的应力-应变关系，即广义胡克定律：

$$\begin{cases} \varepsilon_1 = \dfrac{1}{E_1}\sigma_1 - \dfrac{\mu_{12}}{E_2}\sigma_2 \\ \varepsilon_2 = -\dfrac{\mu_{21}}{E_1}\sigma_1 + \dfrac{1}{E_2}\sigma_2 \\ \gamma_{12} = \dfrac{1}{G_{12}}\tau_{12} \end{cases} \tag{6-20}$$

用矩阵形式表示有

$$\begin{bmatrix} \varepsilon_1 \\ \varepsilon_2 \\ \gamma_{12} \end{bmatrix} = \begin{bmatrix} \dfrac{1}{E_1} & -\dfrac{\mu_{12}}{E_2} & 0 \\ -\dfrac{\mu_{12}}{E_1} & \dfrac{1}{E_2} & 0 \\ 0 & 0 & \dfrac{1}{G_{12}} \end{bmatrix} \begin{bmatrix} \sigma_1 \\ \sigma_2 \\ \tau_{12} \end{bmatrix} \tag{6-21}$$

由式(6-21)可以看到，单向层的两个主方向的线应变 $\varepsilon_1$ 和 $\varepsilon_2$ 均与切应力无关，切应变 $\gamma_{12}$ 也仅与切应力有关而与正应力无关。单向层正轴向的这种特殊的各向异性特性称为正交各向异性。当正应力方向与材料主方向不一致时，单向层的应力-应变关系不再呈正交各向异性，这时线应变不但与正应力有关，而且与切应力有关，呈现一般各向异性特性。

与《材料力学（Ⅰ）》中第 8 章的各向同性材料的广义胡克定律表达式相比，正交各向异性材料的广义胡克定律关系中涉及了 5 个弹性常数，即 $E_1$、$E_2$、$\mu_{12}$、$\mu_{21}$ 和 $G_{12}$。根据材料的弹性对称性，可以证明式(6-21)中的材料弹性矩阵具有对称性，系数满足

$$\frac{\mu_{12}}{E_2}=\frac{\mu_{21}}{E_1} \tag{6-22}$$

因此，单向层只有 4 个弹性常数是独立的。一般取$E_1$、$E_2$、$\mu_{21}$和$G_{12}$，它们是通过单向层合板的正轴向拉伸和面内剪切实验测得的。

### 6.5.2　单向层的拉压弹性模量

复合材料单向层的拉压弹性模量除通过实验测得之外，还可以用纤维和基体的模量来估算。假设从单向层中截取只含一根纤维的单元体，单元体中纤维的体积含量和单向层相同，如图 6-16 所示。单元体横截面积为 $A$，沿纤维方向作用应力$\sigma_1$，单元体的合力为

$$F=\sigma_1 A \tag{6-23}$$

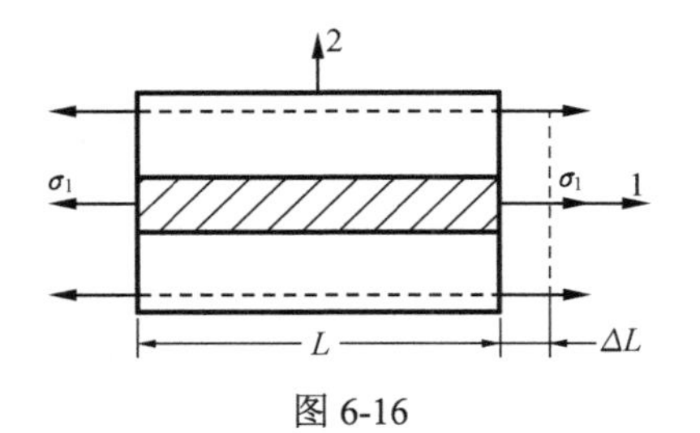

图 6-16

分解到纤维和基体上的力和应力分别为$F_f$、$\sigma_f$ 和 $F_m$、$\sigma_m$，则有

$$F=F_f+F_m \tag{6-24}$$

即

$$\sigma_1 A=\sigma_f A_f+\sigma_m A_m \tag{6-25}$$

式中，$F_f$、$F_m$ 分别为纤维和基体的横截面积。式中$\sigma_f$和$\sigma_m$均未知，可见该问题是拉伸超静定问题，因此必须考虑变形协调关系。由于纤维和基体黏结牢固，受力时和单元体具有相同的变形，即

$$\varepsilon_f=\varepsilon_m=\varepsilon_1 \tag{6-26}$$

又因胡克定律，有

$$\sigma_f=E_f\varepsilon_f,\quad \sigma_m=E_m\varepsilon_m,\quad \sigma_1=E_1\varepsilon_1 \tag{6-27}$$

代入式(6-25)，可得

$$E_1=E_fV_f+E_mV_m \tag{6-28}$$

式中

$$V_f=\frac{A_f}{A},\quad V_m=\frac{A_m}{A} \tag{6-29}$$

称为纤维和基体的**体积含量比**。复合材料沿纤维方向的拉伸模量就可以用纤维和基体的模量来表示，考虑到

$$V_m=1-V_f \tag{6-30}$$

于是有

$$E_1=E_fV_f+E_m(1-V_f) \tag{6-31}$$

式(6-31)也称为**复合材料的混合律**。

单元体受到垂直于纤维方向的拉伸，还可以得到复合材料垂直于纤维方向的拉伸弹性模量：

$$E_2=\frac{E_fE_m}{E_f(1-V_f)+E_mV_f} \tag{6-32}$$

一般纤维模量比基体模量高出一个数量级以上，假设式(6-31)和式(6-32)中的 $E_m$ 和 $E_f$ 相比可以忽略，就有

$$E_1 \approx E_f V_f, \quad E_2 \approx \frac{E_m}{1 - V_f} \tag{6-33}$$

由此可见单向层的两个材料主方向的弹性模量相差很大，这正是各向异性的特征。

### 6.5.3　单向层的强度及强度准则

单向层是正交各向异性的，不但沿纤维方向(纵向)和垂直于纤维方向(横向)刚度不同，强度也不同，而且同一方向的拉伸和压缩强度也不同。因此纤维增强树脂基体复合材料单向层的强度指标有 5 个，分别为纵向拉伸强度($X_t$)、纵向压缩强度($X_c$)、横向拉伸强度($Y_t$)、横向压缩强度($Y_c$)和面内剪切强度($S$)。这些强度指标是通过单向层合板的纵向、横向拉压破坏实验和面内剪切破坏实验得到的。5 个强度指标相互独立，不像金属材料的 $\tau_s$ 和 $\sigma_s$ 之间有某种关系。

表 6-1 列出了几种典型国产复合材料单向层合板的弹性常数和强度。可以看出纵向模量和强度大部分都要比横向的高出一个数量级以上。

**表 6-1　典型复合材料单向层合板的基本力学性能**

| 性能 | E 玻璃/环氧 | T300/4211 | T300/5222 | T300/HD03 | T300/QY8911 |
|---|---|---|---|---|---|
| $E_1$ / GPa | 38.6 | 126 | 135 | 159 | 135 |
| $E_2$ / GPa | 8.27 | 8.0 | 9.4 | 9.5 | 8.8 |
| $\mu_{21}$ | 0.26 | 0.33 | 0.3 | 0.32 | 0.33 |
| $G_{12}$ /GPa | 4.14 | 3.7 | 5.0 | 5.5 | 4.5 |
| $X_t$ / MPa | 1062 | 1396 | 1490 | 2020 | 1548 |
| $X_c$ / MPa | 610 | 1029 | 1210 | — | 1226 |
| $Y_t$ / MPa | 31 | 33.9 | 40.7 | 64.4 | 55.5 |
| $Y_c$ / MPa | 118 | 166.6 | 197.0 | 178 | 218 |
| $S$/MPa | 72 | 65.5 | 92.3 | 73.1 | 89.9 |

注：T300-高强碳纤维；E 玻璃-玻璃纤维；环氧、4211、5222、HD03、QY8911 为国产基体树脂。

单向层在复杂应力状态下的强度也需要通过一定的强度准则来判定。常用的复合材料单向层的强度准则有最大应力准则、最大应变准则、蔡-希尔准则和蔡-胡张量准则。与各向同性材料不同，这些准则中都使用正轴向应力而不是主应力来判定破坏，这是因为单向层的强度具有明显的方向性。以下简单介绍两种典型的强度准则。

(1) 最大应力准则。

$$|\sigma_1| < X, \quad |\sigma_2| < Y, \quad |\tau_{12}| < S \tag{6-34}$$

上述三个不等式是相互独立的，若不满足其中一个，单向层即破坏。

(2) 蔡-希尔(Tsai-Hill)准则。蔡-希尔准则是由各向同性材料的 Mises 准则推广而得到的，准则为

$$\left(\frac{\sigma_1}{X}\right)^2 + \left(\frac{\sigma_2}{Y}\right)^2 - \frac{\sigma_1\sigma_2}{X^2} + \left(\frac{\tau_{12}}{S}\right)^2 = 1 \tag{6-35}$$

已知单向层中的应力，就可以用式(6-34)或式(6-35)进行强度校核。式中，$X$ 和 $Y$ 取拉伸强度还是压缩强度取决于施加应力 $\sigma_1$ 和 $\sigma_2$ 是拉应力还是压应力。

## 思 考 题

6.1　蠕变和应力松弛同属黏弹性材料的特性，它们之间的本质区别何在？

6.2　蠕变变形的四个阶段能否均用弹簧和黏壶的并联模型来描述，为什么？

6.3　为什么裂纹体裂纹前缘的应力场强弱要用应力强度因子来表征而不用应力？

6.4　什么是材料的正交各向异性特性？

6.5　最大应力准则和蔡-希尔准则有什么不同？你认为进行强度计算用哪个准则较为合理？为什么？

## 习 题

6-1　已知 LC-4 铝合金三点弯曲试件的几何尺寸为 $B=18.01\text{mm}$，$W=36.0\text{mm}$，$B:W:L=18:36:144$，测得裂纹长度 $a$ 为 19.64mm，裂纹起始扩展的临界载荷 $F_{\text{cr}}=8.36\text{kN}$。试计算该材料的断裂韧度 $K_{\text{IC}}$。

6-2　已知汽轮机叶轮材料的断裂韧度 $K_{\text{IC}}=65\text{MN}\cdot\text{m}^{-3/2}$，经仪器检测得叶轮出现长 9.4mm 的裂纹。假设垂直于裂纹面方向作用有拉伸应力 $\sigma$，试求叶轮破坏的临界拉伸应力。若无裂纹时叶轮的屈服应力 $\sigma_{\text{s}}=750\text{MPa}$，那么裂纹导致叶轮的破坏应力下降了多少？

6-3　试用单纤维单元体模型推导复合材料垂直于纤维方向的拉压弹性模量为

$$E_2=\frac{E_{\text{f}}E_{\text{m}}}{E_{\text{f}}(1-V_{\text{f}})+E_{\text{m}}V_{\text{f}}}$$

6-4　已知单向层合板的强度为 $X_{\text{t}}=250\text{MPa}$，$X_{\text{c}}=200\text{MPa}$，$Y_{\text{t}}=0.5\text{MPa}$，$Y_{\text{c}}=10\text{MPa}$，$S=8\text{MPa}$，其正轴向的应力 $\sigma_1=3.16\text{MPa}$，$\sigma_2=0.4\text{MPa}$，$\tau_{12}=5.24\text{MPa}$，试分别用最大应力准则和蔡-希尔准则进行强度校核，并判断结果的可信性。

# 第 7 章　实验应力分析简介

## 7.1　概　　述

在设计构件或校核其强度时，必须了解构件受力时的应力分布情况。对于一些典型的受力构件，前面已进行了大量的研究，并建立了相应的理论公式。但是，对于工程实际中遇到的大量构件，其形状和受力情况往往比较复杂，难以用现有的理论进行计算。解决这类问题的一个重要途径就是实验的方法。通过实验对构件或其模型进行应力-应变分析的方法称为**实验应力分析**。

实验应力分析的方法很多，有电测法、光弹(塑)性法(全息干涉法、散斑干涉法等)、云纹法、X 射线法、脆性涂层法和机械测量法等，目前以电测法和光弹性法应用广泛。

### 7.1.1　电测法

电测法包括电阻、电容、电感等多种方法。其中以电阻应变测试方法应用较为普遍。电阻应变测试方法是用电阻应变片测定构件表面的应变(预埋法除外)，再根据应变-应力关系确定构件表面的应力状态。这种方法可用来测量模型或实物表面的应变，具有很高的灵敏度和精度。由于测量时输出为电信号，因此易于实现测量数字化和自动化，并可进行遥测。此外，它还可以对动应力进行测量。由于电阻应变片具有体积小、重量轻、价格便宜等优点，因此电阻应变测试方法已成为实验应力分析中应用最广的一种方法。该方法的主要缺点是，一个电阻应变片只能测量构件表面一个点(片基范围)的平均应变，不能进行全域性测量，也不能测出构件内部的应变。

### 7.1.2　光测法

光测法包括光弹(塑)性、全息干涉、散斑干涉、云纹、焦散线及 CT 扫描等方法。其中以光弹性法应用比较广泛，它是利用偏振光通过具有双折射效应的透明受力模型获得干涉条纹，因此可以直接观察到模型的全部应力分布情况，特别是能直接看到应力集中部位，能准确地反映应力分布的急剧变化，较迅速地确定应力集中系数。这种方法的缺点是周期长、成本较高，影响测量精度的因素较多等。

本章主要介绍电测法和光弹性法的基本原理和基本方法。

## 7.2　电测法的基本原理

### 7.2.1　电阻应变片及其工作原理

电测法的主要元件是应变片，应变片又分为金属电阻应变片和半导体应变片。而金属电

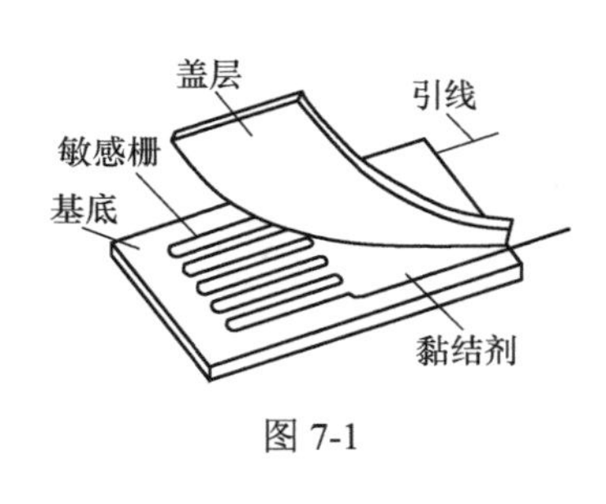

图 7-1

阻应变片又分为丝式、箔式、薄膜式三种。金属丝式应变片(应变计)的典型结构是由敏感栅、引线、基底、盖层和黏结剂组成的，其构造简图如图 7-1 所示。敏感栅能将被测构件表面的应变转换为电阻的变化，由于它非常灵敏，故称为**敏感栅**。金属丝式应变片的敏感栅用合金丝绕制而成；金属箔式应变片的敏感栅通过将金属箔片采用光刻或腐蚀技术制成(图 7-2(a)～(d))。按敏感栅的结构形状又可分为单轴应变片(图 7-2)和多轴应变片(应变花)，如图 7-3 所示。

实验时，将应变片粘贴在构件表面需测应变的部位，当构件变形时，应变片的电阻也产生相应的变化。实验表明，在单向应力作用下，应变片的电阻相对变化 $\frac{\Delta R}{R}$ 与试件表面沿应变片轴线方向的应变 $\varepsilon$ 成正比，即

$$\frac{\Delta R}{R}=K\varepsilon \tag{7-1}$$

式中，比例常数 $K$ 称为**应变片的灵敏系数**，其值主要取决于敏感栅的材料、形式和几何尺寸。它是由制造厂家经抽样后，在专门的设备上标定得到的，并于包装上注明其平均名义值和标准误差。常用电阻应变片的灵敏系数为 2～2.4。由式(7-1)可知，只要测出应变片的电阻变化率 $\frac{\Delta R}{R}$，即可确定相应的应变 $\varepsilon$。

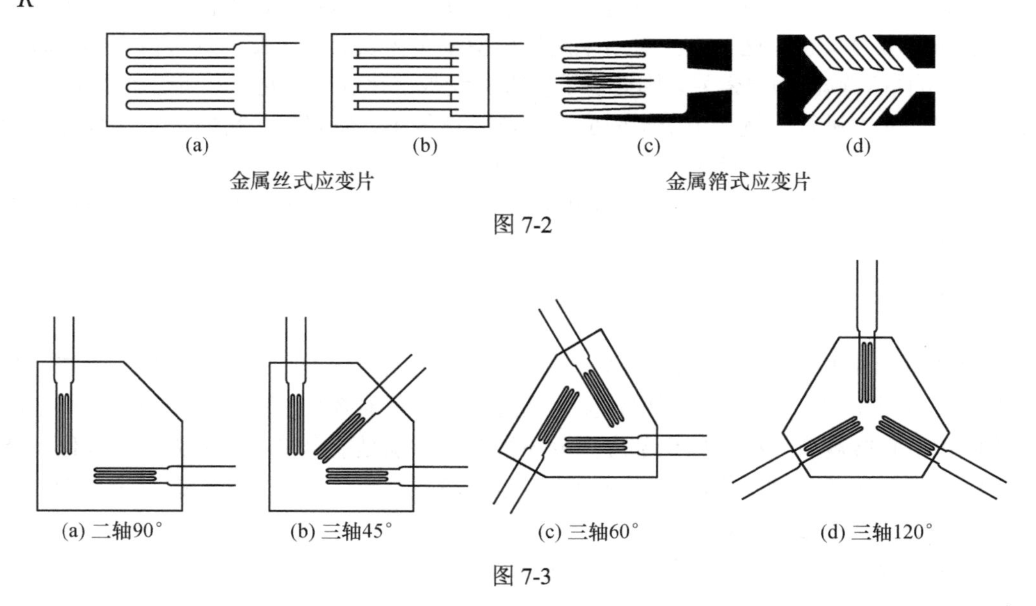

图 7-2


图 7-3

## 7.2.2 测量电桥原理

应变片的电阻变化率，需用专门仪器(电阻应变仪)进行测量，其测量电路为**惠斯顿电桥**(图 7-4)，电桥的作用是将应变片的电阻变化转换成电压(或电流)的变化。在 $A$、$C$ 点连接电源，电压为 $U$。由电工学可知，$B$、$D$ 端的输出电压为

$$\Delta U = U\frac{R_1R_4 - R_2R_3}{(R_1 + R_2)(R_3 + R_4)} \tag{7-2}$$

当输出电压 $\Delta U = 0$ 时，称为电桥平衡。显然，电桥平衡的条件是

$$R_1R_4 = R_2R_3 \tag{7-3}$$

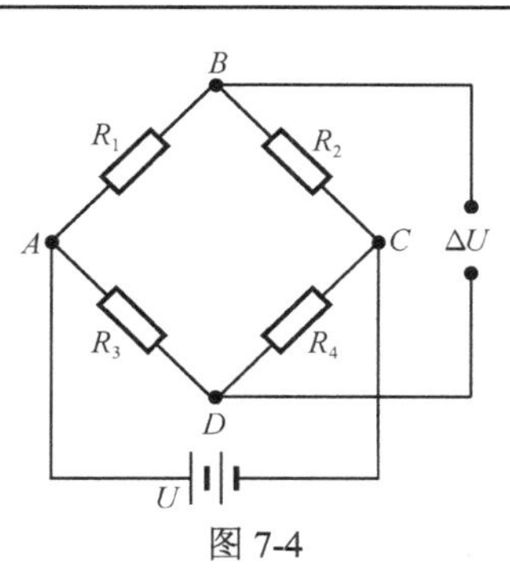

图 7-4

设电桥在接上电阻 $R_1$、$R_2$、$R_3$和$R_4$ 时处于平衡状态，当上述电阻分别改变 $\Delta R_1$、$\Delta R_2$、$\Delta R_3$和$\Delta R_4$ 时，由式(7-2)可知，电桥输出电压为

$$\Delta U = U\frac{(R_1 + \Delta R_1)(R_4 + \Delta R_4) - (R_2 + \Delta R_2)(R_3 + \Delta R_3)}{(R_1 + \Delta R_1 + R_2 + \Delta R_2)(R_3 + \Delta R_3 + R_4 + \Delta R_4)}$$

将式(7-3)代入上式，并略去高阶微量后得

$$\Delta U = U\frac{R_1R_2}{(R_1 + R_2)^2}\left(\frac{\Delta R_1}{R_1} - \frac{\Delta R_2}{R_2} - \frac{\Delta R_3}{R_3} + \frac{\Delta R_4}{R_4}\right) \tag{7-4}$$

实际测量时，经常采用 4 个相同规格的应变片同时接入测量电桥，此时，$R_1 = R_2 = R_3 = R_4 = R$，$R$ 为各电阻应变片的初始电阻。在这种情况下，有

$$\Delta U = \frac{U}{4}\left(\frac{\Delta R_1}{R} - \frac{\Delta R_2}{R} - \frac{\Delta R_3}{R} + \frac{\Delta R_4}{R}\right)$$

当构件受力时，各应变片感受到的应变分别为 $\varepsilon_1$、$\varepsilon_2$、$\varepsilon_3$和$\varepsilon_4$，由式(7-1)可得

$$\Delta U = \frac{KU}{4}(\varepsilon_1 - \varepsilon_2 - \varepsilon_3 + \varepsilon_4)$$

令

$$\varepsilon_r = \varepsilon_1 - \varepsilon_2 - \varepsilon_3 + \varepsilon_4$$

代表应变仪的读数值，则

$$\varepsilon_r = \varepsilon_1 - \varepsilon_2 - \varepsilon_3 + \varepsilon_4 = \frac{4\Delta U}{KU} \tag{7-5}$$

由于 $KU$ 为常数，故读数应变 $\varepsilon_r$ 与输出电压 $\Delta U$ 呈线性关系。通过标定，即可将输出电压 $\Delta U$ 转化成应变仪的读数应变 $\varepsilon_r$。

从式(7-5)还可看出，应变仪的读数与所接各应变片的应变呈线性齐次关系，相邻桥臂符号相异，相对桥臂符号相同。利用这一特性，采用合理的组桥方法，可以达到增加输出灵敏度、消除不需要的应变仪读数以及温度引起的热输出等效果。

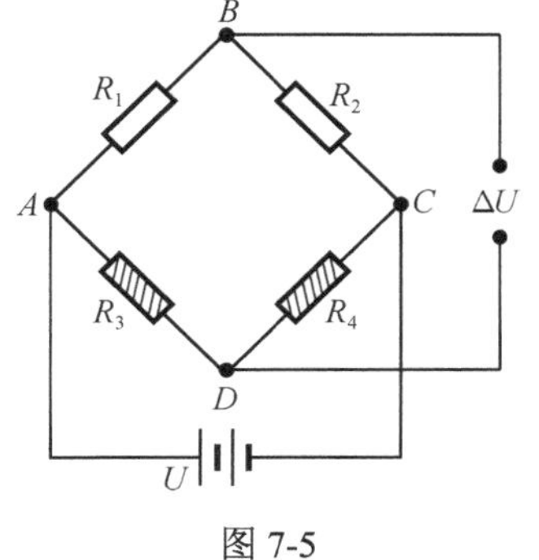

图 7-5

在 4 个桥臂上都连接应变片的接线法，通常称为**全桥接线法**(图 7-4)。在进行测量时，有时只在电桥的 $A$、$B$和$B$、$C$ 端接应变片，而在 $A$、$D$和$D$、$C$ 端则连接应变仪内部的两个阻值相等的固定电阻(图 7-5)，这种接线法称为**半桥接线法**。在这种情况下，有

$$\Delta R_3 = \Delta R_4 = 0$$

由式(7-1)可得

$$\varepsilon_3 = \varepsilon_4 = 0$$

故由式(7-5)可知

$$\varepsilon_{\mathrm{r}}=\varepsilon_1-\varepsilon_2 \tag{7-6}$$

如果只在电桥的 $A$、$B$ 端接应变片，$B$、$C$ 端接温度补偿片，在 $A$、$D$ 和 $D$、$C$ 端连接应变仪内部的固定电阻(图 7-6(b))，这种接线法称为 1/4 桥接线法。此时，$\varepsilon_{\mathrm{r}}=\varepsilon_1$。

### 7.2.3　温度补偿

电阻应变片对温度变化十分敏感。对于粘贴在构件上的应变片，其敏感栅的电阻值一方面随构件应变而变化；另一方面，当环境温度变化时，电阻值还将随温度改变而变化。同时，由于敏感栅材料和被测构件材料的线膨胀系数不同，敏感栅有被迫拉长或缩短的趋势，也会使其电阻值发生变化。这种因环境温度而变化引起的应变片敏感栅的电阻变化的数量级与应变引起的电阻变化相当。这两部分电阻变化同时存在，混淆在一起，使得测量出的应变值中包含了因环境温度变化而引起的虚假应变，带来很大误差，因此在测量中必须设法消除温度变化的影响。

消除温度影响的措施是温度补偿。在常温应变测量中，温度补偿的方法是采用桥路补偿法。这种方法简单、经济、补偿效果较好。它是利用电桥特性来进行温度补偿的。

1. 补偿块补偿法

如图 7-6(a)所示的受力构件，为了测量构件表面某点的应变，除在该点粘贴一应变片外，可再将一个同样规格的应变片粘贴在与被测构件材料相同的补偿块上，并将该补偿块放置在与被测点具有同样温度变化的位置。前一应变片称为**工作片**，后一应变片称为**补偿片**，粘贴补偿片的不受力试块称为**补偿块**。加载后，由于工作片所反映的应变包括构件应变和温度变化引起的应变两部分，即

$$\varepsilon_1=\varepsilon+\varepsilon_{\mathrm{t}}$$

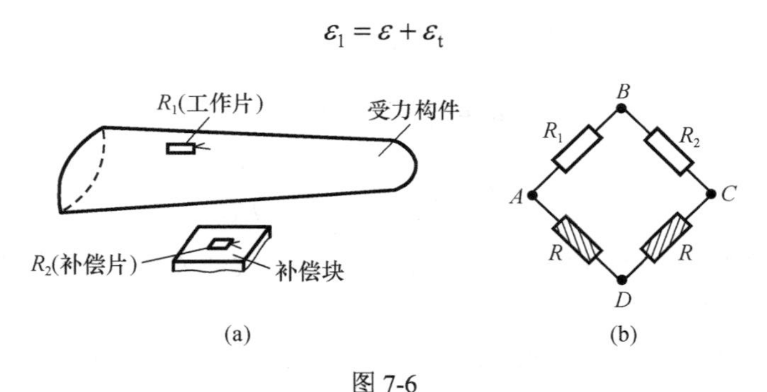


图 7-6

补偿片所反映的应变仅为温度变化引起的应变，即

$$\varepsilon_2=\varepsilon_{\mathrm{t}}$$

因此，如果将工作片和补偿片分别接在测量电桥的相邻两臂(图 7-6(b))，则由式(7-6)可知，应变仪的读数为

$$\varepsilon_{\mathrm{r}}=\varepsilon_1-\varepsilon_2=\varepsilon$$

上式表明，采用补偿片后，即可消除温度变化所造成的影响。

如果构件存在零应力区，则可将补偿片贴在该处，这样最大限度地保持了环境一致并消除了温度变化所造成的影响。

2. 工作片补偿法

工作片补偿法不需要补偿块，而是在同一被测试件的适当位置粘贴几个工作片，将它们接入电桥中。如图 7-7 所示的悬臂梁，为了测出 *m-m* 截面表面处的轴向应变，在该截面的上、下表面沿轴向各贴一片规格相同的应变片，并组成半桥。

图 7-7

应变片 1、2 感受到的应变分别为

$$\varepsilon_1 = \varepsilon_M + \varepsilon_t, \quad \varepsilon_2 = -\varepsilon_M + \varepsilon_t$$

式中，$\varepsilon_M$ 为 *m-m* 截面上表面的轴向拉应变；$\varepsilon_t$ 为温度变化产生的应变。

按半桥接线，应变仪的读数为

$$\varepsilon_r = \varepsilon_1 - \varepsilon_2 = (\varepsilon_M + \varepsilon_t) - (-\varepsilon_M + \varepsilon_t) = 2\varepsilon_M$$

梁上表面的轴向应变为

$$\varepsilon_M = \varepsilon_r / 2$$

这样布片和接线，既可达到温度补偿的目的，还可提高测量灵敏度。

## 7.3　应变测量与应力换算

利用电阻应变片测出的是某一点沿某一方向的线应变。为了测出某一点的主应力，必须经过应变-应力换算。不同应力状态有不同的换算关系。下面讨论平面应力状态下的应变-应力换算关系以及主应力的测试方法。

### 7.3.1　单向应力状态

若待测点处于单向应力状态，且已知该点处非零主应力方向，则可在该点沿主应力方向粘贴应变片。测得应变 $\varepsilon$ 之后，由胡克定律即可将应变换算成该点的主应力：

$$\sigma = E\varepsilon \tag{7-7}$$

**例 7-1**　图 7-8(a)所示操纵连杆的横截面积为 $A$，材料的弹性模量为 $E$，要求测出连杆所受拉力 $F$，试确定布片和接线方案，并建立相应的计算公式。

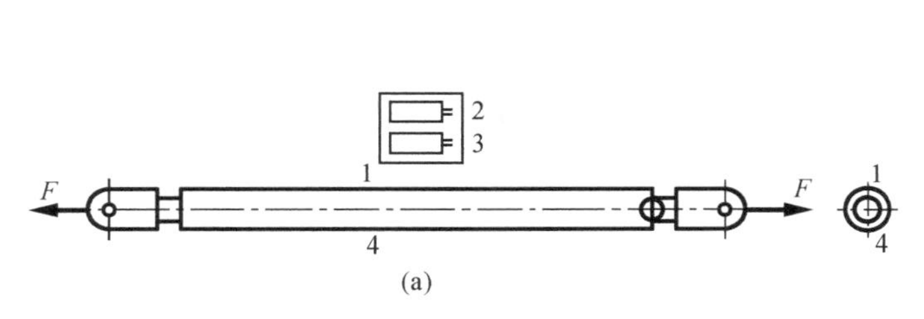

(a)

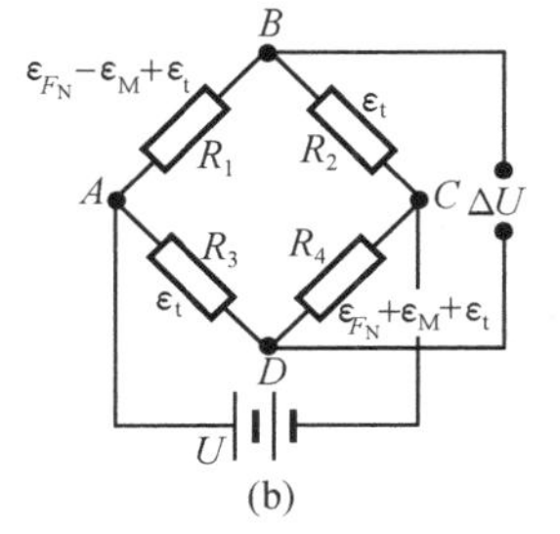

(b)

图 7-8

**解**　操纵连杆主要承受轴向载荷。但是，实际连杆往往难免存在一定程度的初弯曲，外力也可能偏离轴线。因此，当连杆受力时，贴在杆件表面的应变片不仅感受由轴力引起的应变$\varepsilon_{F_N}$，还感受由弯矩引起的应变$\varepsilon_M$和由温度变化引起的误差$\varepsilon_t$。为了消除弯曲和温度变化的影响，可在杆内某截面的上、下表面沿杆轴方向分别粘贴工作应变片 1 和 4，并将贴有补偿应变片 2 和 3 的补偿块置于上述工作应变片附近，然后将上述四个应变片连接成图 7-8(b)所示的全桥线路。这样，当连杆受力后，由于

$$\varepsilon_1 = \varepsilon_{F_N} - \varepsilon_M + \varepsilon_t,\quad \varepsilon_2 = \varepsilon_3 = \varepsilon_t,\quad \varepsilon_4 = \varepsilon_{F_N} + \varepsilon_M + \varepsilon_t$$

根据式(7-5)可知，应变仪的读数为

$$\varepsilon_r = \varepsilon_1 - \varepsilon_2 - \varepsilon_3 + \varepsilon_4 = (\varepsilon_{F_N} - \varepsilon_M + \varepsilon_t) - \varepsilon_t - \varepsilon_t + (\varepsilon_{F_N} + \varepsilon_M + \varepsilon_t)$$

由此得

$$\varepsilon_r = 2\varepsilon_{F_N}$$

上式表明，当采用图 7-8 所示的方案进行测量时，不仅可以消除弯曲和温度变化的影响，而且可将读数灵敏度提高一倍。

$\varepsilon_{F_N}$测定后，根据胡克定律求得连杆拉力为

$$F = \varepsilon_{F_N} EA = \frac{\varepsilon_r EA}{2}$$

## 7.3.2　已知主应力方向的二向应力状态

已知主应力方向的二向应力状态，有主应力$\sigma_1$、$\sigma_2$（1 和 2 仅表示不同的两个主应力，与主应力排序无关）两个未知量。受内压作用的薄壁容器如图 7-9 所示，其表面各点的主应力方向已知，此时可沿主应力方向，即沿周向和轴向粘贴两个互相垂直的应变片，测出在内压 $p$ 作用下，它们各自所感受的应变$\varepsilon_1$和$\varepsilon_2$后，再由广义胡克定律即可求得主应力

$$\begin{cases} \sigma_1 = \dfrac{E}{1-\mu^2}(\varepsilon_1 + \mu\varepsilon_2) \\ \sigma_2 = \dfrac{E}{1-\mu^2}(\varepsilon_2 + \mu\varepsilon_1) \end{cases}$$

式中，$\mu$为被测构件材料的泊松比。

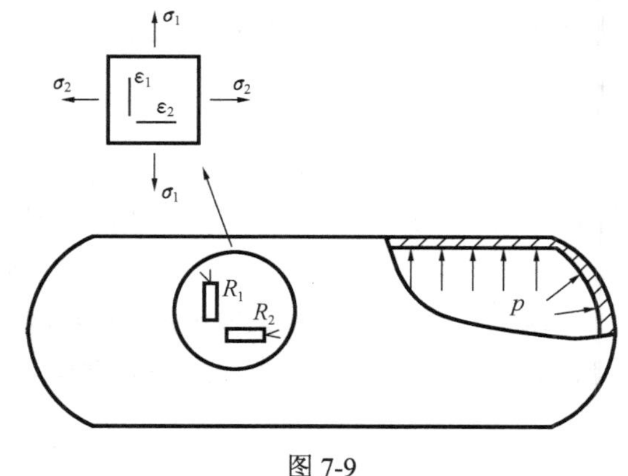

图 7-9

**例 7-2**　图 7-10(a)所示的圆截面轴受扭转力偶矩$M_e$的作用。已知材料的弹性模量为 $E$，泊松比为$\mu$，要求测出最大扭转切应力$\tau_{max}$。试确定布片和接线方案，并建立相应的计算公式。

**解**　**方法一**　当轴受扭时，其表面各点处于纯剪切应力状态，主应力$\sigma_1$和$\sigma_3$与轴线成$-45°$和$45°$（图 7-10(c)），而且$\sigma_1 = -\sigma_3 = \tau_{max}$。

根据广义胡克定律，沿主应力$\sigma_1$方向的线应变为

$$\varepsilon_{-45°} = \frac{1}{E}(\sigma_1 - \mu\sigma_3) = \frac{1+\mu}{E}\tau_{max}$$

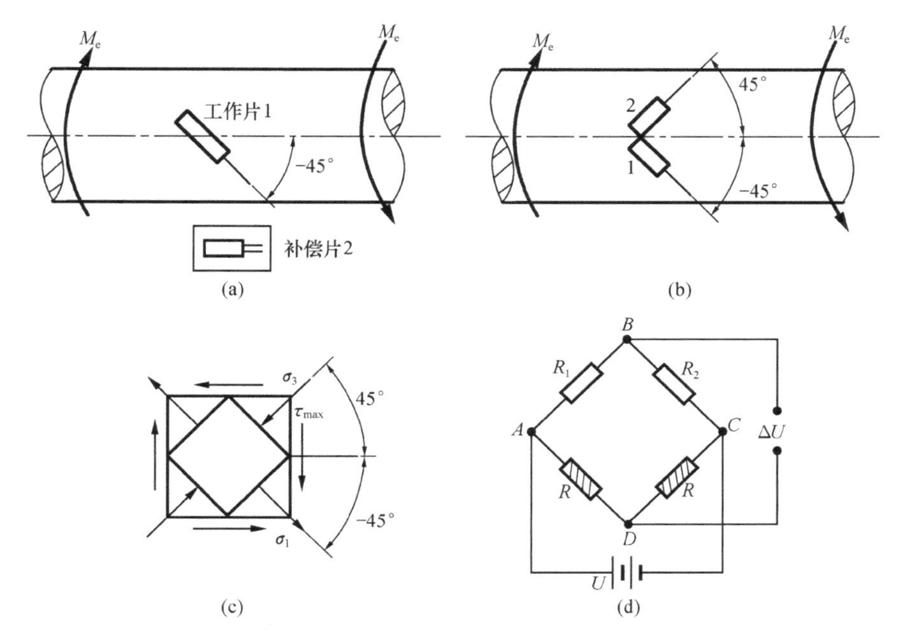


图 7-10

由此得
$$\tau_{max} = \frac{E}{1+\mu}\varepsilon_{-45°}$$

可见，只需沿主应力 $\sigma_1$ 方向贴工作片 1，并将它和补偿片 2 接成 1/4 桥(图 7-10(d))，将应变(应变仪的读数)代入上式，即可测出最大切应力值。

**方法二**　用二轴 90° 应变花测试。应变片 1 沿负 45° 方向，应变片 2 沿 45° 方向(图 7-10(b))。受扭后，应变片 1 和 2 分别反映的应变为

$$\varepsilon_1 = \varepsilon_{-45°} + \varepsilon_t, \quad \varepsilon_2 = \varepsilon_{45°} + \varepsilon_t = -\varepsilon_{-45°} + \varepsilon_t$$

同样按图 7-10(d)所示的半桥接线，应变仪的读数为

$$\varepsilon_r = (\varepsilon_{-45°} + \varepsilon_t) - (-\varepsilon_{-45°} + \varepsilon_t) = 2\varepsilon_{-45°}$$

由此得
$$\tau_{max} = \frac{E}{1+\mu}\frac{\varepsilon_r}{2}$$

可见，采用方法二，不但可以不用补偿块，还使读数灵敏度提高了一倍。

**例 7-3**　图 7-11 所示圆轴受弯矩 $M$ 和扭矩 $T$ 作用，由实验测得表面最低处 $A$ 点沿轴线方向的线应变 $\varepsilon_0 = 5\times10^{-4}$。在水平直径表面上的 $B$ 点沿与圆轴轴线成 45° 方向的线应变 $\varepsilon_{45°} = 4.5\times10^{-4}$。已知圆轴的抗弯截面模量 $W = 600\text{mm}^3$，弹性模量 $E = 200\text{GPa}$，泊松比 $\mu = 0.25$，许用应力 $[\sigma] = 160\text{MPa}$。试求弯矩 $M$ 和扭矩 $T$，并按第四强度理论校核轴的强度。

**解**　(1) 弯矩由 $A$ 点沿轴线方向的线应变求出。沿轴向 $A$ 处仅存在弯曲正应力，而 $\varepsilon_x = \dfrac{\sigma_x}{E}$，$\sigma_x = \dfrac{M}{W}$，则

$$M = WE\varepsilon_0 = 600\times10^{-9}\times200\times10^9\times5\times10^{-4} = 60\ (\text{N}\cdot\text{m})$$

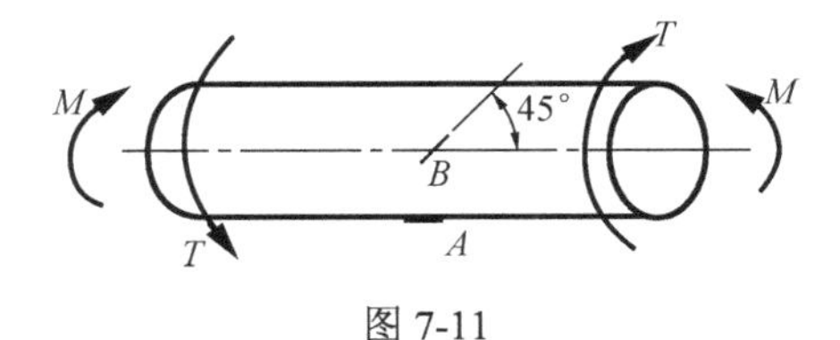


图 7-11

(2)求扭矩 $T$。由广义胡克定律和扭转切应力公式并注意 $W_p=2W$，即 $\tau=\dfrac{T}{2W}$，得

$$\varepsilon_{45^\circ}=\frac{1}{E}(\sigma_{45^\circ}-\mu\sigma_{-45^\circ})=\frac{1+\mu}{E}\tau$$

故

$$T=2W\frac{E\varepsilon_{45^\circ}}{1+\mu}=2\times600\times10^{-9}\times\frac{200\times10^9\times4.5\times10^{-4}}{1+0.25}=86.4\ (\text{N}\cdot\text{m})$$

(3)根据第四强度理论有

$$\sigma_{r,4}=\frac{1}{W}\sqrt{M^2+0.75T^2}=159.8\text{MPa}<[\sigma]$$

圆轴满足强度要求。

### 7.3.3　未知主应力方向的二向应力状态

对于工程构件的自由表面，其上各点一般都处于二向应力状态，且主应力方向未知。在这种情况下，须测出测量点在三个不同方向的线应变，然后换算出主应力的大小和方向。

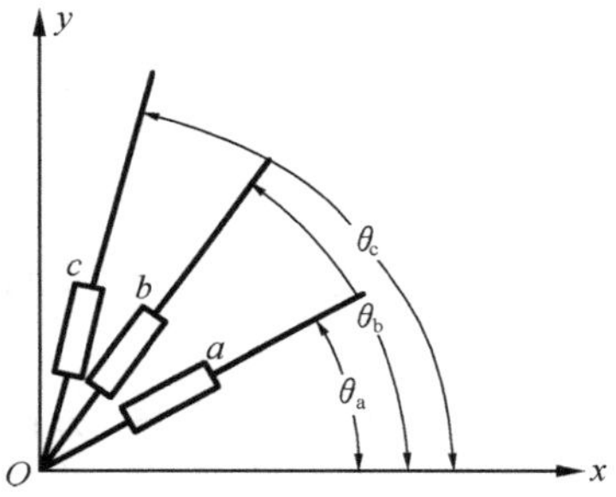

如图 7-12 所示，设 $O$ 点沿 $x$、$y$ 方向的线应变为 $\varepsilon_x$、$\varepsilon_y$，切应变为 $\gamma_{xy}$，由《材料力学(Ⅰ)》中式(8-15)可知，沿 $Oa$、$Ob$、$Oc$ 方向的线应变分别为



图 7-12

$$\begin{cases}\varepsilon_a=\dfrac{\varepsilon_x+\varepsilon_y}{2}+\dfrac{\varepsilon_x-\varepsilon_y}{2}\cos2\theta_a-\dfrac{\gamma_{xy}}{2}\sin2\theta_a\\ \varepsilon_b=\dfrac{\varepsilon_x+\varepsilon_y}{2}+\dfrac{\varepsilon_x-\varepsilon_y}{2}\cos2\theta_b-\dfrac{\gamma_{xy}}{2}\sin2\theta_b\\ \varepsilon_c=\dfrac{\varepsilon_x+\varepsilon_y}{2}+\dfrac{\varepsilon_x-\varepsilon_y}{2}\cos2\theta_c-\dfrac{\gamma_{xy}}{2}\sin2\theta_c\end{cases}\tag{7-8}$$

实测时，先用三个已知方向的应变片测出线应变 $\varepsilon_a$、$\varepsilon_b$ 和 $\varepsilon_c$，由方程组(7-8)求出 $\varepsilon_x$、$\varepsilon_y$ 和 $\gamma_{xy}$；根据《材料力学(Ⅰ)》中平面应变分析式(8-17)和式(8-18)：

$$\tan2\alpha_0=-\frac{\gamma_{xy}}{\varepsilon_x-\varepsilon_y},\quad \varepsilon_{1,2}=\frac{\varepsilon_x+\varepsilon_y}{2}\pm\sqrt{\left(\frac{\varepsilon_x-\varepsilon_y}{2}\right)^2+\left(\frac{\gamma_{xy}}{2}\right)^2}$$

求出主应变的方向和主应变的大小。再根据《材料力学(Ⅰ)》中广义胡克定律式(8-23)：

$$\sigma_1=\frac{E}{1-\mu^2}(\varepsilon_1+\mu\varepsilon_2),\quad \sigma_2=\frac{E}{1-\mu^2}(\varepsilon_2+\mu\varepsilon_1)$$

求出主应力的大小，而主应力的方向则与主应变的方向一致。

在实测时，为方便计算，通常采用三轴 45° 应变花或三轴 60° 应变花(图 7-13)。对于三轴 45° 应变花，由式(7-8)可得

$$\varepsilon_{0^\circ}=\frac{\varepsilon_x+\varepsilon_y}{2}+\frac{\varepsilon_x-\varepsilon_y}{2},\quad \varepsilon_{45^\circ}=\frac{\varepsilon_x+\varepsilon_y}{2}-\frac{\gamma_{xy}}{2},\quad \varepsilon_{90^\circ}=\frac{\varepsilon_x+\varepsilon_y}{2}-\frac{\varepsilon_x-\varepsilon_y}{2}$$

因而有

$$\varepsilon_x=\varepsilon_{0^\circ},\quad \varepsilon_y=\varepsilon_{90^\circ},\quad \gamma_{xy}=\varepsilon_{0^\circ}+\varepsilon_{90^\circ}-2\varepsilon_{45^\circ}\tag{7-9}$$

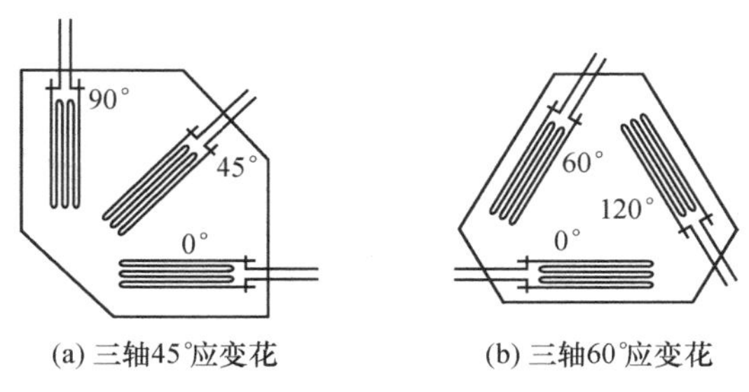


(a) 三轴45°应变花　　(b) 三轴60°应变花

图 7-13

根据《材料力学(Ⅰ)》中式(8-17)，主应变方向由式(7-10)决定：

$$\tan 2\alpha_0 = \frac{2\varepsilon_{45^\circ} - \varepsilon_{0^\circ} - \varepsilon_{90^\circ}}{\varepsilon_{0^\circ} - \varepsilon_{90^\circ}} \tag{7-10}$$

主应变的大小是

$$\varepsilon_{1,2} = \frac{\varepsilon_{0^\circ} + \varepsilon_{90^\circ}}{2} \pm \frac{\sqrt{2}}{2}\sqrt{(\varepsilon_{0^\circ} - \varepsilon_{45^\circ})^2 + (\varepsilon_{45^\circ} - \varepsilon_{90^\circ})^2} \tag{7-11}$$

将此结果代入《材料力学(Ⅰ)》中式(8-23)，最后得到计算主应力的公式为

$$\sigma_{1,2} = \frac{E}{1-\mu^2}\left[\frac{1+\mu}{2}(\varepsilon_{0^\circ} + \varepsilon_{90^\circ}) \pm \frac{1-\mu}{\sqrt{2}}\sqrt{(\varepsilon_{0^\circ} - \varepsilon_{45^\circ})^2 + (\varepsilon_{45^\circ} - \varepsilon_{90^\circ})^2}\right] \tag{7-12}$$

也可在求得$\varepsilon_x$、$\varepsilon_y$和$\gamma_{xy}$之后，代入《材料力学(Ⅰ)》中式(8-23)：

$$\sigma_x = \frac{E}{1-\mu^2}(\varepsilon_x + \mu\varepsilon_y), \quad \sigma_y = \frac{E}{1-\mu^2}(\varepsilon_y + \mu\varepsilon_x), \quad \tau_{xy} = G\gamma_{xy}$$

求出$\sigma_x$、$\sigma_y$和$\tau_{xy}$，然后根据平面应力状态分析，计算出主应力。

对于三轴60°应变花，主应变或主应力的方位角计算公式是

$$\tan 2\alpha_0 = \frac{\sqrt{3}(\varepsilon_{60^\circ} - \varepsilon_{120^\circ})}{2\varepsilon_{0^\circ} - \varepsilon_{60^\circ} - \varepsilon_{120^\circ}} \tag{7-13}$$

主应变和主应力的计算公式是

$$\varepsilon_{1,2} = \frac{\varepsilon_{0^\circ} + \varepsilon_{60^\circ} + \varepsilon_{120^\circ}}{3} \pm \frac{\sqrt{2}}{3}\sqrt{(\varepsilon_{0^\circ} - \varepsilon_{60^\circ})^2 + (\varepsilon_{60^\circ} - \varepsilon_{120^\circ})^2 + (\varepsilon_{120^\circ} - \varepsilon_{0^\circ})^2} \tag{7-14}$$

$$\begin{aligned}\sigma_{1,2} = \frac{E}{1-\mu^2}\Bigg[&\frac{1+\mu}{3}(\varepsilon_{0^\circ} + \varepsilon_{60^\circ} + \varepsilon_{120^\circ}) \\ &\pm \frac{\sqrt{2}(1-\mu)}{3}\sqrt{(\varepsilon_{0^\circ} - \varepsilon_{60^\circ})^2 + (\varepsilon_{60^\circ} - \varepsilon_{120^\circ})^2 + (\varepsilon_{120^\circ} - \varepsilon_{0^\circ})^2}\Bigg]\end{aligned} \tag{7-15}$$

**例 7-4**　用三轴45°应变花(图 7-14(a))测得一点处的三个线应变为$\varepsilon_{0^\circ} = -300\times10^{-6}$，$\varepsilon_{45^\circ} = -200\times10^{-6}$，$\varepsilon_{90^\circ} = 200\times10^{-6}$。求该点的主应力及主方向，已知$E$=200GPa，$\mu = 0.3$。

**解**　(1) 确定各应变分量。根据式(7-9)得

$$\varepsilon_x = \varepsilon_{0^\circ} = -300\times10^{-6}, \quad \varepsilon_y = \varepsilon_{90^\circ} = 200\times10^{-6}$$

$$\gamma_{xy} = \varepsilon_{0^\circ} + \varepsilon_{90^\circ} - 2\varepsilon_{45^\circ} = [-300 + 200 - 2\times(-200)]\times10^{-6} = 300\times10^{-6}$$

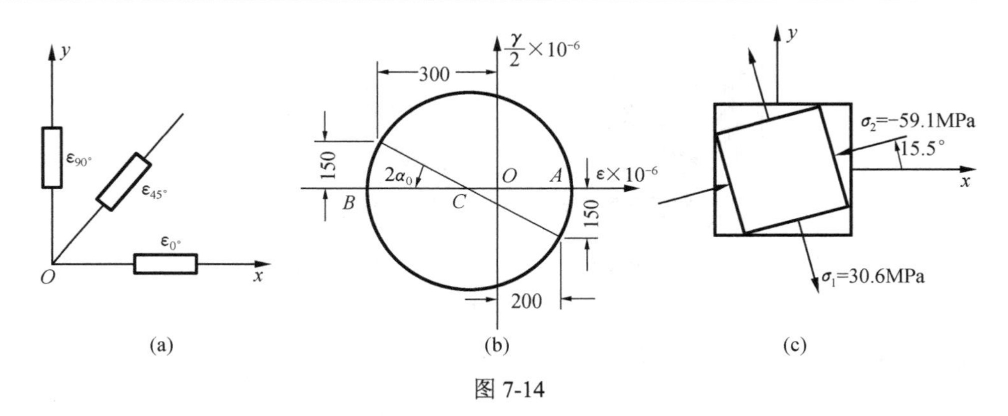


图 7-14

(2)主应力方位。根据应变分量，作出应变圆，如图 7-14(b)所示。可见最小主应变在 $B$ 点。由式(7-10)得

$$\tan 2\alpha_0 = \frac{2\varepsilon_{45^\circ} - \varepsilon_{0^\circ} - \varepsilon_{90^\circ}}{\varepsilon_{0^\circ} - \varepsilon_{90^\circ}} = \frac{[2\times(-200)-(-300)-200]\times 10^{-6}}{[(-300)-200]\times 10^{-6}} = 0.6$$

即

$$2\alpha_0 = 31^\circ,\quad \alpha_0 = 15.5^\circ$$

因此，从 $x$ 正向逆时针转 15.5° 得到的方向，是最小主应变的方向，**即最小主应力方向**。而最大主应力方向与之垂直(图 7-14(c))。

(3)主应力的大小。将各应变分量代入式(7-12)得

$$\sigma_1 = \frac{200\times 10^9}{(1-0.3^2)}\times\left[\frac{1+0.3}{2}(-300+200)\times 10^{-6} + \frac{1-0.3}{\sqrt{2}}\times\sqrt{(-300+200)^2\times 10^{-12}+(-200-200)^2\times 10^{-12}}\right] = 30.6(\text{MPa})$$

$$\sigma_2 = -59.1\text{MPa}$$

## 7.4　光弹性实验方法及平面偏振光

光弹性实验方法是实验应力分析方法中的重要方法之一。它是将光学和弹性理论相结合，对结构或零件进行应力分析的实验方法。它采用具有暂时双折射性能的透明材料，制成与结构或零件形状几何相似的模型，使模型受力情况与结构或零件的载荷相似。将受力模型置于偏振光场中，就会出现暂时双折射效应，这种效应与模型中各点的应力大小和方向有关，从而产生干涉纹图。这些条纹包含模型边界和内部各点的应力信息，依照光弹性原理，就可以算出模型中各点的应力大小和方向，再依照模型相似原理就可以换算出真实构件上的应力。该方法对于平面问题和空间问题都能得到足够精确的定量应力分析结果，从而解决工程实际中复杂结构及复杂载荷下构件的应力分布问题。

光弹性实验是在光弹性仪上进行的。光弹性仪由光路、加载和支承三部分组成。现代光弹性仪还包括了数据的采集及后处理系统。光路部分是光弹性仪的主要部分，包括光源、偏振片、1/4 波片和透镜等。

光源分为单色光源和普通光源。仅有一定波长的光对应着某一特定的颜色，这种光称为**单色光**，实验中由汞灯或钠灯配以适当滤光片即可得到。普通光源发出的光称为**自然光**，自然光则由波长为 450～760nm 的七色光组成，每一种色光具有一定的波长。白炽灯和碘钨灯可得到自然光。自然光是由位于垂直传播方向平面内的所有方向振动光的光矢量组成的。如果此自然光垂直入射到一个称为偏振片的光学元件，则由偏振片射出的光矢量将沿一特定方向振动上，如图 7-15 所示。从偏振片射出的光矢量沿偏振轴($y$)方向振动，这种只沿偏振轴方向振动的光波称为**平面偏振光**。无论自然光，还是平面偏振光，光的振动方向与传播方向都是垂直的，因而都是横波。

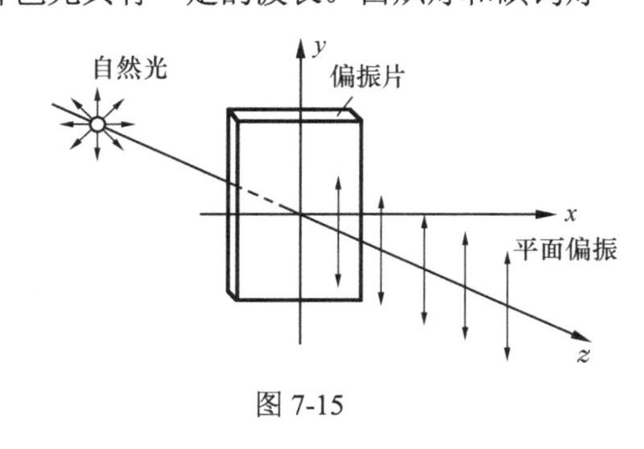


图 7-15

## 7.5　平面受力模型在平面偏振光场中的效应

平面偏振光场是偏光弹性仪最简单、最基本的布置。它由光源和两个偏振片组成。如图 7-16 所示，靠近光源的偏振片称为**起偏镜**，其功能是将来自光源的自然光变为平面偏振光。第二个偏振片称为**分析镜(检偏镜)**，其功能是把通过受力模型各个方向上的光波合成到检偏轴方向，以便观察和分析。

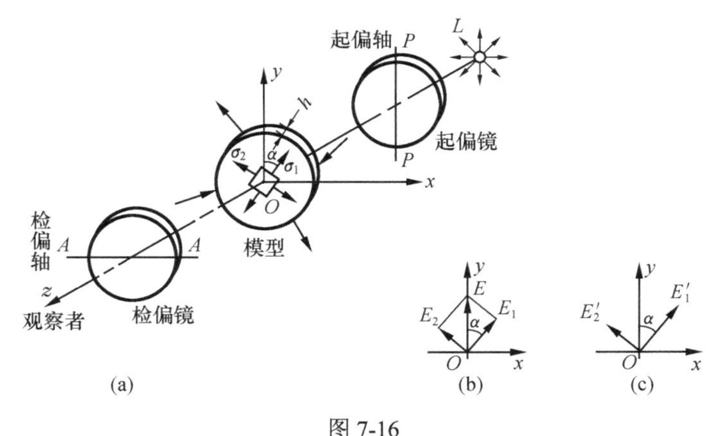


图 7-16

当检偏轴与起偏轴正交时，得到的偏振光场为正交平面偏振光场。在没有受力模型时，所观察到的是**暗场**，来自起偏镜的平面偏振光全部被检偏镜吸收，光弹性实验时经常用暗场。当检偏轴与起偏轴平行时，得到平行平面偏振光场，称为**亮场**，即来自起偏镜的平面偏振光全部通过检偏镜。光弹实验时也要用到亮场。

把一个平面受力模型置于正交平面($P \perp A$)偏振光场中，光波经过起偏镜 $P$ 后所产生的平面偏振光波动方程为

$$E = a\sin\omega t$$

式中，$a$ 为振幅；$\omega$ 为单色光的圆频率。

当光波到达平面受力模型上任一点 $O$ 时，由于暂时双折射效应，光波被分解为沿两个主应力平面内振动的两束平面偏振光 $E_1$ 和 $E_2$ (图 7-16(b))：

$$\begin{cases} E_1 = a\cos\alpha\sin\omega t, & \text{沿}\sigma_1\text{方向} \\ E_2 = a\sin\alpha\sin\omega t, & \text{沿}\sigma_2\text{方向} \end{cases} \tag{7-16}$$

一般情况下 $\sigma_1 \neq \sigma_2$，这里仅取平面受力模型中的两个主应力，定义为 $\sigma_1$、$\sigma_2$，并不满足三向应力状态下的排序。当光波通过受力模型后，式(7-16)中两个振动平面相互垂直的光波将产生一个位相差(形成光程差)，设沿 $\sigma_1$ 方向的位相为 $\varphi_1$，$\sigma_2$ 方向的位相为 $\varphi_2$，则有(图 7-16(c))：

$$\begin{cases} E_1' = a\cos\alpha\sin(\omega t + \varphi_1), & \text{沿}\sigma_1\text{方向} \\ E_2' = a\sin\alpha\sin(\omega t + \varphi_2), & \text{沿}\sigma_2\text{方向} \end{cases} \tag{7-17}$$

通过分析镜后，两束相互垂直的平面偏振光波合成为

$$E_{A,\text{per}} = E_1'' - E_2'' = E_1'\sin\alpha - E_2'\cos\alpha$$

下角标“$A$,per”表示沿检偏轴 $A$-$A$ 两束互相垂直的平面偏振光 $E_1'$、$E_2'$ 的合成。将式(7-17)代入上式，通过三角运算和化简，并考虑到位相差 $\varphi = \varphi_1 - \varphi_2$，得合成光波为

$$E_{A,\text{per}} = a\sin 2\alpha\sin\frac{\varphi}{2}\cos\left(\omega t + \frac{\varphi_1 + \varphi_2}{2}\right) \tag{7-18}$$

因为光强 $I$ 与振幅的平方成正比，所以

$$I_{\text{per}} = 2a^2\sin^2 2\alpha\sin^2\frac{\varphi}{2} \tag{7-19}$$

考虑到位相差 $\varphi$、波长 $\lambda$ 与光程差 $\delta$ 间存在 $\varphi = 2\pi\delta/\lambda$ 关系，将此关系式代入式(7-19)，得

$$I_{\text{per}} = 2a^2\sin^2 2\alpha\sin^2\frac{\pi\delta}{\lambda} \tag{7-20}$$

式(7-19)和式(7-20)就是受力模型在正交平面偏振光场中的光强表达式。

在讨论消光现象之前，先介绍光弹性实验的基础——平面光弹性的**应力-光学定律**。

实验证明，当偏振光垂直投射并通过二维应力模型时，由于双折射效应，光波即沿模型任一点主轴方向(光学主轴与应力主轴重合)分解，该点的主应力与相应的主折射率有如下关系：

$$\begin{cases} n_1 - n_0 = c_1\sigma_1 + c_2\sigma_2 \\ n_2 - n_0 = c_1\sigma_2 + c_2\sigma_1 \end{cases} \tag{7-21}$$

式中，$n_0$ 为无应力的模型材料的折射率；$n_1$、$n_2$ 分别为 $\sigma_1$、$\sigma_2$ 方向的折射率；$c_1$、$c_2$ 为模型材料的绝对应力光学系数。

从式(7-21)中消去 $n_0$，令 $c = c_1 - c_2$，得

$$n_1 - n_2 = c(\sigma_1 - \sigma_2) \tag{7-22}$$

式中，$c$ 为模型材料的应力光学系数。

由于沿 $\sigma_1$ 和 $\sigma_2$ 方向振动的两束平面偏振光在模型内传播的速度 $v_1$ 和 $v_2$ 不同，因此它们通过等厚($h$)模型的时间不同，分别为 $t_1 = \dfrac{h}{v_1}$ 和 $t_2 = \dfrac{h}{v_2}$，当落后的一束刚从模型中射出时，

另一束已在空气中前进了一段距离 $\delta$，即

$$\delta = v(t_1 - t_2) = v\left(\frac{h}{v_1} - \frac{h}{v_2}\right) \tag{7-23}$$

式中，$v$ 为空气中的光速；$\delta$ 为两束平面偏振光以不同速度通过模型后产生的光程差。若以折射率 $n_1$、$n_2$ 来表示，且将 $n_1 = \frac{v}{v_1}$，$n_2 = \frac{v}{v_2}$ 代入式(7-23)，得

$$\delta = h(n_1 - n_2) \tag{7-24}$$

将式(7-22)代入式(7-24)得

$$\delta = ch(\sigma_1 - \sigma_2) \tag{7-25}$$

式(7-25)是二维光弹性实验的**应力-光学定律**。它表明任一点的光程差与该点的主应力差和厚度成正比。

现在来研究光的强度 $I_{per} = 0$，即消光现象的情况(式(7-20))，并将光学现象与力学原理联系起来。

使 $I_{per}=0$ 的第一种情况是 $\sin(\pi\delta / \lambda) = 0$。在波长一定的单色光下，$\pi / \lambda$ 为常数，所以实际上只能是应力模型中的光程差满足

$$\delta = m\lambda, \quad m = 0,1,2,3,\cdots$$

即 $\sin^2 m\pi = 0$ 时，$I_{per} = 0$。这说明满足光程差等于整数倍波长的点，发生干涉现象，合成光强为零。在应力模型中，凡是同时满足光程差等于同一整数倍波长的点，将连成一条黑色干涉条纹。一般情况下，应力模型中同时呈现 $m = 0,1,2,3,\cdots$ 的干涉条纹。为了区分它们，将满足 $m = 0$ 的称为 0 级干涉条纹；$m = 1$ 的称为 1 级干涉条纹……依次类推。

若用白光，则这些干涉条纹由彩色带组成。凡是 $m$ 相同的诸点，条纹的颜色相同，所以这些干涉条纹称为**等色线**。实质上它们是光程差相等的**等差线**。

由应力-光学定律可以看出，当受力模型中的主应力差($\sigma_1 - \sigma_2$)所造成的光程差为波长的整数倍时，即

$$\delta = ch(\sigma_1 - \sigma_2) = m\lambda \tag{7-26}$$

产生消光，出现一系列黑色干涉条纹，不同条纹上的点有不同的主应力差值，同一条纹上各点有相同的主应力差值。因此，从力学观点出发，等差线表示模型内主应力差相等的点所组成的轨迹。从式(7-26)可得

$$\sigma_1 - \sigma_2 = \frac{\lambda}{c}\frac{m}{h} \tag{7-27}$$

令

$$f = \frac{\lambda}{c} \tag{7-28}$$

$f$ 为与光源和材料有关的常数，称为**材料条纹值**，单位是牛/米·级(N/m·l)或千牛/米·级(kN/m·l)，它是当模型为单位厚度($h = 1$)时，对应于某一给定波长的光源，产生一级等差线所需要的主应力差值。将式(7-28)代入式(7-27)中，得

$$m = \frac{h}{f}(\sigma_1 - \sigma_2) \tag{7-29}$$

式(7-29)表明，条纹级数 $m$ 与主应力差($\sigma_1 - \sigma_2$)成正比。主应力差越大，条纹级数越高。因

此，条纹级数 $m$ 成为衡量主应力差（$\sigma_1-\sigma_2$）的直接和重要资料。

使 $I_{\text{per}}=0$ 的第二种情况是 $\sin 2\alpha=0$。当 $\alpha=0$ 或 $\pi/2$ 时，满足此条件。由图 7-16 可知 $\alpha$ 是应力主轴与偏振轴的夹角，$\alpha=0$ 或 $\alpha=\pi/2$，就是应力主轴与偏振轴重合。由此可知，模型上应力主轴与偏振轴重合的诸点，也将呈现一条干涉条纹，在这条条纹诸点上主应力方向是一致的，即倾角是相等的，所以这条线称为**等倾线**，其度数就是正交偏振轴的倾角。实验时，偏振轴的倾角可以在仪器的刻盘上读出。正交偏振轴位于 0°时，模型上只出现 0°等倾线；同步旋转正交偏振轴到另一个角度，如 10°时，0°等倾线即消失，而出现 10°等倾线。若从 0°到 90°依次每隔一定角度同步旋转正交偏振轴，并在同一张记录纸上将相应的等倾线记录下来，则可得到 0°，…，10°，…，90°的等倾线图案。

等差线和等倾线图案是光弹性实验最基本的资料，利用它们就可对模型进行应力分析。现代光弹性仪都装配有数据自动采集及后处理的 CCD 系统，给光弹性实验带来了很大的便利。

## 7.6　平面受力模型在圆偏振光场中的效应

光弹性仪的另一对重要光学元件是 1/4 波片。当光垂直入射于 1/4 波片上时，由于双折射，光波即被分解为两束振动方向互相垂直的偏振光，其传播方向一致，频率相同，而振幅可以不相等。设它们分别为

$$\begin{cases}E_x=a\sin(\omega t+\varphi)\\E_y=b\sin\omega t\end{cases}\tag{7-30}$$

合并两式并消去 $t$，即得到合成后光波质点运动的轨迹方程式：

$$\frac{E_x^2}{a^2}+\frac{E_y^2}{b^2}-\frac{2E_xE_y}{ab}\cos\varphi=\sin^2\varphi\tag{7-31}$$

式(7-31)在一般情况下是一个中心在原点的椭圆方程式。若令 $a=b$，$\varphi=\pm\pi/2$，则方程式(7-31)成为圆的方程：

$$E_x^2+E_y^2=a^2\tag{7-32}$$

由此可见，两个振幅相同，位相差为 $\pi/2$，振动平面互相垂直的偏振光合成后，质点运动的轨迹呈圆形螺旋线(图 7-17)，这种偏振光称为**圆偏振光**。

因为 $\varphi=2\pi\delta/\lambda$，当位相差 $\varphi=\pi/2$ 时，光程差正好为 $\lambda/4$，故称使光程差 $\delta=\lambda/4$ 的波片为 **1/4 波片**。在 1/4 波片中，相应于光速加快的主轴称为**快轴**，相应于光速减慢的主轴称为**慢轴**。

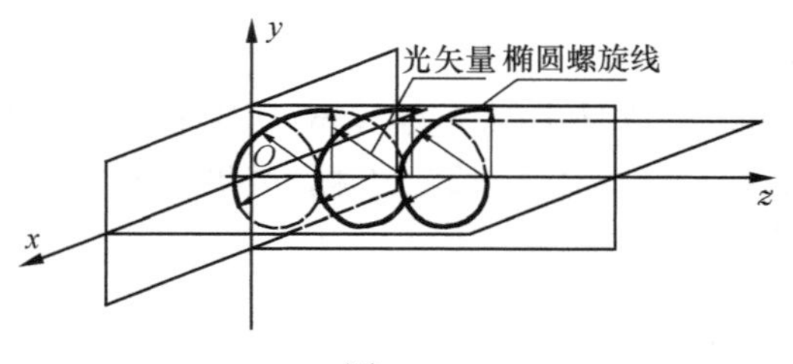

图 7-17

在正交平面偏振光场内放置一对 $\lambda/4$ 波片，并使第一个 $\lambda/4$ 波片的光轴与起偏轴成 45°(图 7-18)。则原来的平面偏振光变为圆偏振光。第二个 $\lambda/4$ 波片的光轴与前一个 $\lambda/4$ 波片的光轴垂直，其作用是消除第一个 $\lambda/4$ 波片产生的光程差。所以当圆偏振光通过第二个 $\lambda/4$ 波片后，又还原为平面偏振光。这种偏振光场称为**正交圆偏振光场**。

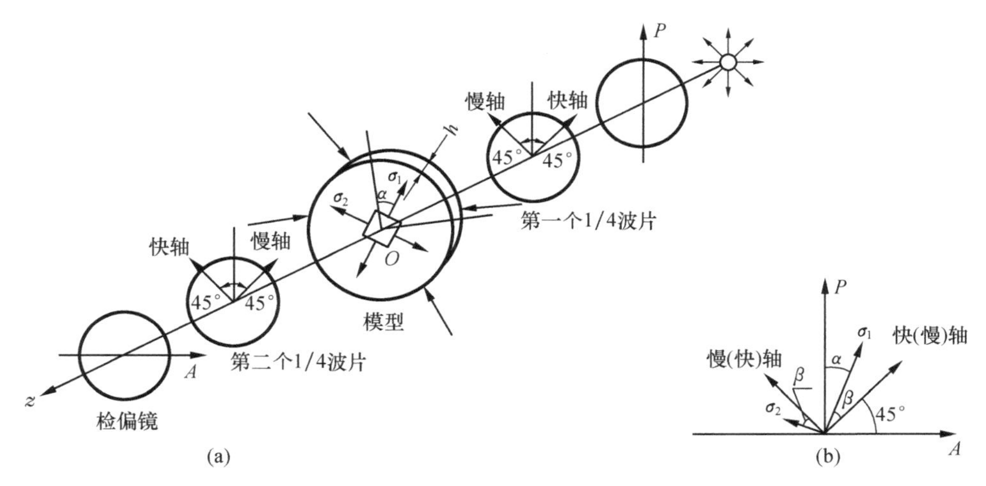


图 7-18

在正交平面偏振布置中，由光强表达式(7-20)可知，$\sin^2\left(\dfrac{\pi\delta}{\lambda}\right)=0$ 时，$I_{\text{per}}=0$，但 $\sin^2 2\alpha$ 不一定等于零。反之，$\sin^2 2\alpha=0$ 时，$I_{\text{per}}=0$，但 $\sin^2\left(\dfrac{\pi\delta}{\lambda}\right)$ 不一定等于零。即等差线与等倾线通常同时出现，而且互相影响。为了消除等倾线，得到清晰的等差线图案，提高实验精度，在光弹性实验中经常采用圆偏振光场(图 7-18)。

自起偏镜发出的平面偏振光仍是

$$E=a\sin\omega t \tag{7-33}$$

通过第一个 $\lambda/4$ 波片后，沿快、慢轴的波动方程为

$$\begin{cases} E_1^{\text{I}}=\dfrac{\sqrt{2}}{2}a\sin\left(\omega t+\dfrac{\pi}{2}\right)=\dfrac{\sqrt{2}}{2}a\cos\omega t, & \text{沿快轴} \\ E_2^{\text{I}}=\dfrac{\sqrt{2}}{2}a\sin\omega t, & \text{沿慢轴} \end{cases} \tag{7-34}$$

光波进入受力模型时沿主应力 $\sigma_1$ 和 $\sigma_2$ 方向分解(图 7-18(b))。令 $\beta=\dfrac{\pi}{4}-\alpha$，则有

$$\begin{cases} E_1^{\text{II}}=\dfrac{\sqrt{2}}{2}a\cos(\omega t-\beta), & \text{沿}\sigma_1\text{方向} \\ E_2^{\text{II}}=\dfrac{\sqrt{2}}{2}a\sin(\omega t-\beta), & \text{沿}\sigma_2\text{方向} \end{cases} \tag{7-35}$$

因为 $\sigma_1\neq\sigma_2$，$E_1^{\text{II}}$ 和 $E_2^{\text{II}}$ 通过受力模型后，设 $\sigma_1$ 和 $\sigma_2$ 方向产生的位相分别为 $\varphi_1$ 和 $\varphi_2$，于是波动方程变为

$$\begin{cases} E_1^{\text{III}}=\dfrac{\sqrt{2}}{2}a\cos(\omega t-\beta+\varphi_1), & \text{沿}\sigma_1\text{方向} \\ E_2^{\text{III}}=\dfrac{\sqrt{2}}{2}a\sin(\omega t-\beta+\varphi_2), & \text{沿}\sigma_2\text{方向} \end{cases} \tag{7-36}$$

光波进入第二个 $\lambda/4$ 波片后，分别沿快轴和慢轴分解为

$$\begin{cases} E_1^{\mathrm{IV}} = E_2^{\mathrm{III}}\cos\beta + E_1^{\mathrm{III}}\sin\beta, & \text{沿快轴} \\ E_2^{\mathrm{IV}} = E_1^{\mathrm{III}}\cos\beta - E_2^{\mathrm{III}}\sin\beta, & \text{沿慢轴} \end{cases} \tag{7-37}$$

将式(7-36)代入式(7-37)，并考虑到通过第二个 $\lambda/4$ 波片后，$E_1^{\mathrm{IV}}$ 比 $E_2^{\mathrm{IV}}$ 领先 $\pi/2$ 位相，于是得

$$\begin{cases} E_1^{\mathrm{V}} = \dfrac{\sqrt{2}}{2}a[\cos(\omega t-\beta+\varphi_2)\cos\beta - \sin(\omega t-\beta+\varphi_1)\sin\beta] \\ E_2^{\mathrm{V}} = \dfrac{\sqrt{2}}{2}a[\cos(\omega t-\beta+\varphi_1)\cos\beta - \sin(\omega t-\beta+\varphi_2)\sin\beta] \end{cases} \tag{7-38}$$

最后这两束光波进入分析镜，这时只可能有水平分量通过。通过分析镜后，得偏振光波动方程为

$$E_{A,\mathrm{per}}^{\mathrm{c}} = \frac{\sqrt{2}}{2}(E_2^{\mathrm{V}} - E_1^{\mathrm{V}}) \tag{7-39}$$

上角标 c 表示圆偏振光场。将式(7-38)代入式(7-39)中，并考虑位相差 $\varphi = \varphi_1 - \varphi_2$，得

$$E_{A,\mathrm{per}}^{\mathrm{c}} = a\sin\frac{\varphi}{2}\cos\left(2\alpha + \omega t + \frac{\varphi_1+\varphi_2}{2}\right) \tag{7-40}$$

由式(7-40)可知，合成光波仍为横波。引入 $\varphi = \dfrac{2\pi\delta}{\lambda}$，它的振幅为

$$R_{\mathrm{per}}^{\mathrm{c}} = a\sin\frac{\pi\delta}{\lambda} \tag{7-41}$$

于是，受力模型在正交圆偏振场中的光强为

$$I_{\mathrm{per}}^{\mathrm{c}} = 2a^2\sin^2\left(\frac{\pi\delta}{\lambda}\right) \tag{7-42}$$

式(7-42)表明，光强仅与光程差有关，只要 $\sin\dfrac{\pi\delta}{\lambda} = 0$，则光强 $I_{\mathrm{per}}^{\mathrm{c}} = 0$，故有

$$\frac{\pi\delta}{\lambda} = m\pi$$

即

$$\delta = m\lambda, \quad m = 0,1,2,\cdots \tag{7-43}$$

所以，只要在模型中产生的光程差 $\delta$ 为单色光波长的整数倍，即产生消光，这就是等差线的形成条件。可见，加入了一对 $\lambda/4$ 波片后，在圆偏振光场中，消除了等倾线而呈现等差线图案。

如果将分析镜偏振轴 $A$ 旋转 90°，使之与起偏镜偏振轴 $P$ 平行，即得到平行圆偏振光场。采用与正交圆偏振光场(暗场)同样的推导方法，可得到平行圆偏振光场的光强表达式为

$$I_{\mathrm{par}}^{\mathrm{c}} = 2a^2\cos^2\left(\frac{\pi\delta}{\lambda}\right) \tag{7-44}$$

式(7-44)中使 $I_{\mathrm{par}}^{\mathrm{c}} = 0$ 的条件为 $\cos\dfrac{\pi\delta}{\lambda} = 0$，于是 $\dfrac{\pi\delta}{\lambda} = \dfrac{m}{2}\pi$，即

$$\delta=\frac{m}{2}\lambda,\quad m=1,3,5,\cdots \tag{7-45}$$

比较式(7-43)和式(7-45)，可以看出，在正交圆偏振光场中，产生消光的条件为光程差$\delta$是波长$\lambda$的整数倍，故产生的等差线为整数级，即分别为 0 级、1 级、2 级……，而在平行圆偏振光场中，产生消光的条件为光程差$\delta$是半波长的奇数倍，因而产生的等差线为半数级，即分别为 0.5 级、1.5 级、2.5 级……

等差(色)线图和等倾线图统称为**应力光图**，是光弹性法中用以分析应力的主要信息。所以对于等差线和等倾线的观测必须十分精细。一般说来，观测等倾线比观测等差线更困难，主要原因是两种线同时存在，且等倾线比较粗宽、弥散。所以观测时要反复同步旋转起偏镜和检偏镜，从等倾线的变化中观测其准确位置。另外，可适当减少载荷以减少等差线，以提高等倾线的清晰度。

在获得了应力光图的完整资料后，就可以根据边界条件等其他补充资料，将主应力分离出来。应力分离的形式繁多，归纳起来主要有纯光弹性实验的方法及光弹性实验和其他方法相结合的方法。而纯光弹性实验方法中最基本的方法为**切(应)力差法**。

## 7.7　材料条纹值的测定

从式(7-29)中可知，如果模型内一点的条纹级数确定，在已知模型厚度的条件下，主应力差值与材料条纹值有关。材料条纹值$f$是光弹性材料的一个主要性能参数，它只与模型材料的应力光学系数$c$和波长$\lambda$有关，而与模型形状、尺寸和受力方式无关。因此，只要在与模型相同的材料上截取一个标准试件，这些标准试件都应该有应力的理论解，如纯弯曲、对径受压圆盘、单向拉伸等试件。采用与模型实验同样的光源，在某一外载下，测出试件某点的条纹级数$m$，用理论公式算出在此外载下该点的主应力$\sigma_1$、$\sigma_2$值，就可以根据式(7-29)即$\sigma_1-\sigma_2=m\dfrac{f}{h}$求出材料条纹值。

纯弯曲试件如图 7-19 所示。作用弯矩为$M=\dfrac{F}{2}a$，梁高度为$h$，厚度为$b$。根据纯弯曲梁的最大正应力计算公式，可知梁下边缘处应力为$\sigma_1=\dfrac{6M}{bh^2}$，$\sigma_2=0$。调节载荷使梁边缘处产生整数级条纹级数$m$，于是可算出材料的条纹值：

$$f=\frac{6M}{mh^2}=\frac{3Fa}{mh^2} \tag{7-46}$$

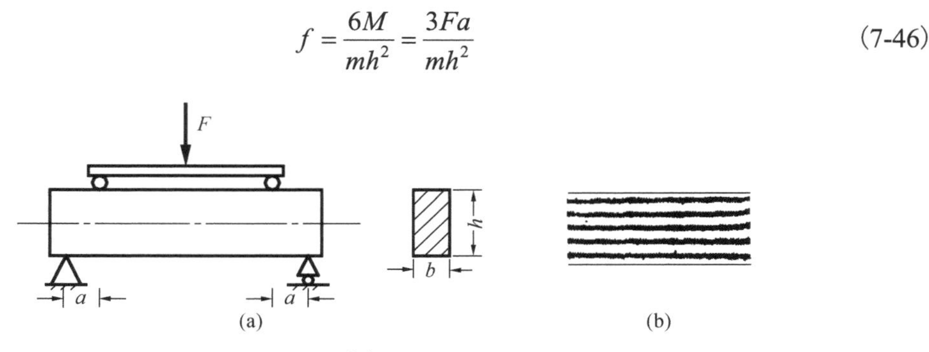


图 7-19

有时因调节载荷不便而不读边缘处的条纹级数(一般为非整数)。而取某一个整数条纹级数为 $m$ 的点，量取此点离中性层的距离 $y$ 值，根据理论计算出 $\sigma_1=\dfrac{My}{I}$，而 $\sigma_2=0$。由式(7-29)得 $\sigma_1=m\dfrac{f}{b}$，$I=\dfrac{bh^3}{12}$，$M=\dfrac{1}{2}Fa$，故

$$f=\frac{6Fay}{mh^3} \tag{7-47}$$

对径受压圆盘试件如图 7-20(a)所示，圆盘直径为 $D$，厚度为 $h$，载荷为 $F$。由弹性力学可知，圆盘中心处的应力为

$$\sigma_1=\frac{2F}{\pi Dh},\quad \sigma_2=-\frac{6F}{\pi Dh} \tag{7-48}$$

于是得

$$\sigma_1-\sigma_2=\frac{8F}{\pi Dh} \tag{7-49}$$

从光弹性实验的等色线图上，测得圆心处的条纹级数 $m$，代入式(7-29)可算出材料的条纹值为

$$f=\frac{8F}{\pi Dm} \tag{7-50}$$

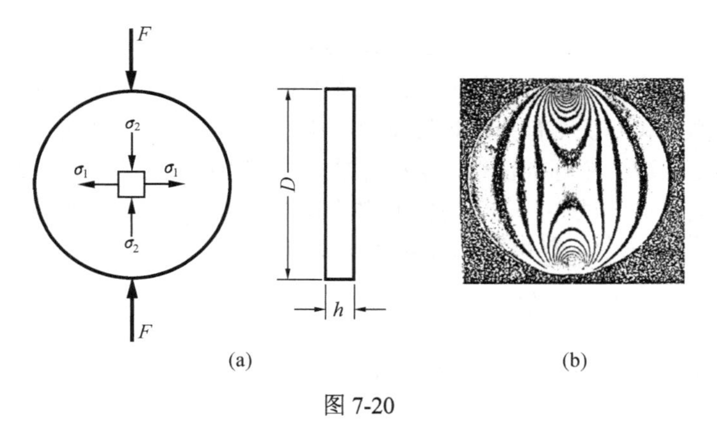


图 7-20

材料条纹值的测定常用的还有单向拉伸(或压缩)试件等。常用光弹性材料的条纹值 $f$(kN/m·1)如下：聚碳酸酯为 6.6，环氧树脂为 11～13，赛璐珞为 30。从中可以看出，用不同材料制成同样的平板模型，且承受同样的载荷，这时聚碳酸酯模型内出现的等差线条纹的数目大约是赛璐珞模型的 5 倍。所以常将材料条纹值较低的材料称为**光学灵敏材料**。

## 7.8　光弹性实验方法的应用

在工程实际中，有一部分结构属于平面问题，或者可以简化为平面问题，但实际上很多结构处在三维应力状态，即空间各点的应力状态是不同的。这时就需要立体模型进行三维光弹性实验。

三维问题要比平面问题复杂得多，模型中任一点都具有 6 个应力分量，而且每一点的应

力都是 $x$、$y$、$z$ 坐标的函数，若将这样一个模型放入光弹性仪中，光线透射经过一系列的点，而各点的主应力大小和方向都在变化，这就是三维光弹性实验和二维光弹性实验不同的原因。进行三维光弹性实验的方法很多，有冻结切片法、组合模型法、散光法等，其中冻结切片法最为普遍。当然，工业技术(如工业 CT)的应用，又将引起三维光弹性实验的一场技术革命。

测得模型的应力分布后，须根据相似理论，换算为原型的应力。而光敏薄层法则能够在真实结构上进行实地测试，同时这种方法不仅可以用来测定各种复杂构件表面的静荷应力，还可以应用于弹塑性应力分析，以及动荷应力、热应力、残余应力和疲劳裂纹扩展的研究。这种方法是将光弹性薄板材料(一般厚度小于 3mm)牢固地粘贴在结构或构件的待测表面，在载荷作用下，光敏薄层将随着待测表面的变形而同步变形，以致其产生与表面应变相关的应力光图，借助于反射式光弹性仪来观察和记录应力光图，以对贴片表面进行应力分析。这种光敏薄层法又称为贴片法。近年来，贴片法还用于生物力学、复合材料等方面的研究工作。

自从 20 世纪 60 年代初激光器问世以来，便为科学技术等领域提供了一种高单色性、高方向性、高强度和高相干性的优质光源。激光光源的出现使全息照相术的理论和应用研究进入了一个新阶段。全息干涉法和光弹性的结合，产生了一种新的实验应力分析方法——**全息光弹性法**。如前所述，在透射式平面光弹性实验方法中，只能得到等差线、等倾线两组资料，为了求得全部应力分量，需要补充一个条件，如采用切应力差法等，但需要进行烦琐的计算工作。对于全息光弹性法，其特点是能够同时独立地获得等差线、等和线($\sigma_1+\sigma_2$)两组资料，再加上等倾线资料，便可求得全部应力分量。应用全息光弹性法，不仅计算简单方便，而且所得的实验结果具有较高的精度。

随着科学技术和生产的发展，光弹性实验技术也日趋成熟、完善并得到应用。近年来由于激光技术、材料科学、光电元件和电子计算机的迅速发展，为扩大光弹性实验技术的应用范围和实现光弹性应力分析的自动化提供了重要的物质和技术基础。实验断裂力学就是光弹性做出主要贡献的新领域之一。图 7-21 是拍摄的中心裂纹板裂尖附近的等差线图。中心裂纹板板宽 $b$ =125 mm，板厚 $h$ = 4.9 mm，中心裂纹长度 $2a$ =12.5 mm，模型材料为聚碳酸酯，承受与裂纹轴线垂直的单轴拉伸载荷。根据等差线图就可用双参数法确定应力强度因子 $K_{\mathrm{I}}$。

图 7-22 给出具有边裂纹且倾角 $\beta$ =50° 裂尖附近的等差线图，试样承受单轴均匀拉伸。根据等差线图可以确定混合型(Ⅰ，Ⅱ)应力强度因子。

图 7-21

图 7-22

## 7.9　材料损伤的无损检测技术

无损检测是指在不损害或不影响被检测对象使用性能、不伤害被检测对象内部组织结构的前提下，利用材料内部结构异常或缺陷引起的声、光、电、热等参数的变化，以物理或化学方法为手段，借助现代化的技术和设备器材，对试件内部及表面的结构、性质、状态及缺陷的类型、性质、数量、形状、位置、尺寸、分布及变化进行检查和测试的方法。

如图 7-23 所示，无损检测贯穿于材料的研制、设计、研制生产及使用过程中，只是在材料及结构研制的不同阶段所起的作用不同。

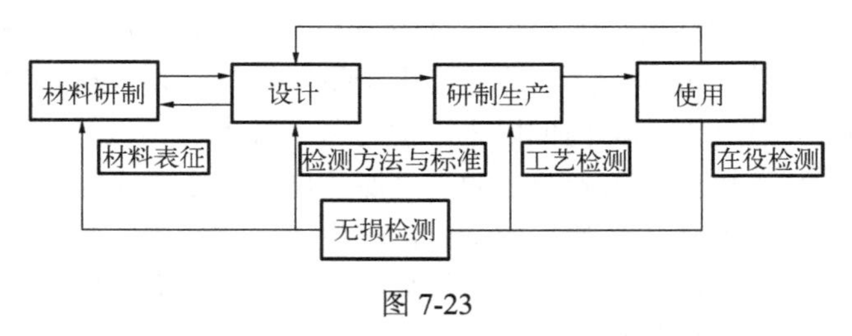


图 7-23

无损检测技术主要有目视检测、敲击检测、超声检测、射线检测、红外热成像检测、涡流检测等。

### 1. 目视检测法

目视检测法是使用最广泛、最直接、最快速的无损检测方法。在目视检测过程中可借助辅助工具，最终通过人眼进行感知判断。目视检测结果易受多种因素影响，主要包括：①目视检测人员的视力状况和敏锐程度；②检测位置的可达性；③照明条件；④表面状态；⑤工作环境。因此在制定目视检测工艺规程时，要求在编制完成工艺规程后使用实际试件对工艺规程进行验证。受限于人眼的检测能力，目前在目视检测中采用了较多的辅助工具，传统工具有照明光源、放大镜、内窥镜等。

### 2. 敲击检测法/声阻法

敲击检测是一种最古老、最普遍、易于实施、成本低廉的无损检测方法之一。检测人员利用硬币、棒和小锤等敲击物体表面，凭借经验辨听声音差异以查找缺陷，如图 7-24 所示。其优点是方便、快捷、易于实现且成本低廉。缺点是严重依赖于操作人员的敲击方式和主观判断。声音辨析和冲击力控制存在不一致性，易造成误判和漏检，而且识别结果不利于保存。

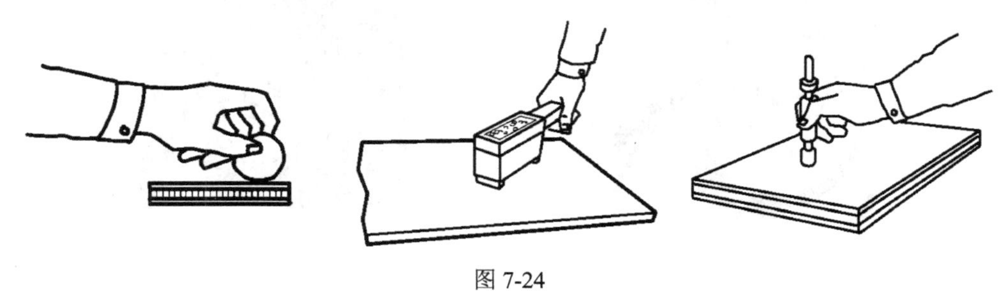

图 7-24

### 3. 超声检测方法

超声检测法一般通过垂直于被检测结构的超声换能器向其内部发生超声纵波，声波会因内部质量或者结合界面的变化而发生改变，从而使得透射/反射的声波特性发生改变，通过对透射/反射的声波信号的采集与处理，可以给出缺陷的类型、大小、深度等信息。根据超声换能器是接收透射还是反射的超声信号，可将其分为超声穿透法和超声反射法。超声穿透法一般采用两个超声换能器分别从两侧接近被测构件，通过透射超声信号的能量衰减来识别缺陷，信号识别比较简单。超声反射法只使用一个超声换能器实现发射和接收超声信号，即在被测构件单侧即可完成检测，检测灵敏度高。图 7-25 为典型的超声反射法和超声穿透法的显示信号。

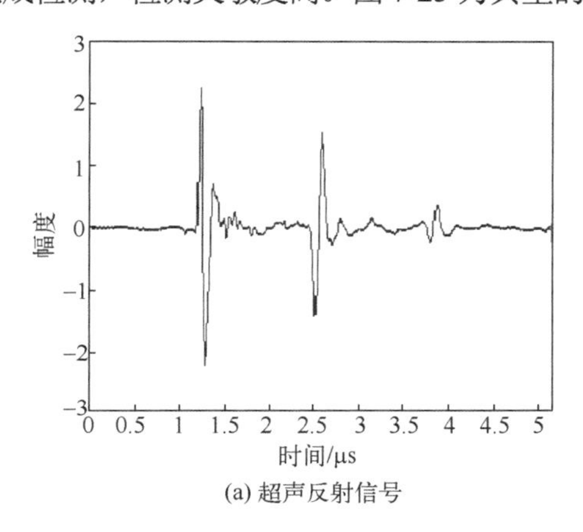

(a) 超声反射信号

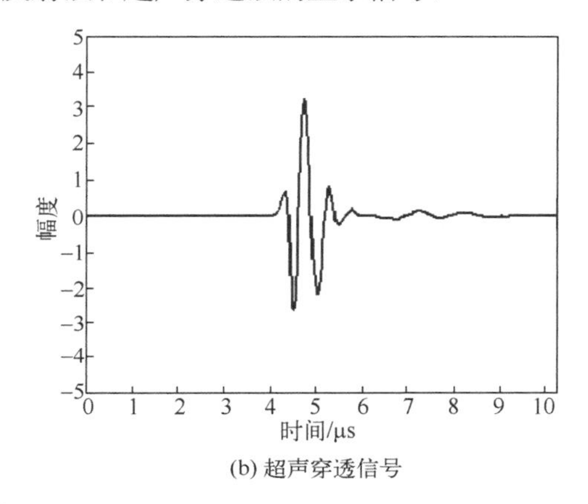

(b) 超声穿透信号

图 7-25

### 4. X 射线检测法

当强度均匀的 X 射线束透照待检测物体时，如果物体内部存在缺陷或结构存在差异，物体对射线的衰减将发生改变，使得不同部位的透射强度不同。使用射线照相中的胶片、数字射线中的平板探测器、CR 检测中的 IP 成像板等，获取透射射线的分布特征，并进行成像即可判断物体内部的缺陷、物质分布，图 7-26 为典型的 X 射线检测系统及透照模式。检测结果直观，便于快速对缺陷情况进行判断。X 射线检测对面积型缺陷不易检出。

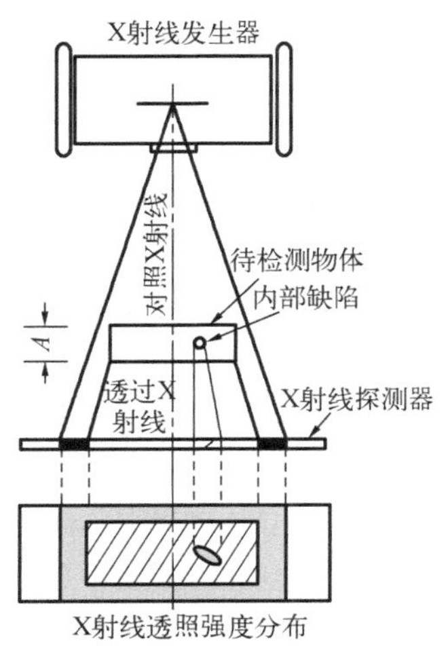

图 7-26

### 5. 红外热成像检测法

红外热成像检测是一种基于热波传播和反射的无损检测技术，典型系统构成如图 7-27 所示。检测中，试样表面由调制的外部热源(如同步的卤素灯)加热，试样吸收热量，表面形成热波。热波在材料内部界面和缺陷处反射使得热波响应信号产生额外衰减和位相变化。红外相机按一定时间间隔进行检测。然后对红外图像序列进行分析，同时检测温度随时间的变化过程，通过对温度场的处理即可获得材料内部信息。

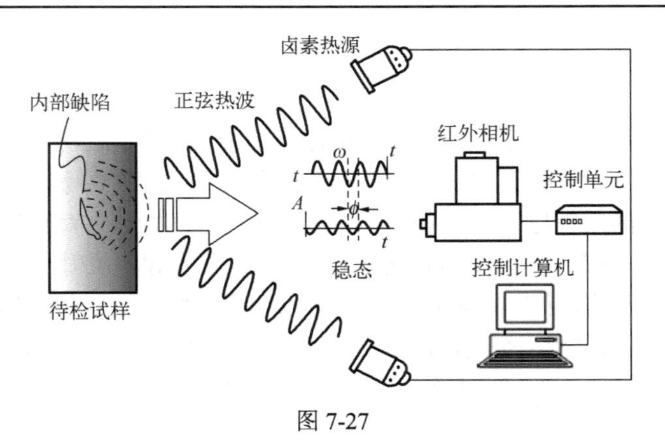


图 7-27

6. 涡流检测法

涡流检测是把通有交流电的线圈接近被检导体，由于电磁感应作用，线圈产生的交变磁场会在导体中产生涡流。导体表面或近表面的缺陷将会影响涡流的强度和分布，涡流的变化又会引起检测线圈电压和阻抗的变化，根据这一变化，可以推知导体中缺陷的存在。根据信号的幅值及位相，对缺陷进行判断。涡流检测原理示意图如图 7-28 所示。

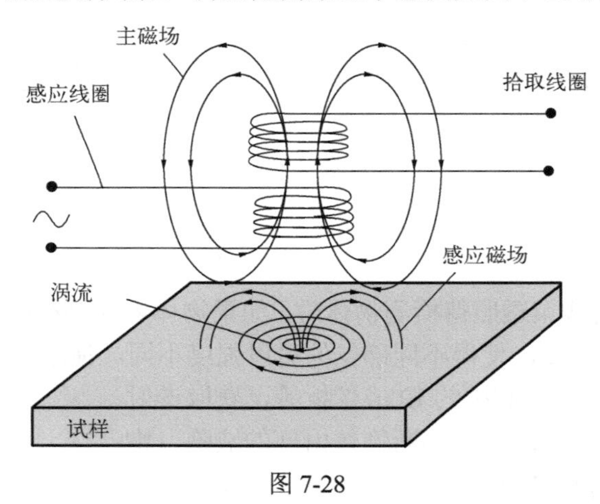


图 7-28

无损检测是随现代科技发展而不断更新的技术，使得损伤检测更加便捷，更加迅速，对构件损伤程度判断、定寿等发挥了重要作用。除上述检测方法外，利用激光衍射谱测量表面粗糙度、通过工业 CT 扫描构件内部损伤状况等技术也日趋成熟，这里不再赘述。

## 思　考　题

7.1　电阻应变片是如何实现应变测量的？惠斯顿电桥中全桥接线法和半桥接线法的区别是什么？

7.2　电阻应变测量中是如何实现温度补偿的？

7.3　对于未知主应力方向的二向应力状态，要测量出一点的主应力大小和方向，应如何布片或选用几轴应变花？

7.4　自然光和偏振光的区别是什么？光弹性实验中如何实现平面偏振光场和圆偏振光场？

7.5　光的二重性指什么？光弹性实验中利用光的什么性质来解释光的偏振和干涉现象？

7.6　光弹性模型材料要满足的必要条件是什么？

7.7　在正交平面偏振光场中，通过分析镜后合成光波的光强为

$$I_{\text{per}} = 2a^2 \sin^2 2\alpha \sin^2\left(\frac{\pi\delta}{\lambda}\right)$$

而在平行圆偏振光场中，通过分析镜后合成光波的光强为

$$I_{\text{per}}^{\text{c}} = 2a^2 \sin^2\left(\frac{\pi\delta}{\lambda}\right)$$

使得光强为零的条件是什么？这些光学现象与力学原理有何联系？两种光场有何差异？

7.8　各种无损检测方法的优点和缺点是什么？

## 习　　题

7-1　薄壁圆筒如题 7-1 图所示，内径为 1.5m，壁厚为 12mm，由 $x$ 方向的应变片测得应变为 $\varepsilon_x = 40\times10^{-6}$，材料的弹性模量 $E = 200$ GPa，泊松比 $\mu = 0.3$，试求圆筒承受的内压 $p$。

7-2　矩形截面悬臂梁如题 7-2 图所示，在自由端施加铅垂载荷 $F$。为了测出 $F$ 值，现将 4 个应变片如图所示贴在梁的中性轴上，试确定接线方案，并建立读数应变 $\varepsilon_{\text{r}}$ 与载荷 $F$ 之间的计算式。材料的 $E$、$\mu$ 已知。

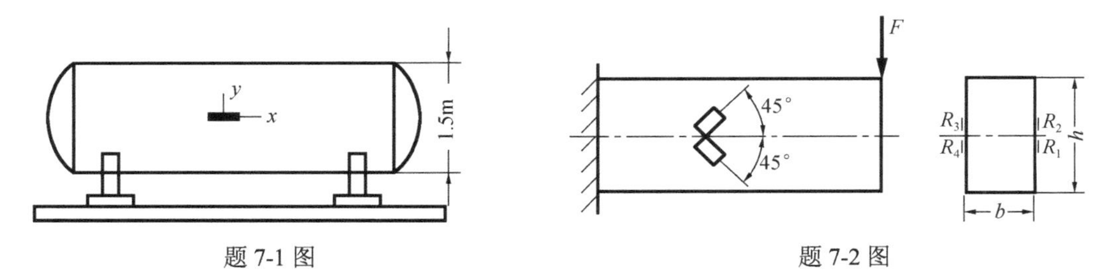


题 7-1 图　　题 7-2 图

7-3　曲拐如题 7-3 图所示，直径为 $d$ 的圆轴 $AB$ 处于扭、弯组合变形状态。设扭矩为 $T$，弯矩为 $M$，为了单独测出这两个量，在圆轴的顶部和底部沿 ±45° 方位共贴 4 个应变片，试确定接线方案，并建立相应的计算公式。材料的 $E$、$\mu$ 已知。

7-4　如题 7-4 图所示，用直角应变花（三轴 45° 应变花）测得构件表面某点处的应变为 $\varepsilon_{0^\circ} = 300\times10^{-6}$，$\varepsilon_{45^\circ} = 200\times10^{-6}$，$\varepsilon_{90^\circ} = -100\times10^{-6}$，材料的弹性模量 $E = 200$ GPa，泊松比 $\mu = 0.3$，试确定该点处的主应力大小及方位，并在 $xy$ 平面内画出主单元体。

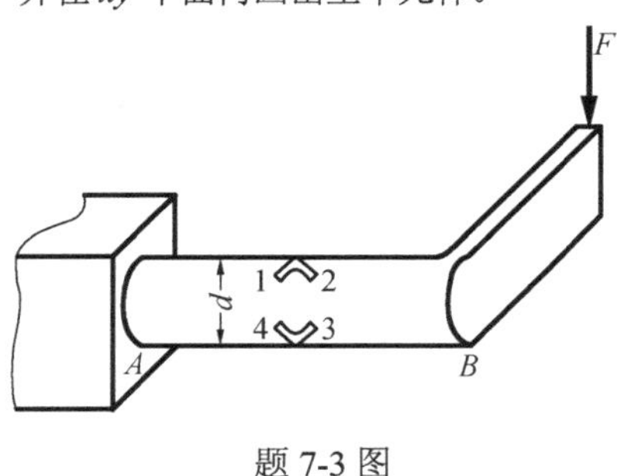


题 7-3 图

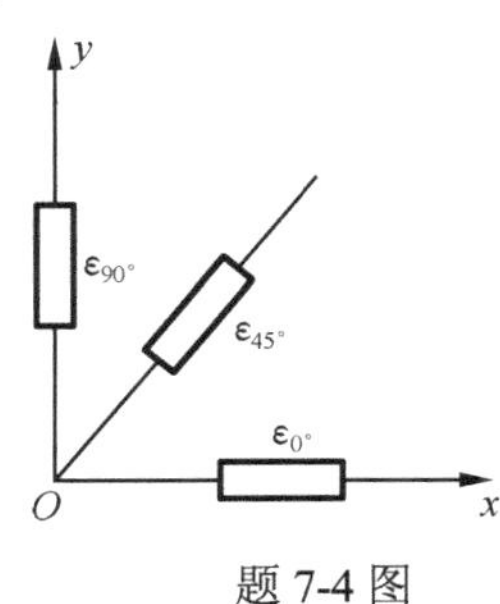


题 7-4 图

# 习 题 答 案

## 第 1 章 能量原理在杆件位移分析中的应用

1-1 (a) > (c) > (d) = (b)

1-2 $U=\dfrac{7M_{\mathrm{e}}^{2}l}{24\pi GR^{4}}$

1-3 (a) $y_A=-\dfrac{23qa^4}{8EI}$, $\theta_B=-\dfrac{7qa^3}{6EI}$; (b) $y_A=-\dfrac{Fa^3}{6EI}$, $\theta_B=-\dfrac{Fa^2}{3EI}$; (c) $y_A=-\dfrac{19qa^4}{16EI}$, $\theta_B=-\dfrac{41qa^3}{16EI}$;

(d) $y_A=\dfrac{7qa^4}{8EI}$, $\theta_B=-\dfrac{5qa^3}{24EI}$; (e) $y_A=-\dfrac{47qa^4}{72EI}$, $\theta_B=\dfrac{19qa^3}{24EI}$; (f) $y_A=-\dfrac{2Fa^3}{3EI}$, $\theta_B=\dfrac{Fa^2}{3EI}$

1-4 (a) $y_A=\dfrac{49qa^4}{384EI}(\downarrow)$, $\theta_B=\dfrac{qa^3}{6EI}(\circlearrowright)$; (b) $y_A=\dfrac{Fa^3}{EI}(\uparrow)$, $\theta_B=\dfrac{Fa^2}{2EI}(\circlearrowleft)$;

(c) $y_A=\dfrac{13Fa^3}{3EI}(\uparrow)$, $\theta_B=\dfrac{4Fa^2}{EI}(\circlearrowleft)$

1-5 (a) $y_A=\left(\sqrt{2}+\dfrac{1}{2}\right)\dfrac{Fa}{EA}(\downarrow)$; (b) $y_A=\dfrac{4\sqrt{3}Fa}{3EA}(\downarrow)$; (c) $y_A=\dfrac{29Fa}{12EA}(\downarrow)$

1-6 (a) $y_A=\dfrac{3\pi}{2}\dfrac{FR^3}{EI}(\downarrow)$; $\theta_B=\pi\dfrac{FR^2}{EI}(\circlearrowright)$; (b) $y_A=\dfrac{\pi MR^2}{EI}(\uparrow)$; $\theta_B=\dfrac{\pi MR}{EI}(\circlearrowleft)$;

(c) $y_A=\dfrac{3\pi}{4}\dfrac{FR^3}{EI}(\downarrow)$; $\theta_B=0$

1-7 $y_C=116\mathrm{mm}$

1-8 $x_C=16.5\mathrm{mm}$

1-9 $a=\dfrac{l_2{}^2I_1}{2(l_1I_2+l_2I_1)}$

1-10 (a) $y_{AB}=\dfrac{71Fa^3}{24EI}$; (b) $y_{AB}=\dfrac{7qa^4}{24EI}$

1-11 $\varDelta_{BD}=-2.71\dfrac{Fa}{EA}$(接近)

1-12 $\varDelta=\dfrac{\pi FR^3}{EI}$, $\theta=0$

1-13 $\theta=\dfrac{32n\pi DM}{d^4}\left(\dfrac{2\cos^2\alpha}{E}+\dfrac{\sin^2\alpha}{G}\right)$

1-14 $\alpha=\dfrac{\pi}{8}$

1-15 $\dfrac{\Delta A}{A}=\dfrac{4(1-\mu)}{\pi dE}F$

1-16 $\varDelta=\dfrac{5Fl^3}{6EI}+\dfrac{3Fl^3}{2GI_{\mathrm{p}}}$(移开)

1-17 $\Delta_{AE}=\dfrac{l^3\left(40F_1-3F_2\right)}{24EI}$，$F_2:F_1=40:3$

1-18 $\Delta_{CD}=\dfrac{2Fa}{EA}+\dfrac{8Fa^3}{3EI}$

1-19 $y_H=\dfrac{17Fa^3}{48EI}(\downarrow)$

1-20 $x_B=\dfrac{2qR^4}{EI}(\leftarrow)$；$y_B=\dfrac{3\pi qR^4}{2EI}(\uparrow)$；$f_B=\sqrt{16+9\pi^2}\,\dfrac{qR^4}{2EI}$

1-21 (a) $\delta_{AB}=\dfrac{16Fl^3}{3EI}$; (b) $\theta_{CD}=\dfrac{121Fl^2}{4EI}$; (c) $\delta_{AB}=\dfrac{3\pi FR^3}{EI}+\dfrac{\pi FR}{EA}$; (d) $\theta_{CD}=\dfrac{2\pi MR}{EI}$

1-22 (1) $A$ 点；(3) $\sigma_{r3}=\dfrac{16\sqrt{10}ql^2}{\pi d^3}$；(4) $y_C=\dfrac{ql^4}{\pi d^4}\left(\dfrac{112}{3E}+\dfrac{16}{G}\right)$

## 第 2 章　能量原理在求解超静定结构中的应用

2-1 $p=16.7\text{MPa}$

2-2 $\sigma_t=26.2\text{MPa}$

2-3 $F_{max}=156\text{kN}$

2-4 (a) $F_{By}=\dfrac{41}{64}qa(\uparrow)$，$F_{Ay}=\dfrac{23}{64}qa(\uparrow)$，$M_A=\dfrac{7}{32}qa^2$ (↻)；

(b) $F_{By}=\dfrac{-M}{6a}(\downarrow)$，$F_{Ay}=\dfrac{M}{6a}(\uparrow)$，$M_A=\dfrac{M}{2}$ (↻)；

(c) $F_{Ay}=\dfrac{17}{48}qa(\uparrow)$，$F_{By}=\dfrac{23}{16}qa(\uparrow)$，$F_{Cy}=\dfrac{5}{24}qa(\uparrow)$;

(d) $F_{Ay}=\dfrac{7}{24}F(\uparrow)$，$F_{By}=\dfrac{17}{8}F(\uparrow)$，$F_{Cy}=-\dfrac{17}{12}F(\downarrow)$;

(e) $F_{Ay}=\dfrac{3}{8}F(\uparrow)$，$F_{By}=\dfrac{7}{8}F(\uparrow)$，$F_{Cy}=-\dfrac{1}{4}F(\downarrow)$;

(f) $F_{Ay}=\dfrac{23}{40}F(\uparrow)$，$F_{By}=\dfrac{23}{40}F(\uparrow)$，$F_{Cy}=-\dfrac{3}{20}F(\downarrow)$，$M_A=-\dfrac{3}{10}Fa$ (↻)

2-5 (a) $F_{By}=\dfrac{3}{4}F(\downarrow)$；(b) $F_{By}=\dfrac{27}{64}F(\downarrow)$；(c) $F_{Cx}=\dfrac{3}{8}qa(\leftarrow)$；(d) $F_{Ay}=\dfrac{15}{16}qa$

2-7 (a) $F_{Ay}=F_{Cy}=0.171F(\uparrow)$，$F_{By}=0.657F(\uparrow)$；

(b) $F_{Ax}=\dfrac{\sqrt{3}}{2}F(\leftarrow)$，$F_{Cx}=\dfrac{\sqrt{3}}{2}(\rightarrow)$，$F_{Ay}=F_{Cy}=\dfrac{F}{2}(\uparrow)$，$F_{Bx}=F_{Ay}=0$; (c) $F_{N,CD}=-\dfrac{4-\sqrt{2}}{12\times(2+\sqrt{2})}F$

2-8 $b$ 应大于 127mm

2-9 $F_{Ay}=F_{Cy}=20.3\text{kN}(\uparrow)$，$F_{By}=19.4\text{kN}(\uparrow)$；如果支座为刚性支撑，则 $F_{By}=60\text{kN}(\uparrow)$，$F_{Ay}=F_{Cy}=0$

2-10 $X_1=\dfrac{-\Delta_{1p}}{\delta_{11}}=\dfrac{e(2L-l)F}{8I\left(\dfrac{e^2}{I}+\dfrac{1}{A}+\dfrac{1}{A_1}\right)}$

2-11 $x=\dfrac{2}{3}l$

2-12 $F_{N,AC}=\dfrac{\sqrt{2}}{2}F$，$A$、$C$ 之间的相对位移 $\Delta=\dfrac{Fa}{EA}$

2-13　(1) $X_1 = FR\left(\dfrac{\sqrt{3}}{3}-\dfrac{3}{2\pi}\right)=0.0999qFR$；(2) $\varDelta=\dfrac{FR^3}{EI}\left(\dfrac{\pi}{9}+\dfrac{\sqrt{3}}{12}-\dfrac{3}{2\pi}\right)$

2-14　$M_A=-M_B=-\dfrac{6EI\varDelta}{l^2}$

2-15　$M_A=\dfrac{2EI\theta}{l}\ (\curvearrowright)$，$M_B=\dfrac{4EI\theta}{l}\ (\curvearrowright)$

2-16　(1) $F_B=\dfrac{5}{16}F(\uparrow)$；(2) $M_{\max}=\dfrac{3}{16}Fl$；(3) $F\leqslant\dfrac{16W}{3l}[\sigma]$；(4) $\varDelta=\dfrac{Fl^3}{144EI}(\uparrow)$，$F_{\max}=\dfrac{6W}{l}[\sigma]$

2-17　$y_B=\dfrac{23Fl^3}{144EI}$

2-18　$\varDelta_{AB}=\dfrac{11Fa^3}{40EI}$

2-19　$F_{sA}=\dfrac{1}{2}qa$;　$\theta_{AA}=0$

2-20　(a) $F_{Ay}=F_{Dy}=\dfrac{7}{20}F(\uparrow)$，$F_{By}=F_{Cy}=\dfrac{23}{20}F(\uparrow)$，$M_{\max}=\dfrac{17}{40}Fl$;

(b) $F_{Ay}=\dfrac{1}{2}qa$，$F_{By}=\dfrac{197}{108}qa$，$F_{Cy}=\dfrac{19}{54}qa$，$F_{Dy}=\dfrac{35}{108}qa$

2-21　(a) $F_{N,AB}=\dfrac{F}{1+\dfrac{2I}{\pi R^2A}}$，$\varDelta_B=\dfrac{2FR}{EA\left(1+\dfrac{2I}{\pi R^2A}\right)}$；(b) $\varDelta_B=\dfrac{\sqrt{2}Fa^3}{E\left(a^2A-3\sqrt{2}I\right)}$

2-22　$F_N=74.8\text{kN}$

2-23　$C$截面剪力和扭矩分别为 $X_1=0.222F$，$X_2=0.009Fl$

2-24　中面弯矩为 $X_1=0.36qa^2$

2-25　(1) (a) $F_{Ax}=\dfrac{3M}{2l}(\rightarrow)$，$F_{Ay}=0$，$M_A=\dfrac{M}{2}\ (\curvearrowright)$；(b) $F_{Ax}=0$，$F_{Ay}=\dfrac{12M}{7l}(\uparrow)$，$M_A=\dfrac{M}{7}\ (\curvearrowright)$

(2) (a) $F_{Ax}=\dfrac{M}{l}(\rightarrow)$，$F_{Ay}=0$，$M_A=\dfrac{M}{3}\ (\curvearrowright)$；(b) $F_{Ax}=0$，$F_{Ay}=\dfrac{12M}{7l}(\uparrow)$，$M_A=\dfrac{M}{7}\ (\curvearrowright)$

2-26　$\delta_{AB}=\dfrac{5Fa^3}{E(10Aa^2+6I)}$

2-27　$a>0.232\text{m}$

2-28　(a) $M_{\max}=\dfrac{5Fl}{27}$；(b) $M_{\max}=\dfrac{11}{64}Fa$

2-29　$\varDelta_{st}=0.612\text{mm}$，$K_d=10.95$，$\sigma_{d,\max}=262\text{MPa}$

## 第3章　疲 劳 强 度

3-1　$r_a=-\dfrac{1}{3}$，$r_b=-3$，$r_c=2$

3-2　$r=0.167$

3-3　$K_\sigma=1.44$

3-4　$K_\tau=1.17$

3-5　合金钢$[\sigma_{-1}]=36.4\text{MPa}$，碳钢$[\sigma_{-1}]=34.3\text{MPa}$

3-6　$n_\sigma=1.66$

3-7 $n_\sigma = 1.97 < n = 2$，不安全

3-8 $F \leqslant 460\text{N}$

3-9 (a) $[M] = 413\text{N}\cdot\text{m}$；(b) $[M] = 656\text{N}\cdot\text{m}$

3-10 1 点 $r = -1$，$n = 4.73$；2 点 $r = -0.268$，$n = 5.32$；3 点 $r = 0.707$，$n = 18.2$；4 点 $r = 0$，$n = 6.41$

3-11 $M_{\min} = 1.09\text{kN}\cdot\text{m}$，$M_{\max} = 4.36\text{kN}\cdot\text{m}$

3-12 $F_{\max} = 89.5\text{kN}$

3-13 $n_\tau = 4.64$

3-14 $n_{\sigma\tau} = 2.7$

3-15 $n_{\tau 1} = 7.78 > n_s$；$n_{\tau 2} = 5.36 > n$

3-16 $n_\sigma = 1.89$

3-17 $n_\sigma = 1.27$

## 第 4 章 扭转及弯曲问题的进一步研究

4-1 $\tau_{\max} = 25\text{ MPa}$；$\theta = 1.79°/\text{m}$

4-2 $\tau_A = 1.75\text{ MPa}$；$\tau_B = 2.92\text{ MPa}$；$\varphi = 6.26\times10^{-3}\text{ rad}$

4-3 (1) 开口时，$51.8\text{N}\cdot\text{m}$；(2) 闭口时，$1641\text{N}\cdot\text{m}$

4-4 (1) $\dfrac{3s}{8\delta}$；(2) $\dfrac{3s^2}{64\delta^2}$

4-5 (a) $e = \dfrac{b(6h_1h^2 + 3h^2b - 8h_1^3)}{2h^3 + 6bh^2 - (h - 2h_1)^3}$；(b) $e = \dfrac{b(6h_1h^2 + 3h^2b - 8h_1^3)}{(h + 2h_1)^3 + 6bh^2}$；(c) $e = \dfrac{3(b_1^2 - b_2^2)}{h + 6b_1 + 6b_2}$；

(d) $e = \dfrac{1.5b^2}{d + 3b}$；(e) $e = \dfrac{4r}{\pi} - r$；(f) $e = \dfrac{4r}{2\alpha - \sin 2\alpha}(\sin\alpha - \alpha\cos\alpha)$

4-6 $h$=171mm

4-7 (a) $\theta_B = -\dfrac{9Fl^2}{8EI}$，$y_B = -\dfrac{29Fl^3}{48EI}$；(b) $\theta_A = \dfrac{7ql^3}{24EI}$，$y_A = -\dfrac{11ql^4}{48EI}$；

(c) $\theta_B = -\dfrac{Fa}{6EI}(2l + 3a)$，$y_B = -\dfrac{Fa^2(l + a)}{3EI}$；(d) $\theta_A = \dfrac{qa^3}{4EI}$，$y_A = -\dfrac{5qa^4}{24EI}$

4-8 $\sigma_{At} = 26.1\text{MPa}$，$\sigma_{Bc} = 60.6\text{MPa}$

4-9 $\delta = \delta_0\left(\sin\dfrac{\varphi}{2}\right)^{\frac{2}{3}}$

4-10 $\sigma_{\text{t,max}} = 25.7\text{MPa}$，$\sigma_{\text{c,max}} = 103.1\text{MPa}$

4-11 $\sigma_{\text{c,max}} = 0.792\text{MPa}$，$\sigma_{\text{t,max}} = 1.02\text{MPa}$

4-12 $\sigma_{\text{t,max}} = 3.89\text{MPa}$

4-13 $\sigma_{\text{c,max}} = 1.39\text{MPa} = \sigma_{\text{t,max}}$

4-14 (a) $EIy(x) = -\dfrac{F_1}{6} < x >^3 + \dfrac{F_2}{6} < x - \dfrac{l}{2} >^3 + < \dfrac{F_1l^2}{2} - \dfrac{F_2l^2}{8} > x - \dfrac{F_1l^3}{3} + \dfrac{5F_2l^3}{48}$；

(b) $EIy(x) = -\dfrac{q_0a}{24} < x >^3 - \dfrac{q_0}{24} < x >^4 + \dfrac{q_0}{24} < x - a >^4 + \dfrac{q_0a^2}{2} < x - a >^2 + \dfrac{9}{24}q_0a < x - 2a >^3 + \dfrac{11}{48}q_0a^3x$；

(c) $EIy = \frac{q_0 l}{24} < x >^3 - \frac{q_0}{24} < x >^4 + \frac{q_0}{24} < x - \frac{l}{2} >^4 - \frac{q_0 l^3}{384} x$

4-15　(a) $\sigma_{\text{al,max}} = 66.2\text{MPa}$，$\sigma_{\text{st,max}} = 112.4\text{MPa}$；(b) $\sigma_{\text{al,max}} = 57.6\text{MPa}$，$\sigma_{\text{st,max}} = 68\text{MPa}$

4-16　$\sigma_{\text{st,max}} = 158.8\text{MPa}$，$\sigma_{\text{c,max}} = 13.05\text{MPa}$

4-17　$\sigma_{\text{st,max}} = 9.63\text{MPa}$，$\sigma_{\text{w,max}} = 0.53\text{MPa}$

4-18　$\tau_{\max} = 13.07\text{MPa}$，$\theta = 3.27 \times 10^{-2}\text{rad}$

4-19　(1) 加强前 $\sigma_{\text{w,max1}} = 7.26\text{MPa}$，$\tau_{\text{w,max1}} = 0.209\text{MPa}$；

(2) 加强后 $\sigma_{\text{w,max2}} = 2.64\text{MPa}$，$\tau_{\text{w,max2}} = 0.164\text{MPa}$，$\sigma_{\text{st,max}} = 177.23\text{MPa}$

## 第5章　超过弹性极限材料的变形与强度

5-1　弹性极限扭矩 $T_{\text{e}} = \tau_{\text{s}} W_{\text{p}} = \frac{\pi}{2b}\left(b^4 - a^4\right)\tau_{\text{s}} = \frac{\pi b^3}{2}\left[1 - \left(\frac{a}{b}\right)^4\right]\tau_{\text{s}}$；

塑性极限扭矩 $T_{\text{p}} = 2\pi\int_a^b \tau_{\text{s}} r^2 \mathrm{d}r = \frac{2}{3}\pi b^3\left[1 - \left(\frac{a}{b}\right)^3\right]\tau_{\text{s}}$

5-2　$F = \frac{2\pi R^2 \delta \sigma_{\text{s}}}{\sqrt{3 + k^2 R^2}}$

5-3　弹性极限载荷 $F_{x\text{e}} = \sqrt{2} A \sigma_{\text{s}}$；塑性极限载荷 $F_{x\text{p}} = F_{x\text{e}} = \sqrt{2} A \sigma_{\text{s}}$

5-4　$M = \frac{11}{48} b h^2 \sigma_{\text{s}}$

## 第6章　材料力学行为的进一步认识

6-1　$L = 144$，$\frac{a}{W} = \frac{19.64}{36.06}$，$f = 3.083$，$K_{\text{IC}} = 30\text{MPa}/\sqrt{\text{m}}$

6-2　$\sigma_{\text{cr}} = 378.3\ \text{MPa}$; $\frac{\sigma_{\text{cr}}}{\sigma_{\text{s}}} = 0.504$，破坏应力下降 1/2

6-4　(1) 由最大应力准则有

$$\begin{cases} \sigma_1 (= 3.16) < X_{\text{t}} (= 250) \\ \sigma_2 (= 0.4) < Y_{\text{t}} (= 0.5) \\ \tau_{12} (= 5.24) < S (= 8.0) \end{cases}$$

强度足够;

(2) 由蔡-希尔准则有

$$\left(\frac{\sigma_1}{X_{\text{t}}}\right)^2 - \frac{\sigma_1 \sigma_2}{X_{\text{t}}^2} + \left(\frac{\sigma_2}{Y_{\text{t}}}\right)^2 + \left(\frac{\tau_{12}}{S}\right)^2 = \left(\frac{3.16}{250}\right)^2 - \frac{3.16 \times 0.4}{250^2} + \left(\frac{0.4}{0.5}\right)^2 + \left(\frac{5.24}{8}\right)^2 = 1.069 > 1$$

所以强度不够。

由蔡-希尔准则所得结论是正确的，因为最大应力准则没有考虑 $\sigma_1$、$\sigma_2$、$\tau_{12}$ 联合作用的影响，因此该单向层合板强度不足。

# 第7章　实验应力分析简介

7-1　$p = 0.64\ \text{MPa}$

7-2　$F = \dfrac{bhE\varepsilon_r}{6(1+\mu)}$

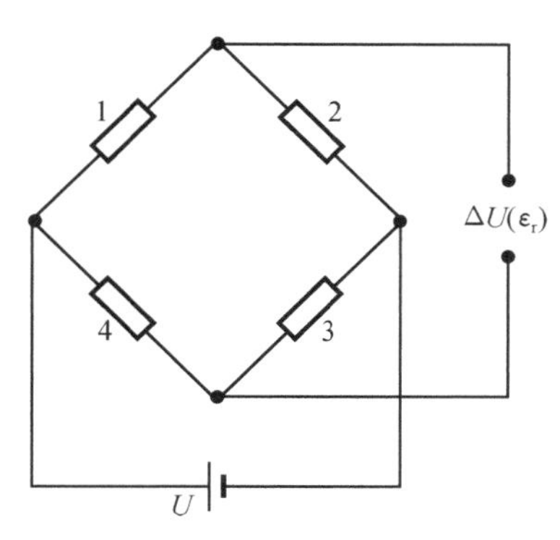


题 7-2 答案图

7-3　可测出 $T = \dfrac{\pi E d^3 \varepsilon_r}{64(1+\mu)}$；可测出 $M = \dfrac{\pi E d^3 \varepsilon_r}{64(1-\mu)}$

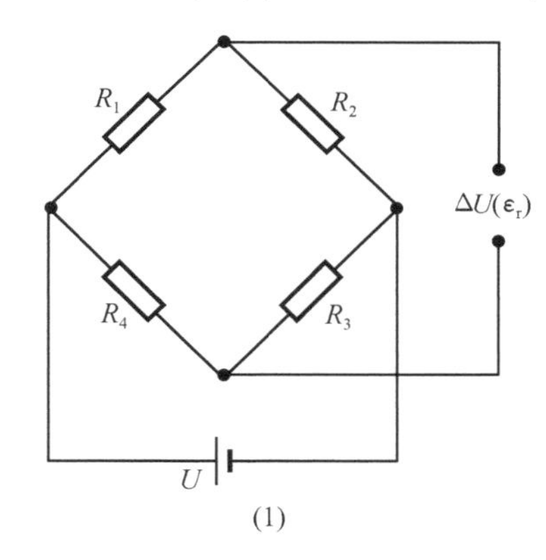


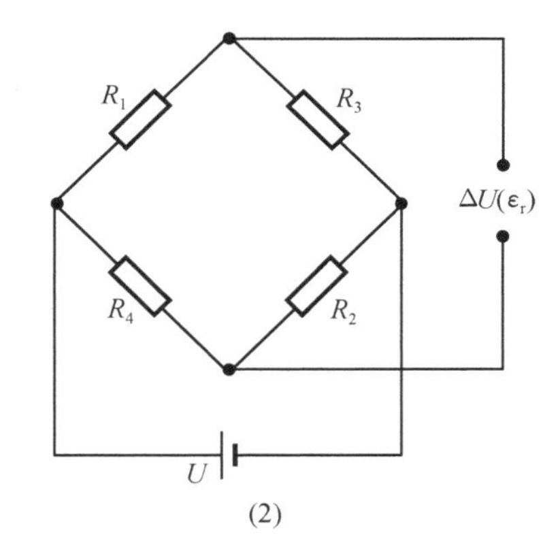


题 7-3 答案图

7-4

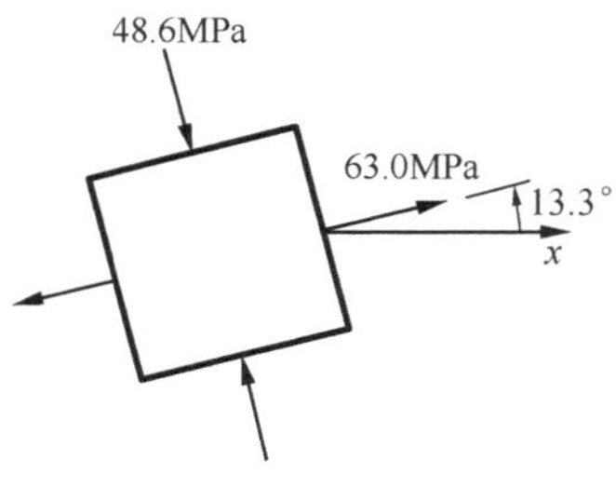


题 7-4 答案图

# 参考文献


刘鸿文, 2017.材料力学. 6 版. 北京: 高等教育出版社.

NASH W A, 2002. 全美经典学习指导系列——材料力学. 赵志岗, 译. 北京: 科学出版社.

单辉祖, 2016.材料力学. 4 版. 北京: 高等教育出版社.

俞茂宏, 1998. 双剪理论及其应用. 北京: 科学出版社.

BEER F P, 1992. Mechanics of materials. New York: McGraw-Hill Inc.

HIBBELER R C, 1991. Mechanics of materials. New York: Macmillan Publishing Company.

MOTT R L, 1990. Applied strength of materials. Englewood Cliffs: Prentice-Hall.

TIMOSHENKO S, GERE J, 1972. Mechanics of materials. London: Van Nostrand Reinhold Company.